“十二五”普通高等教育本科国家级规划教材
普通高等教育“十一五”国家级规划教材

制冷装置设计

主　编　申　江
副主编　臧润清　彭　苗
参　编　李慧宇　宁静红　刘清江
主　审　陈天及　何少书

机 械 工 业 出 版 社

本书是“十二五”普通高等教育本科国家级规划教材。

本书比较全面地介绍了大中型氨、氟利昂制冷装置及小型专用制冷装置的设计理论。其内容包括制冷系统及其方案设计，制冷负荷计算，制冷压缩机与设备的选型计算，管道设计，机房和库房设计，制冰与冰库，冷藏陈列柜，预冷、快速冻结与冷藏运输装置。书中详细阐明了制冷装置的设计方法、设计方案比较、装置的结构特点、机器设备选型的依据，以及机房和库房设计、布置的方法等。本书内容详尽并注重实际应用，附有大量的图表，力图使读者从理论和实践两个方面掌握制冷装置设计技术。

本书可作为高等院校热能与动力工程专业制冷技术方向专业课的教材，也可供从事制冷机械设备、冷藏冷冻、冷藏运输以及空调热泵专业工作的技术人员参考。

本书配有电子课件，向授课教师免费提供，需要者可登录机工教育服务网（www. cmpedu. com）下载。

图书在版编目（CIP）数据

制冷装置设计/申江主编．—北京：机械工业出版社，2010.9（2025.1 重印）
普通高等教育“十一五”国家级规划教材
ISBN 978-7-111-31679-4

Ⅰ．①制…　Ⅱ．①申…　Ⅲ．①制冷装置—设计—高等学校—教材　Ⅳ．①TB657

中国版本图书馆 CIP 数据核字（2010）第 168852 号

机械工业出版社（北京市百万庄大街 22 号　邮政编码 100037）
策划编辑：蔡开颖　责任编辑：蔡开颖　周璐婷
版式设计：张世琴　责任校对：申春香
封面设计：张　静　责任印制：常天培
北京机工印刷厂有限公司印刷
2025 年 1 月第 1 版第 9 次印刷
184mm×260mm · 18 印张 · 445 千字
标准书号：ISBN 978-7-111-31679-4
定价：49.00 元

电话服务　　网络服务
客服电话：010-88361066　　机　工　官　网：www. cmpbook. com
010-88379833　　机　工　官　博：weibo. com/cmp1952
010-68326294　　金　书　网：www. golden-book. com
封底无防伪标均为盗版　　机工教育服务网：www. cmpedu. com

前　言

随着制冷技术的发展和日益广泛的应用，各行各业对制冷技术人才的需求越来越多。冷藏链技术的发展和推广应用，使农副产品从收获到销售实现了一条龙的食品冷链：冷加工、冷藏运输、冷藏储存、冷藏销售，大大提高了农副产品的品质与经济效益。而实现食品冷链的必要保证是提供适用的制冷装置。

本书是“十二五”普通高等教育本科国家级规划教材、普通高等教育“十一五”国家级规划教材。“制冷装置设计”是高等工科院校热能与动力工程专业（制冷技术方向）的主要专业课程之一。本书力图阐明制冷装置的设计理论和国内外的先进技术与实践经验，以及本学科的最新成就，以使学生在紧密联系“工程热力学”、“传热学”、“流体力学”等课程内容的基础上，掌握制冷装置基本原理和制冷装置设计的基本方法，从而能进行一般的制冷装置设计。

本书主要介绍冷库及小型制冷装置的制冷系统设计、制冷负荷计算、制冷机器设备的选择方法、管道设计、机房和库房设计、冷藏陈列柜设计，以及预冷、快速冻结与冷藏运输等内容。

本书由天津商业大学制冷与空调工程系制冷教研室组织编写。参加编写的有：申江教授（绪论、第2章）、臧润清教授（第1章）、宁静红副教授（第3章、第4章）、李慧宇副教授（第5章、第8章）、彭苗副教授（第6章的6.1节、第7章）、刘清江副教授（第6章的6.2节）。

本书由上海海洋大学陈天及教授和天津商业大学何少书教授主审。

在本书的编写过程中，杨永安高级工程师、刘斌博士和邹同华博士提供了许多宝贵的资料，在此表示衷心的感谢。

本书可作为“热能与动力工程”、“建筑环境与设备工程”等专业本科生的教材，也可供机械、水产、建筑、食品、医药等领域从事制冷及低温工程、建筑环境与设备相关的科研、设计、生产等工作的技术人员参考。

由于编者水平所限，书中错误之处在所难免，恳请读者批评指正。

编　者

目 录

前言

主要符号

绪论 …………………………………… 1

第 1 章 制冷系统及其方案设计 ……… 6

1.1 氨高压系统 ………………………… 6

1.1.1 压缩部分 ……………………… 6

1.1.2 冷凝部分 ……………………… 11

1.1.3 调节部分 ……………………… 17

1.2 氨低压系统 ………………………… 20

1.2.1 直接冷却系统 ………………… 20

1.2.2 间接冷却系统 ………………… 30

1.3 融霜系统和润滑油系统 …………… 35

1.3.1 融霜系统 ……………………… 35

1.3.2 润滑油系统 …………………… 39

1.4 制冷装置的供水系统 ……………… 40

1.4.1 供水系统 ……………………… 40

1.4.2 供水量计算 …………………… 41

1.4.3 制冷装置供水的水温、水质标准及水压要求 ……………………… 42

1.4.4 水冷却设备的选择 …………… 44

1.5 氟利昂制冷系统 …………………… 46

1.5.1 高压系统 ……………………… 46

1.5.2 低压系统 ……………………… 50

1.5.3 油路系统 ……………………… 52

1.5.4 融霜系统 ……………………… 53

第 2 章 制冷负荷计算 ………………… 54

2.1 围护结构传热量 Q_1 ……………… 54

2.1.1 综合温度作用下的传热特性 …… 55

2.1.2 围护结构传热量 Q_1 的计算 …… 62

2.2 货物热量 Q_2 ……………………… 71

2.3 通风换气热量、电动机热量和操作热量 ……………………………… 77

2.3.1 通风换气热量 Q_3 …………… 77

2.3.2 电动机热量 Q_4 ……………… 77

2.3.3 操作热量 Q_5 ………………… 77

2.4 冷库制冷负荷 ……………………… 78

第 3 章 制冷压缩机与设备的选型计算 ……………………………………… 83

3.1 制冷压缩机的选型计算 …………… 83

3.1.1 制冷压缩机的选型原则 ……… 83

3.1.2 计算参数的确定 ……………… 83

3.1.3 往复式压缩机的选型 ………… 85

3.1.4 回转式压缩机的选型 ………… 96

3.2 换热设备的选型计算 ……………… 99

3.2.1 冷凝器的选型计算 …………… 99

3.2.2 蒸发器的选型计算 …………… 108

3.2.3 中间冷却器的选型计算 ……… 119

3.2.4 回热式热交换器的选型计算 … 120

3.2.5 冷凝蒸发器的选型计算 ……… 120

3.3 辅助设备的选型计算 ……………… 121

3.3.1 液体储存设备 ………………… 121

3.3.2 分离捕集设备 ………………… 123

3.3.3 节流机构 ……………………… 124

3.3.4 分液器 ………………………… 137

3.3.5 制冷剂泵 ……………………… 140

3.3.6 干燥器和过滤器 ……………… 140

第 4 章 管道设计 ……………………… 141

4.1 氨制冷系统的管道设计 …………… 141

4.1.1 管道要求 …… 141
4.1.2 管道的计算 …… 143
4.1.3 管道的布置 …… 151
4.1.4 管道和设备的保温 …… 152
4.2 氟利昂制冷系统的管道设计 …… 152
4.2.1 管道要求 …… 153
4.2.2 管道的计算 …… 153
4.2.3 管道的布置 …… 158
4.2.4 管道的安装 …… 169

第5章 机房和库房设计 …… 172

5.1 机房设计 …… 172
5.1.1 机房设计的一般要求 …… 172
5.1.2 制冷压缩机的布置 …… 174
5.1.3 辅助设备的布置 …… 175
5.2 冷却间和冻结间 …… 180
5.2.1 冷却间 …… 180
5.2.2 冻结间 …… 182
5.3 冷却物冷藏间 …… 188
5.3.1 均匀送风道的设计计算 …… 188
5.3.2 均匀送风道的布置 …… 192
5.3.3 冷却物冷藏间的通风与加湿 …… 193
5.3.4 气调库设计 …… 193
5.4 冻结物冷藏间 …… 198
5.4.1 风冷式冻结物冷藏间 …… 198
5.4.2 空气自然循环式冻结物冷藏间 …… 199
5.4.3 夹套式冷库 …… 199

第6章 制冰与冰库 …… 201

6.1 盐水制冰 …… 201
6.1.1 制冰装置 …… 201
6.1.2 盐水的配置 …… 204
6.1.3 制冰负荷及设备的选型计算 …… 207
6.1.4 制冰间设计 …… 209
6.2 快速制冰 …… 210
6.2.1 片冰机 …… 210
6.2.2 块冰机 …… 212
6.2.3 管状制冰机与冰晶制冰机 …… 219

第7章 冷藏陈列柜 …… 221

7.1 冷藏陈列柜的结构 …… 221
7.1.1 冷藏陈列柜的分类 …… 221
7.1.2 陈列柜的总体结构 …… 223
7.1.3 陈列柜的使用要求 …… 225
7.1.4 冷藏陈列柜的制冷系统 …… 227
7.2 典型的陈列柜结构 …… 230
7.3 冷藏陈列柜的设计计算 …… 235
7.3.1 敞开型陈列柜的热负荷计算 …… 235
7.3.2 冷藏陈列柜的设计计算 …… 239
7.3.3 陈列柜的节能途径 …… 241

第8章 预冷、快速冻结与冷藏运输装置 …… 245

8.1 食品预冷技术与装置 …… 245
8.1.1 差压预冷 …… 245
8.1.2 水预冷 …… 248
8.1.3 真空预冷 …… 251
8.2 速冻、解冻装置 …… 254
8.2.1 食品速冻装置 …… 254
8.2.2 解冻装置 …… 264
8.3 冷藏运输装置 …… 267
8.3.1 冷藏运输装置的特点与要求 …… 268
8.3.2 铁路冷藏车 …… 271
8.3.3 冷藏汽车 …… 273
8.3.4 冷藏船 …… 276
8.3.5 冷藏集装箱 …… 276

参考文献 …… 279

主要符号

符　号	符号意义，单位	符　号	符号意义，单位
A	面积，m^2	ΔT，Δt	温差，K或℃
a	低压与高压级压缩机输气量之比	U	热力学能，kJ；周长，m
C	热容，kJ/K	u	比热力学能，kJ/kg；圆周速度，m/s
c	比热容，kJ/（kg·K）；相对余隙容积	V	体积，m^3
COP	性能系数，kW/kW	v	流速，m/s；比体积，m^3/kg
c_p	比定压热容，kJ/（kg·K）	v_m	质量流速，kg/（m^2·s）
c_V	比定容热容，kJ/（kg·K）	W	功，J或kJ
D，d	直径，m	w	比功，J/kg或kJ/kg
e	偏心距，mm；肋片间距，mm	x	湿蒸气的干度（%）
EER	能效比，kW/kW	Z	转子齿数；水平管束上、下重叠的排数或系数
f	面积，m^2；频率，Hz	z	水平管束上、下重叠的排数；数量
g	重力加速度，m/s^2	α	表面传热系数，W/（m^2·K）；渐开线初始角，rad
H	焓，kJ；真空度，Pa；高度，m	β	渐开线展角，rad
h	比焓，kJ/kg	δ	厚度，m
i	数量	ε	制冷系数；压力比；修正系数
K	传热系数，W/（m^2·K）	ζ	热力系数
L	长度，m	η	效率
m	质量，kg；多变指数；数量	θ	过余温度，℃
N	压缩腔室对数	λ	热导率（导热系数），W/（m·K）
n	循环倍率；转速，r/min	μ	供热系数；动力粘度，Pa·s
P	功率，W或kW	υ	运动粘度，m^2/s
p	压力，Pa	κ	等熵指数
Q	热量，J或kJ；冷负荷W或kW	ξ	析湿系数
q	单位质量热流量，kJ/kg；热流密度，W/m^2	ρ	密度，kg/m^3
q_m	质量流量，kg/h或kg/s	σ	传湿系数，kg/（m^2·s）；斯忒藩－玻耳兹曼常量，5.67×10^{-8} W/（m^2·K^4）
q_V	体积流量，m^3/s	τ	肋化系数
R	潜热，kJ；热阻，m^2·K/W；气体常数，J/（kg·K）	Φ	热流量，W或kW
r	汽化热，kJ/kg；半径，m	φ_ρ	空气的相对湿度（%）
S	熵，kJ/K；活塞行程，m	ψ	热流密度，W/m^2或kW/m^2；相对偏心距
s	比熵，kJ/（kg·K）	**特征数**	
T	热力学温度，K	Bo	沸腾特征数
t	摄氏温度，℃；厚度，m	Co	对流特征数

（续）

符　号	符号意义，单位	符　号	符号意义，单位
Fr	弗劳德数	k	冷凝
Gr	格拉晓夫数	L	低压级，低温级
Nu	努塞尔特数	l	液相
Pr	普朗特数	m	平均，中间，湿球；摩擦
Re	雷诺数	o	外部
下标		out	输出；外部
0	蒸发	*p*	定压；旁通
1，2，3…	表示一个系统或一个循环的不同点，或不同时间间隔	r	制冷剂；浓（溶液）
a	空气；绝热过程	s，c	再冷
b	沸腾	s，h	过热
c	逆卡诺循环；压缩或冷凝	t	稀（溶液）
d	传动	th	理论
e	蒸发，电动机	*V*	容积
f	介质；肋片；附加	w	冷却水；水
fou	污垢	z	管束
g	气体	**上标**	
H	高压级，高温级	′	液相或修正后的物理量
i	指示值，内部	″	气相
in	输入，内部		

绪　论

制冷装置设计主要是研究和选用性能匹配的主机与辅机，由合理的管道连接组成不同特性的制冷系统，还包括与建筑、结构相适应的给水排水、采暖通风、机械传送、电力照明以及自动控制等方面的系统设计与优化。随着国民经济的飞速发展和人民生活水平的不断提高，制冷装置在工业、农业、国防、建设、科学研究等国民经济各个部门中的作用和地位日益重要，应用也越来越广泛，对制冷装置的类型与特性的研究和更新也就显得尤为重要。

0.1　制冷装置的分类

制冷装置是将制冷设备与消耗冷量的设备组合在一起的装置。制冷装置设计不仅要研究用不同类型的制冷机械来提供冷量，而且更重要的是要研究和解决制冷装置的类型和特性去满足消耗冷量的用户。随着冷量使用方式的不同，制冷装置的类型亦有各种各样，发展十分迅速，新型制冷装置越来越多，其应用几乎渗透到各个生产技术、科学研究领域，在改善人类的生活质量、促进社会文明发展方面发挥着巨大作用。

1. 冷藏制冷装置

冷藏制冷装置主要用于食品的保鲜储藏与冷藏链，其目的是为了保持食品的原有质量和风味，以防止因生化作用或霉菌腐蚀而腐败变质，减少食品在储藏期间的干耗。根据冷藏产品的种类和用途的不同，冷藏制冷装置的种类包括：各种不同温度范围的冷库、冷藏汽车、冷藏火车、冷藏船、冷藏飞机、冷藏集装箱、冷藏陈列柜、冰柜和冰箱等。

2. 速冻制冷装置

速冻制冷装置主要应用于鲜活商品的低温冷加工和易腐食品的冷加工。其目的是能够最大限度地保持食品的鲜度和品质，延长食品的货架期，极大地丰富了食品市场需求。速冻食品的种类很多，有肉类、水产类、果蔬类和大量的调理食品类。根据速冻食品的种类和特性不同，速冻制冷装置的种类包括平板冻结机，流态化速冻床，网传送式、链传送式、盘传送式速冻机，各种隧道式速冻机，螺旋速冻机等。这些速冻装置大部分采用超低温冷加工和无极调速自动传送技术，大大提高了产品质量并减少了劳动强度，具有很好的市场发展前景。

3. 空调制冷装置

空调制冷装置是为了保证一个既定空间内温度、湿度和空气洁净度的要求，以保证产品质量的工艺条件（如用于电子器件生产车间、精密仪器生产车间、计算机房及生物实验室等）和提供舒适的工作环境（如用于住房、办公室、影剧院、商场、体育馆、医院、汽车、火车、船舶及飞机等）。根据实际需求和用冷场合，空调制冷装置分为大中型中央空调制冷装置、商用空调制冷装置和家用空调器等。

4. 工业冷却装置

工业冷却装置根据产品生产工艺要求所配置的冷却系统，主要用于石油化工，有机合成等工业中的分离、结晶浓缩、提纯催化、控制反应温度等单元操作中。此外，该装置还广泛应用于食品工业生产中，如啤酒生产发酵过程的温度控制、碳酸饮料生产过程的水冷却以及真空冷冻干燥技术等。随着科学技术的飞速发展和产品加工工艺的不断更新，工业冷却制冷装置越来越受到人们的重视。

5. 商业制冷装置

商业制冷装置是在商业和公共饮食业中广泛使用的各种制冷装置，单机名义产冷量为0.35～18kW，介于家用与工业用制冷装置之间。商业制冷装置按其功能和用途，大体上可分为两大类，即用于短期储藏各种易腐败商品（主要以食品为主）的商业制冷柜库和用于专门用途的商业专用制冷装置，如用于大型商场、饭店、超级市场等场所，用于商品的短期储藏和保鲜的商业用冷库，用于商品或食品展示与销售的冷藏陈列柜，用于商业、零售业、超级市场或酒店及宾馆等。此外，制作冷食饮料的商业制冰机、商业冰淇淋机和商业冷饮水机等专用制冷装置也属于商业制冷装置。

6. 液氮制冷装置

液氮制冷装置主要应用于冷冻医疗、冷冻美容、地层加固、食用菌菌种保藏、水产品的快速冻结，以及超导等方面。地铁施工中采用液氮冻结土层进行隧道式挖掘。液氮制冷装置有浸渍式、喷淋式和冷气循环式三种。

利用液氮冻结食品具有质量高、干耗小、占地面积小、初投资低、装置效率高的优点；但液氮冻结成本高，不宜冻结廉价食品。

7. 真空冷冻干燥装置

真空冷冻干燥装置俗称冻干机，是一种升华脱水的制冷装置。由于冷冻对象经过冻干处理，可以无限期储存而不变质，这对于血液、精子储存及遗传生物工程研究，以及食品制作等具有独特意义。

8. 其他制冷装置

（1）工程用制冷装置 如在建筑大、中型水电枢纽的混凝土工程中，混凝土浇灌必须应用制冷装置。

（2）试验用制冷装置 该装置专门用于产品的性能试验及科学研究，以检查它们在低温条件下能否保证所规定的性能指标以及能否正常工作。

（3）采用风能、海洋能、太阳能等新能源的制冷装置，以及半导体制冷的制冷装置 这些制冷装置都在深入研究，并取得了不少成果。

0.2 制冷装置的应用

1. 冷藏链

冷藏链是指食品从产地进行冷加工后冷藏运输至冷藏库储存，然后通过冷藏销售柜由市场进入家用冰箱。它表示食品从生产到消费的各个环节，都必须采用冷藏方法来保存。食品从采集、加工、冷冻、运输、储藏、零售到消费者等各个环节构成了完整的食品冷藏链，它的各个环节均需要不同形式的制冷装置。由于我国还未真正形成冷藏链，每年腐败变质的食品达30%以上。因而，应尽快开发更多的制冷装置使冷藏链早日完善。冷藏链包括：

1）易腐食品的采摘、捕捞或屠宰后的冷加工。

2）真空预冷、强制通风预冷、差压通风预冷和水预冷等食品的预冷。

3）吹风冻结法、接触冻结法、浸没冻结法、流化床冻结法以及液氮或 CO_2 低温液体冻结法等食品的冻结。

4）冷藏汽车、冷藏火车、冷藏船、冷藏飞机及冷藏集装箱等冷藏运输。

5）冷库、冷藏柜、冻结柜及家用冰箱等冷藏储存。

6）超市中的冷藏陈列柜等食品的冷藏销售。

2. 工业冷却

在石油化工、激光电子、生物制药、仪器仪表、纺织、建筑等行业中，许多生产工艺过程需要在低温条件下进行，才能保证生产和产品质量。在工业领域内，越来越广泛地应用制冷装置为工业产品工艺冷却，以提高产品质量。如对钢的低温处理，使金相组织内部的奥氏体变为马氏体，改善钢的性能；在钢铁铸造过程中，采用低温除湿送风技术，保证产品的质量；此外，用于气体的液化、盐类结晶、润滑油脱脂、石油裂解、合成橡胶等。

3. 创造舒适环境

为了创造一个舒适的生活和工作环境，在娱乐场所、车站、机场、宾馆、体育馆、大会堂、图书馆、办公楼、医院、学校、影剧院、商店直至民用住宅，都采用了各种不同的空气调节制冷装置，以及在各种交通工具，如轿车、客车、飞机、火车、船舱等采用空调设施，以提高工作效率，便利生活。采用制冷除提供空气调节外，还用于建造人工冰场。

4. 科学研究

许多科研课题的研究工作，如气象科学中所需的云雾室、高寒地区农作物的培育，文物保藏环境等都需要制冷装置。

0.3　制冷装置的发展趋势

现代科学和技术的发展在为人类带来巨大利益的同时，也极大地破坏了环境和自然资源。能源和环境是现代社会赖以生存和发展的基础，环境污染问题、能源紧张问题和食品安全问题越来越引起世界各国的关注。保护生态环境，节约自然资源，与自然和谐发展，是制冷行业面临的严峻挑战。采用新的制冷设备与技术工艺，对于提高制冷装置的效率、节约能源、保护环境、实现行业的可持续性发展具有重要的意义。

1. 制冷压缩机技术

（1）应用变频制冷压缩机　利用变频控制器根据设定的控制温度及热负荷的变化，自动控制制冷压缩机（压缩机）的转速，实现制冷量供需的基本平衡和制冷系统的高效率运行，具有高效、节能和控温精度高的优点，比固定转速制压缩机可节能30%以上，可以减轻制冷设备在非满负荷条件下工作及频繁开停机对电网电压造成的影响。

（2）应用并联制冷压缩机组　配有高效油分离器和油位控制器的并联压缩机组，利用微电脑控制器，可根据设定的温度及负荷的变化实现分级能量调节，最高地发挥单台制冷压缩机的效率，同时多台并联，其中一台压缩机出现故障，不影响其他制冷压缩机正常工作，提高制冷系统的可靠性，增强了制冷机组的制冷能力。

（3）应用回转式制冷压缩机　涡旋式和螺杆式制冷压缩机由于没有吸气阀和排气阀，具有吸、排气连续，起动力矩低以及抗液击能力好的特性，将得到广泛的应用。

2. 制冷装置的自动控制

制冷装置的自动控制，已从单机自动安全保护、单机自动运行发展到多机组自动控制，利用计算机检测和控制，由制冷压缩机自动控制系统、冷凝压力自动控制系统、供液自动控制系统、冷间温度自动控制系统、融霜自动控制系统及计算机集中监控系统组成的集散控制系统，实现运行工况最佳化，降低能源消耗。

3. 利用可再生能源

由于太阳能、地热等可再生能源可以缓解不可再生能源所面临的危机，而且清洁、无污染、可再生，有效保护和改善人类的生存环境，已成为各国实施可持续发展的重要选择。

(1) 利用太阳能　太阳能是各种可再生能源中最重要的基本能源，也是人类可利用的最丰富的能源。随着适用太阳能驱动制冷机组的研究，太阳能集热器集热效率的提高，以及造价的降低，将太阳能制冷和太阳能供热切实合理地整合，真正使高品位和低品位的太阳能辐射各尽其用。太阳能吸收式制冷（溴化锂-水，水-氨）、太阳能吸附式制冷（物理吸附与化学吸附的多种吸附制冷工作对）、太阳能热驱动的除湿蒸发冷却空调、太阳能驱动的蒸气喷射制冷和太阳能半导体制冷等，利用太阳能驱动制冷装置将是其方向。

(2) 利用地热　地热是来自地下的热能资源，地球是一个巨大的地热库。地源热泵技术是通过安装在地下的系列地温收集器，从土壤中吸收能量，经过能量转换实现空气调节功能。地源热泵由于其节能、环保、可持续发展的优点，将成为中小型生态建筑空调冷热源合理可行的选择方案之一。

4. 应用自然工质

常规制冷装置中使用的人工合成制冷工质 CFCs 和 HCFCs，引起的臭氧层破坏和全球温暖化，已成为日益严峻的全球环境问题，对人类的生态环境造成巨大的威胁。而 R134a 等若干人工合成的 HFC 及其混合物，大都有较高的温室效应并存在某些缺陷，未达到“长期”替代的要求。从对环境的长期安全来看，起用自然工质是一种非常安全的选择。

(1) 氨的应用　氨（NH_3）具有优良的热力性质，ODP = 0，GWP 接近于 0，广泛应用于带载冷剂的中央空调系统和间接制冷系统中。目前，高压级用 NH_3、低压级用 CO_2 的 NH_3/CO_2 复叠式制冷系统，用于食品、饮料、医药和石化产品的储存、食品的快速冻结、低温环境测试实验室、超市制冷和大型冷库；氨/乙烷复叠式制冷装置，用于家用电器和汽车轮胎等高分子产品回收的低温粉碎机。随着技术的发展，系统密封性能提高，氨制冷机润滑方式改进，氨报警系统更加可靠，减少氨的充灌量，开发小容量的氨制冷机，将扩大氨的应用范围。

(2) 碳氢化合物的应用　目前作为制冷剂应用的碳氢化合物主要是丙烷（R290）、丁烷（R600）和异丁烷（R600a）等，碳氢化合物的优点是 ODP = 0，GWP 很小，和所有常用的工程材料和润滑油都能兼容，且价格低廉，已广泛用于冷藏箱和冷冻箱中。

R290（Propane）具有优良的热力性能，主要物理性质与 R22 极其相近，可采用 R22 系统，不对原机和生产线进行改造，直接灌装丙烷，属于直接替代物，目前已用于家用空调和家用冰箱，R290/CO_2 复叠式制冷系统已用于小型超市中。异丁烷（R600a）临界温度高，运行压力低，可在较高的冷凝温度下工作，具有较高的能效比和很高的可靠性，已广泛用于冰箱中。通过改进产品结构和生产工艺，采用新型材料，减少泄漏的可能性，采用高效紧凑的换热设备，减少制冷剂的充注量，应用自动检测、通风等安全和防范装置，扩大碳氢化合物在制冷装置的应用范围，将具有良好的前景。

（3）二氧化碳的应用　CO_2（R744）的 ODP = 0，GWP = 1，无毒，不燃，适用于各种润滑油和常用机械零部件材料；即使在高温下也不会分解产生有害气体；CO_2 液体在低温下粘性小，流动阻力小，管路尺寸小，对设备材料没有腐蚀，可以直接供冷；对被冷冻冷藏物品（如食品、医药、农作物种子等）无污染，保证物品的品质。以 CO_2 为工质的制冷装置，特别是以 CO_2 作为低温制冷工质，具有很好的发展前景。

第1章　制冷系统及其方案设计

制冷系统是利用外界能量使热量从温度较低的物质（或环境）转移到温度较高的物质（或环境）的系统。制冷系统的类型很多，按所使用的制冷剂种类分为氨制冷系统、氟利昂制冷系统、混合工质制冷系统、二氧化碳制冷系统及空气等工质制冷系统；按工作原理分为机械压缩式、吸收式、蒸气喷射式、热电式、吸附式等制冷系统。机械压缩式制冷系统又称为蒸气压缩式制冷系统，这种系统性能好，效率高，应用最为广泛。本章重点介绍以氨和氟利昂为工质的蒸气压缩式制冷系统。

完整的蒸气压缩式制冷系统应包括制冷剂循环系统，润滑油的添加、排放和处理系统，融霜系统，冷却水循环系统。间接冷却的场合还有载冷剂循环系统。制冷剂循环系统由制冷压缩机、冷凝器、节流阀、蒸发器四个基本部件组成。为了保障制冷系统的安全性、可靠性、经济性和操作的方便，系统还包括辅助设备、仪表、控制器件、阀门和管道等。

制冷剂循环系统由两个主要部分组成：一部分是制冷剂离开节流阀进入蒸发器，经过吸气管到达制冷压缩机吸气阀的回路。这部分管道和设备中制冷剂的压力接近蒸发压力，称为低压系统。它的作用是向蒸发器输送低温液体制冷剂，在蒸发器内蒸发吸收周围环境的热量。低压系统的设备和管道大部分置于库房中，也可称为库房系统。另一部分是指制冷剂从制冷压缩机排气阀经排气管、油分离器、冷凝器、泄液管、储液器、高压输液管到达节流阀的部分回路。这部分管道和设备中的制冷剂压力接近冷凝压力，因此称其为高压系统。高压系统的作用是提高制冷剂压力，通过冷凝器使蒸气冷凝为液体，恢复蒸发吸取冷却对象热量。在高压系统中，制冷剂向周围环境放出热量。在冷库制冷系统中，高压系统的管道和设备大部分置于机器间或室外，因此也称其为机房系统。

1.1　氨高压系统

制冷压缩机从蒸发器吸入低压氨蒸气，经过压缩提高压力后排入高压管，经油分离器除去自压缩机中带出的润滑油，进入冷凝器。在冷凝器中放出氨气中的热量，使得高压氨气冷凝成高压氨液，高压氨液借助重力或压差作用流入高压储液器，从高压储液器出来的氨液经液体分配系统和节流阀送入蒸发器，或经过低压设备送入蒸发器。高压系统可分为三个部分，即压缩部分、冷凝部分和调节部分。

1.1.1　压缩部分

由于食品的冻结和低温储藏温度，工业产品生产工艺对温度的要求，各种空调房间的温、湿度，都有相当大的差距，制冷系统不但适用于单一蒸发温度，而且还应适用于多个不同的蒸发温度。对于较高的蒸发温度可配以单级压缩制冷系统，对于较低的蒸发温度则需要配以双级压缩制冷系统，蒸发温度更低时可采用复叠式制冷系统，当要求有多个高低不同的蒸发温度时，则需要使用单、双级混合系统。

压缩部分主要由制冷压缩机，吸、排气管和双级系统的中间冷却器组成。

1.1.1.1 单级压缩

单级压缩有单级单机压缩和单级多机压缩两种形式。单级单机压缩一般仅适用于单一的蒸发温度系统。如果采用单机承担多个蒸发温度则很不经济，除小型系统和特殊情况之外很少采用这种方案。单级多机压缩适用于负荷变化较大的单一温度场所和多个蒸发温度的系统。

单级单机压缩的制冷管道由吸、排气管和相应的阀门组成，如图 1-1 所示。用于切断制冷压缩机与制冷系统间氨工质通路的有两排阀门，一般称其为双排阀结构。双排阀的用途有三个方面，其一是便于更换制冷压缩机，减少或完全消除氨制冷剂的泄漏；其二是对单向阀的保护作用，单向阀是自动元件，出现故障的可能性较大，双排阀结构可使得更换单向阀更容易；其三是为反向工作管道的设置提供了可能性。

单向阀是用来防止排气管中的氨液倒流，并且可以简化制冷压缩机操作而专门设置的。在制冷压缩机长期停止工作期间，排气管中的氨气在环境温度较低的条件下会冷凝成氨液，下次开机时氨液经排气阀进入制冷压缩机。简化压缩机操作是指在制冷压缩机起动之前可以开启排气阀，避免起动与开启排气阀两个操作过程在时间上的重合。

在图 1-1 中交叉于吸、排气管上排阀之间的阀门称为反向工作阀。反向工作就是通过制冷压缩机吸排气阀的调换，将高压系统的氨气输送到低压系统，使高压系统形成真空，以便对高压系统的管道和设备进行检修。这里应该注意的是，利用反向工作将高压储液器中的氨液送入低压系统是相当困难的，因此，在进行反向工作之前应首先利用输液管，将高压系统中的氨液全部送入低压系统。

单级多机压缩实际上是多台制冷压缩机的并联，对于多蒸发温度系统只是排气管的并联，如图 1-2 所示。每一台制冷压缩机承担一个蒸发温度，考虑到各蒸发温度系统的制冷压缩机出现故障时不影响该系统降温，在回气管上设置了吸气互换阀，通过此阀每一台制冷压缩机不但可承担本蒸发温度系统的降温，在特殊情况下，也可以承担其他蒸发温度系统的工作。这不但提高了制冷系统的可靠性，而且增加了制冷机调度的灵活性。

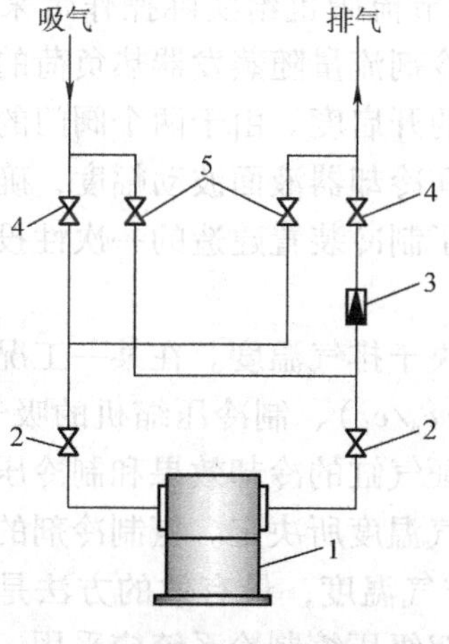

图 1-1　单级单机压缩部分

1—制冷压缩机　2—本机阀

3—单向阀　4—上排阀　5—反向工作阀

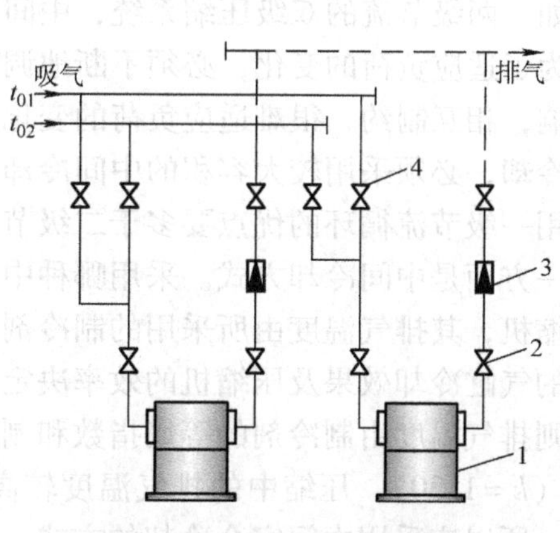

图 1-2　单级多机压缩部分

1—压缩机　2—本机阀

3—单向阀　4—上排阀

制冷压缩机有自动调节排气压力的功能，各台压缩机的排气管可接于同一条排气总管上。虽然吸气压力不同，却可以以同样的排气压力工作，使整个系统只有一个冷凝压力和冷凝温度，从而简化系统，并减少设备。

1.1.1.2 双级压缩

制冷压缩机的工作效率受工作工况的影响，在比较恶劣的条件下，单级压缩效率降低，甚至不能达到要求的温度，其原因如下：

1）制冷压缩机制冷量与蒸发温度、冷凝温度密切相关。当蒸发温度降低，冷凝温度升高时，制冷量将大幅度降低，在较低的蒸发温度下，制冷压缩机的吸气比体积增大，在制冷压缩机固有余隙容积的影响下使得实际输气量 $V_s=0$。这时制冷压缩机会失去制冷能力。

2）较低的蒸发温度和较高的冷凝温度会导致压缩机产生过高的排气温度。由压—焓图可知，蒸发温度越低，通过吸气状态点的等熵线越趋于平坦，等熵线与冷凝压力等压线的交点温度值越大。过高的排气温度可使制冷剂和润滑油分解，部分润滑油炭化，这将严重影响压缩机的正常工作。

3）蒸发温度降低，冷凝温度升高，使得制取单位冷量的功耗大幅度增加，制冷装置的性能系数显著减小。

4）随着蒸发温度降低，冷凝温度升高，冷凝压力与蒸发压力的差值（p_k-p_0）增大，甚至超过制冷压缩机的限定工作条件，压缩机处于危险的工作状态，随时都可能发生事故。

确保制冷压缩机在安全、可靠的条件下工作，并尽可能提高工作效率，氨活塞式制冷压缩机当 $p_k/p_0>8$ 时就应采用双级压缩。双级压缩制冷循环主要有两级节流循环和一级节流循环两种形式。在这两种循环中，又有中间完全冷却和中间不完全冷却两种方式。氨制冷剂应采用哪种形式，需要通过分析确定。

首先分析节流次数。节流次数越多，节流损失越小，制冷循环的制冷系数越高。但多级节流循环所组成的制冷系统比较复杂。例如，一个三级节流的制冷系统需要有三台制冷压缩机、两个中间容器、三个节流阀件。多级节流系统过多的节流阀也给实际操作带来许多不便。例如，两级节流的双级压缩系统，中间冷却器中的制冷剂流量随蒸发器热负荷的变化而变化，为了适应负荷的变化，必须不断地调节两个节流阀的开启度。由于两个阀门的开启度相互影响，相互制约，很难适应负荷的变化，为了降低中间冷却器液面波动幅度，确保较好的中间冷却，必须采用较大容积的中间冷却器，从而增加了制冷装置建造的一次性投资。因此，采用一级节流循环的优点要多于二级节流方式。

另一方面是中间冷却方式。采用哪种中间冷却方式取决于排气温度。在某一工况工作的制冷压缩机，其排气温度由所采用的制冷剂等熵指数（$\kappa=c_p/c_V$）、制冷压缩机的吸气温度、压缩机的气缸冷却效果及压缩机的效率决定。如果能够保证气缸的冷却效果和制冷压缩机的效率，则排气温度由制冷剂的等熵指数和制冷压缩机的吸气温度所决定。氨制冷剂的等熵指数较高（$k=1.30$），压缩中的排气温度较高。为了降低排气温度，最有效的方法是降低吸气温度，所以应采用中间完全冷却的方式。综上所述，氨双级压缩制冷系统应采用一次节流中间完全冷却的方式。

双级压缩制冷系统由单机双级制冷压缩机或配组式双级制冷压缩机及中间冷却器组成，如图1-3、图1-4所示。低压级制冷压缩机自低压设备吸入低压蒸气，经压缩排入中间冷却器并被冷却为具有中间压力的饱和蒸气，然后由高压级压缩机吸入，再次压缩后排入油分离器。

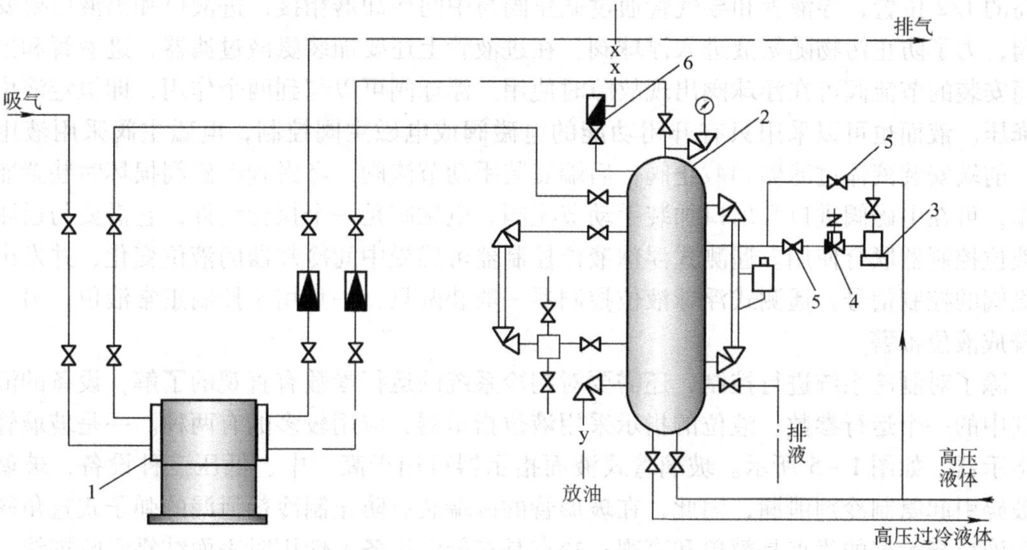

图 1－3　单机双级机压缩部分

1—制冷压缩机　2—中间冷却器　3—过滤器　4—电磁主阀　5—节流阀　6—安全阀

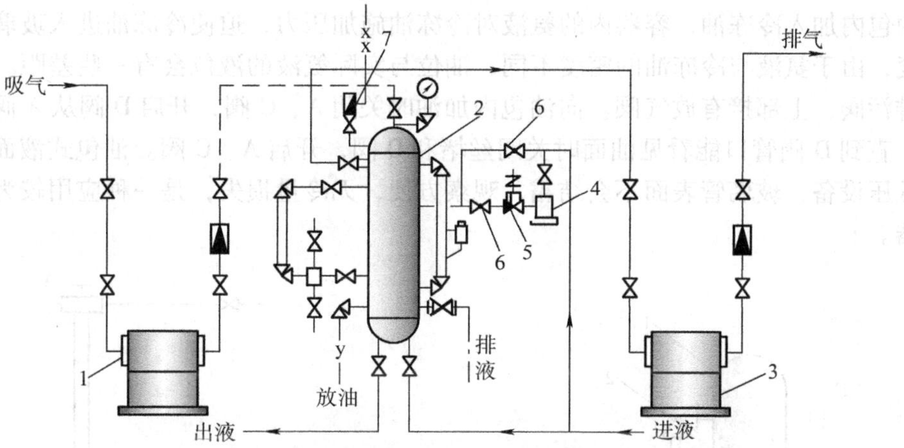

图 1－4　配组式双级机压缩部分

1—低压级制冷压缩机　2—中间冷却器　3—高压压缩机　4—过滤器　5—电磁主阀　6—节流阀　7—安全阀

在中间冷却器中，用来冷却低压级排气的冷却液体是由高压储液器供给的，它的一部分经节流阀节流后进入中间冷却器，作为冷却低压级排气的冷源；另一部分进入中间冷却器的蛇形盘管，降温后送往液体分配站。双级压缩系统的中间冷却器有三个作用，第一是降低低压级压缩机的排气温度；第二是使高压液体在节流前得到过冷，以提高低压级制冷压缩机的制冷能力，减少节流过程产生的闪发气体；第三是将低压级制冷压缩机带出的润滑油，通过改变流向、降低流速、洗涤和降温作用分离出来，并通过放油管排出。

要承担上述三个作用，中间冷却器上必须设置液位恒定装置。在简易制冷装置中，可采用一只普通节流阀，人工调节向中间冷却器的供液量。这种简单的方法在负荷变化大的制冷装置中需要经常改变节流阀的开启度，给调节过程增添了许多麻烦，现在已很少采用。机械式的浮球阀可自动调节向中间冷却器的供液量，并恒定液面。浮球阀应安装于中间冷却器桶身高的1/2位置，导液管和导气管通过截止阀与中间冷却器相接，进液口和出液口要安装截止阀，为了防止污物随氨液进入浮球阀，在进液管上还要加装氨液过滤器，进液管和出液管之间安装的节流阀可在浮球阀出现故障时使用。浮球阀可以起到两个作用，即恒定液位和节流降压。液面也可以采用只有开闭功能的电磁阀或电磁主阀控制，电磁主阀采用液用常闭型，前端安装液体过滤器和截止阀，后端安装手动节流阀，考虑到电磁阀损坏时装置能正常工作，可在电磁阀进口和出口加装手动节流阀。电磁阀是一个执行元件，它需要与遥测式浮球液位控制器联合使用。遥测式浮球液位控制器可感受中间冷却器的液位变化，并发出开闭电磁阀的控制信号。遥测式浮球液位控制器一般装两只，一只用于控制正常液位，另一只用于警戒液位报警。

除了对制冷系统进行控制，还需要对制冷系统的运行参数有直观的了解，设备的液位就是其中的一个运行参数。液位的指示采用液位指示器，应用较多的有两种。一是玻璃管式液面指示器，如图1－5所示。玻璃管式液面指示器可用于高、中、低压三种设备，玻璃管极易破碎引起氨制冷剂泄漏，因此，在玻璃管的两端装有防止制冷剂泄漏的弹子式直角阀。玻璃管液位指示器的优点是简单和直观；缺点是在低温设备上使用时表面结霜影响视线，同时通过玻璃管有冷量损失，玻璃管极易破碎，有氨制冷剂泄漏的危险。二是油包式液面指示器。在玻璃管液面指示器的基础上增加一个油包就可制成油包式液面指示器，如图1－6所示。油包内加入冷冻油，容器内的氨液对冷冻油施加压力，迫使冷冻油进入玻璃管并指示液位高度，由于氨液与冷冻油的密度不同，油位与实际氨液的液位会有一些差距。油包的下部接有排污阀，上部接有放气阀。向油包内加油时关闭A、C阀，开启D阀从A阀丝堵处缓慢加油，直到D阀管口能看见油面时关闭丝堵和D阀，开启A、C阀。油包式液面指示器用于中、低压设备，玻璃管表面不会结霜，观察方便，无冷量损失，是一种应用较为普遍的液面指示器。

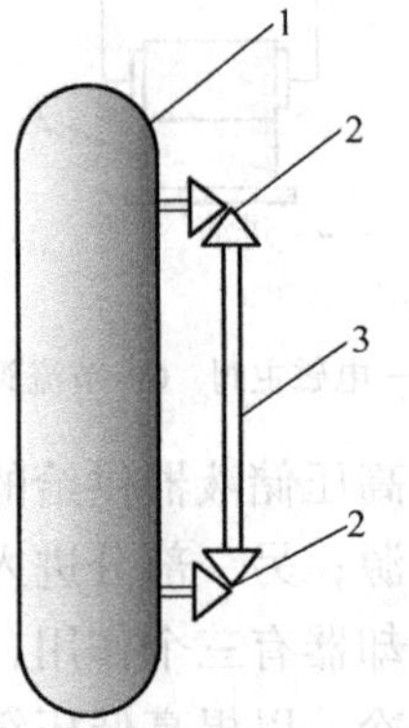

图1－5　玻璃管式液面指示器
1—容器　2—弹子式直角阀　3—玻璃管

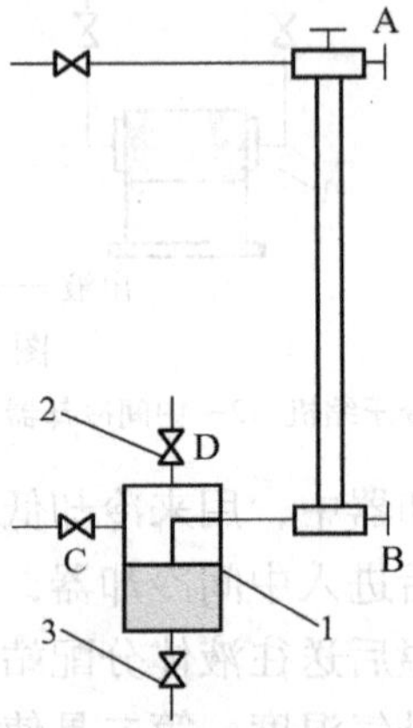

图1－6　油包式液面指示器
1—油包　2—放气阀　3—排污阀

通过中间冷却盘管的高压液体温度在0℃左右，因此应做好隔热处理，减少冷量损失。排液管与系统中的排液桶、低压储液器或循环桶相通，当中间冷却器液位超高时，排泄其中的液体。放油管应接于集油器进油管，用集油器分出其中的氨再将润滑油排出系统。应用安全阀保证容器的安全，中间冷却器的安全阀调定值为1.25MPa（表压），设备上的压力表采用氨专用压力表，最大量程应不小于设备最大工作压力的1.5倍，精度不低于2.5级，压力表应每年校正一次，连接管采用直径为10mm的无缝钢管，前部安装截止阀。

图1-7所示是具有三个蒸发温度的压缩部分设计方案。其中，单级制冷压缩机1用于-15℃蒸发回路，配组式双级压缩机2和3用于-28℃蒸发回路，单机双级制冷压缩机4用于-33℃蒸发回路。为了使一机多用，调配灵活，方案中的压缩机1和2可以互换使用，-28℃与-33℃蒸发回路通过过桥阀实际混打（“混打”是制冷行业内对制冷系统各蒸发温度合并的一种称谓）。

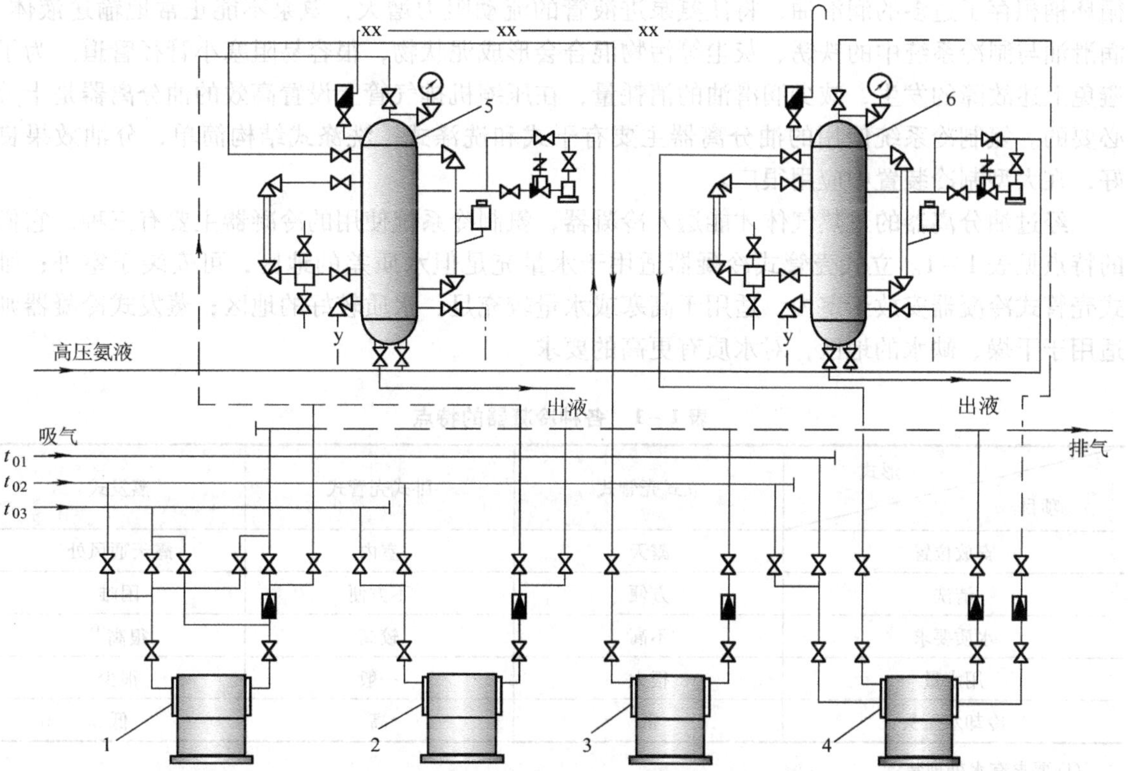

图1-7 具有三个蒸发温度的压缩部分设计方案

1—单级制冷压缩机 2、3—配组式双级压缩机 4—单机双级制冷压缩机 5、6—中间冷却器

确定双级压缩方案时，是采用单机双级压缩机还是采用配组式双级压缩机要根据具体情况确定。单机双级压缩机可节省机房面积及制冷管道，方便操作，但制冷压缩机的高低压容积比$\xi = V_{gp}/V_{dp}$是固定的，只有0.5和0.33两种。配组式双级压缩机则比较灵活，可根据实际需要选用不同系列、不同规格的制冷压缩机实现多种高低压容积比，适用各种特殊需要。

1.1.2 冷凝部分

1.1.2.1 冷凝部分的组成

制冷压缩机内部有供各运动部件润滑的油路系统，这些润滑油可起到四个作用：一是对运动部件的润滑；二是对运动部件的冷却；三是活塞与气缸间的润滑与密封作用；四是利用润滑油的压力实现制冷压缩机的能量调节。润滑油提供了制冷压缩机正常工作的保证，却影响制冷系统的高效工作。制冷压缩机中高速流动的气体，将内部循环流动的润滑油带出，系统在润滑油的影响下产生了许多不良的后果。

制冷系统中换热器的换热表面极易形成一层影响传热的油膜，特别是蒸发器，其中较低的制冷剂温度使润滑油有更大的粘度并厚厚地粘附于管内表面，严重地影响了热量的传递。在下进上出供液的蒸发器中，制冷剂将润滑油不断带入，又不可能完全通过回气管排出，天长日久越积越多，使蒸发器的有效面积减小，蒸发器失去制冷能力。蒸发器和低压设备的温度和压力都很低，积存的润滑油粘度大，流动性差，排放相当困难。在氨泵供液系统中，当循环桶积存了过多的润滑油，将使氨泵进液管的流动阻力增大，氨泵不能正常地输送液体。润滑油与制冷系统中的铁锈、灰尘等污物混合会形成泥状物，很容易阻塞小管径管道。为了避免上述故障的发生，减少润滑油的消耗量，在压缩机排气管上设置高效的油分离器是十分必要的。氨制冷系统使用的油分离器主要有干式和洗涤式，洗涤式结构简单，分油效果良好，在大型制冷装置中应用很广。

经过油分离器的过热气体才能送入冷凝器，氨制冷系统使用的冷凝器主要有三种，它们的特点见表1－1。立式壳管式冷凝器适用于水量充足但水质差的地区，可安装于室外；卧式壳管式冷凝器安放于室内，适用于高寒或水量较充足、水质较好的地区；蒸发式冷凝器则适用于干燥、缺水的地区，对水质有更高的要求。

表1－1　各种冷凝器的特点

项目＼形式	立式壳管式	卧式壳管式	蒸发式
安放位置	露天	室内	露天通风处
清洗	方便	不方便	困难
水质要求	不高	较高	很高①
用水量	很大	一般	很少
冷却水压头	低	高	低

① 要求有水处理装置。

在大型制冷系统中，制冷压缩机在变化的蒸发器负荷下工作，负荷较小时需要减少蒸发器的供液量，负荷大时则需要增大供液量，对于经验不足的操作者可能将高压的气体输送至蒸发器使高低压系统串通，蒸发器出现热气除霜的效果。如果冷凝器内储存过多的氨液，虽然能应付较大范围的负荷变化，但会占去冷凝器有效的冷凝面积。所以，在冷凝器后设置一个专用的氨储液器是必要的，这个设备称为高压储液器。高压储液器的容积大小应根据制冷系统正常的氨液循环量及负荷变化情况确定。由上面的分析可知，高压储液器至少有以下四种用途：第一是根据负荷变化调节蒸发器中制冷剂的盈亏；第二是可以避免在冷凝器中积存液体，确保冷凝面积的有效使用；第三是液封作用，防止高压气体串流至低压系统；第四是在系统检修时用于储存系统中的大部分氨液，给维修工作带来方便。

综上所述，冷凝部分主要由油分离器、冷凝器、高压储液器三个设备和相应的管道、阀件组成。氨制冷剂有较强的毒性和刺激性气味，制冷系统中的不凝性气体不能直接向大气排放，需要设置氨和不凝性气体的专用分离系统，这个系统由空气分离器和相应的管道组成。

不凝性气体是在制冷系统的冷凝压力和冷凝温度下不能够凝结的气体，它的成分比较复杂，主要由氧、氮、氢、氯、水蒸气、油气、碳氢化合物等混合组成，其来源可综合为以下几个方面：

1）系统充氨前没有足够的真空度，有残余的空气，充氨后保留于系统中。

2）低压系统有与外界连通的孔洞，当系统在负压下工作时将外界空气吸入系统。

3）检修压缩机后没有进行排空而直接并入系统工作，或加油时由加油口将空气带入系统。

4）过高的排气温度使润滑油和制冷剂在高温下分解产生气体，或氨液和润滑油含杂质较多。

5）氨对制冷系统设备、管道有腐蚀作用，在化学作用中产生的气体。

不凝性气体存在于系统中有很多危害。不凝性气体经常聚集在冷凝器内，占据冷凝器的部分容积，等于减少了冷凝器的换热面积，使冷凝压力升高，冷凝负荷增大，制冷装置的制冷量下降，功耗增加。由于空气的等熵指数大于氨气的等熵指数，当制冷压缩机压缩氨气与不凝性气体的混合物时，排气温度便随之升高，于是，加速了润滑油的炭化和分解，导致系统产生更多的不凝性气体。不凝性气体的存在促使氨制冷剂对制冷系统的管道和设备产生腐蚀作用，加速润滑油的氧化和老化，这同样会促使产生更多的不凝性气体。

由高压储液器的液封作用和制冷压缩机的单向抽气作用可知，制冷系统中的不凝性气体主要集聚于冷凝器和高压储液器之中，当停止制冷系统工作时，可以通过空气分离器排放系统中的不凝性气体。

1.1.2.2　*冷凝部分的管道设计*

图1－8所示是立式壳管式冷凝器的冷凝部分。制冷压缩机的排气进入洗涤式油分离器1，排气中混有的绝大部分润滑油被分离，并沉积于油分离器下部。氨气进入立式冷凝器2，由管内流过的冷却水带走大部分热量使氨气冷凝为氨液，在重力作用下一小部分送入洗涤式

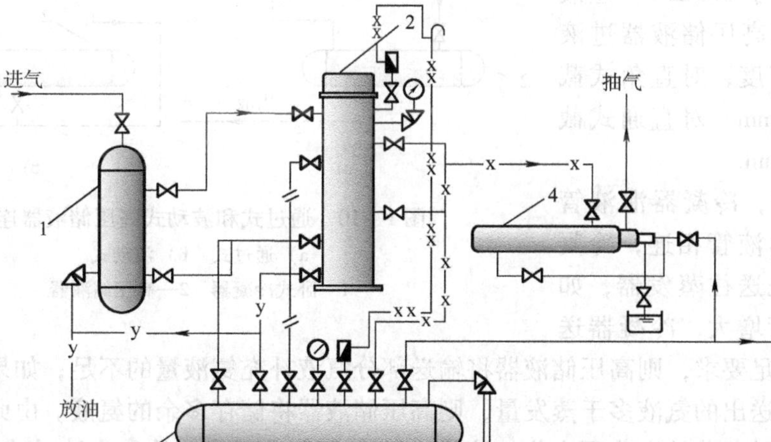

图1－8　立式壳管式冷凝器的冷凝部分

1—洗涤式油分离器　2—立式冷凝器　3—高压储液器　4—空气分离器

油分离器下部并维持一定液位，另一大部分进入高压储液器3，然后根据蒸发器负荷的变化，将适量的氨液输送至低压设备。

为了确保冷凝部分正常高效地工作，在设计过程中需解决好以下几方面的问题：

(1) 洗涤式油分离器与冷凝器泄液管的连接　洗涤式油分离器内保持恒定的液面高度，才能使氨气与氨液有充分接触的机会，以获得最好的分油效果。过高的液面虽有较理想的分油效果，却会增加对氨气的阻力，导致排气压力升高。因此，需要通过高差和管道的合理设计提供最佳的液面高度。关于洗涤式油分离器与冷凝器间的高差问题将在以后的章节中介绍。

冷凝器泄液管与洗涤式油分离器进液管的正确连接有两种方法，如图1－9所示。其中在冷凝器泄液管与洗涤式油分离器进液管的连接部位安装集液包是理想的。洗涤式油分离器的进液管绝不能从冷凝器水平泄液管的上部或立管的侧面接出，因为在氨制冷剂循环量较小的时候，泄液管内并不是满管流，立管中的氨液只有向下流动的趋势，转弯的可能性很小。

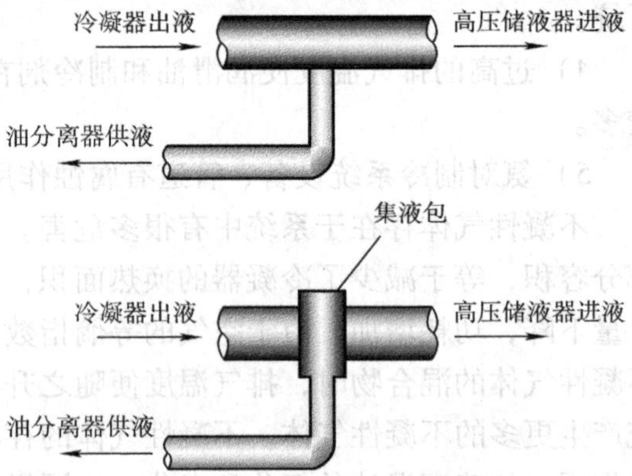

图1－9　洗涤式油分离器进液管的正确连接方法

(2) 冷凝器泄液管与高压储液器进液管的连接　连接方式有两种，一种称为通过式，另一种称为波动式，如图1－10所示。在通过式中，冷凝器中的氨液靠重力首先进入高压储液器，通过高压储液器再将氨液输送至低压设备。对于通过式，冷凝器与高压储液器之间的均压管可有可无。当不使用均压管时，冷凝器中的氨液进入储液器的同时必须有气体自高压储液器通过泄液管进入冷凝器。为了确保氨液顺畅地进入高压储液器，应选择足够大的泄液管径，管内氨流速不大于0.5m/s；泄液管的水平管段距高压储液器进液截止阀入口的高度，对直角式截止阀应大于400mm，对直通式截止阀应大于700mm。

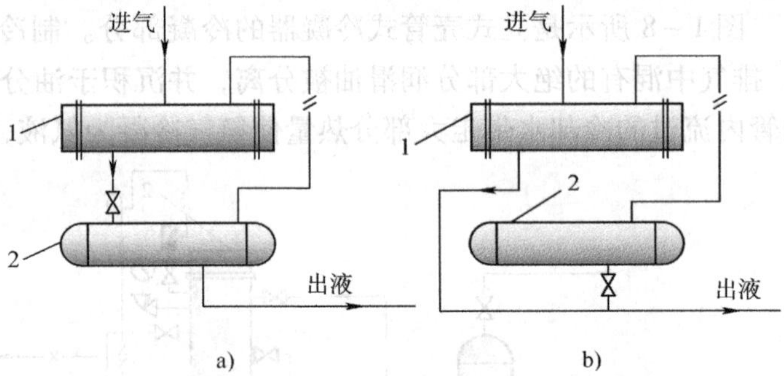

图1－10　通过式和波动式高压储液器连接
a) 通过式　b) 波动式
1—卧式冷凝器　2—高压储液器

在波动式中，冷凝器泄液管与高压储液器出液管相连，冷凝器中的氨液首先送往蒸发器，如果蒸发器的负荷增大，冷凝器送出的氨液不能满足要求，则高压储液器将输送部分氨液补充氨液量的不足；如果蒸发器的负荷减小，冷凝器送出的氨液多于蒸发量，则高压储液器将储存多余的氨液。由此可见，高压储液器的储液量随负荷的变化而变化，液位也随之上升或下降，故称为波动式。波动式中，冷凝器与高压储液器间的均压管不可省略，否则氨液不能进出高压储液器。

波动式的设计思想是基于水冷式冷凝器出来的氨液有1～3℃的过冷度。在温度较高的环境下，冷凝器中的氨液直接进入高压储液器可能会失去过冷度，这对于制冷装置运转的经济性有很大的影响。

（3）多台油分离器、冷凝器和高压储液器的连接　采用多台油分离器和多台冷凝器时，考虑到充分发挥每台设备的作用和方便管道连接，应选用同一类型和同一规格的设备，并应考虑两种设备的合理台数匹配，使管道连接更短，每台设备都有对制冷剂均衡的阻力。图1－11所示是其中一个例子，三台同规格的立式冷凝器、两台同一形式和规格的油分离器，使管路连接非常便捷。

选用不同规格的冷凝器，对于冷凝器向高压储液器顺畅泄液也有影响，如图1－12所示。两台规格不同的卧式壳管式冷凝器，进气口的压力是相等的，由于对氨制冷剂的阻力不同，在氨液出口位置压力出现了差异，假设一台冷凝器出口压力为p_1，另一台为p_2，$p_1>p_2$，则前者内部的液体可很顺利地进入高压储液器，后者内部必然要积存部分液体，使得出液口的压力接近p_1，由此造成这台冷凝器不能发挥全部作用，部分冷凝面积被浪费。

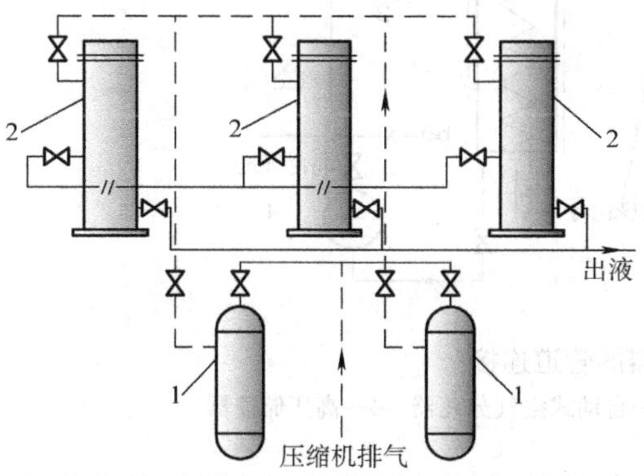

图1－11　多台油分和多台冷凝器的连接
1—油分离器　2—立式冷凝器

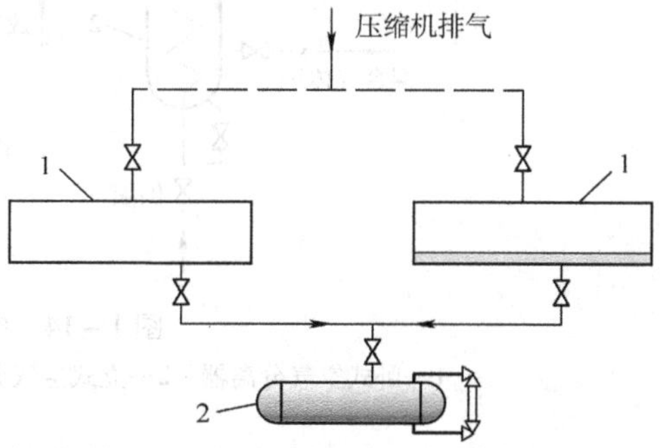

图1－12　不同规格的卧式壳管式冷凝器并联所产生的问题
1—卧式壳管式冷凝器　2—高压储液器

多台储液器并联需要连接均液管和均气管，如图1－13所示。

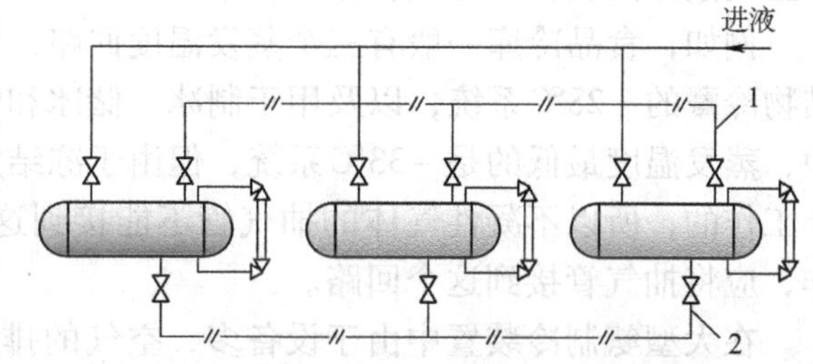

图1－13　多台高压储液器的连接
1—气体均压管　2—液体均压管

（4）不凝性气体的排放管路　由前所述，不凝性气体只可能聚集于冷凝器和高压储液器中，不凝性气体可以从这两个设备中排出系统。由于不凝性气体的组成成分多，有的成分密度小于氨，有的则大于氨，考虑到不凝性气体在设备中的聚集部位，特别是在高度较大的立式冷凝器中，不凝性气体主要集中于上部和中部，所以在立式冷凝器的上部和中部分别设置了一个不凝性气体的排出口。

不凝性气体应通过空气分离器排往大气，空气分离器有卧式（四重管式）、立式和自动式三种，外部管道连接如图1－14所示。由高压储液器供给的氨液经节流降温后送入卧式空气分离器的最里面一层和与其相通的第三层。立式空气分离器是冷却盘管（管程），在其中吸热蒸发并转变为饱和气体并由抽气管排出。由高压储液器和冷凝器排出的不凝性气体与氨液的混合气体送入卧式空气分离器的第四层和第二层。立式空气分离器为壳与管间（壳程），释放热量使氨气冷凝为氨液并沉积于卧式冷凝器的第四层。立式空气分离器为桶体下部，冷凝液通过一个节流阀送回到供液管，分离出的不凝性气体由卧式空气分离器的第二层排出，立式空气分离器的不凝性气体由桶体上部的排出管排出系统。排出的不凝性气体必须经过水的过滤，吸收未分离干净的氨气后才可排往大气。

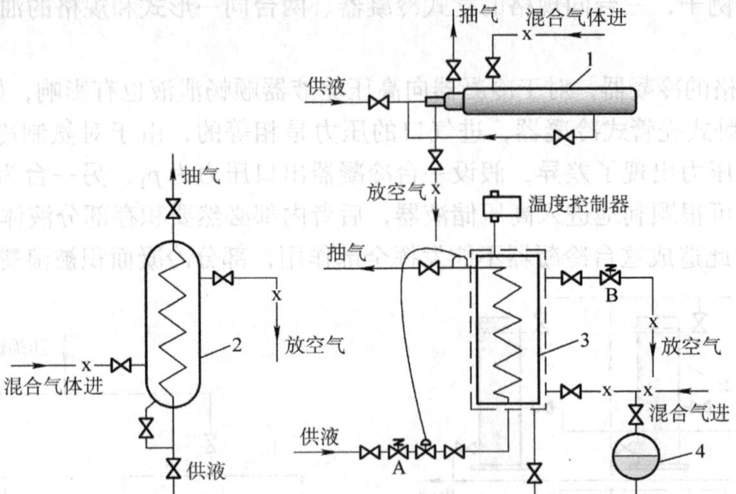

图 1－14　空气分离器的管道连接

1—卧式空气分离器　2—立式空气分离器　3—自动式空气分离器　4—高压储液器

为了更有效地分离氨气与不凝性气体，不凝性气体的排放时间不受制冷系统某蒸发回路工作的影响，防止空气排放过程中由于供液节流阀操作不当使制冷压缩机发生湿压缩或冲缸事故，空气分离器的抽气管应接于制冷系统中蒸发温度较低、负荷较稳定的蒸发回路中，并送至气液分离设备的进气管上。

例如，食品冷库一般有三个蒸发温度回路，即用于冻结食品加工的－33℃系统，用于冻结物冷藏的－28℃系统，以及用于制冰、储冰和鲜活食品储藏的－15℃系统。在这三个回路中，蒸发温度最低的是－33℃系统，但由于冻结加工的季节性很强，这个蒸发回路并不是常年工作的，所以不凝性气体的抽气管不能接到这个回路。－28℃系统温度较低并且常年工作，应将抽气管接到这个回路。

在大型氨制冷装置中由于设备多，空气的排放就变得非常繁琐，劳动强度也大，因此，自动式空气分离器就显示出独特的优点。自动式空气分离器是由立式空气分离器加装自控元件组成的，工作过程是，高压储液器中的氨液经过电磁阀 A，再经热力膨胀阀节流降压后送入空气分离器冷却盘管中并吸热蒸发，饱和气体由抽气管排出，向盘管的供液量由热力膨胀阀控制。混合气体不断地进入空气分离器的桶内，其中的氨气被冷凝成氨液并靠重力流回储液器，不凝性气体聚集于桶体之中。由于不凝性气体聚集量逐渐增加，压力逐渐升高，混合气体进入量随压力的升高而逐渐减小，盘管中的氨液不断蒸发产生冷量，把用来冷凝氨气的冷量，用于不凝性气体的降温。当温度降至－12℃时，空气分离器上安装的温度控制器动作，使电磁阀 B 通电开启，不凝性气体排出系统，这时空气分离器内部压力降低，处于冷凝温度下的混合气体大量涌入空气分离器使桶内温度升高。当温度升至－8℃时，电磁阀 B

关闭，第一次放气过程便结束。

自动式空气分离器与压缩机联动，只要压缩机运转电磁阀A便开启，压缩机停止，电磁阀A也随之关闭。自动式空气分离器在低温下工作，为了避免冷量的损失外壳应保温。为了确保空气分离器壳体内的冷凝液顺畅进入高压储液器，它的安装位置一定要高于高压储液器桶体上表面最高处600mm以上。

冷凝器和高压储液器还应安装放油管、安全管、压力表等辅助管件，以排出其内部积存的润滑油，防止设备由特殊情况引起的超压和方便操作人员观察。

1.1.3 调节部分

调节部分又称调节站，是用来对氨液或氨气进行分配的阀门组。调节站主要有四种：用来分配高压氨液的称为总调节站；用来向系统内充注氨工质的称为加氨站；用来分配蒸发器融霜用热氨的称为热氨站；用来分配低压液体和低压气体的称为分调节站，将氨制冷剂的状态加入名称之中的为液体分调节站和气体分调节站。

1. 总调节站

总调节站的形式有两种，一种称为单阀门组式总调节站，如图1－15所示；另一种为双阀门组式总调节站，如图1－16所示。

单阀门组式总调节站可用于双级系统，也可以用于单级系统，既可用于直接膨胀供液方式，也可用于重力和氨泵供液方式，是一种简单且用途较广的总调节站。来自高压储液器的氨液是制冷系统正常工作的通道。加氨通道用来将氨制冷剂送入制冷系统，热氨融霜过程中产生的冷凝液被储存于排液桶中，这些液体经加压后送往总调节站。氨液的去向多少与制冷系统蒸发温度回路的数量、蒸发器组数和低压设备的数量有关。在直接供液系统中，也将节流阀置于总调节站出液管上。对于重力供液和氨泵供液制冷系统，将总调节站出液管与氨液分离器或循环桶的供液管相连，此时节流阀应位于气液分离设备的供液口位置。

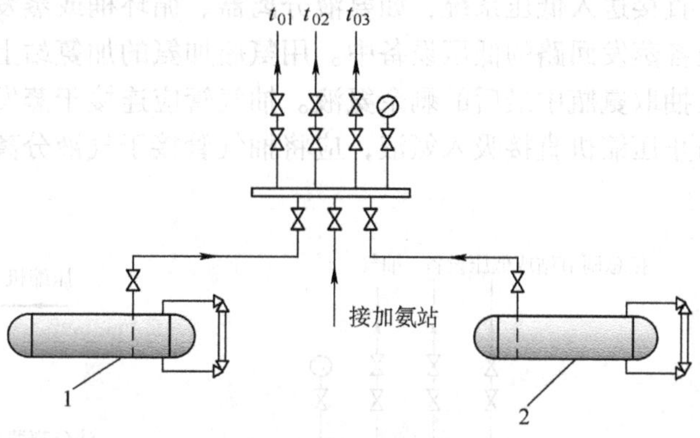

图1－15 单阀门组式总调节站
1—高压储液器 2—排液桶

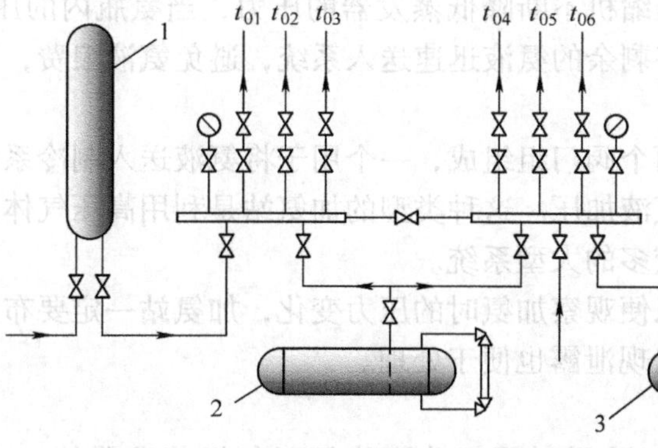

图1－16 双阀门组式总调节站
1—中间冷却器 2—高压储液器 3—排液桶

双阀门组式总调节站只用于单双级混合压缩制冷系统。其中一个阀门组分配高压液体供单级压缩系统使用，氨液的来源和去向与单阀门组式总调节站相同。另一个阀门组用于分配高压过冷液体，氨液的来源有中冷蛇形盘管和排液桶，去向是双级压缩的低压设备。两个阀门组之间通过一个截止阀连接起来，必要时可打开此阀将两阀门组连通。

设置总调节站是基于氨液调度上的方便，在一个多蒸发器的系统中有许多需要经常调节的阀门，为了方便调节而将这些阀门集中起来。近年来，由于自动控制技术的发展，许多需要经常调节的阀门已被自动阀门替代，因此总调节站也可以不用设置。

2. 加氨站

加氨站用于向制冷系统加氨，加氨站有用于氨瓶加氨和氨槽车加氨的两种形式，如图1－17、图1－18所示。用氨瓶加氨的加氨站，氨制冷剂的进管数量视系统的大小确定，较大的系统可多设置几根管，一次可同时设置多只氨瓶，氨瓶与加氨站之间用耐压橡胶管连接，氨瓶倒置于地面成角度放置。氨瓶加氨前后应称取重量以确定加入的氨量。加入的氨液可直接送入低压系统，如氨液分离器、循环桶或蒸发器，也可以送入总调节站，然后再分配至各蒸发回路的低压设备中。用氨瓶加氨的加氨站上应设置抽气管，目的是用制冷压缩机直接抽取氨瓶中最后的剩余氨液。抽气管应连接于蒸发温度低、负荷稳定的蒸发回路中，为了防止压缩机直接吸入氨液，应将抽气管接于气液分离设备的进气管上。

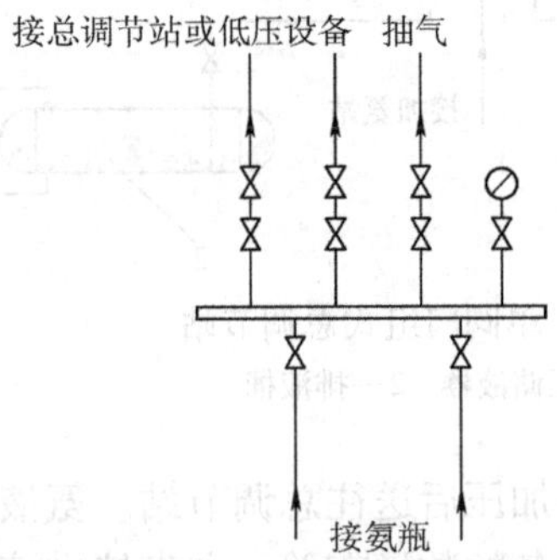

图1－17　用氨瓶加氨的加氨站

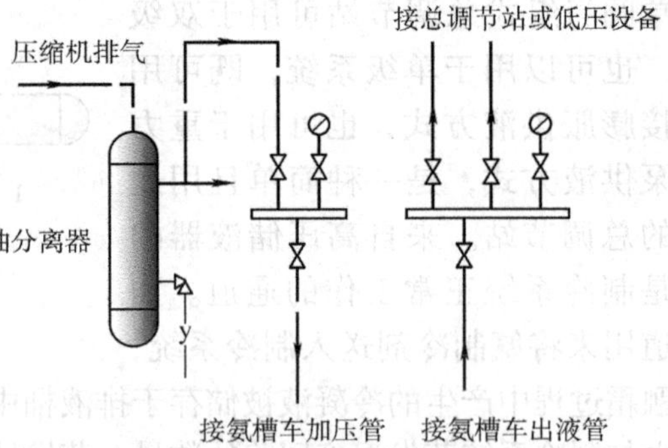

图1－18　用氨槽车加氨的加氨站

加氨过程是利用氨瓶和蒸发器之间所形成的压力差进行的，确保在加氨的整个过程中有足够的压力差，必须开启制冷压缩机不断降低蒸发器的压力，当氨瓶内的压力所剩无几时，加氨的速度会变得很慢，为了将剩余的氨液迅速送入系统，避免氨液浪费，可利用抽气管将氨制冷剂吸入。

用氨槽车加氨的加氨站由两个阀门组组成，一个用于将氨液送入制冷系统；另一个用于输送热氨至氨槽车，给里面的氨液加压。这种类型的加氨站是利用高压气体的压力将氨液压入制冷系统的，适用于灌氨量较多的大型系统。

加氨站上应安装压力表，以便观察加氨时的压力变化，加氨站一定要布置在室外，这样不但接管方便而且加氨时一旦出现泄露也便于处理。

3. 热氨站

热氨站是在蒸发器进行热气除霜时用于分配热氨至各组蒸发器的一个阀门组，如图1－19所示。热氨应引自油分离器的出气管，可避免将润滑油带入蒸发器。热氨站可将热氨输送至各蒸发回路的气体分调节站或直接送到蒸发器。用于融霜的热氨压力不可太高，应控制在0.6～0.9MPa的范围内，避免由于蒸发器的温度较低，突然将高温高压的热氨送入引起蒸发管脆裂；用于融霜的热氨压力也不可太低，否则会降低热气的温度，使融霜时间加长。热氨站应进行保温处理，保温宜采用耐高温、不燃烧的材料。

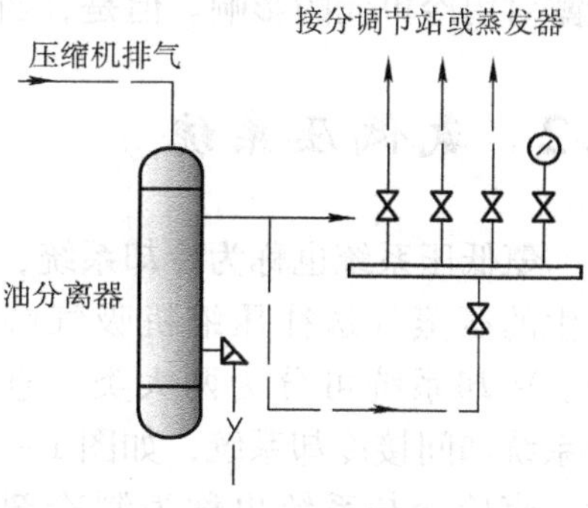

图1－19 热氨站

4. 分调节站

分调节站用于重力供液和氨泵供液系统，有单排阀组和双排阀组两种形式，如图1－20所示。单排阀组仅用于分配低压氨液和收集回气，当系统蒸发器需要热气融霜时需专门设置热氨分配站和回液收集站。双排阀组是将气液分配站与热气回液分配站组合在一起。液体分配站中，下排阀用于制冷时分配低压氨液，上排阀用来收集蒸发器的融霜排液或者用于输送高压气体。气体分调节站用来收集蒸发器回气和分配热氨至各组蒸发器，或收集融霜排液并将其输送至排液桶。

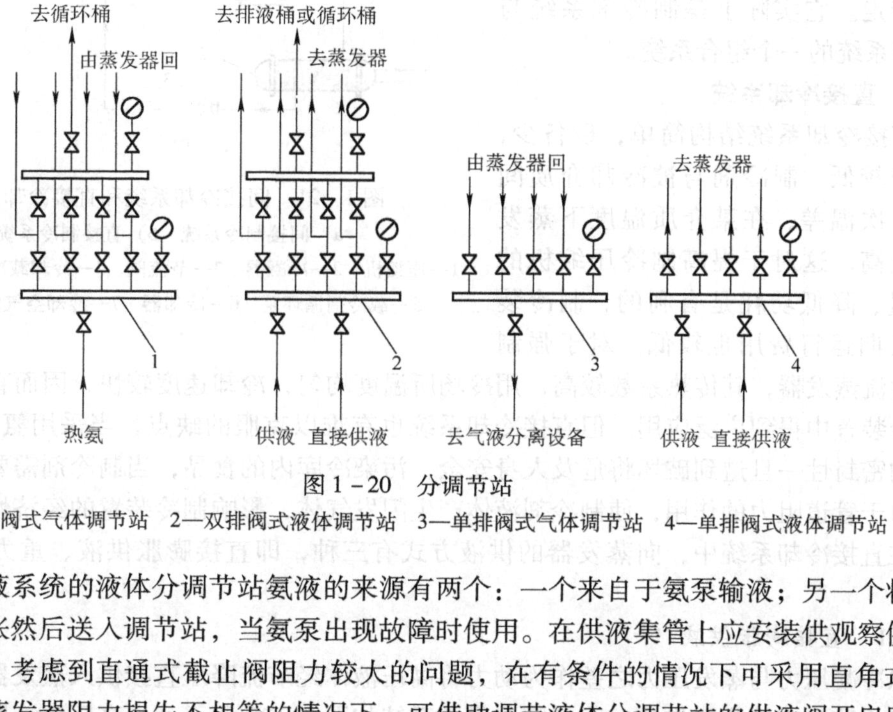

图1－20 分调节站

1—双排阀式气体调节站 2—双排阀式液体调节站 3—单排阀式气体调节站 4—单排阀式液体调节站

氨泵供液系统的液体分调节站氨液的来源有两个：一个来自于氨泵输液；另一个将高压液体直接膨胀然后送入调节站，当氨泵出现故障时使用。在供液集管上应安装供观察供液压力的压力表。考虑到直通式截止阀阻力较大的问题，在有条件的情况下可采用直角式截止阀。在各组蒸发器阻力损失不相等的情况下，可借助调节液体分调节站的供液阀开启度实现对各组蒸发器的均匀供液。

分调节站有集中和分散两种。在重力供液系统中，分调节站是紧靠氨液分离器布置的，属于分散的布置方法。氨泵供液系统中，采用集中和分散布置。分散布置是将分调节站布置于紧靠蒸发器的地方。当蒸发器距离制冷系统其他设备较远时可以节省大量管材，但给操作带来了不便。另外，必须设置调节站专用建筑。集中布置适用于蒸发器距制冷系统其他设备较近的场合，系统调节灵活、方便。所有的阀门都置于机房内和机房外，避免了氨制冷剂的泄露对用冷单元的影响。但是，当蒸发器距机房较远时，其管材耗量远比分散布置多。

1.2 氨低压系统

氨低压系统也称为冷却系统，它是将高压氨液节流降压后送往蒸发器制冷，并将蒸发器产生的氨蒸气送往压缩机吸气端的部分。冷却系统可分为两大类，直接冷却系统和间接冷却系统，如图1－21所示。直接冷却系统也称为制冷剂直接蒸发系统，它是用制冷剂直接冷却空气，也就是制冷剂在蒸发器内通过间壁直接吸取外部环境热量而蒸发。间接冷却系统也称为载冷剂间接冷却系统，它是将低温物体或冷库中的热量通过载冷剂传给蒸发器，再由制冷剂蒸发带走。它实际上是制冷剂系统与载冷剂系统的一个组合系统。

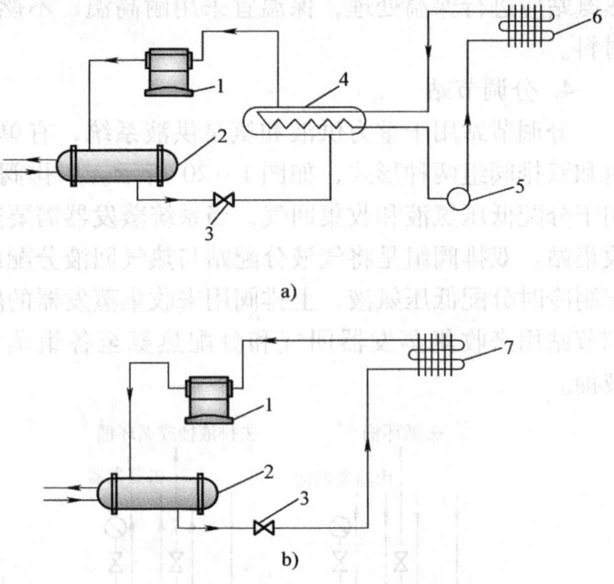

图1－21 间接冷却系统和直接冷却系统

a）间接制冷系统 b）直接制冷系统

1—压缩机 2—冷凝器 3—节流阀 4—冷却载冷剂的蒸发器 5—载冷剂循环泵 6—冷却器 7—冷却空气的蒸发器

1.2.1 直接冷却系统

直接冷却系统结构简单，设备少，初投资较低。制冷剂与被冷却介质间只有一次温差，在某介质温度下蒸发温度较高，这对于提高制冷压缩机的制冷量、降低功耗是有利的，制冷装置的长期运行费用也较低。对于强制空气对流蒸发器，其传热系数较高，用冷场所温度均匀，冷却速度较快，因而直接冷却系统在制冷装置中得到广泛应用。但直接冷却系统也有难以克服的缺点，当采用氨为制冷剂时，系统的密封性一旦遭到破坏将危及人身安全，污染冷库内的食品，当制冷剂需要远距离输送时，由于管道阻力的作用，使制冷剂液体产生闪发气体，影响制冷装置的经济性。

在直接冷却系统中，向蒸发器的供液方式有三种，即直接膨胀供液、重力供液和氨泵供液。

1.2.1.1 直接膨胀供液

以冷凝压力与蒸发压力之差作为动力将高压液体经节流降压直接供入蒸发器蒸发制冷的供液方式称为直接膨胀供液。直接膨胀供液系统如图1－22所示。自高压储液器出来的高压液体经调节站上的节流阀节流降压后送往各组蒸发器，在蒸发器中吸热蒸发转化为气体，蒸气通过气体调节站直接送入压缩机吸入口。

1. 直接膨胀供液系统的优点

1）利用高压液体的能量，减少无功损耗，除压缩机外不再需要其他动力。

2）可利用一台压缩机负担几个蒸发温度，这是其他系统无法完成的。

3）设备少，系统简单，一次投资低于其他系统。

2. 直接膨胀供液系统的缺点

1）高压液体在节流过程中产生的闪发气体也送入蒸发器，影响传热效果，蒸发器的实际利用面积减少。

2）当蒸发器负荷发生变化或向蒸发器的供液量与蒸发量的平衡关系严重失调时，制冷压缩机极易发生湿行程，或造成降温困难、回气过热、压缩机排气温度升高。

3）供液量受冷凝压力和蒸发压力差值变化的影响，当采用热力膨胀阀自动调节供液量时，也会因为环境温度的大幅度变化引起供液量失调。

4）对于多组高度不同的蒸发器，由于直立液体管中的闪发气体主要集中于液体的上部，促使其向上流动，闪发气体集中于最上部的蒸发器致使供液不均，如图 1－23 所示。

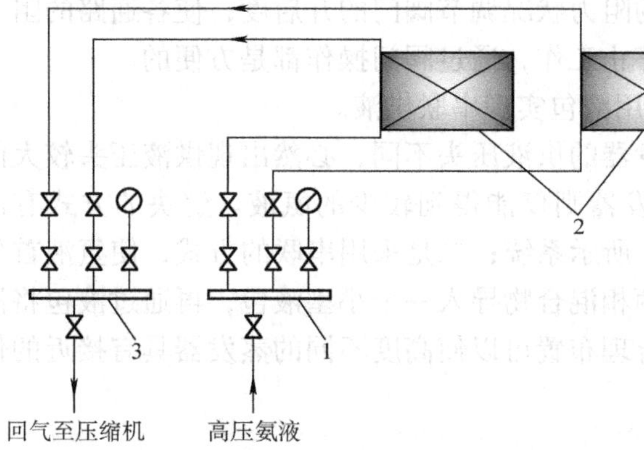

图 1－22　直接膨胀供液系统

1—液体调节站　2—蒸发器　3—气体调节站

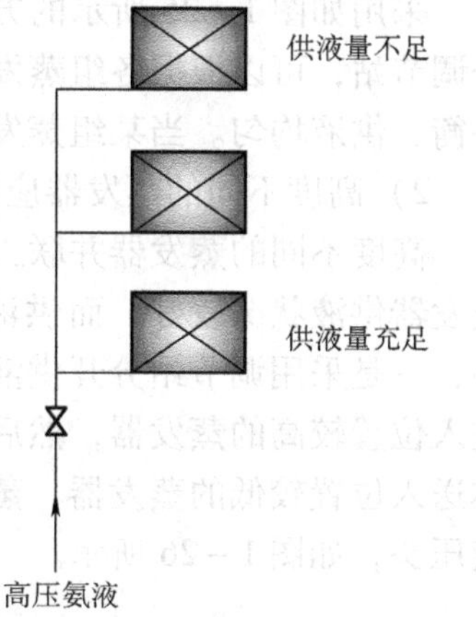

图 1－23　不同高度蒸发器的供液

5）在采用手动节流阀的系统中，操作人员必须随时根据负荷变化改变节流阀的开启度，增加了工人的劳动强度。

由于直接膨胀供液系统具有上述缺点，因此目前仅用于负荷稳定的小型装置中，或其他供液方式中作为备用，只在主供液系统出现故障时短期使用。

1.2.1.2　重力供液

将氨液输送到高于蒸发器的氨液分离器中，氨液靠本身的重力输送至蒸发器的制冷系统称为重力供液系统，如图 1－24 所示。高压氨液被供入高于蒸发器的氨液分离器，在节流过程中产生的闪发气体被分离，气体集中于氨液分离器上部，液体则沉积于下部（液体的密度用 ρ_L 表示），在高差 H_1 的作用下，氨液进入蒸发器吸收热量 Q（Q 值是变化的，图中用斜箭头表示），产生的气体夹杂着液滴经回气管进入氨液分离器（蒸发器内气液混合物的密度用 ρ_{Lg} 表示），气液再次分离，液体下沉，气体与节流所产生的闪发气

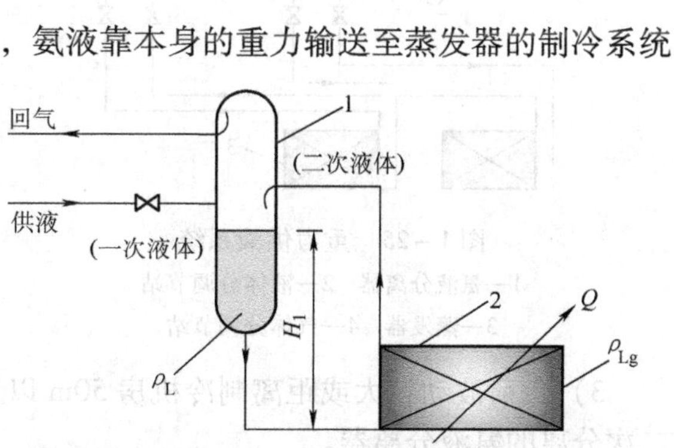

图 1－24　重力供液系统原理图

1—氨液分离器　2—蒸发器

体一同被压缩机吸走。

1. 设计要点

1）采用一台氨液分离器向多组蒸发器供液，需设置气、液分调节站。

多蒸发器以并联的形式由一台氨液分离器供液，由于各组蒸发器的蒸发管长度、弯头数量和管径不同，各组蒸发器的供液量是不均衡的。另外，各组蒸发器的使用情况也是不同的，在某种情况下，如果不需要使用某组蒸发器，将导致整个系统受到影响，即使在某组蒸发器的供液管和回气管路上设置关闭阀，也会因为这组蒸发器的停止工作而影响其他蒸发器的供液量。当考虑蒸发器的热气融霜时，问题便更加突出，因为如果所有系统的蒸发器同时热气融霜，制冷压缩机就没有吸气，也就没有热气用于融霜。

采用如图 1－25 所示的方案，在氨液分离器的出液和进气管道上设置专用的液体和气体分调节站，可以根据各组蒸发器及其进出管的阻力状况调节阀门的开启度，使各通路的阻力平衡，供液均匀。当某组蒸发器需要融霜或停止工作，通过阀门操作都是方便的。

2）高度不同的蒸发器应该分开供液或采用液包实现串联供液。

高度不同的蒸发器并联工作时，各组蒸发器的供液压头不同，必然出现供液压头较大的蒸发器供液状况较好，而供液压头较小的蒸发器则仅能得到较少的氨液。解决的方式有两种，一是采用调节站分开供液，类似图 1－25 所示系统；二是采用串联的方式，使氨液首先进入位置较高的蒸发器，然后将回气管中的两相混合物导入一个小型液包，再通过液包将液体送入位置较低的蒸发器，蒸发器和液包的合理布置可以使高度不同的蒸发器具有接近的供液压头，如图 1－26 所示。

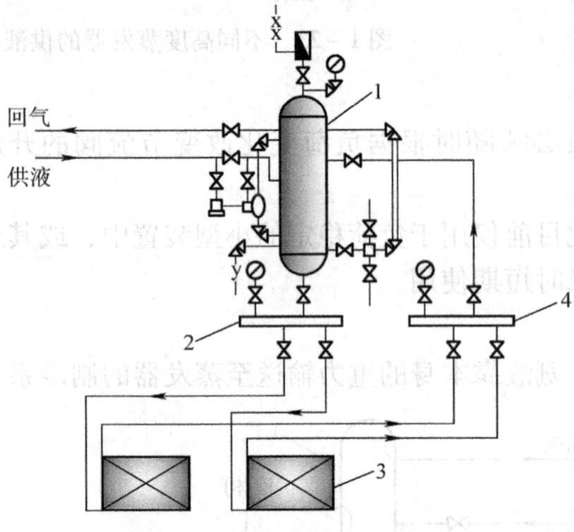

图 1－25　重力供液系统

1—氨液分离器　2—液体分调节站

3—蒸发器　4—气体分调节站

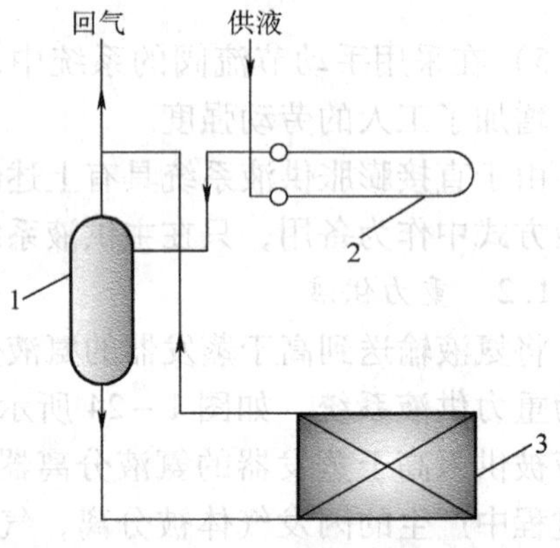

图 1－26　高度不同的蒸发器的管路连接

1—液包　2—顶排管　3—墙排管

3）负荷波动较大或距离制冷机房 50m 以上的蒸发器，还应在制冷机房内设置供气、液二次分离的氨液分离器。

在图 1－24 所示的重力供液系统中，高压液体经节流阀节流降压后送入氨液分离器，这称为进入氨液分离器的一次液体。由重力作用送入蒸发器的氨液蒸发后形成的气体夹带着一些液体通过回气管也返回到氨液分离器之中，这部分液体称为二次液体，此时蒸发器供液的

液柱高度是 H_1，库房的热负荷 Q 随时间变化，假设氨液分离器内氨液的密度为 ρ_L，液体进入蒸发器在入口处的干度 $x=0$，从入口到出口氨制冷剂的干度逐渐增大，出口位置干度受负荷影响，负荷越大干度越小，负荷越小干度越大。若设蒸发器内气、液两相混合物的平均密度为 ρ_{Lg}，显然 $\rho_L>\rho_{Lg}$。由于这个密度差，在供液压头 $\rho_L H_1$ 的作用下，蒸发器内气液混合物和气体间的界面必然升高。升高的程度根据 $\rho_L H_1=\rho_{Lg}H_2$（H_2 是蒸发器入口至气液混合物与气体间界面的高度），则 $H_2=\rho_L H_1/\rho_{Lg}$，说明 $H_2>H_1$。对于某蒸发回路来说，如果管道的阻力较小，H_2 会更大。负荷 Q 变大，蒸发器内氨制冷剂的含气量增大，使 ρ_{Lg} 减小，同样会增加 H_2，当 H_2 的高度超过了氨液分离器的进气口，就有二次液体进入其中。涌入的二次液体过多时，氨液分离器的液面迅速升高，致使氨液进入压缩机吸气管。

回气管的长度超过50m时，有两种情况会使回气管中的氨气冷凝：一是蒸发温度较高的制冷装置在冬季运行，外界寒冷的气温使管内氨气冷凝；二是多蒸发温度制冷系统，回气管靠得很近或高温的回气管在低温环境中穿行，由于冷量的迁移使蒸发温度较高，管道中的气体制冷剂冷凝。

机房氨液分离器的形式有两种，如图1－27所示。图1－27a所示是比较完善的一种连接形式。气液混合物进入低压储液器，并被储于其中，气体被制冷压缩机吸去。当低压储液器液位达上限时，应关闭低压储液器上的进液管、均压管，开启出液管和加压管，利用高压气体的压力，输送低压液体进入排液桶。设计这种系统应该注意的是：低压储液器的进液管应以最短和最少的弯头、阀门与氨液分离器相连，管径应大于 $D108$mm 以确保氨液下流畅通。氨液分离器与低压储液器间的均压管不可省去。用于低压储液器的加压热氨引自油分离器出气口，以避免将润滑油带入其中。排液应排入排液桶，如果直接排入供液管中会延长排液时间，使氨液分离器内积存过多的液体。

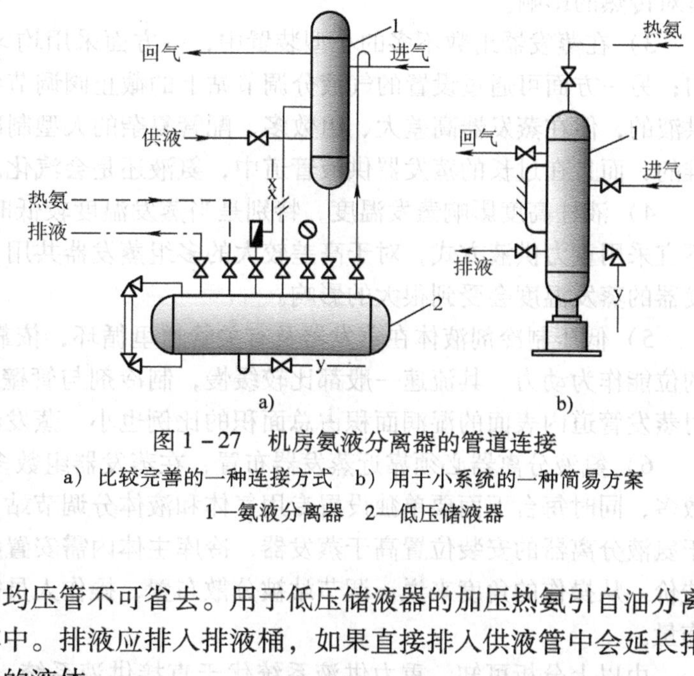

图1－27　机房氨液分离器的管道连接
a）比较完善的一种连接方式　b）用于小系统的一种简易方案
1—氨液分离器　2—低压储液器

图1－27b所示是用于小系统的一种简易方案，这里省去了储存低压液体的储液器，库房氨液分离器未能分出的液体被临时储存于其中，待液位达到上限时暂时停止压缩机的运行，通过加压将液体排入排液桶。

用于回气二次分离的氨液分离器，不需内部供液，这是与一次分离氨液分离器的不同之处。

4）氨液分离器与蒸发器之间高度差的确定。在工程设计中，氨液分离器与蒸发器之间的高度差需根据蒸发器和进液管对制冷剂的阻力确定。过小的高度差会使供液不足，过高的压力差又会影响蒸发器内制冷剂的蒸发温度。液柱高度对蒸发温度的影响见表1－2。可见，在低温系统中液柱对蒸发温度的影响很大，一般情况下，氨液分离器的液面高于蒸发器最高一排管子1~2m为好。氨液分离器出液管的横截面积为进液管的两倍左右。当采用ϕ38mm×3mm管组成冷却排管时，每一供液回路的长度不宜超过120m。

表1-2 液柱高度对蒸发温度的影响

蒸发温度t_0/℃	-10	-30	-50	-60
1m深处的t_0/℃	-9.6	-28.9	-47.4	-55.5
1m液柱的温升Δt_0/℃	0.4	1.1	2.6	4.5

2. 重力供液的特点

1）由于采用氨液分离器，在蒸发器负荷比较稳定的情况下避免了压缩机发生湿行程；但是，当负荷剧烈变化或压缩机工作点选择不当时，由于二次液体的增多，氨液分离器的正常液位难于稳定，制冷压缩机还是有发生湿压缩的可能。

2）高压氨液节流后产生的闪发气体被彻底分离，进入蒸发器全是液体，避免了闪发气体对传热的影响。

3）在蒸发器组数不多的小型装置中，一方面采用均匀配管达到阻力均衡，实现供液均匀；另一方面可通过设置的气液分调节站上的截止阀调节各通路的供液量，是比较容易均匀供液的，但在蒸发器高差大、组数多、配管复杂的大型制冷装置中，实现均匀供液是十分困难的，而且在过长的蒸发器供液管道中，氨液还是会汽化。

4）液柱高度影响蒸发温度，特别是当蒸发温度较低时影响尤为突出。因此，低温系统不宜采用重力供液方式，对于高差较大的多组蒸发器共用一台氨液分离器的情况下，下层蒸发器的蒸发温度会受到很大的影响。

5）低压制冷剂液体在蒸发器及有关管道里循环，依靠其相对于蒸发器的液位差所具有的位能作为动力。其流速一般都比较缓慢，制冷剂与管壁内表面之间的表面传热系数较小，对蒸发管道内表面的湿润面积占总面积的比例也小，蒸发器的总换热强度较低。

6）氨液分离器必须靠近蒸发器布置，在蒸发器组数多高差大的系统中，氨液分离器台数多，同时每台下面要单独设置专用气体和液体分调节站，使系统复杂。对于冷库来说，由于氨液分离器的安装位置高于蒸发器，冷库主体内需安置氨液分离器的专用房间，增加土建造价。从操作的角度来说，调节站被分散布置，操作人员需要经常跑路和爬高，增加许多工作量。

由以上分析可知，重力供液系统优于直接供液系统，但同时还存在许多难于克服的缺点。所以，在我国除小型制冷装置以外已很少采用这种供液方式。

1.2.1.3 *氨泵供液*

1. 氨泵供液系统原理和特性

根据换热器传热量的计算式$Q=KA(t_{KF}-t_0)$可知，想要提高蒸发器单位面积传热量，一是增大低温环境空气与蒸发温度之差；二是设法提高蒸发器的传热系数K。传热温差Δt（$\Delta t=t_{KF}-t_0$）是换热器传递热量的动力，随传热温差的增大，传热量亦增加。通过提高低温环境温度t_{KF}或降低蒸发器内氨液的蒸发温度t_0，都可以达到目的，但是t_{KF}是所希望达到的低于环境温度的某一个低温，用途不同的制冷装置有不同的要求。在食品冷库中，冻结间的温度是根据食品冻结加工的质量保证及其经济性确定的。同样，冻结物冷藏间、冷却物冷藏间的温度也是根据食品营养成分的变化及其储藏的经济性、储藏时间等因素决定的，是不允许随意提高的。为各行各业生产工艺过程提供温度保证的制冷装置所制取的低温，是由产品生产工艺过程要求确定的，改变其温度就会影响产品质量，甚至不能进行生产。空调制冷装置也是如此，棉纺厂没有温、湿度的保证就不可能织出高质量的布匹。大型电子计算机没有符合工作条件的温、湿度条件，很可能出现计算错误或达不到所要求的精确度，甚至会降低使用寿命。可见提高 t_{KF} 是没有科学依据的。蒸发温度 t_0 是影响制冷装置效率的主要因素，不可随意降低。在某些低温环境中，温差（$t_{KF}-t_0$）的变化也同时会引起另一些变化。在食品冷库中所冷藏的无包装食品会因为温差的增大加速食品干耗，食品质量下降，重量减轻，使储藏的经济性降低。温差的变化也会使低温环境湿度随之变化，在具有温、湿度两项要求的情况下，保证温度却难以保证湿度。从以上分析可知，试图通过提高温差增大传热量是不能允许的。蒸发器的传热系数可用下列公式表示，即

$$K=\frac{1}{\left(\frac{1}{\alpha_w}+\sum\frac{\delta}{\lambda}+\frac{1}{\alpha_n}\right)} \tag{1-1}$$

增大传热系数可以通过增大空气侧的外表面传热系数 α_w 和制冷剂侧的内表面传系数 α_n 来实现。对于冷却空气的蒸发器，增大空气侧表面传热系数最有效的办法是提高空气的流动速度，也就是使蒸发器周围的空气由风机推动而强迫流动，这是在许多制冷装置中早已采用的一种强化换热方法，并收到很好的效果。但是流过蒸发器表面的空气流速受到几个方面的制约，不可能无限提高。例如，在食品冷库的冷间内，由于所储藏的食品没有包装，采用库房内空气强迫流动会增加食品干耗；另一方面，增大空气侧的空气流速可以强化蒸发器的换热量，但同时也增加了风机能耗和蒸发器负荷，制冷装置总的能耗将会增加。

制冷剂侧的内表面传热系数主要取决于制冷剂的流量，流量大则表面传热系数大，但提高制冷剂流量并不容易。如图1－28所示，制冷系统是一个闭环系统，其中的制冷剂流量是由组成系统的各个设备相互匹配及运转工况决定的，不可能随意增大或减小。也就是说，流入蒸发器的制冷剂流量 G_{gy} 等于液体制冷剂在蒸发器内的蒸发量 G_{ZF} 加上节流过程的闪发气体量 G_{SF}，即 $G_{gy}=G_{ZF}+G_{SF}$。这样看似乎提高蒸发器内制冷剂流量是不可能的，但是图1－29所示的系统却很好地解决了这个问题。在这个系统中用虚线框住的部分相当于图1－28中的蒸发器，进出这个框内的制冷剂量是相等的，供液量和回气量是平衡的，整个系统可以正常工作。在虚线框内有三种设备，循环桶、氨泵和蒸发器。由供液管送入循环桶的制冷剂流量是 G_{gy}，即 $G_{gy}=G_{ZF}+G_{SF}$，由于循环桶的气液分离作用，G_{ZF} 沉积于容器下部 G_{SF} 上浮，氨泵将循环桶内的液体泵入蒸发器，其流量 G_b 远大于 G_{ZF}，在蒸发器内 G_b 的很少一部分吸热蒸发，已蒸发的气体量 G_{ZF} 和没有蒸发的液体量（G_b-G_{ZF}）一同由回气管返回到循环桶中，并气液分离，气体量 $G_{gy}=G_{ZF}+G_{SF}$ 被压缩机吸去。沉积于下部的氨液量（G_b-G_{ZF}）与由供液管供入的氨液量 G_{ZF}，重新由氨泵送入蒸发器。

在图1－29所示的系统中，向蒸发器的供液量大于蒸发量，使蒸发器内制冷剂的流速加快，从而提高了制冷剂侧的沸腾传热系数，强化了蒸发器的整体换热。既然（G_b-G_{ZF}）能够提高蒸发器的传热效率，那么多大的 G_b 才能更经济地使蒸发器发挥最大的效率是下面要讨论的问题。

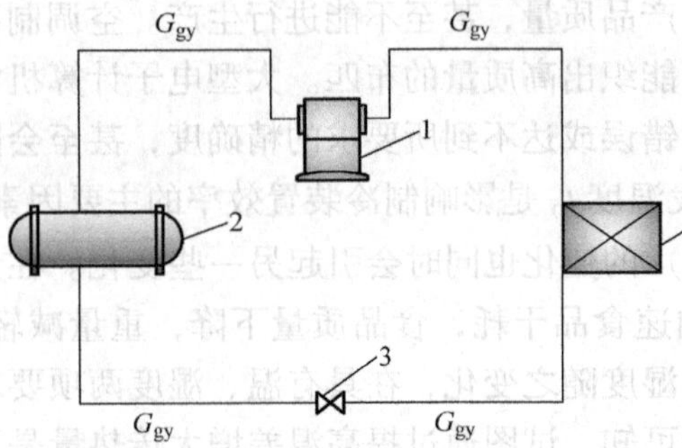

图1－28　制冷系统中制冷剂的流量

1—压缩机　2—冷凝器　3—节流阀　4—蒸发器

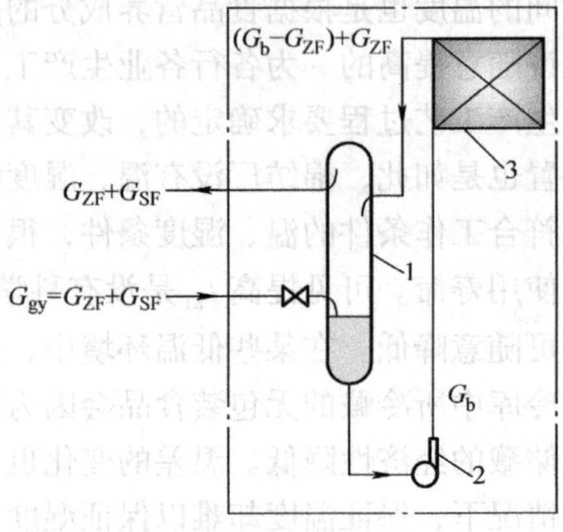

图1－29　氨泵供液系统原理图

1—循环桶　2—氨泵　3—蒸发器

在氨泵供液系统中，向蒸发器的供液量与液体制冷剂的蒸发量之比称为循环倍率，即 $n=G_b/G_{ZF}$，当循环倍率增大时，制冷剂侧的表面传热系数也随之增大。式（1－1）等号右边括号内的中间一项是蒸发管内外表面的污垢、霜层、油膜及壁厚对传热所形成的热阻，这一项与内外表面由于制冷剂和空气的换热作用所形成的热阻相比是很小的，在实际工程中将其忽略不计，为了分析问题的方便，这里同样将其忽略，那么 K 值的计算公式可简化为

$$K=\frac{\alpha_n}{\alpha_w+\alpha_n}\alpha_w=\frac{\alpha_w}{\alpha_w+\alpha_n}\alpha_n \tag{1-2}$$

式（1－2）中，$\frac{\alpha_w}{\alpha_w+\alpha_n}$和$\frac{\alpha_n}{\alpha_w+\alpha_n}$都是小于1的数，说明 $K<\alpha_n$ 和 $K<\alpha_w$，或者说 K 值必然小于 α_n 和 α_w 中较小的一个，因此增大 K 值最有效的方法是增大 α_n 和 α_w 中较小的那个值。对于氨泵供液制冷系统来说，制冷剂侧的表面传热系数远远大于空气侧的表面传热系数，所以对于空气强迫流动蒸发器和空气自然流动蒸发器，由于前者的空气侧表面传热系数较大，增大循环倍率效果是不同的。对于空气强迫流动蒸发器 $n=1\sim6$ 的范围内，传热系数增大很明显，但当 $n>6$ 时随循环倍率的增加，传热系数 K 仅有很少增加，如图1－30所示。对于空气自然流动的蒸发器，当 $n=4$ 时，K 值增大就已经不明显了。因此，从提高蒸发器传热系数的角度出发，应根据制冷系统的特点选择合理的 n 值。一般情况下，空气强迫流动的蒸发器循环倍率采用 $n=5\sim6$，空气自然流动的蒸发器采用 $n=3\sim4$。

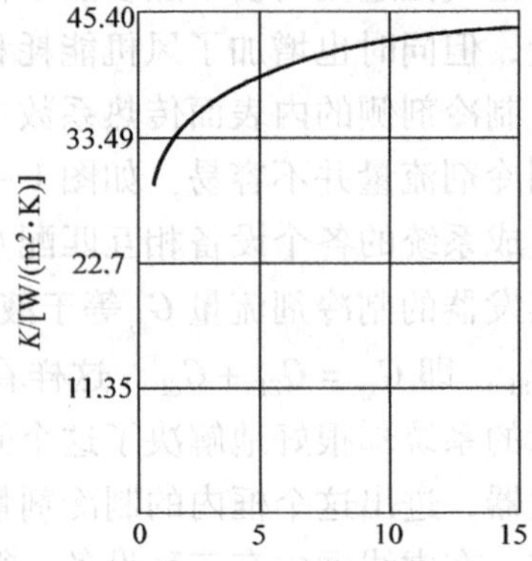

图1－30　循环倍率与传热系数的关系

（光滑管冷风机，内径23mm，管长521m，分段供液）

2. 氨泵供液系统的管道设计

氨泵供液系统有一桶一泵和一桶两泵两种形式，如图1－31、图1－32所示。高压液体经节流降压后进入循环桶，供液量由遥测浮球液位控制器控制，液面由油包式液面计显示。循环桶的氨液由循环桶侧面的出液管经截止阀和直角式氨液过滤器进入氨泵，升压

后经单向阀、截止阀送入液体分调节站，然后被分配到各组蒸发器，在蒸发器中所产生的气体与未蒸发的液体一同通过气体分调节站返回到循环桶，一桶二泵系统的工作过程与一桶一泵相同，两台氨泵可同时工作，也可以单独工作。循环桶可兼作排液体。由于融霜排液的压力高于循环桶内的压力，为避免对循环桶压力的影响，在进入循环桶之前需经过节流阀节流降压。

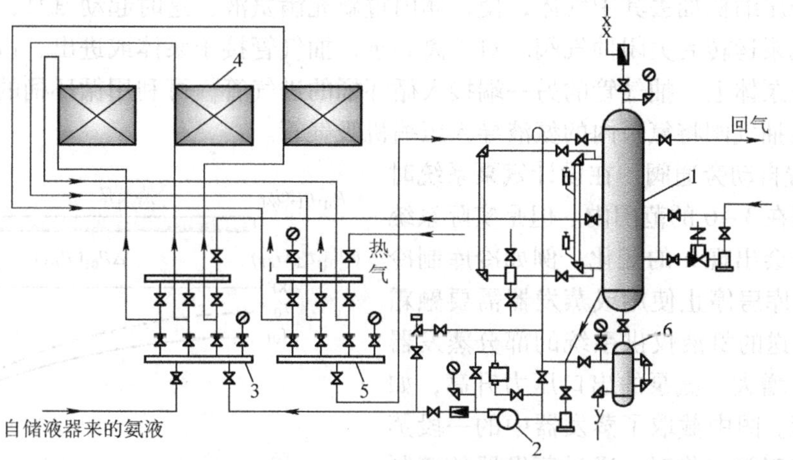

图1-31 一桶一泵氨泵供液系统

1—循环桶 2—氨泵 3—液体分调节站 4—蒸发器 5—气体分调节站 6—放油器

3. 设计要点

(1) 氨泵应安装于循环桶之下 氨泵和其他输送液体的泵一样，只有当泵入口的液体处于过冷状态时才能够被吸入，否则会发生气蚀，失去输送液体的能力。液体恒定流的能量方程式为

$$\frac{p_0}{\rho_0 g}+\frac{w_0^2}{2g}=H_g+\frac{p_1}{\rho_1 g}+\frac{w_1^2}{2g}+h_1 \quad (1-3)$$

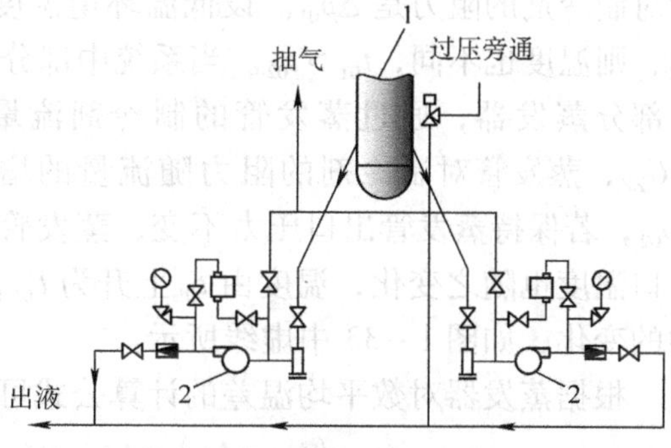

图1-32 一桶两泵氨泵供液系统

1—循环桶 2—氨泵

式中，p_0 为循环桶液面位置压力（Pa）；ρ_0 为 p_0 下氨液的密度（kg/m^3）；w_0 为循环桶液面位置氨液的流速（m/s）；H_g 为泵中心至循环桶液面位置的高度差（m）；p_1 为泵入口位置氨液压力（Pa）；ρ_1 为泵入口位置氨液的密度（kg/m^3）；w_1 为泵入口位置氨液的流速（m/s）；h_1 为泵吸入管道阻力（m）。

由于循环桶液面保持恒定，其流速 $w_0=0$，故式（1-3）可简化为

$$H_g=\frac{p_0}{\rho_0 g}-\left(\frac{p_1}{\rho_1 g}+\frac{w_1^2}{2g}+h_1\right) \quad (1-4)$$

p_0 是氨液的蒸发压力，p_1 必须大于 p_0，氨泵才不会发生气蚀，所以 H_g 为负值，说明只有将氨泵安放于循环桶以下的 H_g 处才能够保证氨泵入口的氨液处于过冷状态，氨泵才能正常地输送液体。

(2) 氨泵泵体或其前后进出液管上应设置抽气管 氨泵内流动的氨液接近蒸发压力，

蒸发温度远低于环境温度，氨液很容易蒸发汽化，特别是在氨泵停止运转时。氨泵是用来输送氨液的动力设备，需要人员操作和维护，在特殊情况下还需要检修和更换，因此外壳不能做隔热处理，在氨泵停止运转的时间内，外部的热量通过泵体侵入使得内部的氨液蒸发汽化，当泵体中充满气体，再起动氨泵，它只会空转，不能输送液体。

在泵体或泵的进、出口设置用来导出气体的专用抽气管，起动氨泵前开启抽气管上的截止阀，制冷压缩机抽去其中气体，使泵体内重新充满氨液，这时起动氨泵，它就可以正常工作了，待氨泵运转后关闭抽气阀。对于离心泵，抽气管接于泵体或进出、口均可，齿轮泵应接于进口或泵体上。抽气管的另一端接入循环桶的进气管，可利用循环桶的气液分离作用防止长期开启抽气阀将氨泵内的氨液导入压缩机吸气管。

（3）设置自动旁通阀　在设计氨泵系统时一般将 n 控制在 3 ~6 的范围内。但是实际系统在工作过程中会出现 n 的变化。例如冷库制冷系统，当某些库房停止使用或蒸发器需要融霜时，氨泵所输送的氨液仅供系统的部分蒸发器使用，使得 n 增大，氨泵的出口压力升高，如图 1 –33 所示。图中截取了蒸发器中的一段蒸发管，在系统正常工作时，通过蒸发器的氨制冷剂循环倍率为 n_1，蒸发管内的蒸发量为 G_{ZF}，实际供液量为 $n_1 G_{ZF}$，如果蒸发管入口制冷剂的压力为 p_{01}，出口压力是 p_{02}，且 $p_{01} > p_{02}$，蒸发量对制冷剂的阻力是 Δp_{01}。设低温环境温度为 t_{KF} 且恒定不变。由于蒸发管进、出口压力不同，则温度也不同，$t_{01} > t_{02}$。当系统中部分蒸发器停止工作时，氨泵所输送的氨液仅用于另一部分蒸发器，通过蒸发管的制冷剂流量增加，循环倍率增大为 n_2，实际供液量变为 $n_2 G_{ZF}$，蒸发管对制冷剂的阻力随流量的增加而增加，流动阻力由 Δp_{01} 变为 Δp_{02}，$\Delta p_{01} < \Delta p_{02}$，若保持蒸发管出口压力不变，蒸发管入口的压力 p_{01} 必然升高为 p'_{01}，入口压力变化，入口温度也随之变化，温度由 t_{01} 上升为 t'_{01}，但出口温度仍保持 t_{02}。蒸发温度在这段蒸发管中的变化，如图 1 –33 中虚线所示。

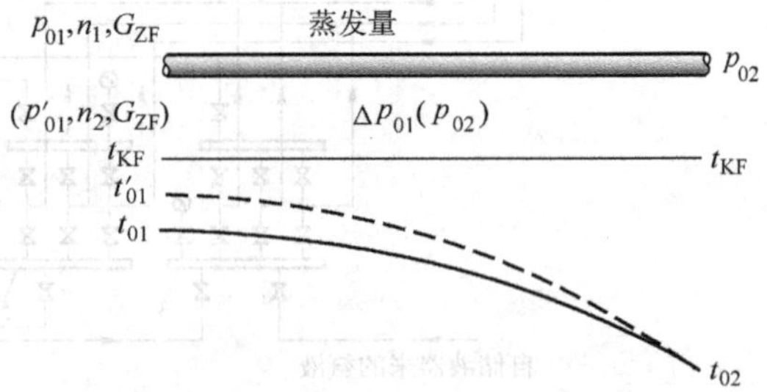

图 1 –33　蒸发器供液量对传热温差的影响

根据蒸发器对数平均温差的计算公式可知

$$\Delta t_{m1} = \frac{(t_{KF} - t_{02}) - (t_{KF} - t_{01})}{\ln \dfrac{t_{KF} - t_{02}}{t_{KF} - t_{01}}} > \Delta t_{m2} = \frac{(t_{KF} - t_{02}) - (t_{KF} - t_{01})}{\ln \dfrac{t_{KF} - t_{02}}{t_{KF} - t_{01}}} \tag{1-5}$$

式（1 –5）说明随着蒸发器内制冷剂流量的增加，传热温差将随之减小。据此可知，n 增大有两个作用，一个是增大传热系数 K，另一个是减小传热温差 Δt_m。在 n 较小的情况下，随 n 的增大，传热系数 K 明显增大，传热温差 Δt_m 的减小与 K 值的增大相比是微忽其微的，这时蒸发器的传热量增大；当 n 较大时，随 n 的增大，K 也增大，但与 Δt_m 的减小相比就显得很小，此时蒸发器的传热量会减少。

在氨泵出口与循环桶之间安装一个自动旁通阀，当氨泵出口压力升高时，自动旁通阀开启，将多余的氨液送回循环桶，可确保氨泵出口压力恒定，防止过多的液体进入蒸发器。旁通阀的另一个用途是防止因长时间停止降温或因氨泵故障临时使用直接膨胀供液时，氨泵出液总管充满的低温氨液受热产生巨大压力使液体管或阀门爆裂。

（4）氨泵出口安装止回阀，进、出口间安装断液保护器　如图1-34所示，如果某时刻以前氨泵正在运转，则蒸发器和供液管被氨液充满，低压循环桶液位正常。当氨泵停止运转，蒸发器和供液管内的氨液将在重力作用下倒流入循环桶。由于蒸发器容积很大，液体完全倒流入循环桶，会使循环桶的液面迅速升高，严重者会超过警戒液位，下次开机时压缩机吸入液体。在氨泵出口安装止回阀可防止蒸发器和供液管内的氨液倒流到循环桶。

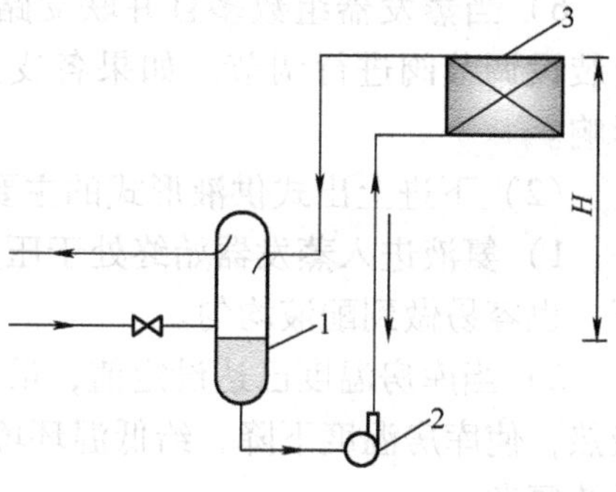

图1-34　停泵后液体倒流原理
1—循环桶　2—氨泵　3—蒸发器

目前使用的氨泵有齿轮泵和离心泵。齿轮泵依靠氨液实现两齿间的密封、润滑和降温；离心泵则是靠氨液冷却电动机。如果氨泵长时间空转，齿轮泵会被严重磨损，离心泵的电动机将被烧毁。使用一个断液保护器，安装于氨泵的进、出口之间，当氨泵系统由于某种故障出现断液时，泵的进出口将失去压力差，这个信号使断液保护器动作，切断氨泵的供电电路，停止氨泵运转。

（5）循环桶的放油　循环桶内制冷剂温度和压力都很低，内部积存的润滑油粘度大，排放困难。目前采用的方法主要有两种：

1）在紧邻循环桶下部设置专用放油器，并尽可能采用大管径以最短的直管将两者连接起来，依靠重力的作用将粘度很高的润滑油放出。集油器应设置抽气管以降低集油器内压力，并分离油中混有的氨液。

2）对于多蒸发温度的制冷系统，也可采用单台集油器靠不同蒸发温度容器间的压力差排放粘度更大的润滑油，其方法是在集油器上设置三根抽油管，每一根抽油管与一个蒸发温度循环桶的进气管相连，这样可使集油器内的压力更低，形成循环桶与集油器间的压力差。

4. 向蒸发器的供液形式

氨泵供液系统向蒸发器的供液形式有两种，分别是氨液从上部进入，气液混合物从下部返回，称上进下出式；氨液从下部进入，气液混合物从上部返回，称为下进上出式。这两种供液形式在制冷系统中应用都很普遍，在设计中应注意它们各自的特点。

（1）上进下出式供液形式的主要特点

1）氨液进入蒸发器后靠自重自然下流，因此，低压循环桶的安放位置必须低于所有蒸发器，即制冷机房应低于所有冷间，如果没有可利用的现成条件，势必增加基建费用。

2）氨泵停止工作后，蒸发器中未蒸发的氨液靠自重立即流回低压循环桶，蒸发器被排空，库房温度不会继续降低，要求严格控制温度的制冷装置采用这种供液方式，可准确地控制低温环境温度，便于实现自动控制，并且自动控制系统也较简单。

3）由于蒸发器内氨液自上而下靠自重下流，更容易将蒸发器内的润滑油冲刷出来，减轻润滑油对蒸发管内表面的污染，降低管壁传热热阻。

4）只要停止供液，就可以立即对蒸发器进行融霜，省时省力。

5）循环桶必须能够容纳氨泵停止运转后从蒸发器回流的全部制冷剂液体。因此，需要设置较大容积的循环桶。当采用循环桶兼作排液桶时，还需要进一步增加循环桶的容积。

6）当蒸发器组数多且并联支路多的时候，不容易做到配液均匀，必要时应在各支路上装设调节阀进行调节。如果各支路蒸发器纵向高度较大，蒸发器内蒸发压力不受液柱影响。

（2）下进上出式供液形式的主要特点

1）氨液进入蒸发器始终处于压力输送状态，即使在蒸发器组数多且并联支路多的情况下，也容易做到配液均匀。

2）当库房温度已达设定值，虽已停止供液，蒸发器内仍有残存的氨液，氨液继续蒸发吸热，使库房温度下降，给低温环境温度要求严格的制冷装置带来一定的困难，且自动控制系统复杂。

3）在蒸发器组数多、高差大的情况下，位置较低的蒸发器承受较大的静液柱压力，造成蒸发压力升高。

4）由于蒸发器内始终有残余氨液，蒸发器融霜之前要先进行排液，费时费力。

（3）氨泵供液系统的特点

1）由于蒸发器内氨液流量远大于蒸发量，制冷剂有较高的流速和更大的湿度，在蒸发器内制冷剂大体上呈“雾环流”，这样既增加了蒸发器内表面的热交换强度，又减轻了润滑油对管壁的污染程度，使蒸发器全部换热面积得到较充分的利用，提高了蒸发器的实际换热量。

2）氨泵强制输送氨液，蒸发器内制冷剂流量大，进液压力高，对蒸发回路复杂、流程长、蒸发器高差大的情况仍能够确保蒸发器有较均匀的供液。

3）循环桶的容积大，提供充分的气、液分离条件，虽然进气管有数倍于蒸发量的二次液体进入，压缩机仍然能够吸入干饱和蒸气，在确保循环桶正常工作的情况下，制冷压缩机不会出现湿压缩。

4）循环桶可以兼作排液桶，简化系统的融霜操作程序，通过融霜从蒸发器冲刷回的润滑油与供液管中氨液带入的润滑油大部分在循环桶中沉积下来，由循环桶下部的放油管放出，减少进入蒸发器的机会。

5）设备和调节站都集中于制冷机房内，便于操作和集中管理。由于循环桶直径大、液面稳定，加之氨泵开停和保护简单，很容易实现自动控制。

6）设置氨泵使制冷系统的动力消耗增加5%～9%，同时还要增加泵的维护和检修工作。在设计过程中对氨泵进液管流动阻力估计不足或操作不当，容易引起氨泵气蚀，甚至造成泵的损坏。

氨泵供液系统与直接膨胀供液或重力供液相比优点突出，因此该系统在大中型制冷装置得到广泛应用。

1.2.2 间接冷却系统

间接冷却主要用于制冰、空调和工业冷却系统中。间接冷却系统与直接冷却系统相比有以下特点：

1）间接冷却系统由载冷剂系统承担冷量的输送和分配，由于载冷剂在远距离输送过程中，管道阻力的作用不会产生闪发气体，适用于载冷剂向较远的、分散的用冷单元供冷。

2）用于冷却载冷剂的蒸发器靠近制冷系统，其吸、排气管路短，阻力小，可提高压缩机的输气系数。

3）载冷剂有较大的蓄冷能力，当制冷压缩机长时间停止运行时，用冷单元的温度波动较小。只要停止向冷却器输送载冷剂，冷却效果也同时结束，对于温度波动有严格限制的用冷单元非常适宜。

4）大部分载冷剂属于无毒物质，用于食品冷库的冷却、食品生产过程的冷却时有其优势，因为一旦载冷剂外泄不会引起对人生命的危害和对食品的污染。

5）在制冷剂与载冷剂、载冷剂与被冷却介质之间有二次温差。使蒸发温度与被冷却介质之间的温差有可能加大，在满足用冷单位的温度要求的前提之下，需要制冷装置在更低的蒸发温度下工作，造成制冷量减少，能耗增加。

6）载冷剂系统需要增加载冷剂泵、冷却器、管道及载冷剂，制冷装置的初次投资增大。增设的动力设备使得经常运转费用也随之增加。

7）一些载冷剂对金属物有较强的腐蚀性，虽然添加部分防腐剂，并不能完全消除，会缩短系统的使用寿命。

间接冷却系统的载冷剂系统按载冷剂是否与大气接触可分为封闭式系统和敞开式系统。

1.2.2.1 封闭式系统

循环的载冷剂除膨胀箱上的放气管外，都与大气隔绝的循环系统称为封闭式系统，如图1-35所示。封闭式系统的蒸发器采用卧式壳管式，这种蒸发器体积小，传热性能好，封闭系统中的载冷剂与空气直接接触少，对系统的腐蚀性小，但不正确的操作很容易引起内部载冷剂冻结、管子胀裂。另外，载冷剂的容量小，运行时热稳定性差，水温变化大。

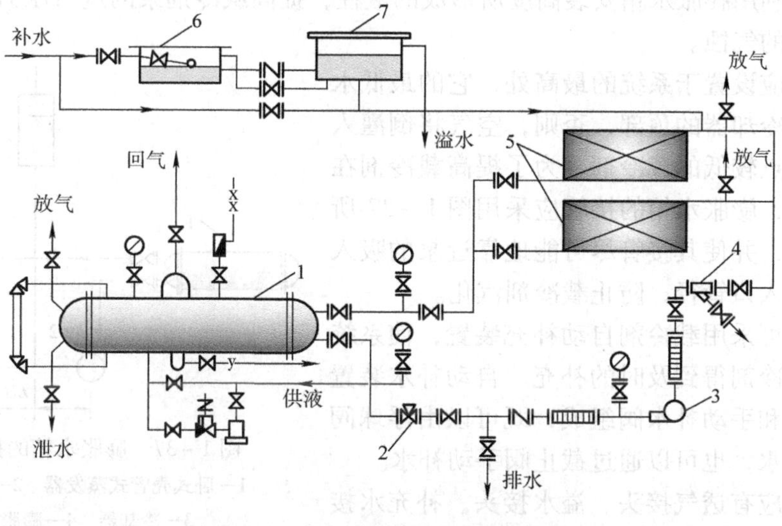

图1-35 封闭式载冷剂间接冷却系统

1—卧式壳管式蒸发器 2—压力调节器 3—载冷剂泵 4—过滤器 5—冷却器 6—自动补水箱 7—膨胀水箱

蒸发器可采用直接膨胀供液和重力供液，蒸发器的供液量常用浮球阀或电磁阀调节，在蒸发器中制冷剂沸腾会形成大量气泡，满液式蒸发器的制冷剂液面会高于静止时的液面，为了避免未汽化的液体被带出蒸发器，充液量不应浸没全部传热面积，一般充液高度约为筒径的70%～80%，具体可参照表1-3、图1-36确定浮球阀或遥测液位控制器的安装高度。卧式壳管式蒸发器周围的其他管路与直接供液系统相同，这里不再重述。

表 1-3　液位控制器的安装高度

管筒长度与管筒直径的比值 L/D	液位控制器的安装高度 h
<5.5	0.8D
<6	0.75D
<7	0.7D
>7	0.65D

载冷剂系统由载冷剂泵、冷却器、膨胀水箱、补水箱、管道和阀门组成。载冷剂泵输送载冷剂至卧式壳管式蒸发器，降温后由供水管输送至冷却器入口，载冷剂通过冷却器利用重力和剩余压力回到载冷剂泵完成循环。

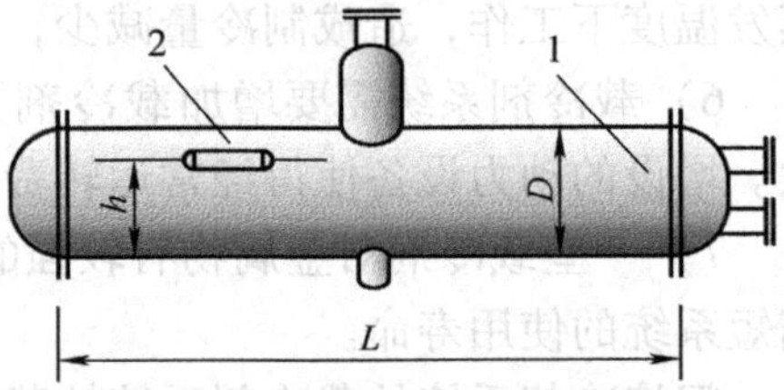

图 1-36　卧式壳管式蒸发器浮球阀的安装高度
1—卧式蒸发器　2—浮球阀

系统中载冷剂泵是输送载冷剂的唯一动力。在大型制冷装置中，较大功率的载冷剂泵运转时会引起周围管路的振动和噪声，为此在泵的进出口通过柔性接头与系统相接。

系统中必须设置膨胀水箱或膨胀罐，它有以下几个作用：一是避免温度变化引起载冷剂体积变化造成载冷剂外溢或损坏系统；二是膨胀水箱顶部与大气的连通口可经常排出系统中的空气；三是利用膨胀水箱安装高度所形成的液柱，提高载冷剂泵的进口压力，避免低沸点载冷剂引起泵的气蚀。

膨胀水箱应设置于系统的最高处，它的最低水位应高于最高冷却器的顶部，否则，空气将倒灌入系统。对于沸点较低的载冷剂，为了提高载冷剂在泵入口的压力，膨胀水箱的接管应采用图 1-37 所示的连接方法，并使其接管尽可能地靠近泵的吸入口，增大泵吸入口管径，防止载冷剂汽化。

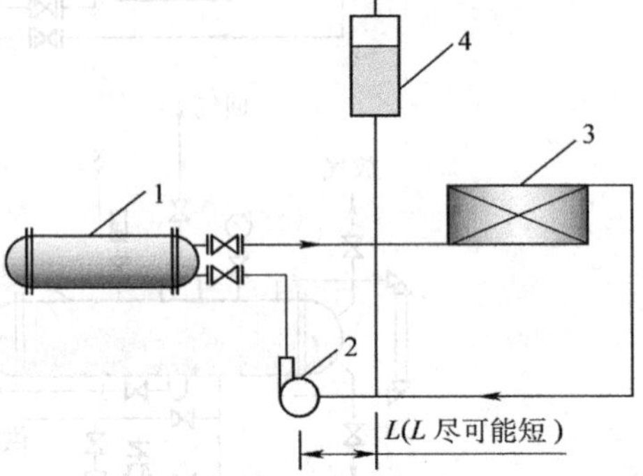

图 1-37　膨胀水箱的接管位置
1—卧式壳管式蒸发器　2—载冷剂泵
3—冷却器　4—膨胀水箱

膨胀水箱可采用载冷剂自动补充装置，使系统可能泄露的载冷剂得到及时的补充。自动补水装置由自动补水箱和手动补水阀组成，既可以由浮球阀向补水箱内补水，也可以通过截止阀手动补水。

膨胀水箱应有透气接头、溢水接头、补充水接头、排水接头及水位计等。膨胀水箱的容积应能适应载冷剂温度变化的需要，要考虑到低温时充满系统的载冷剂在制冷装置停止工作，系统温度升至室温时，载冷剂体积膨胀后不至溢出，即膨胀水箱的有效容积不小于系统中载冷剂最大可能膨胀的容积，一般容积为 0.5~1.0m^3。

用溶液作为载冷剂时，应在泵的出口安装用于放出溶液、以供检查其浓度的排液阀。用水作为载冷剂时，由膨胀水箱口直接加入，如果载冷剂为溶液应将低浓度的溶液放出一部分，然后将预先调制好的浓溶液由膨胀水箱口加入，直至浓度符合要求。

封闭式系统的冷却器只能采用盘管式冷却器和干式空气冷却器。

封闭式系统的特点：

1）最高处的膨胀水箱使整个系统充满载冷剂，供液管内的液柱与总回流管内的液柱是平衡的，不需要载冷剂泵提供用来克服液柱压力的压头，泵的压头仅用来克服系统的摩擦阻力，因此载冷剂泵的功率消耗小。

2）载冷剂与空气接触的部分仅限于膨胀水箱，对于有些与空气接触后加剧腐蚀性的载冷剂很有好处，载冷剂对金属腐蚀较剧烈的部位仅限于膨胀水箱。膨胀水箱容积较小，采用防腐措施或更换膨胀水箱都较为容易。另外，由于载冷剂与空气接触的机会少，载冷剂的浓度不会发生变化。

3）由于整个系统在某压力下运行，某一点的压力变化对整个系统都有影响，在系统大、分支多、高差大等情况下运行时，各点压力不容易稳定，增加了设计和运行调整的复杂性。

4）系统的工作压力取决于膨胀水箱的液柱高度。而膨胀水箱的液柱高度必须高于载冷剂系统的最高点。因此，当高差大时，最低点承受的压力就大。

1.2.2.2 敞开式系统

载冷剂系统中有与大气相通的载冷剂箱或与大气相通的冷量分配设备，因此称为敞开式系统。根据蒸发器和冷量分配设备中的载冷剂是否与空气接触又分为三种系统，即全敞开式系统、蒸发器敞开式系统和冷量分配设备敞开式系统。

1. 全敞开式系统

由开式载冷剂溢流箱、湿式冷量分配设备组成的载冷剂系统，如图1-38所示。全敞开式系统的蒸发器为水箱式，内部蒸发管组有立管式、V形管式和螺旋管式。供液方式多采用重力式和直接膨胀式。蒸发管组供液量由浮球阀调节。回气管上设置专用小型回气筒。管组下设有集油包和放油管。

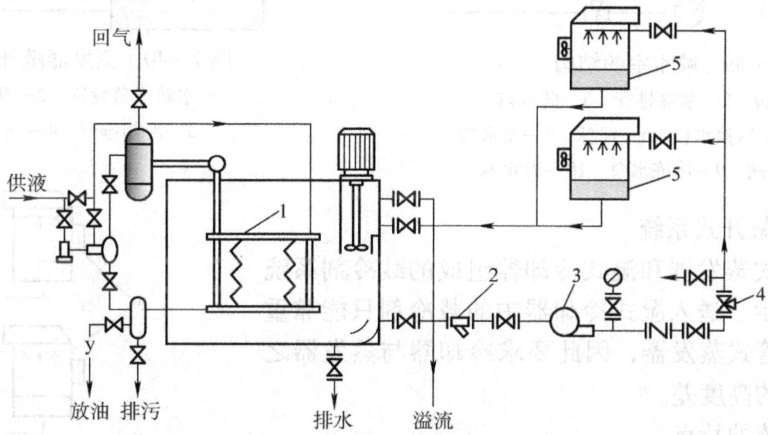

图1-38 全敞开式系统

1—水箱式蒸发器 2—过滤器 3—载冷剂泵 4—压力调节阀 5—湿式冷风机

水箱中充满载冷剂，由搅拌器推动载冷剂在蒸发管组管间流动。载冷剂自水箱下部通过过滤器，由载冷剂泵送往冷却器。

全敞开式系统的空气冷却设备采用湿式冷风机或空调系统中的喷水室。在湿式冷风机内，载冷剂由上部均匀布满的洒水器洒落下来，热空气经鼓风机自下而上流动与载冷剂直接换热并得到冷却，冷风由上部的出风口送出，为了防止冷空气带出过多的载冷剂，在洒水器上部设有分离雾滴的网状填料。落入冷风机底部的载冷剂靠重力流回水箱。

喷水室的结构如图1－39所示。在喷水室中有多排喷嘴，冷水沿水平方向喷出，热空气与冷水接触被冷却后经挡水板送出。

在湿式冷风机内，由于空气与载冷剂直接接触，空气在被冷却的同时其含湿量下降，水分进入载冷剂使其浓度降低。

对于冷却器和管道中载冷剂充注较大的系统，为了防止载冷剂泵最初运转，冷水箱载冷剂液面下降，蒸发器露出液面，或停泵后大量载冷剂返回使载冷剂外溢，应在水箱与载冷剂泵之间设置载冷剂储藏箱，用于自动调节载冷剂的供求。

2. 蒸发器敞开式系统

它是开式载冷剂溢流箱和冷却排管或冷风机组成的载冷剂系统，如图1－40所示，由于在冷却器中载冷剂与空气不接触，减小载冷剂的稀释，不需要经常补充浓载冷剂。

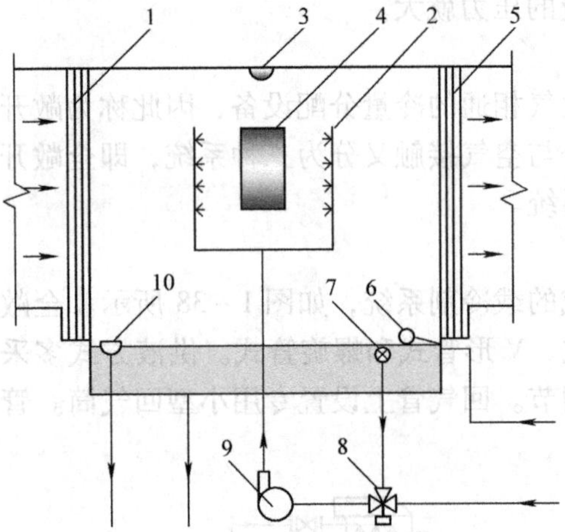

图1－39　喷水室的结构

1—前挡水板　2—喷嘴排管　3—防水灯　4—检查门　5—后挡水板　6—浮球　7—滤水器　8—三通混流阀　9—冷冻水泵　10—溢水器

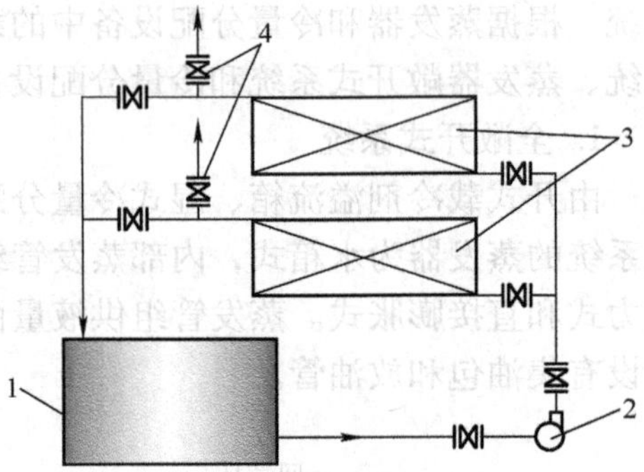

图1－40　蒸发器敞开式系统

1—水箱式蒸发器　2—载冷剂泵　3—冷却排管　4—放气阀

3. 冷却器敞开式系统

它是壳管式蒸发器和湿式冷却器组成的载冷剂系统如图1－41所示。送入湿式冷却器中的载冷剂只能靠重力作用返回壳管式蒸发器，因此要求冷却器与蒸发器之间应该有足够的高度差。

敞开式系统的特点：

1）载冷剂的充注量较大，制冷过程中载冷剂的温度波动较小，热稳定性好。

2）系统的载冷剂箱、载冷剂储藏箱及湿式蒸发器都处于敞开状态，因此便于检查载冷剂浓度和补充缺少的载冷剂。

3）系统中载冷剂泵的压头不仅用于克服管道中的摩擦阻力，还要克服液柱高度的压降，载冷剂泵能耗大。

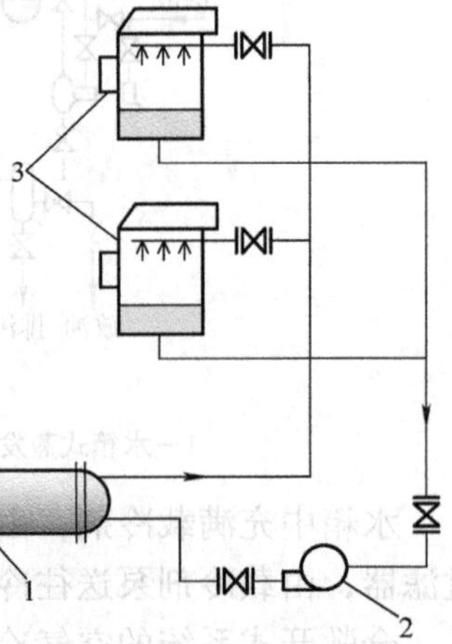

图1－41　冷却器敞开式载冷剂系统

1—卧式壳管式蒸发器　2—载冷剂泵　3—湿式冷风机

4）敞开式系统的载冷剂与大气接触，载冷剂中氧的溶解量较大，系统管道和设备被腐蚀的可能性增大。另外，由于从空气中吸收水分，将会降低载冷剂浓度，因此必须定期补充。

5）在容量较大的系统中，必须设置用于调节载冷剂用量的载冷剂储藏箱，增大占地面积和投资。载冷剂靠自重返回水箱或载冷剂储藏箱，它的位置必须低于所有冷却器。

1.3 融霜系统和润滑油系统

1.3.1 融霜系统

当蒸发器表面温度低于被冷却空气的露点，空气中的水分就会在蒸发器表面结露或结霜。霜对蒸发器的传热性能、空气动力性能有很大影响。但是对于不同的蒸发器结构，不同的空气相对湿度和不同的空气流速下，影响的程度是不相同的。在蒸发器的工作初期，由于表面所形成的霜稀疏且粗糙，加之结霜使空气流通面积减少，空气流速加快，蒸发器的传热性能得到改善。但是随着霜层的增厚和密实程度的增加，不但传热系数大幅度下降，而且对空气的流动阻力也显著增加，如图 1－42、图 1－43 所示。蒸发器的传热系数在最初的提高之后，就开始随时间显著下降，特别是相对湿度较大时，蒸发器表面结霜速度更快，同时流过蒸发器的空气也受到越来越大的阻力。

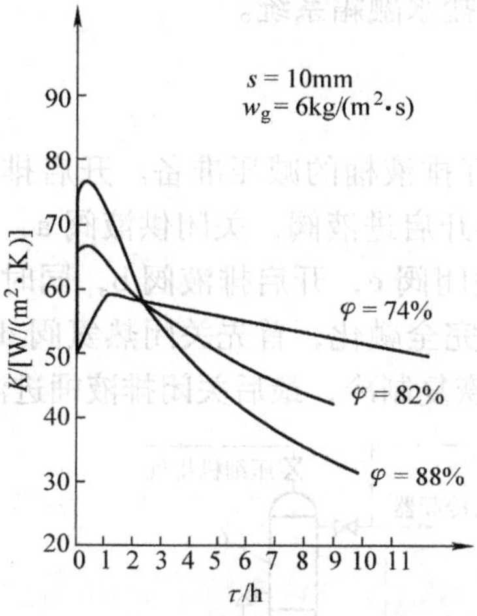

图 1－42 表面结霜蒸发器传热系数的变化

s—翅片管翅片间距 w_g—空气质量流量

φ—空气的相对湿度 τ—时间

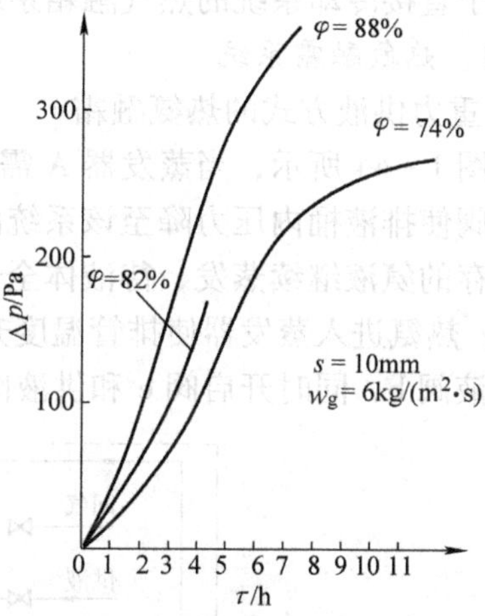

图 1－43 表面结霜蒸发器对空气的阻力

s—翅片管翅片间距 w_g—空气质量流量

φ—空气的相对湿度 τ—时间

既然蒸发器表面的霜层对于效率有如此大的不良影响，用某种方法定期除去霜层是十分必要的。目前采用的融霜方法主要有下列几种：

（1）中止循环融霜　当蒸发器表面霜层较厚时，停止向蒸发器供液，在小型装置中可停止压缩机运转，让蒸发器温度自然升高。这种融霜方法仅适用于间断使用的小型制冷装置。

（2）人工扫霜　在蒸发器不停止工作的情况下，用扫帚扫去蒸发器表面疏松的结霜。人工扫霜仅用于食品冷藏库的光滑墙排管和顶排管。这种方法简单、有效且不影响库房温度，但劳动强度大，不能够清除密实的冰霜。

（3）电加热融霜　用电加热器、蒸气加热器或温水加热器融霜都属于外能融霜。这种融霜方法仅用于冷风机的蒸发管组。加热管组被设置于蒸发器的管组间和冷风机下部的托盘上。考虑到效率问题，电加热融霜主要用于小型制冷装置的冷风机上。这种融霜方法能耗很大，且电加热器长时间工作很容易引起火灾。配用电加热器的功率应根据蒸发管组表面的可能结霜厚度和融霜的间隔时间确定。

（4）水融霜　用温水喷洒蒸发器的结霜外表面，蒸发器吸收水的热量使霜融化。水融霜主要用于蒸发管组集中的蒸发器。这种融霜方法的特点是操作方便，融霜速度快；但是融霜过程常引起喷淋水由接水盘外溢或外溅，以及因较高的水温引起起雾现象，除非设置专门的放油设施，否则积存于蒸发器内的润滑油不能被排除。

（5）热气融霜　它是指将压缩机的排气送入蒸发器，用过热气体所具有的热量加热蒸发管组而融化冰霜的方法。

（6）热气和水联合融霜　这种融霜方法主要用于冷风机蒸发管组，先将热气送入冷风机蒸发管组内，与蒸发管紧密接触的一层冰霜融化，向蒸发管组外表面淋水，可很快将霜层完全融掉，停水之后还可利用热气“烘干”蒸发器表面，以免水膜再次结冰。

以上几种融霜方式，在大、中型制冷装置中，热气融霜是应用最为普遍的一种，无论从节能、融霜速度、清除蒸发器内的润滑油等方面，都是其他方式所不能相比的。这种方法仅适用于直接冷却系统，对间接冷却系统则需要采用蒸气加热融霜或温水加热融霜。下面着重介绍用于直接冷却系统的热气融霜系统和间接冷却的热盐水融霜系统。

1.3.1.1　热氨融霜系统

1. 重力供液方式的热氨融霜

如图 1 - 44 所示，当蒸发器 A 需要融霜时首先做好排液桶的减压准备。开启排液桶上的减压阀使排液桶内压力降至该系统的蒸发压力，之后开启进液阀，关闭供液阀 a，让蒸发器内残存的氨液继续蒸发，待液体全部转变为气体时关闭阀 c，开启排液阀 b，同时开启热氨阀 d，热氨进入蒸发器使排管温度升高。当表面霜已完全融化，首先关闭热氨阀 d，然后关闭排液阀 b，同时开启阀 c 和供液阀 a，让蒸发器 A 恢复制冷，最后关闭排液桶进液阀。

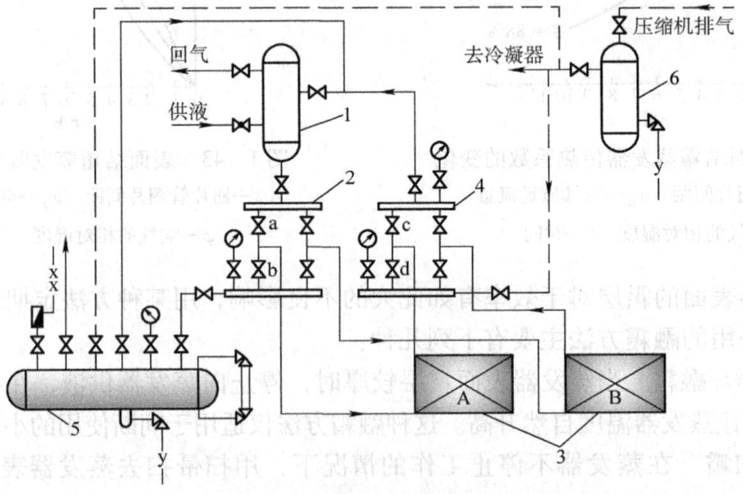

图 1 - 44　重力供液热氨融霜原理图

1—氨液分离器　2—液体分调节站　3—蒸发器　4—气体分调节站　5—排液桶　6—油分离器

蒸发器的融霜操作过程是比较麻烦的，除开启和关闭许多有关的阀门之外，还要掌握好时机，否则将出现事故或融霜时间延长。如果需要简化操作也可以省去排液的环节，同时关闭阀a、c之后，开启阀b、d，利用高压气体的压力将蒸发器内残存的氨液送入排液桶。但是这种方法由于最初阶段冷的液体和热的氨气接触，必然降低热氨气体的温度，使融霜时间延长。

上述热氨融霜方案中，虽然热氨由蒸发器上部进入，冷凝氨液自下部流出，由于冷凝液进入液体调节站之前需经过一段上升立管，所以蒸发器中积存的润滑油不能被完全地冲刷干净。为了改善这种不理想的排液方法，可将供液调节站与排液调节站分开设置，如图1－45所示。这种方案排液调节站单独设置并低于蒸发器，蒸发器中积存的润滑油能够随排液靠重力作用进入排液桶。

2. 氨泵供液方式的热氨融霜

氨泵供液系统中的循环桶可兼作排液桶。氨泵供液热氨融霜系统如图1－46所示。某组蒸发器需要融霜的时候，首先关闭气、液分调节站上的供液阀和回气阀，然后开启排液阀和热氨阀，热氨进入蒸发器，冷凝液由专用排液管经节流阀降压后送入循环桶，以消除融霜排液压力对系统蒸发压力的影响。

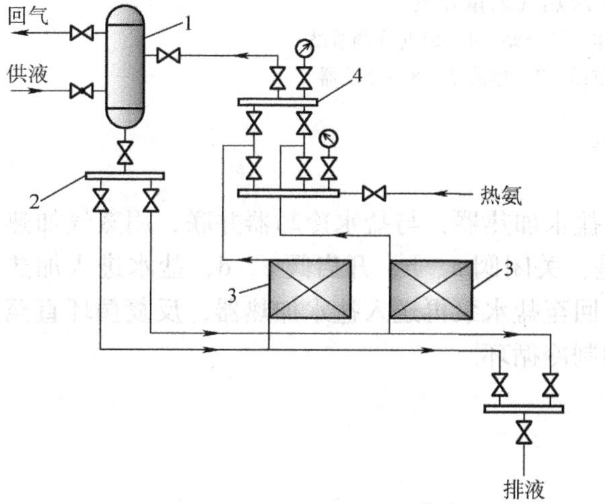

图1－45　重力供液热氨融霜系统
1—氨液分离器　2—液体分调节站
3—蒸发器　4—气体分调节站

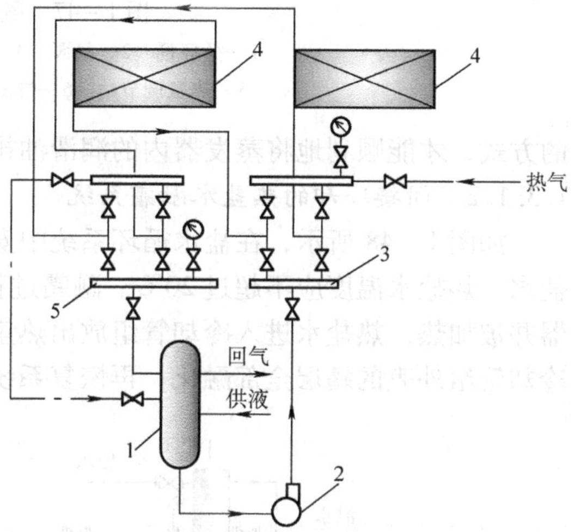

图1－46　氨泵供液热氨融霜系统
1—循环桶　2—氨泵　3—液体分调节站
4—蒸发器　5—气体分调节站

氨泵供液系统也可设置专用排液桶储存融霜排液。其融霜方案如图1－47所示。蒸发器的融霜操作过程与重力供液系统的融霜操作过程基本相同，这里不再重述。

排液桶是储存融霜排液的专用设备。其中储存的氨液应能够排出重新用于制冷，同时也为下次融霜做好准备。排液时首先开启加压阀，待压力升高后开启出液阀，将液体送往总调节站，通过总调节站，再将液体送往循环桶、氨液分离器或蒸发器。

用于融霜的热氨应经过专用的干式油分离器分油后才可使用，一方面可避免将润滑油带入蒸发器，另一方面也可防止热氨在洗涤式油分离器中与氨液接触降低温度。热氨的压力应控制在表压0.6～0.9MPa之间，压力和温度的突然升高易引起蒸发器管组的脆裂。热氨进入蒸发器是靠释放冷凝热融霜的，因此不允许热氨直通蒸发器。融霜之后，蒸发器表面的温度在28℃左右为宜。在冷库中，热氨管如要穿越冷间，应采用耐热的材料做好表面保温。

无论是重力供液系统，还是氨泵供液系统，融霜过程应优先选用蒸发器上进气、下出液

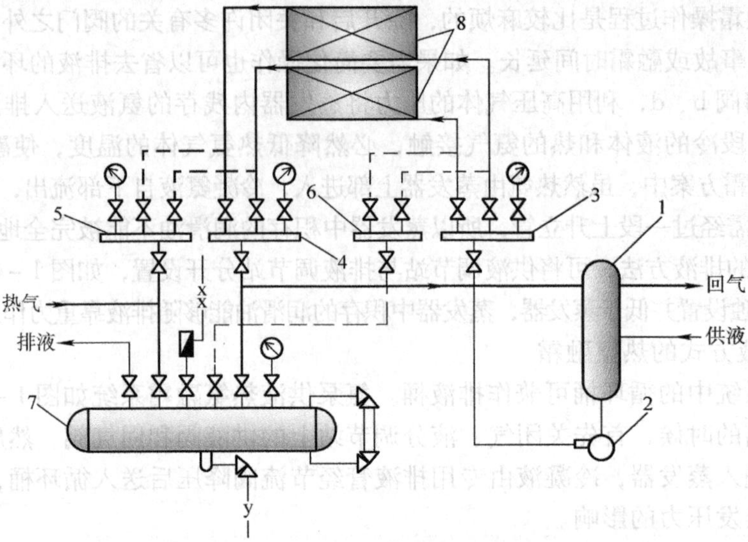

图 1－47　氨泵供液热气融霜方案

1—循环桶　2—氨泵　3—液体分调节站　4—回气分调节站

5—热氨调节站　6—排液调节站　7—排液桶　8—蒸发器

的方式，才能顺利地将蒸发器内的润滑油排出。

1.3.1.2　间接冷却的热盐水融霜系统

如图 1－48 所示，在盐水循环系统中安装盐水加热器，与盐水冷却器并联，用蒸气加热盐水。热盐水温度应不超过20℃。融霜过程是，关闭阀 a、b，开启阀 c、d，盐水进入加热器并被加热，热盐水进入冷却管组放出热量，回至盐水泵再送入盐水加热器，反复循环直至冷却管组外表的霜层全部融化，再恢复系统的制冷循环。

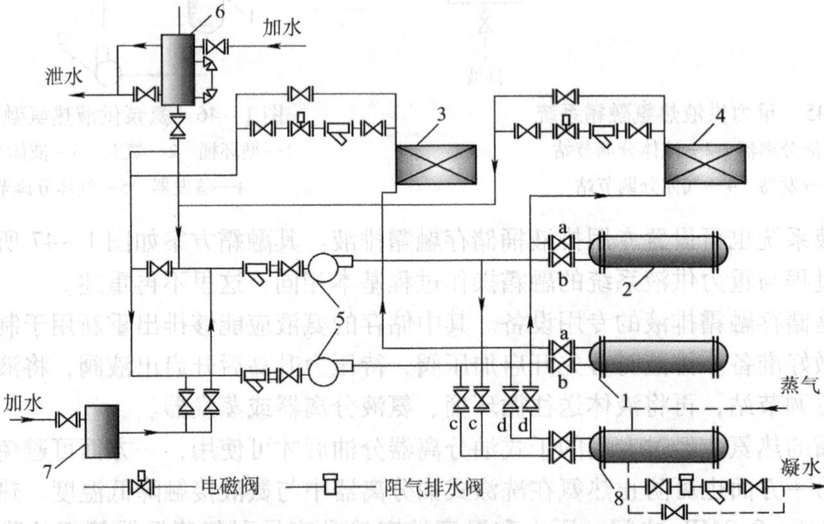

图 1－48　间接冷却的热盐水融霜系统

1—低温盐水冷却器　2—高温盐水冷却器　3—低温冷却器　4—高温冷却器

5—盐水泵　6—膨胀水箱　7—溶盐水箱　8—盐水加热器

如果冷却管组数量很多，融霜应分别进行，对整个载冷剂系统而言，既有制冷也有融霜，此时系统中应设置供热盐水循环的专用盐水泵。

1.3.2　润滑油系统

压缩机中需要有足够的润滑油，润滑油会随压缩机的排气进入系统，曲轴箱油面下降。压缩机的润滑油使用一段时间后，粘度下降，颜色变深，需要及时补充或更换。

虽然在压缩机的排气管上设有油分离器，但并不能完全避免润滑油进入系统的其他设备。积存的润滑油可以通过专用的管道排出系统。

1.3.2.1　制冷压缩机的加油和放油

如图1－49所示，系统由压缩机、清油箱和油泵组成。在压缩机曲轴箱外侧装有油位控制器，进油管上装有加油电磁阀。当曲轴箱的油位降低至油位控制器下限时，油泵起动，电磁阀开启，加油操作开始。当油位上升到油位控制器的上限时，油泵停止运转，电磁阀关闭。放油时，手动开启放油截止阀，将润滑油送入集油器。

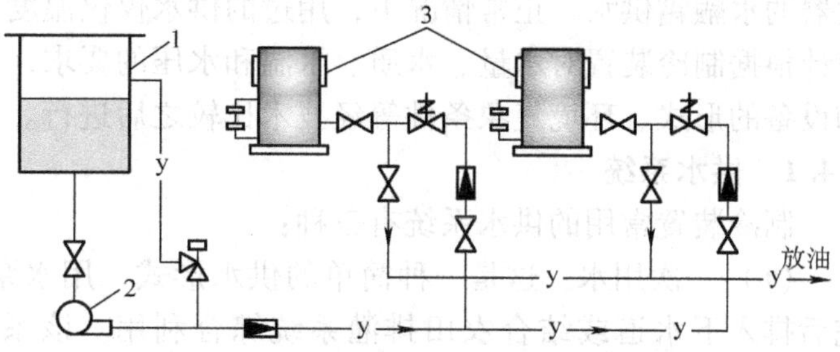

图1－49　制冷压缩机的加油和放油系统

1—清油箱　2—油泵　3—制冷压缩机

应注意的是，加油过程曲轴箱内应保持低压，而放油时曲轴箱内应维持高压。制冷压缩机曲轴箱上有专供放油和加油的三通阀，在没有专用加油和放油系统的情况下可利用此三通阀实现手动加油和放油。

1.3.2.2　系统放油

氨制冷系统需要放油的设备有：高压设备，包括氨油分离器、冷凝器和高压储液器；中压设备，即中间冷却器；低压设备，包括低压循环桶、氨液分离器、排液桶、低压储液器及用于冷却载冷剂的卧式蒸发器、水箱式蒸发器等。在大、中型制冷系统中，一般是高、中压容器合用一台集油器放油。低压容器内部温度低，润滑油粘度大，放油比较困难，往往另设一台集油器单独放油。小型系统可合设一台集油器。

图1－50所示是高、中、低压设备合用一台集油器的放油系统。各设备的放油管与集油器的进油管相连，放油时首先开启减压阀，降低集油器内压力至蒸发压力，然后开启某设备上的放油阀、润滑油从集油器进油阀进入集油器，观察油面指示器，若有氨液进入则关闭某设备放油阀、集油器进油阀，开启减压阀分离润滑油中混有的氨液，待集油器内的压力降到蒸发压力关闭减压阀静止20min，打开集油器出油阀将油放出。

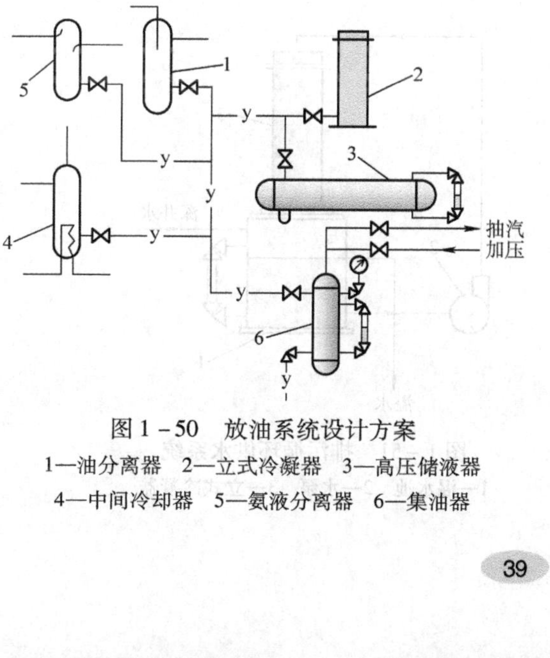

图1－50　放油系统设计方案

1—油分离器　2—立式冷凝器　3—高压储液器

4—中间冷却器　5—氨液分离器　6—集油器

集油器上的减压管接于制冷系统中蒸发

温度低、负荷比较稳定的蒸发回路，以及气液分离设备的进气管上。对于油处理系统中的油箱位置高于集油器的情况，集油器上可设置排油用加压管。为了加速集油器中氨油分离，集油器上可设置加热器或淋水装置。

低压容器的放油与高压系统的设计方案基本相同，但低压容器温度低，内部润滑油粘度大，为便于排放可考虑采用设备加压放油、压差放油等。

1.4 制冷装置的供水系统

制冷装置的供水主要包括冷凝器的冷却水、制冷压缩机的气缸和曲轴箱的冷却用水、蒸发器的水融霜供水。正常情况下，用过的供水仅仅温度升高，水质不受污染。冷却水系统的设计根据制冷装置对水量、水质、水温和水压的要求，在了解水源的水量、水质、水温及冷却设备的形式、环境气象条件等经技术比较之后进行。

1.4.1 供水系统

制冷装置常用的供水系统有三种：

(1) 一次用水　这是一种简单的供水形式，用水泵由水源直接抽取送入制冷设备，用完后排入下水道或结合农田排灌系统综合利用。该系统用于水源水量充足、水温适宜的地区。

(2) 排污循环供水系统　送入制冷设备的冷却水使用后，将其中一部分重新引入制冷设备进水口与新鲜水混合后再送入制冷设备。这种系统适用于水源水量较少、水温较低的地区，一般采用水温较低的深井水作为水源。其供水系统如图 1-51 所示。

(3) 循环供水系统　冷却水循环使用，只需少量补充水。该系统用于水源水量少、水温较高的地区。这种供水方法设备多且系统比较复杂。循环供水系统按照循环水进入冷凝器的方式，可分为重力回水和压力回水两种设计方案。

1) 重力回水供水系统。图 1-52 所示是重力回水供水系统。冷却塔的安装位置高于冷凝器，水泵将水池中的热水送入冷却塔降温，获得的冷水由重力作用进入立式冷凝器。该系统只需一个水池、一级循环泵。

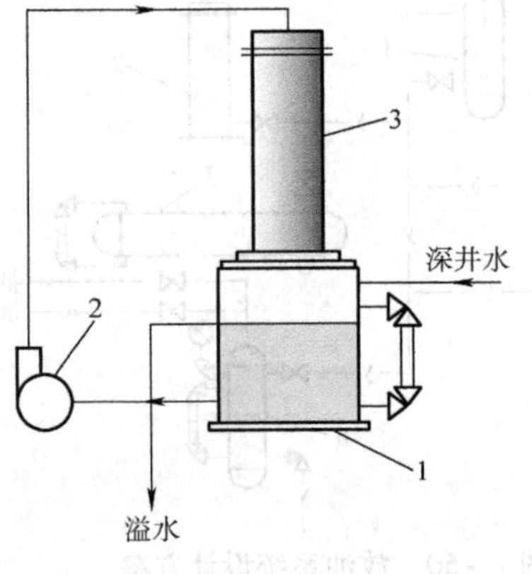

图 1-51　排污循环供水系统

1—混水池　2—水泵　3—立式冷凝器

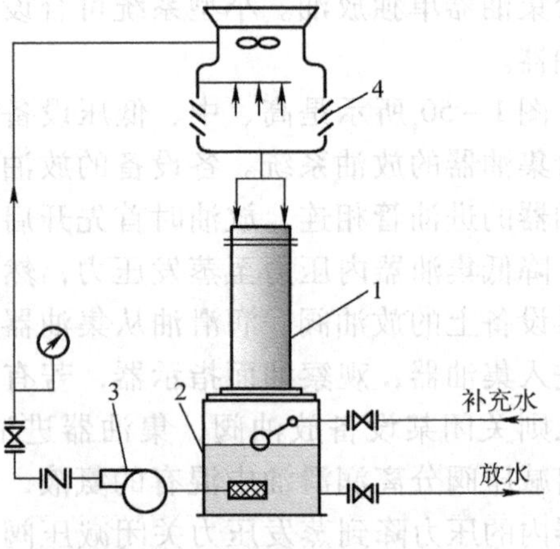

图 1-52　重力回水供水系统

1—冷凝器　2—水池　3—水泵　4—冷却塔

2）压力回水供水系统。图1－53所示是卧式壳管式冷凝器的循环供水系统。冷却塔置于循环水池顶部，循环水池内所储存的为经降温的冷水，水泵将冷水加压直接送入卧式壳管式冷凝器，出来的热水进入冷却塔。这种系统的整个水循环管路都处于压力状态之下。

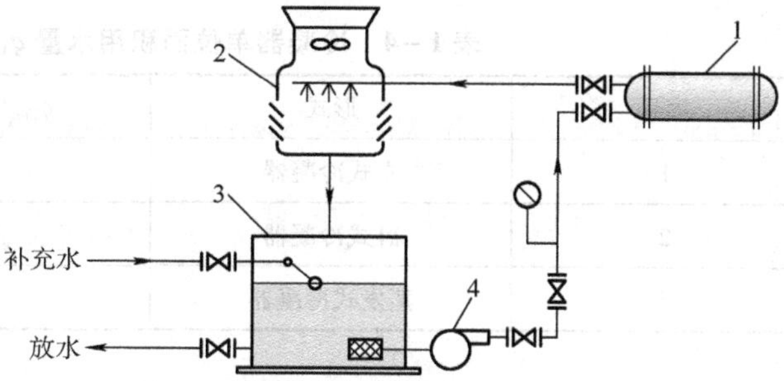

图1－53 卧式壳管式冷凝器的循环供水系统

1—卧式壳管式冷凝器 2—冷却塔 3—水池 4—水泵

图1－54所示是立式冷凝器的循环供水系统。系统需要两个水池，或将一座较大的水池分隔为二，需设置二级循环泵。冷凝器下部的水池为热水池；冷却塔下部的水池为冷水池，水分别由一、二级泵加压后送往立式冷凝器和冷却塔。这种系统设备和管路较多，一次投资较大。

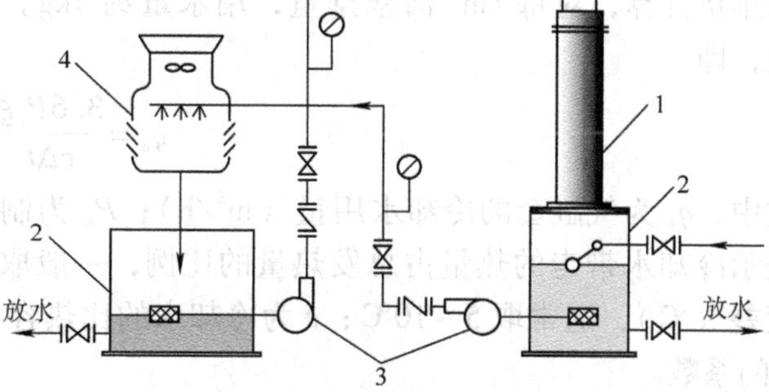

图1－54 立式冷凝器的循环供水系统

1—立式冷凝器 2—水池 3—水泵 4—冷却塔

图1－55所示是包括压缩机冷却水系统、融霜水系统在内的压力式循环供水系统。制冷压缩机气缸套和油冷却器所需的冷却水，可由冷凝器冷却水泵出口引出，出压缩机的热水靠重力返回循环水池。冷风机融霜用水，可由供水泵出口引出，也可以按图中的方式设置专用水泵供水。设置专用水泵的优点是融霜水量恒定，不会出现过多供水引起融霜水溢出冷风机接水盘。

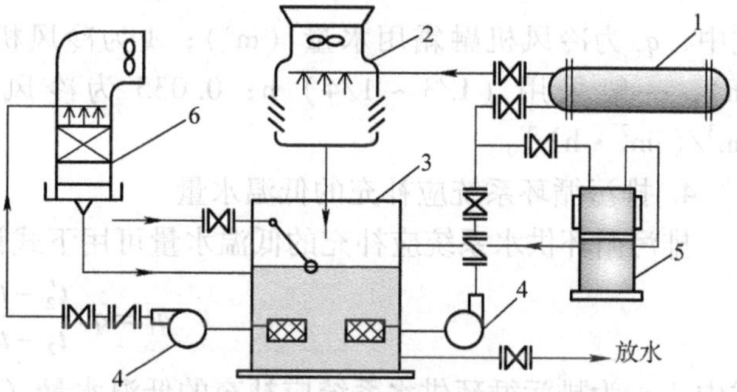

图1－55 压力式循环供水系统

1—卧式壳管式冷凝器 2—冷却塔 3—水池 4—水泵 5—压缩机 6—冷风机

1.4.2 供水量计算

1. 冷凝器用水量

冷凝器用水量可按下式计算，即

$$q_V=\frac{3.6Q_L}{1000c\Delta t}=A_L q_{Vm} \quad (1-6)$$

式中，q_V 为冷凝器用水量（m^3/h）；Q_L 为冷凝器负荷（W）；c 为冷却水的比热容［kJ/（kg·℃）］，$c=4.1868$ kJ/（kg·℃）；Δt 为冷却水进出温差（℃）；A_L 为冷凝器冷凝面积（m^2）；q_{Vm}为冷凝器单位面积用水量［m^3/（m^2·h）］。

冷凝器单位面积用水量 q_{Vm} 和冷却水进出温差 Δt 见表1－4。

表 1－4 冷凝器单位面积用水量 q_{Vm} 和冷却水进出温差 Δt

序号	形式	q_{Vm}/［m^3/（m^2·h）］	Δt/℃
1	立式冷凝器	1.0～1.7	2～3
2	卧式冷凝器	0.5～0.9	4～6
3	蒸发式冷凝器	0.15～0.20	

蒸发式冷凝器采用循环水时，补充水量是冷凝器用水量的 1%～3%。

2. 制冷压缩机气缸水套用水量

制冷压缩机气缸水套用水量的数据，一般由制造厂提供。在缺少数据时，用水量可按活塞排量计算，对每 1m^3 活塞排量，用水量约 5kg。也可以采用下式计算气缸套的冷却水用量，即

$$q_s = \frac{3.6 P_e \xi}{c \Delta t} \tag{1-7}$$

式中，q_s 为气缸套的冷却水用量（m^3/h）；P_e 为制冷压缩机轴功率（kW）；ξ 为比例常数，表示冷却水带走的热量占总发热量的比例，一般取 0.13～0.18；Δt 为气缸套冷却水进出温度差（℃），通常取 5～10℃；c 为冷却水的比热容［kJ/（kg·℃）］；3.6 为 1W 换算成 kJ/h 的系数。

3. 冷风机融霜用水量

冷风机融霜用水量可按下式计算，即

$$q_r = 0.035 A t \tag{1-8}$$

式中，q_r 为冷风机融霜用水量（m^3）；A 为冷风机的冷却面积（m^2）；t 为融霜延续时间（h），一般采用（1/3～1/4）h；0.035 为冷风机每平方米冷却面积所需融霜水量［m^3/（m^2·h）］。

4. 排污循环系统应补充的低温水量

排污循环供水系统应补充的低温水量可用下式计算，即

$$q_b = q_V \frac{t'_2 - t_2}{t_2 - t_0} \tag{1-9}$$

式中，q_b 为排污循环供水系统应补充的低温水量（m^3/h）；q_V 为一次用水量（m^3/h）；t'_2 为冷凝器出水温度（℃）；t_0 为低温水温度（℃）；t_2 为冷凝器进水温度（℃）。

1.4.3 制冷装置供水的水温、水质标准及水压要求

1. 冷却水用水

冷却用水温度是确定冷凝温度的依据之一，过高的水温将影响制冷装置的制冷效果，甚至影响正常工作。因此，应对水温作必要的限制。冷凝器进水温度最高允许值见表 1－5。

冷却水水质标准见表 1－6。当水源中二氧化碳含量较大时，暂时硬度标准可以适当放宽，根据水温情况按表 1－7 选用。

表 1-5　冷凝器进水温度最高允许值

序号	冷凝器形式	进水温度/℃
1	立式	32
2	卧式	29

表 1-6　冷却水水质标准

指标	最大允许含量	备　注
浑浊度/（mg/L）	50～150	浑浊度在洪水期允许大值
硫化氢/（mg/L）	0.5	100～200
铁/（mg/L）	0.3	浑浊度、碳酸盐硬度，其值较大的用于立式、淋水式冷凝器，较小的用于卧式、蒸发式冷凝器
硫酸钙/（mg/L）	1500～2000	
碳酸盐硬度/度①	5～10	

① 钙镁离子的总和相当于 10mg 氯化钙称之为 1 “度”。

表 1-7　不同水温所允许的暂时硬度

游离 CO_2 的含量/（mg/L）	不同水温所允许的暂时硬度/度	
	20℃	30℃
10	9.1	8.3
20	11.5	10.4
30	13.2	12.0
40	14.5	13.2
50	15.6	14.2
60	16.6	15.1
80	18.3	16.6
100	19.7	17.9

冷却水水质除上表中的要求外，还应不堵塞管道，不腐蚀机器、设备和管道。沿海地区当不易取得地下水和地表水时，才允许选用海水作为冷却水，使用海水时应采取措施防止海水对管道、设备的腐蚀及贝类在管道中附着寄生。

进入制冷机房的冷却水进水压力一般应达 147～196kPa，但不小于 98kPa，亦不应大于 294kPa。制冷压缩机冷却水进管宜设过滤器，压缩机冷却水出水管应设水流指示器，进水压力不应小于 69kPa。

2. 冷风机融霜用水

融霜用水温度高则融霜快，但温度越高雾气越大。一般水温以 25℃左右较为合适，过低则要更多的水量或延长淋水时间，故要求水温以不低于 10℃为宜。在冬季或寒冷地区，可以采用冷凝器排出的冷却水作为融霜水。

冷风机的冲霜配水管多用穿孔管，融霜水水质除要满足对冷却水的水质要求外，还要求其中不含悬浮颗粒，避免堵塞管道和孔眼，一般自来水或冷却循环水均能满足要求。

水融霜主要是由水温使冷风机翅片管表面的霜融化，而不是靠高水压的作用。因此，在配水管孔眼处保证 49kPa 以上的进水压力即能满足要求。

在布置融霜给排水管时，总管应敷设于常年温度高于 0℃的场所，并应特别注意总管通向冷风机淋水装置的支管接法，以防出现冻结现象。比较理想的设计方案如图 1－56 所示。融霜结束时关闭给水阀，支管段中的存水能在水柱压力的作用之下排出。当给水阀关闭不严时，渗漏水能从水封排出，而不会进入水平管引起冻结。水封还可防止风机自放水管吸入外界空气，还可避免由于操作疏忽所带来的不良后果。

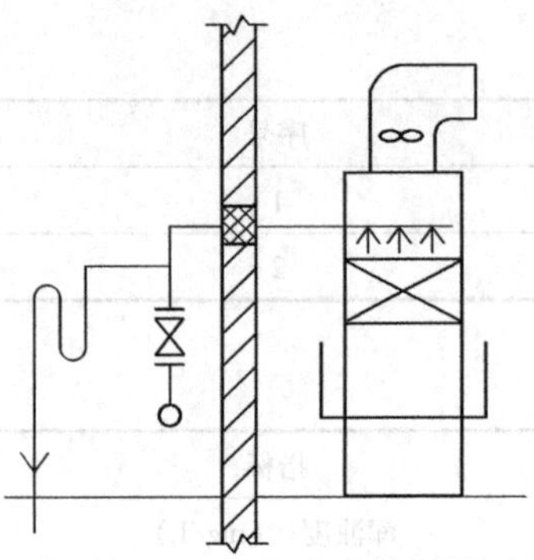

图 1－56 冷风机融霜用水方案

1.4.4 水冷却设备的选择

1.4.4.1 水冷却设备的种类

水冷却设备的种类很多，这里仅就常用的喷水池和冷却塔进行重点介绍。

1. 喷水池

如图 1－57 所示，在敞开式水池上均匀布置水管，并在管道上装设喷嘴，由每个喷嘴将水喷出，在空气中喷散成均匀散开的水滴，使水与空气有充分的接触面积和接触时间，经接触散热、蒸发散热、辐射热交换使水温降低，其中辐射换热量所占比例较大。喷水池的冷却效果受喷嘴形式与布置方式、喷嘴前水压、风速、风向和干、湿球温度等因素的影响。

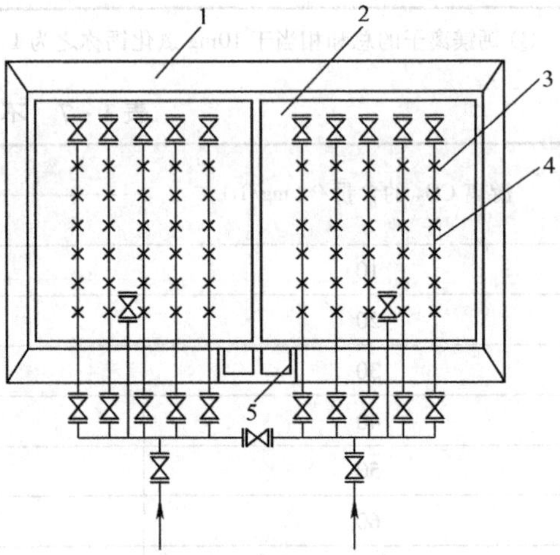

图 1－57 喷水池示意图

1—回水台 2—集水池 3—喷头 4—配水管 5—溢流井

喷水池适用于场地开阔、风速较高、冷却水量不大和补充水量较为充足的条件。喷水池应布置于通风良好的地带，矩形喷水池的长边应垂直于夏季主导风向，并位于重要建筑物冬季主导风向的下风侧。

喷水池的冷却效果差，淋水密度一般只有 0.7～1.2m^3/（m^2·h）。进、出水温差小于 5℃，出水温度一般高于夏季室外平均每年不保证 50h 的湿球温度 7～20℃。

喷水池的优点是投资少，结构简单、节省材料，施工管理方便。缺点为冷却效果差，受温度、湿度影响大，占地面积大，与其他建筑物、构筑物的间距大，风吹与蒸发水量损失大。

2. 冷却塔

冷却塔的种类很多，按通风方式可分为两类，即自然通风冷却塔和机械通风冷却塔。自然通风冷却塔主要有开放式和塔式，分别采用横流式和逆流式通风。机械通风冷却塔主要有鼓风式和抽风式，均采用逆流式通风，喷射式采用横流式通风。常用的冷却塔结构示意图如图 1－58 所示。

（1）冷却塔内水的冷却原理 冷却塔内水温的下降是蒸发散热、接触散热、辐射散热的综合作用结果。配水系统将水均匀地洒落于淋水装置上，水形成水滴和水膜，增大了水和大气间的接触面积和接触时间。蒸发散热作用是由于水表面动能较大的分子，首先克服水的内聚力，从水表面逸出到空气之中，使其他分子的平均动能减少，水的温度随之降低。在水温低于沸点时，只要水面的饱和蒸气压力大于空气中水蒸气分压力，水表面的蒸发作用就必然存在。所以，水的蒸发冷却可使水温低于空气的温度。

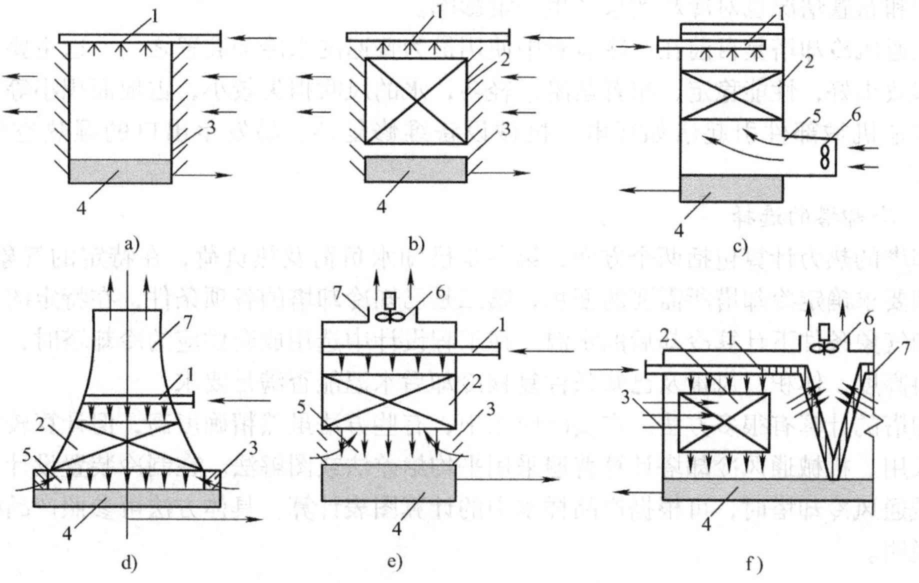

图1-58　常用的冷却塔结构示意图

a）开放喷水式冷却塔　b）开放点滴式冷却塔

c）鼓风逆流式冷却塔　d）塔式冷却塔　e）抽风逆流式冷却塔　f）抽风横流式冷却塔

1—配水系统　2—淋水装置　3—百叶窗　4—集水池　5—空气分配区　6—风机　7—风筒

传导和对流传热的作用称为接触散热。水面与较低温度的空气接触，水中的热量传入空气之中，使水温得到降低，温差得到降低。温差越大，传热效果越好。

辐射散热是指固体、液体和气体以电磁波的形式辐射出热能的能力。

以上过程在水冷却中所起的作用，受被冷却水和空气物理性质的影响。在春、夏、秋三季内，室外空气温度较高，水表面蒸发散热占主导地位；在炎热的夏季，蒸发散热作用可达总散热的90%以上。冬季气温低，蒸发散热作用减少，接触散热作用增大，从夏季的10%～20%增加到50%左右，严寒天气甚至可增加到70%。对于各类型的冷却塔，水以辐射方式散发的热量是很小的，一般可忽略不计。

由于夏季循环水在冷却塔内的冷却、蒸发起着巨大的作用，因此，冷却塔热力计算的各种方法都是基于水的蒸发冷却原理。

（2）冷却塔的冷却效果　冷却塔的冷却效果常用两个指标衡量，一是进水温度 t_1 与出水温度 t_2 的差值 $\Delta t = t_1 - t_2$，一般来说温差 Δt 越大则冷却效果越好。但 Δt 的大小与 t_1 和冷却水量有很大关系，同一台冷却塔当提高 t_1 或减少冷却水量时，Δt 值可能变得很大，可是 t_2 值也将随之升高。因此，这个指标虽是需要的，但不能够全面地反映它的冷却效果。二是冷却塔出水温度接近夏季室外平均每年不保证50h湿球温度 τ 的程度。一般将 $\Delta t' = t_2 - \tau$ 称为冷却幅高，

$\Delta t'$值越小则冷却效果越好。事实上$\Delta t'$值是不可能为零的，因此τ是冷却塔出水温度的理论极限，t_2总是高于τ值。目前使用的冷却塔其冷却幅高$\Delta t'=3\sim5℃$。

综上所述，冷却塔的冷却效果是和其工况紧密相关的，在不同的冷却水量、进水温度、空气干球温度和湿球温度下，水温降Δt、冷却幅高$\Delta t'$是不同的。另外，冷却塔的冷却效果也随结构形式、通风方式、淋水方式、水和空气的流动方向等不同而略有差异。冷却塔的使用、维护和布置情况也对冷却效果产生一定影响。

机械通风冷却塔是目前在制冷装置中使用最为普遍的水冷却装置之一，这主要是因为它具有冷却效果好，性能稳定，布置紧凑，轻巧，水的风吹损失较小，占地面积小等优点。其缺点主要是机械部件引起诸如耗电、机械设备维修复杂、易发生出口的湿热空气回流现象等。

1.4.4.2 冷却塔的选择

冷却塔的热力计算包括两个方面，第一是已知水负荷及热负荷，在特定的气象条件下，根据冷却要求确定冷却塔所需要的面积；第二是已知冷却塔的各项条件，在特定的水负荷及热负荷和气象条件下计算冷却后的水温。在工程设计中选用成套供应的冷却塔时，是按冷却塔的填料高度、体积、风量及已知条件复核冷却后水温能否满足要求。

冷却塔的计算有很多方法。在实际应用中，有些方法虽然精确度高，但计算较繁琐，一般不予采用。机械通风冷却塔计算普遍采用平均焓差法或图解法。在制冷装置设计中，直接选用机械通风冷却塔时，可根据产品样本中的计算图表计算。具体方法可参照产品样本的图表使用说明。

1.5 氟利昂制冷系统

与氨制冷系统一样，氟利昂制冷系统也可分为高压系统和低压系统。二者的相同之处不再赘述。事实上，氟利昂制冷系统的主要管路与氨制冷系统并无太大差别，相反在辅助管路方面则相差较大。

1.5.1 高压系统

1. 压缩部分

制冷压缩机的配置包括单台压缩机的配置、多台压缩机的配置和双级压缩机的配置。单台压缩机的配置实际上是带有截止阀的吸、排气管路的配置。中小型压缩机的吸、排气阀是一种带有多用通道的三通阀，可利用多用通道对系统进行打压、抽空、向系统中充注制冷剂和由系统中取出制冷剂等操作。当利用本机对系统进行打压时，可将吸入阀的多用通道打开，这时可将阀杆旋至阀门的关闭位置，也就是使压缩机的吸入口与多用通道相连通，而与系统的联系切断，当开启压缩机后，可将外界空气由多用通道吸入。对系统进行抽空时，可使排气阀处于关闭状态，同样切断压缩机排出端与系统的联系，让压缩机的排出端与多用通道相连，这时运转的压缩机可将系统中的空气或制冷剂气体排向大气。向系统中充注制冷剂和排出制冷剂的方法与上述过程大体相同，只是充注制冷剂时将制冷剂钢瓶与吸入阀的多用通道相连。

压缩机曲轴箱中的润滑油在压缩机运转过程中会随排气进入系统的管道和设备，从而产生许多不良影响。压缩机排气中的润滑油处于两种状态，即油滴和油蒸气。分离这两种状态的润滑油，可在压缩机排气管道上设置油分离器。油分离器的形式主要有过滤式和填料式。过滤式分油效果较差；填料式分油效果好，但压力损失较大。这两种油分离器都设有自动回油装置，当油位达到一定高度时，可自动将分出的油送入压缩机曲轴箱。为防止油分离器中的自动回油装置发生故障，在油分离器与压缩机之间还设有手动回油阀门和管道，如图1－59所示，可利用油分离器和压缩机曲轴箱之间的压力差将油送入曲轴箱。在操作时应注意，当压缩机长时间停止运行时，应关闭回油管上的截止阀，防止由于环境温度较低时制冷剂气体在排气管和油分离器中冷凝，使油分离器下部液面升高打开自动回油浮球阀，导致制冷剂液体进入曲轴箱。如果这种情况发生，压缩机再次起动时，曲轴箱内的液体制冷剂会剧烈沸腾形成泡沫，造成压缩机液击和油泵断油。

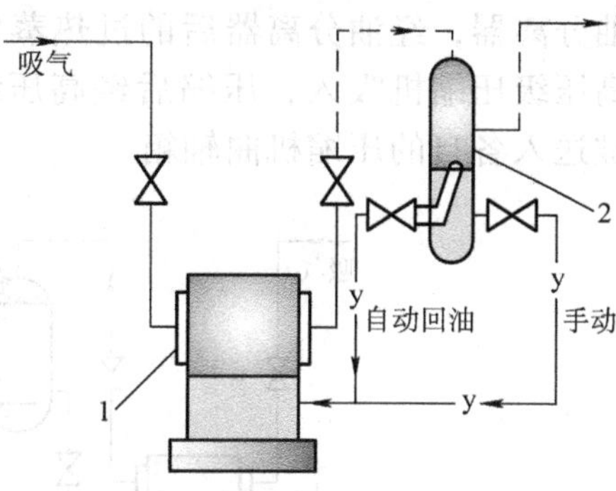

图1－59 压缩机排气管上设油分离器的方案
1—制冷压缩机 2—油分离器

多台压缩机的并联配置方案如图1－60所示。设置油分离器虽然能够将排气中所携带的润滑油分出，但不可能完全彻底，总会有部分润滑油通过冷凝器等设备进入蒸发器，再经回气管返回压缩机曲轴箱。对于单台压缩机所组成的系统，有多少油从排气管出去，就会有相同数量的油由吸气管返回。而对于多台并联的压缩机所组成的系统，情况则不同。从总体来说，虽然自压缩机排出的润滑油如数返回，而对局部的某台压缩机而言会产生曲轴箱油位上升或下降的现象，这主要是因为从回气管返回的润滑油不能均匀地分给每台压缩机。为解决这个问题，应对吸气管进行合理布置，使返回的油尽可能均匀分配，而且还应在各台压缩机之间设气体平衡管和润滑油平衡管，以使各压缩机油面保持相同。也可以将气体平衡管和润滑油平衡管合并为一条，但在设计中应注意将其置于各台压缩机的正常油面处。气体平衡管必须有足够大的管径，否则间距较远的压缩机之间由于管路的阻力导致曲轴箱压力不同，油面高低不一。

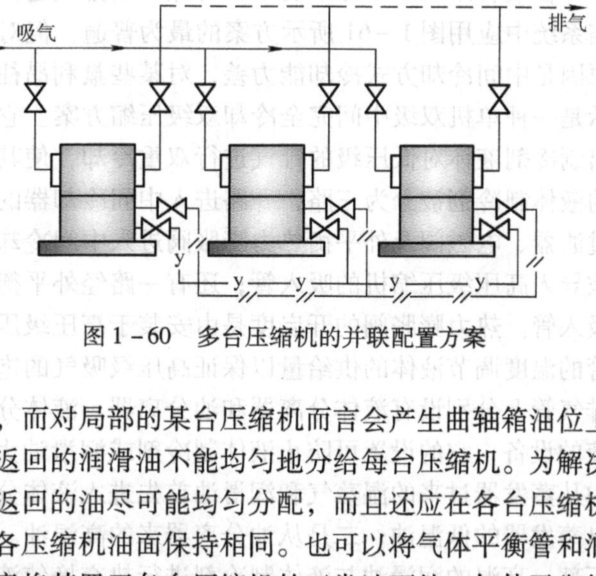

图1－60 多台压缩机的并联配置方案

双级压缩机的配置如图1－61、图1－62所示。中小型氟利昂制冷系统多采用一级节流中间不完全的冷却方式，这种冷却方式的中间冷却器结构简单，不存在液面控制问题。图1－61所示是配组式中间不完全冷却双级压缩方案。工作原理是，由高压储液器来的制冷剂液体被分为两路，一路是制冷剂液体的大部分直接进入中间冷却器的螺旋形盘管，在其中放热，获得过冷度，然后经节流阀进入蒸发器；另一路是制冷剂的小部分，它经过电磁阀和热力膨胀阀节流降温至中间温度，在中间冷却器中与盘管内的液体制冷剂进行热交换，蒸发为饱和蒸气进入高压级吸气管。由蒸发器来的制冷剂蒸气经低压级压缩，排至油分离器，经油分离器后的过热蒸气与从中间冷却器来的中温饱和蒸气充分混合之后被高压级压缩机吸入，压缩后经高压级油分离器进入冷凝器，在油分离中分离出的润滑油被送入各自的压缩机曲轴箱。

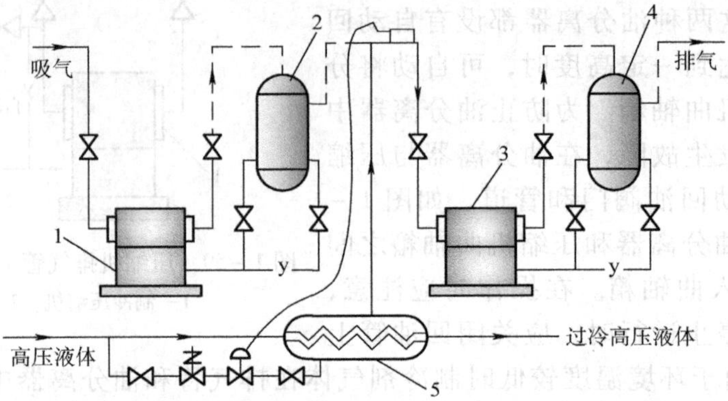

图 1-61 配组式中间不完全冷却双级压缩方案

1—低压级压缩机 2—低压级油分离器 3—高压级压缩机 4—高压级油分离器 5—中间冷却器

在氟利昂双级制冷系统中，对低压级排气进行冷却的方式有多种。目前在中小型双级压缩系统中应用图 1-61 所示方案的最为普遍，但对于较大型的制冷装置则很少采用，其主要原因是中间冷却方式冷却能力差，对某些氟利昂往往使高压级的排气温度升高。图 1-62 所示是一种单机双级中间完全冷却双级压缩方案。它的一个特点是用热力膨胀阀从两个分支引出制冷剂液体对低压级的排气进行双重冷却，使其达到饱和状态。工作原理是：由冷凝器来的液体制冷剂被分为三路，一路进入中间冷却器的蛇形盘管放热过冷后进入蒸发器；一路经过滤器、电磁阀及外平衡热力膨胀阀进入中间冷却器的壳体内蒸发吸热，所形成的饱和蒸气被导入高压级压缩机的吸入管；还有一路经外平衡热力膨胀阀节流降温后送入高压级压缩机吸入管。热力膨胀阀的开启度是由安装于高压级压缩机吸入管路上的温包控制的，根据吸入管的温度调节液体的供给量以保证高压级吸气的饱和状态。在压缩机低压级吸气管和高压级排气管上分别设有液体分离器和油分离器。液体分离器是一种专门设在回气管上仅仅用来分液的设备，它的设置可防止液体制冷剂或润滑油大量返回压缩机而形成“湿冲程”，在工作中从蒸发器过来的湿蒸气和润滑油首先进入液体分离器。进入的润滑油包括两部分：一是来自蒸发器的低温油；二是从油分离器来的高温油。制冷剂液体和润滑油沉积于液体分离器的下部，高温的润滑油与液体制冷剂进行热交换使液体制冷剂吸热蒸发转变为气体，这些气体与由蒸发器回来的蒸气集聚于液体分离器上部。压缩机吸入管在液体分离器中是一弧形弯，上端头与液体分离器相通，用来吸入液体分离器上部集聚的气体，液体分离器中弧形吸入管的底部开有一小孔，沉积于液体分离器下部的润滑油通过小孔进入吸入管，可防止一次大量回油。从液体分离器出来的制冷剂气体首先进入低压级压缩机，经压缩的气体排入高压级吸气管，在那里从中间冷却器来的气体制冷剂和经节流降温的液体制冷剂进行充分换热成为饱和蒸气而被高压级压缩机吸入，经压缩机分油后排至冷凝器。这种双级压缩中间完全冷却的配置方案，中间冷却器和压缩机之间管路和阀门都较多，因此这种系统都是组装成机组形式。

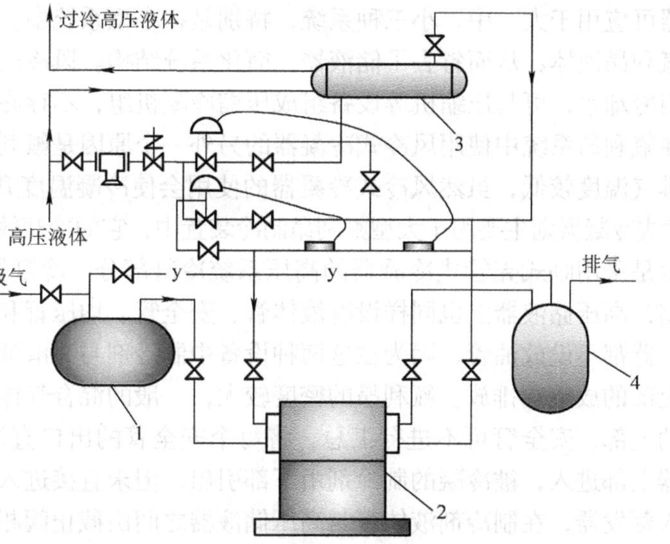

图1-62　单机双级中间完全冷却双级压缩方案

1—气液分离器　2—单机双级压缩机　3—中间冷却器　4—油分离器

在大型氟利昂制冷装置中，还有一种与氨制冷系统基本相同的双级压缩的管路配置方案，如图1-63所示。这种双级压缩机配置方案的特点是在氨制冷系统的基础上增加了一些分油设备和管路。在中间冷却器的正常液面位置设有两条油管，其上还装有节流阀，在单机双级压缩机的两条排气管上设有油分离器和向压缩机加油的管路，这种双级压缩机方案一般可制造-30~-70℃的蒸发器温度，因此中间温度都较低，以致使某些氟利昂液体在中间冷却器中与润滑油分层，油的密度小于氟利昂液体浮于中间冷却器正常液面的上部。如果中冷温度还未达到使氟利昂与润滑油分层的程度，也会使中间冷却器正常液面部分的氟利昂所含润滑油的浓度较高。为防止润滑油在中间冷却器中积存就应设法将其导出，排至集油器经处理之后再进入压缩机。压缩机的加油来自集油器出油管，加油管除起到加油的作用外，还可起到各压缩机之间的均衡作用。

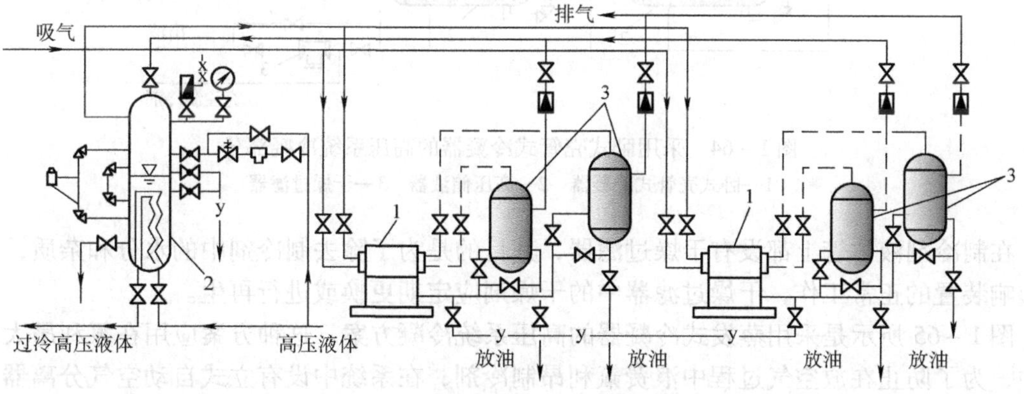

图1-63　双级压缩管路配置

1—压缩机　2—中间冷却器　3—油分离器

2. 冷凝部分

在氟利昂制冷系统中所用的冷凝器有卧式壳管式冷凝器、风冷式冷凝器和蒸发式冷凝器。

卧式壳管式冷凝器可应用于大、中、小三种系统，特别是在小型系统中，可由冷凝器下部的预留容积储存高压氟利昂液体，从而省去了储液器，简化系统结构。风冷式冷凝器仅用于小型系统，由于它不使用冷却水，可与压缩机等设备组成压缩冷凝机组，不存在冷却水管路，整个系统的管路简单。在氟利昂系统中使用风冷式冷凝器的另外一个原因是氟利昂的等熵指数小，被压缩机压缩后的排气温度较低，虽然风冷式冷凝器的使用会使冷凝温度升高，但排气温度却不会升得很高。蒸发式冷凝器则主要用于大型氟利昂制冷装置中，它的冷却效果好，节省冷却水。

图 1-64 所示是采用卧式壳管式冷凝器的高压系统冷凝部分。冷凝器上设有安全、均压、进气和出液等管路，高压储液器上也同样设有液体管、安全管、均压管和放空气管。但无论冷凝器还是高压储液器都不设放油管，因为在这两种设备中制冷剂与润滑油为完全溶解状态。空气可直接经设备上部的放空阀排放。氟利昂的密度较大，一般的混合气体和空气都集中在冷凝器和高压储液器的上部，安全管可不进行汇总，将每个安全管的出口直接通向大气。工作时，高压气体由冷凝器上部进入，被冷凝的制冷剂由下部引出，但未直接进入高压储液器，而是通过过滤器直接供入蒸发器，在制冷剂液体管与高压储液器之间由截止阀相互沟通。这种接法属波动式连接。自冷凝器出来的液体一般有 1～3℃的过冷度，当采用直流式（通过式）时，过冷液体进入高压储液器后将会失去过冷度；采用波动式的连接方法可使冷凝器出来的制冷剂液体保持其过冷度，只有多余的液体才通过两设备间的管路和阀门进入高压储液器。

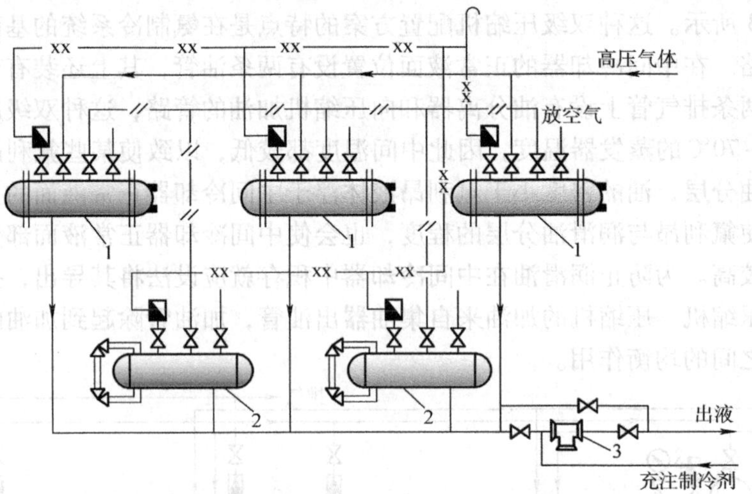

图 1-64　采用卧式壳管式冷凝器的高压系统冷凝部分

1—卧式壳管式冷凝器　2—高压储液器　3—干燥过滤器

在制冷剂液体管上都设有干燥过滤器，其目的是为了除去制冷剂中的水分和杂质，以防止影响装置的正常工作，干燥过滤器中的干燥剂应定期更换或进行再生。

图 1-65 所示是采用蒸发式冷凝器的高压系统冷凝方案。这种方案应用在氟利昂大型系统中，为了防止在放空气过程中浪费氟利昂制冷剂，在系统中设有立式自动空气分离器，它的结构形式、工作原理与氨系统相同。

1.5.2　低压系统

1. 直接膨胀供液方式

由于直接膨胀供液方式设备少，管路配置简单，在中、小型制冷系统中得到广泛应用。

图1－66所示是直接膨胀供液的配置方案。在供液管路上装有过滤器、电磁阀和热力膨胀阀。安装过滤器是为了防止制冷剂液体中的污垢进入电磁阀和热力膨胀阀，堵塞通道影响正常工作。电磁阀的启闭应与压缩机的启闭连锁，防止压缩机停止工作时蒸发器继续供液。进液管上所安装的外平衡式热力膨胀阀可防止蒸发器出口产生过大的过热度。确保润滑油能够顺利返回压缩机，在回气管上设置上升立管。

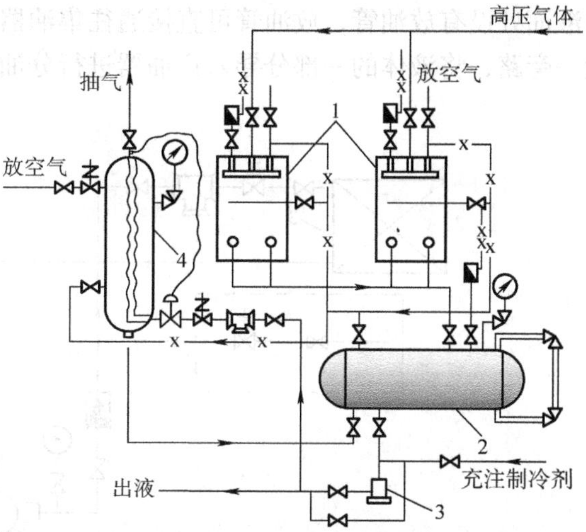

图1－65 采用蒸发式冷凝器的高压系统冷凝部分

1—蒸发式冷凝器 2—高压储液器

3—干燥过滤器 4—空气分离器

图1－67所示是直接膨胀供液的另一种配置方案。这种方案的回气和供液管上同样设有自动控制阀门，除此之外还设有回热式热交换器和液体分配器。液体分配器的作用是使蒸发器中各组蛇管的流动阻力相接近。当蒸发器使用多组蛇管并联工作时，由于各支路的流动阻力与热负荷的差异，只使用一只热力膨胀阀向多支路供液将引起供液不均，这时应设法使各支路蛇管的阻力接近，因此采用阻力很大的液体分配器（阻力约100kPa）。例如，一个热力膨胀阀并联两个阻力为1kPa和3kPa的蛇管，则第二组蛇管的进液量就要少些。如果使用液体分配器，每支路的阻力就成为101kPa和103kPa，这样蛇管的工作情况就一致了。在使用液体分配器时，应注意与外平衡式热力膨胀阀同时使用，因为此时液体分配器与蒸发器出口间有较大压降，使用外平衡式热力膨胀阀可降低出口过热度。

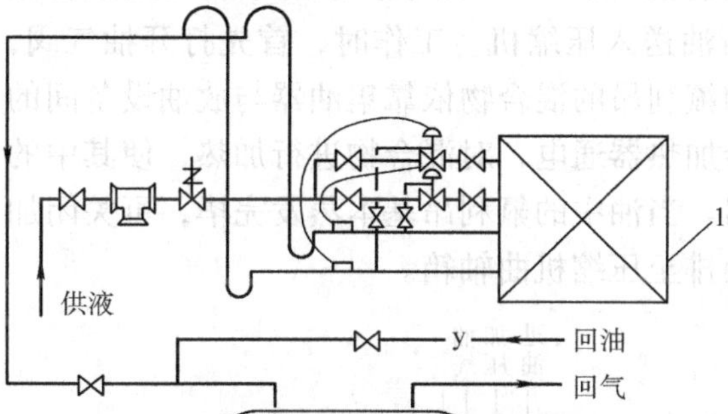

图1－66 直接膨胀供液系统（一）

1—蒸发器 2—气液分离器

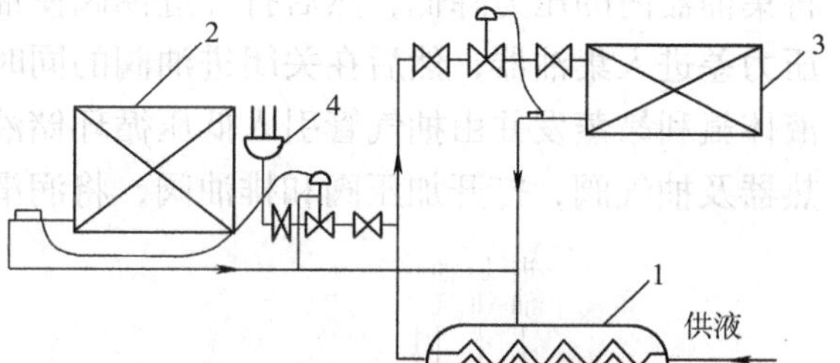

图1－67 直接膨胀供液系统（二）

1—回热式热交换器 2—冷风机

3—冷却盘管 4—液体分配器

2. 液泵式供液方式

由于液泵式供液方式可使蒸发器具有较好的冷却效果，蒸发器中不易积存润滑油，利于均匀供液等，而得到广泛应用。图1－68所示是氟利昂制冷系统中低压循环储液器与蒸发器的配置方案，即液泵供液系统。氟利昂泵供液系统与氨泵供液系统基本相同。只是在循环储液器自由液面处设有放油管，放油管可直接通往集油器。除以上分油方法外，也可在氟利昂泵的出口设一旁路，将液体的一部分导入集油器进行分油，如图 1－68 所示虚线框内的部分。

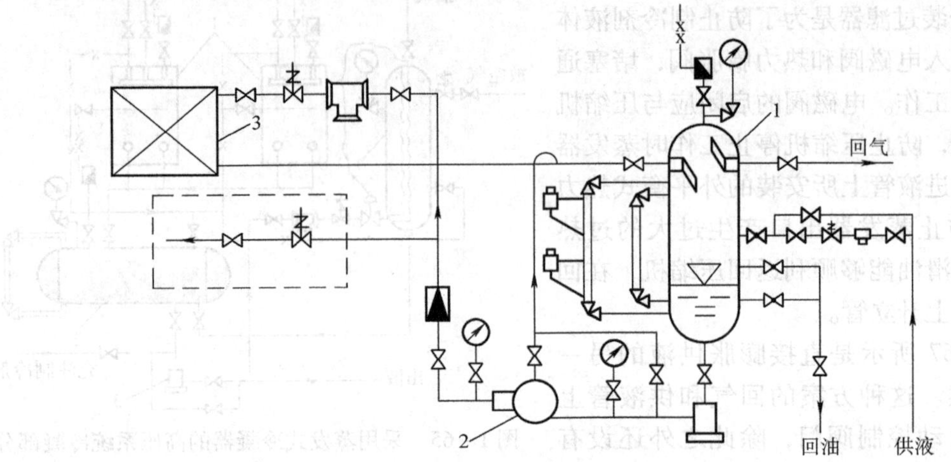

图 1－68　液泵供液系统

1—循环桶　2—液泵　3—蒸发器

1.5.3　油路系统

氟利昂系统的中、低压设备都存在回油的问题，但从这些设备中所分离出的并不是纯净的润滑油，而是含有大量氟利昂制冷剂的混合物，因此需要采取一定的措施将氟利昂与润滑油分离。对于中、小型直接膨胀供液系统，可不设专门的集油器，而是将油和氟利昂的混合物在回热式热交换器内进行加热分离油液之后送入压缩机回气管。在大型系统中，由于油的循环量大，单靠压缩机吸入管很难完成这个任务，这时为了安全可设置加热式集油器，在整个系统中集油器可设置 1～2 台。集油器的管路设置如图 1－69 所示。系统不仅可处理自循环桶、中间冷却器进入的润滑油，还可以补充新油送入压缩机。工作时，首先打开抽气阀，将集油器内的压力降低，然后打开进油阀使油和氟利昂的混合物依靠集油器与放油设备间的压力差进入集油器，然后在关闭进油阀的同时给加热器通电，对混合物进行加热，使其中的液体氟利昂蒸发并由抽气管引入低压循环储液器。当油中的氟利昂基本蒸发完毕，可关闭加热器及抽气阀，打开加压阀和排油阀，将润滑油排至压缩机曲轴箱。

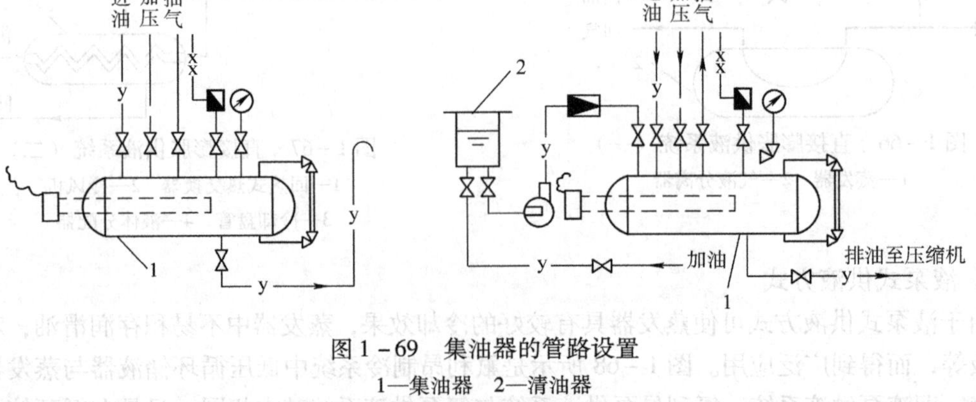

图 1－69　集油器的管路设置

1—集油器　2—清油器

1.5.4 融霜系统

氟利昂大型系统的热气融霜方案与氨系统基本相同。在小型氟利昂系统中，有时仅有一组蒸发器，为了实现蒸发器的热气融霜，可在系统中设置辅助加热器，用电热、水蒸气或热水制造低温蒸气，再由压缩机压缩为高压气体。有辅助加热器的热气融霜方案如图1－70所示。自压缩机排气引出的热气由蒸发器的进液管引入蒸发器，化掉蒸发器表面的霜而凝结成液体。液体沿排液管经减压阀降压后进入热交换器，在其中与热水进行热交换并转变为低压蒸气，低压蒸气通过回气管进入压缩机重新产生热气。为防止从辅助加热器排出的低压蒸气温度太高，而使压缩机的排气温度超过极限，可在辅助加热器的排液进口管上装设热力膨胀阀以控制制冷剂的出口过热度，并在辅助加热器的制冷剂回气管上装设背压阀以保持一定的蒸发压力。

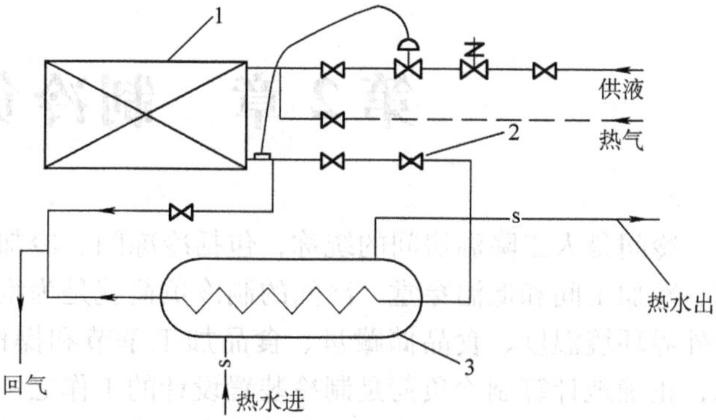

图1－70 有辅助加热器的热气融霜方案

1—蒸发器 2—减压阀 3—辅助加热器

设有两组蒸发器的制冷系统可实现相互融霜和排液的方案，如图1－71所示。当蒸发器1需要融霜时，应关闭阀D，打开阀B，此时热气沿回气管通过B进入蒸发器1。排液时，打开阀F和接通蒸发器1′的电磁阀，使蒸发器1中的液体制冷剂经节流降压后进入蒸发器1′蒸发制冷。蒸发器1′需要融霜时，操作过程与上述过程相反。融霜操作时，应注意控制速度，防止回液量过大造成压缩机产生液击事故。图1－71所示的方案属逆流式方案。如果使热气管与进液管相通，排液管与回气管相通，则可组成顺流式融霜排液系统。

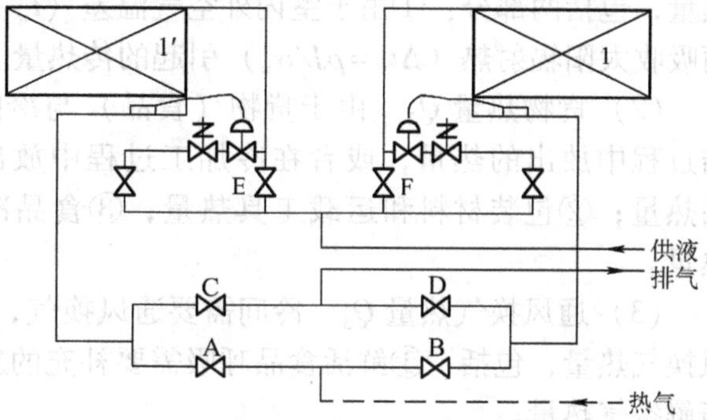

图1－71 融霜排液方案

第 2 章　制冷负荷计算

冷间是人工降温房间的统称，包括冷冻间、冷却间、冷却物冷藏间、冻结物冷藏间、冰库、冷加工间和低温穿堂。冷间的制冷负荷就是为维持冷间低温单位时间需取出的热量。由于外界环境温度、食品储藏量、食品加工季节和操作等的差异，制冷负荷是不相同的。因此，正确地计算制冷负荷是制冷装置设计的工作之一。

制冷负荷计算是指冷却设备负荷和制冷系统机械负荷的计算，其目的在于合理正确地确定冷却设备负荷和机械负荷，为制冷装置的设计提供依据。同时，还可以通过对构成冷负荷的各个部分热负荷的计算与分析，探讨各种因素对冷负荷的影响，以寻求减少制冷装置冷负荷的方法与途径。

制冷装置工作时，只有当制冷量与热负荷平衡时，冷间才能维持规定的空气温度和相对湿度。通常，制冷装置的热负荷 Q 由以下几个部分组成：

（1）围护结构传热量 Q_1　由于冷间内外温差和太阳辐射热的作用，通过围护结构的传热量，包括两部分：①由于室内外空气温差（$t_w - t_n$）引起的传热量；②冷间围护结构外表面吸收太阳辐射热（$\Delta t_y = \rho J/\alpha_w$）引起的传热量。

（2）货物热量 Q_2　由于货物（食品）与冷间空气之间存在温度差，食品在冷却或冻结过程中放出的热量，或者在冷加工过程中放出的热量，简称为货物热量，包括：①食品热量；②包装材料和运载工具热量；③食品冷却时的呼吸热量；④食品冷藏时的呼吸热量。

（3）通风换气热量 Q_3　冷间需要通风换气，外界空气进入冷间而带进的热量，称为通风换气热量，包括：①鲜活食品呼吸需要补充的新鲜空气热量；②操作人员呼吸需要补充的新鲜空气热量。

（4）电动机热量 Q_4　冷间内各种动力设备上的电动机散热量，称为电动机热量；包括：①库房内风机电动机产生的热量；②运输工具电动机产生的热量。

（5）操作热量 Q_5　由于冷间的照明、操作人员散热及开门引起的热量，称为操作热量，包括：①照明热量；②开门热量；③操作人员热量。

由于各种制冷装置的结构和功能各具特点，热负荷的组成与计算亦略有差异，本章将以冷库为主，介绍冷间制冷负荷的组成及计算方法，以及冷却设备负荷与机械负荷计算方法。

2.1　围护结构传热量 Q_1

冷间温度都低于外界环境温度，由于冷间内外的温度差，外界热量通过冷间围护结构向冷间传递。冷间围护结构的传热是复杂的、不稳定的传热过程，受时间、地点、季节、气候、建筑热工特性等诸多因素的影响。外界通过围护结构传入的热量主要受两个方面因素的影响，一是由冷间内外传热温差（$t_w - t_n$）引起的传热；二是由于太阳辐射（$\Delta t_y = \rho J/\alpha_w$）

引起的传热。其中，冷间的温、湿度条件是由食品冷加工工艺条件、被储存食品的性质、储存期限及技术经济分析等综合经济指标确定的；而室外的温、湿度条件则受到时间、地点、季节和气候等因素的影响。因此，在进行制冷负荷计算时，既要考虑冷间最不利的环境条件，又要忽略室外热作用中的短期不稳定因素，以保证冷间围护结构在合理、经济的条件下达到设计要求。所以，在进行制冷负荷计算时，必须首先确定冷库室内外的计算温度。

2.1.1　综合温度作用下的传热特性

2.1.1.1　室外空气综合温度

冷间围护结构传热是在室外空气温度和太阳辐射热的综合作用下进行的，其中室外高温空气通过与外表面的直接换热向围护结构传热。太阳辐射热则是以电磁波形式将能量直接传到围护结构外表面，经吸收转化为热能的。因此，冷间维护结构由外界环境接受的热量可分为两部分，即室外空气以对流方式传给外表面的热量和太阳辐射热量。

1. 室外空气以对流方式传给外表面的热量 Q_{1a}

室外空气以对流方式传给外表面的热量 Q_{1a}（W），可按下式计算，即

$$Q_{1a}=\alpha_w A\ (t_w-t_{w1}) \tag{2-1}$$

式中，α_w 为围护结构外表面传热系数［W/（m^2 · K）］；A 为围护结构的外表面积（m^2）；t_w 为外界环境计算空气温度（℃）；t_{w1} 为围护结构的外表面温度（℃）。

2. 太阳辐射热量 Q_{1b}

在太阳辐射热的作用下，围护结构外表面的温度升高，一部分热量被围护结构所吸收，并传入冷间；另一部分则被围护结构外表面向外反射。因此，围护结构外表面所吸收的太阳辐射热量 Q_{1b}（W）可按下式计算，即

$$Q_{1b}=\rho JA \tag{2-2}$$

式中，ρ 为围护结构外表面对太阳辐射热的吸收系数（无因次量）；J 为计算的围护结构外表面的太阳辐射强度（W/m^2）。

3. 围护结构外表面总受热量 Q

由式（2-1）和式（2-2）可得，冷间维护结构外表面由外界环境接受的热量 Q（W）可表示为

$$\begin{aligned}Q_1&=Q_{1a}+Q_{1b}\\&=\alpha_w A\ (t_w-t_{w1})\ +\rho JA\end{aligned} \tag{2-3}$$

为了计算上的方便，对式（2-3）进行如下整理，得

$$\begin{aligned}Q_1&=\alpha_w A\left(t_w-t_{w1}+\frac{\rho J}{\alpha_w}\right)\\&=\alpha_w A\left[\left(t_w+\frac{\rho J}{\alpha_w}\right)-t_{w1}\right]\end{aligned}$$

令 $t_z=t_w+\dfrac{\rho J}{\alpha_w}$，则

$$Q_1=\alpha_w A\ (t_z-t_{w1}) \tag{2-4}$$

比较式（2-1）和式（2-4）可知：由于室外高温空气和太阳辐射热的综合作用，使得冷间围护结构外表面温度上升到某一个温度 t_z——在工程上将其称为空气综合温度。在空

气综合温度 t_z 的作用下，进入围护结构外表面的热量等于室外空气温度和太阳辐射热共同作用下所进入的热量（相关计算参数的选取见表2-1~表2-3）。

表2-1 围护结构外表面对太阳辐射的吸收系数 ρ 值

外表面类别		外表面性质	外表面颜色	吸收系数 ρ
屋面	红褐陶瓦屋面	旧	红褐	0.65~0.74
	灰瓦屋面	旧	浅灰	0.52
	水泥瓦屋面	旧	素灰	0.74
	绿豆砂保护屋面	—	浅黑	0.65
	浅色油毛毡屋面	不光滑、新	浅黑	0.72
	黑色油毛毡屋面	不光滑、新	深黑	0.86
	白铁皮屋面	光滑、旧	灰黑	0.86
	镀锌铁皮屋面	表面光滑、新	—	0.66
	沥青屋面	不光滑、旧	黑	0.85
	白石子屋面	—	—	0.62
	石棉水泥屋面	不粗糙	浅灰	0.72~0.78
墙	红砖墙	旧	红色	0.7~0.77
	混凝土墙	光滑	暗灰	0.73
	水泥粉刷墙面	光滑、新	浅蓝色	0.56
	拉毛水泥墙面	粗糙、旧	米黄	0.65
粉刷	水刷石	粗糙、旧	浅灰	0.68
	石灰粉刷	光滑、新	白色	0.48
金属	镀锌薄钢板	旧、光滑	灰黑	0.89
石棉材料	石棉水泥板	新	浅色	0.65

由此可见，所谓空气综合温度相当于室外空气温度由原来的 t_w 值增加了一个太阳辐射的等效温度 $\rho J/\alpha_w$ 值。这一等效温度与太阳辐射热具有相同的效果，称之为太阳辐射的当量温升，以 Δt_y 表示。在冷间制冷负荷计算中，常采用每昼夜太阳辐射强度的平均值，故太阳辐射的当量温升即为昼夜平均当量温升，以 Δt_d 表示为

$$\Delta t_d = \frac{\rho J_p}{\alpha_w} \tag{2-5}$$

式中，Δt_d 为太阳辐射的昼夜平均当量温升（℃）；ρ 为围护结构外表面对太阳辐射热的吸收系数；J_p 为太阳辐射昼夜平均总辐射强度（W/m^2）；α_w 为围护结构外表面传热系数［$W/(m^2 \cdot ℃)$］。

表 2-2 围护结构各朝向太阳总辐射强度的昼夜平均值 J_P 及最大值 J_{max}

（单位：W/m^2）

地名（纬度）	名称	朝向								
		南	东南	东	东北	北	西北	西	西南	水平
哈尔滨（45°41′）	J_P	152	170	158	107	63	107	158	170	277
	J_{max}	526	622	651	461	152	461	651	622	797
乌鲁木齐（43°54′）	J_P	145	166	165	108	57	108	165	166	287
	J_{max}	511	644	728	523	129	523	728	644	818
北京（39°48′）	J_P	135	163	164	117	71	117	164	163	295
	J_{max}	475	590	670	498	165	498	670	590	857
兰州（36°03′）	J_P	116	151	158	120	69	120	158	151	291
	J_{max}	413	563	652	494	159	494	652	563	866
郑州（34°43′）	J_P	102	134	142	106	63	106	142	134	264
	J_{max}	356	499	591	447	143	447	591	499	780
武汉（30°38′）	J_P	105	148	164	129	78	129	164	148	305
	J_{max}	361	543	678	516	176	516	678	543	906
长沙（28°12′）	J_P	85	128	152	120	72	120	152	128	281
	J_{max}	294	473	622	483	163	483	622	473	848
广州（23°08′）	J_P	72	119	144	123	78	123	144	119	274
	J_{max}	243	429	594	483	180	483	594	429	855

2.1.1.2 室外空气综合温度作用下围护结构的传热特性

由于室外空气温度 t_w 和太阳辐射当量温升 Δt_y 的周期性变化，导致室外空气综合温度 t_z 也呈周期性的波动。这样，在室外空气综合温度的作用下，热量通过围护结构的传热过程具有两个特性：一个是热流的衰减，另一个是时间的延迟。

1. 室外空气温度的变化规律

由于受到地理纬度、季节更替和昼夜变化的影响，室外空气温度 t_w 的波动周期可视为 24h（即一昼夜）。下面以武汉市的气象资料为例予以说明。

图 2-1 所示为武汉市 9 月初一天的气象数据。由图可知，一天中最高气温出现在 14～15 时，最低气温出现在凌晨 4～5 时。

图 2-2 所示为武汉市某年的气象数据。一年中最热月在 7、8 月份，最冷月在 1、2 月份。

表 2-3　各主要城市部分气象资料

地名	台站位置			室外计算干球温度/℃		夏季室外平均每年不保证50h的湿球温度/℃	室外计算相对湿度（%）		极端最低温度/℃	极端最高温度/℃	最大冻土深度/cm	1大气压力/kPa	
	北纬	东经	海拔/m	夏季通风	夏季空气调节日平均 t_w		最热月月平均	夏季通风				冬季	夏季
南宁	22°49′	108°21′	72.2	32	30	27.3	82	62	-2.1	40.4	—	101.191	99.591
广州	23°08′	113°19′	9.3	31	30	28.0	84	68	0.0	38.7	—	101.325	99.992
福州	26°05′	119°17′	48.0	33	31	28.1	78	61	-1.2	39.3	—	101.325	99.592
武汉	30°38′	114°04′	23.3	33	32	28.2	79	62	-17.3	39.4	—	102.391	100.125
杭州	30°19′	120°12′	7.2	33	32	28.6	80	61	-9.6	39.7	—	102.525	100.258
上海	31°10′	121°26′	4.5	32	30	28.3	83	67	-9.4	38.9	8	102.658	100.525
南京	32°00′	118°48′	8.9	32	32	28.5	81	64	-14.0	40.7	—	102.525	100.391
西安	34°18′	108°56′	396.9	31	31	26.6	71	57	-20.6	41.7	45	97.858	95.859
兰州	36°03′	103°53′	1517.2	27	26	20.1	60	42	-21.7	39.4	103	85.059	84.260
西宁	36°35′	101°55′	2261.2	22	21	16.4	66	47	-26.6	33.5	134	77.460	77.327
太原	37°47′	112°33′	777.9	28	27	23.3	71	57	-25.5	39.4	77	93.325	91.859
石家庄	38°04′	114°26′	81.8	31	30	26.7	75	55	-26.5	42.7	53	101.725	99.592
银川	38°29′	106°13′	1111.5	27	26	22.2	64	46	-30.6	39.3	103	89.859	88.392
北京	39°48′	116°28′	31.2	30	29	26.4	77	63	-27.4	40.6	85	102.391	100.125
天津	39°06′	117°10′	3.3	30	29	27.2	79	66	-22.9	39.7	69	102.658	100.525
呼和浩特	40°49′	111°41′	1063.0	26	25	20.8	65	50	-32.8	27.3	120	90.126	88.926
沈阳	41°46′	123°26′	41.6	28	28	25.5	78	64	-30.6	38.3	148	102.125	99.992
长春	43°54′	125°13′	236.8	27	26	24.2	78	63	-36.5	38.0	169	99.458	97.725
乌鲁木齐	43°54′	87°28′	653.5	29	30	18.7	38	31	-32.0	40.9	162	95.192	93.459
哈尔滨	45°41′	126°37′	171.7	26	26	23.9	77	62	-38.1	36.4	197	100.125	98.392

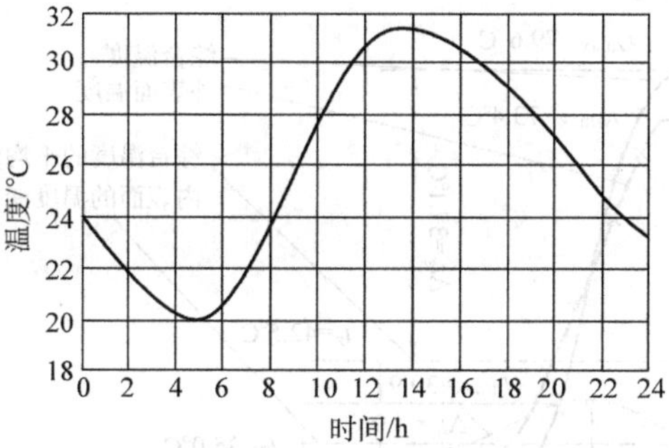

图 2-1 武汉市9月初一天的气象数据

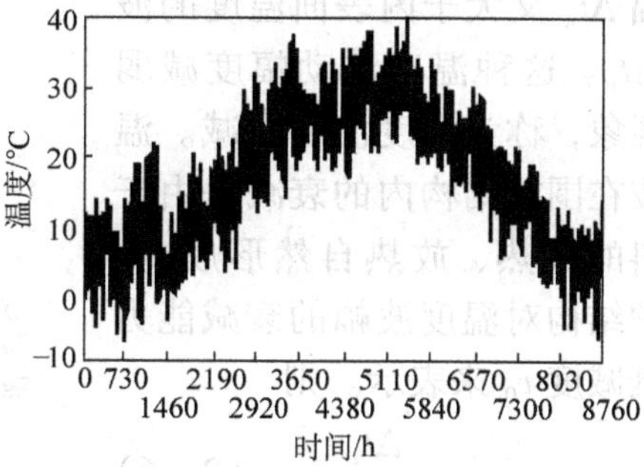

图 2-2 武汉市某年的气象数据

2. 太阳辐射的变化规律

与室外空气温度 t_w 的变化规律相同，太阳辐射强度也受到地理纬度、季节更替和昼夜变化的影响；此外，还应考虑到围护结构外表面的朝向不同的影响。图 2-3 所示为位于北纬 40°地区围护结构各个朝向的总辐射强度。夏季是一年中太阳辐射强度最大的季节，而且围护结构各个不同朝向的外表面所受到的太阳辐射强度是各不相同的。图 2-4 所示为晴天室外照度逐时变化规律。太阳辐射强度的大小随着昼夜变化而不同，即中午辐射强度最大，早晨和黄昏时辐射强度较小。

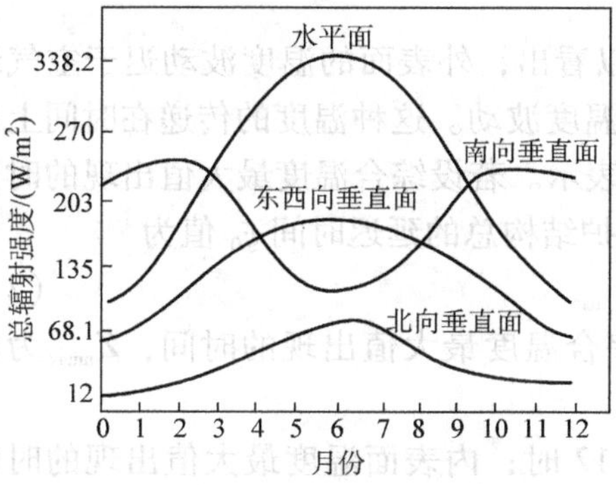

图 2-3 位于北纬 40°地区围护结构各个朝向的总辐射强度

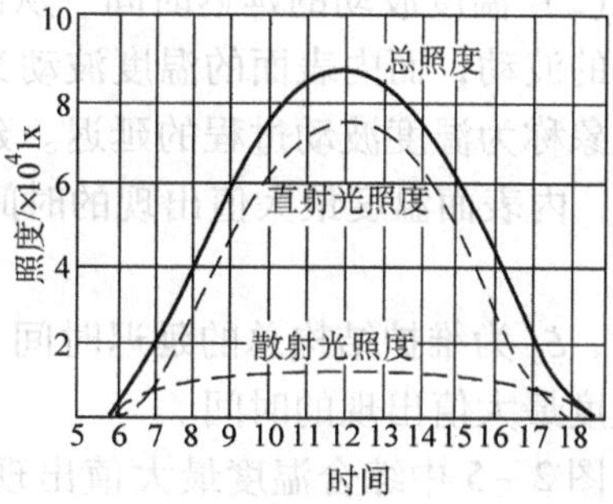

图 2-4 晴天室外照度逐时变化规律

3. 室外空气综合温度作用下的传热特性

由于室外空气温度 t_w 和太阳辐射当量温升 Δt_y 的周期性变化，室外空气综合温度 t_z 以 24h 为周期在其平均值上下波动。这样，在空气综合温度 t_z 作用下，外界环境传入冷间的热量也随之呈现周期性的波动，即围护结构各截面上的温度也在平均值上下波动。由图 2-5 可见，这种温度的上下波动是由外向内逐层衰减和延迟的。这就是围护结构在空气综合温度 t_z 周期性外扰下的两个重要特性——热流衰减特性和时间延迟特性。

（1）衰减度的概念　由图 2-5 可知，在一个周期内，随着室外空气综合温度 t_z 的波动，围护结构各层的温度波动幅度按由外向内的顺序逐层递减，即

$$\Delta t_z > \Delta t_{w1} > \Delta t_{w2} > \cdots > \Delta t_n$$

也就是说，室外空气综合温度的波幅 Δt_z 大于外表面温度的波幅 Δt_w；而外表面温度的

波幅 Δt_w 又大于内表面温度的波幅 Δt_n。这种温度波动幅度减弱的现象，称为温度波的衰减。温度波在围护结构内的衰减是由于材料的吸热、放热自然形成的。维护结构对温度波幅的衰减能力用衰减度 v_0 来表示。则

$$v_0 = \frac{\Delta t_z}{\Delta t_n} \qquad (2-6)$$

式中，Δt_z 为空气综合温度在各时刻的波幅（℃）；Δt_n 为与以上对应时刻的内表面温度波幅（℃）。

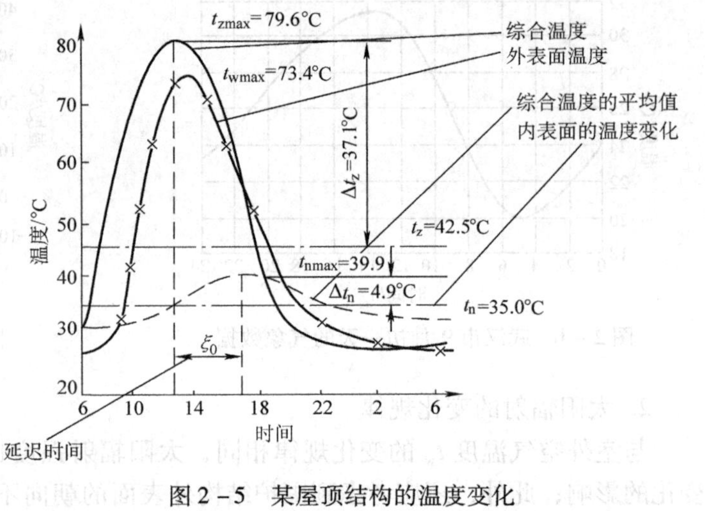

图 2－5　某屋顶结构的温度变化

图 2－5 中，综合温度昼夜波动振幅 Δt_z 为 37.1℃；内表面温度波动振幅 Δt_n 为 4.9℃；则整个围护结构对综合温度的衰减度为

$$v_0 = \frac{\Delta t_z}{\Delta t_n} = \frac{37.1}{4.9} = 7.57$$

（2）温度波动的延迟时间　从图 2－5 中还可以看出，外表面的温度波动迟于空气综合温度的波动，而内表面的温度波动又迟于外表面的温度波动。这种温度的传递在时间上的滞后现象称为温度波动过程的延迟。延迟的时间以 ξ 表示。若设综合温度最大值出现的时间为 Z_{zmax}，内表面温度最大值出现的时间为 Z_{nmax}，则维护结构总的延迟时间 ξ_0 值为

$$\xi_0 = Z_{nmax} - Z_{zmax} \qquad (2-7)$$

式中，ξ_0 为维护结构总的延迟时间（h）；Z_{zmax} 为综合温度最大值出现的时间；Z_{nmax} 为内表面温度最大值出现的时间。

图 2－5 中综合温度最大值出现的时间 Z_{zmax} 为 12 时；内表面温度最大值出现的时间为 16 时，则维护结构总的延迟时间 ξ_0 为

$$\xi_0 = Z_{nmax} - Z_{zmax} = (16-12)\ \text{h} = 4\text{h}$$

（3）冷库维护结构的延迟时间和衰减度计算　围护结构对温度波幅的衰减和延迟作用是由于材料对热流的阻尼作用和蓄热作用所致，阻尼作用的大小可用热阻 R 来体现，它表示材料抵抗导热的能力。材料对热流的阻尼作用，使得热流通过围护结构的传递速度减慢。蓄热作用的大小可用蓄热系数 S 表示，它表示当热流呈周期性波动时，围护结构材料层进行着对热流的蓄积和释放过程。

维护结构对热流的阻尼和蓄热作用的总合可用热惰性指标 $D=RS$ 来表示。多层材料的热惰性指标 D 等于各层材料热惰性指标 D_n 值之和，即

$$D = R_1S_1 + R_2S_2 + \cdots + R_nS_n \qquad (2-8)$$

式中，R_n 为围护结构各层材料的热阻（m^2·℃/W）；S_n 为围护结构各层材料的蓄热系数［W/（m^2·℃）］。

通常，将室外空气温度波动的作用下，通过围护结构传入冷间的热量视为两部分，即

平均传热量和波动传热量。平均传热量受室外空气昼夜平均气温的影响，波动传热量受室外空气温度振幅（日最高温度和日平均温度之差）的影响。由于围护结构有一定的蓄热能力，当室外温度降低时，又会有部分热量从围护结构内反射到室外。因此，室外空气温度振幅反应到围护结构内表面要比外表面小，这个过程称为衰减，减少的倍数称为衰减度。在一般情况下，材料堆密度大、蓄热能力大、结构层次多的围护结构，衰减度就大；反之则小。对于冷库围护结构的延迟时间 ξ_0（h）和衰减度可采用下列经验公式计算，即

延迟时间

$$\xi_0 = 2.7\sum D - 0.4 \tag{2-9}$$

衰减度

$$\upsilon_0 = e^{0.71\sum D}\left[0.5 + 3\left(\frac{R_w}{6A} + A + R_w\right)\right] \tag{2-10}$$

$$A = \sum \frac{R}{S}\Big/\sum R \tag{2-11}$$

式中，e 为自然对数的底；$\sum D$ 为各层材料的热惰性指标之和；R_w 为围护结构外表面热阻（$m^2 \cdot ℃/W$）；$\sum R$ 为各层材料热阻之和（$m^2 \cdot ℃/W$）。

几种材料的热惰性指标 D、衰减度 υ_0 和延迟时间 ξ_0 见表2-4。

表2-4　几种材料的热惰性指标 D、衰减度 υ_0 和延迟时间 ξ_0

部位及做法	D	υ_0	ξ_0/h
外墙：240mm 厚砖墙，200mm 厚软木	7.669	686	20.3
外墙：240mm 厚砖墙，600mm 厚稻壳	9.964	339.3	26.5
240mm 厚砖墙，200mm 厚聚苯乙烯泡沫塑料	4.75	353	12.4
160mm 厚聚氨酯泡沫塑料夹芯板	1.777	37.53	4.4
屋顶：150mm 厚钢筋混凝土板，900mm 厚稻壳	10.24	432.5	27.2
屋顶：150mm 厚钢筋混凝土板，250mm 厚软木	7.573	561	20.05

注：1. $D>6$ 的围护结构称为重型结构；$4<D\leqslant 6$ 的围护结构称为中型结构；$1.5<D\leqslant 4$ 的围护结构称为轻型结构。
2. $D>4$ 的中、重型结构，其衰减度 υ_0 都在300倍以上，说明室外综合温度的变化，经围护结构衰减后传至内表面的振幅就很小。在工程计算中，此类围护结构的波动传热量可以忽略不计，仅计算平均传热量即可。
3. 对于 $D>6$ 的重型结构，其延迟时间 ξ_0 约在20h以上。

例如：以天津地区气象资料为例，极端最高温度 $t_{max}=39.6℃$，屋面外表面传热系数 $\alpha_w=23W/(m^2 \cdot ℃)$，水平面太阳辐射强度最高值 $J_{max}=959W/m^2$，绿豆砂保护屋面（浅黑）的吸收系数 $\rho=0.65$，夏季空气调节室外计算日平均温度 $t_{wp}=29℃$，水平面太阳辐射强度昼夜平均值 $J_p=323W/m^2$，则

极端最高综合温度 t_{zmax} 为

$$t_{zmax} = t_{max} + \frac{\rho J_{max}}{\alpha_w} = \left(39.6 + \frac{0.65\times 959}{23}\right)℃ = 66.7℃$$

综合温度的平均值 t_{zwp} 为

$$t_{zwp}=t_{wp}+\frac{\rho J_p}{\alpha_w}=\left(29+\frac{0.65\times323}{23}\right)℃=38℃$$

综合温度的最高波幅 Δt_{zmax} 为

$$\Delta t_{zmax}=t_{zmax}-t_{zwp}=(66.7-38)℃=28.7℃$$

经维护结构衰减后传至内表面的温升 Δt_n 为

$$\Delta t_n=\frac{\Delta t_{zmax}}{\upsilon_0}=\frac{28.7℃}{300}=0.096℃$$

温度波动的延迟时间对冷库围护结构传热量的影响过程如图 2－6 所示。如果在14～15 时围护结构外表面的温度为66.7℃的热流，传入库内大约需要20h 的时间，也就是说，在第二天的 10～11 时才能传入库内。但是，由于室外空气综合温度 t_z 是一个周期性变化的温度值；随着室外日照情况的变化，t_z 在 14 时之后开始下降；一直到凌晨 3～4 时，室外空气综合温度 t_z 达到最低值 25℃左右。在室外空气温度下降期间，室外空气综合温度 t_z 始终低于 66.7℃。与此同时，温度为 66.7℃的热流与室外空气综合温度也产生了一个温度差（$\Delta t_{zmax}-t_z$）。在这个温度差的作用下，一部分热流将返回室外，使得传入库内的热量更少。

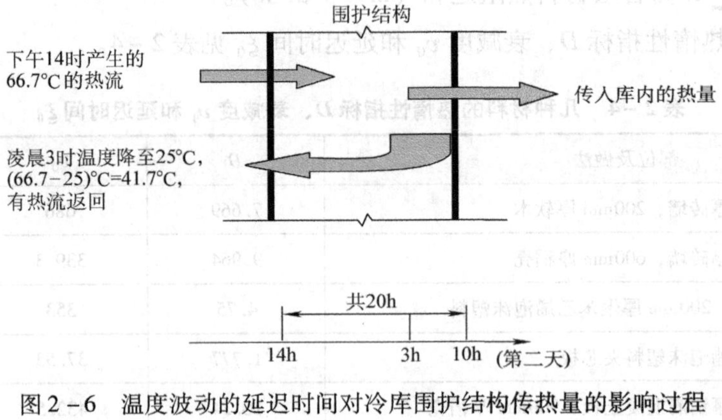

图 2－6　温度波动的延迟时间对冷库围护结构传热量的影响过程

2.1.2　围护结构传热量 Q_1 的计算

为了方便计算，将室外空气综合温度 t_z 划分为两部分，即平均温度 t_{zp} 和波动值 Δt_z。其中，平均温度 t_{zp} 包括室外空气平均温度 t_{wp} 和太阳辐射的昼夜平均当量温升 Δt_d；而波动值 Δt_z 包括室外空气温度的波动值 Δt_w 和太阳辐射的波动值 $\Delta J\rho/\alpha_w$。即

$$t_z=t_{zp}+\Delta t_z$$

$$=\left(t_{wp}+\frac{J_p\rho}{\alpha_w}\right)+\left(\Delta t_w+\frac{\Delta J\rho}{\alpha_w}\right)\tag{2-12}$$

式中，ΔJ 为冷库每一朝向辐射强度的波动值（W/m^2）；J_p 为太阳辐射昼夜平均总辐射强度（W/m^2）；ρ 为围护结构外表面对太阳辐射热的吸收系数，见表 2－2；t_{wp} 为室外空气平均温度（℃）；Δt_w 为室外空气温度的波动值（℃）。

同样，传入围护结构的热量也包括两部分：①由于室外空气平均综合温度 t_{zp} 与室内空气温度 t_n 之差传入围护结构的热量平均值 Q_p（W）；②由于室外空气综合温度波动 Δt_z 引起

围护结构内表面温度波动值 Δt_{w2}，从而产生的附加不稳定传热量 ΔQ。其中

$$Q_p = KA\ (t_{zp} - t_n) \tag{2-13}$$

$$\Delta Q = \alpha_n A \Delta t_{w2} \tag{2-14}$$

因此，在某一时刻传入围护结构的总热量为

$$Q_1 = Q_p + \Delta Q = KA\left[(t_{zp} - t_n) + \frac{\alpha_n}{K}\Delta t_{w2}\right] \tag{2-15}$$

式中，K 为围护结构的传热系数 [W/(m^2·℃)]；A 为围护结构的表面积（m^2）；α_n 为围护结构内表面传热系数 [W/(m^2·℃)]；Δt_{w2} 为围护结构内表面温度波动（℃）。

由于围护结构内表面温度波动 Δt_{w2} 是室外空气综合温度波动 Δt_z 经过围护结构的衰减之后所反映出来的波动，即

$$\Delta t_{w2} = \frac{\Delta t_z}{\upsilon} \tag{2-16}$$

将 $t_{zp} = t_{wp} + \dfrac{J_p\rho}{\alpha_w}$、$\Delta t_{w2} = \dfrac{\Delta t_w + \dfrac{\Delta J\rho}{\alpha_w}}{\upsilon_0}$ 代入式（2-15），整理以后可得

$$Q_1 = KA\left[\left(t_{wp} + \frac{J_p\rho}{\alpha_w}\right) - t_n\right] + \alpha_n A\frac{\Delta t_w + \dfrac{\Delta J\rho}{\alpha_w}}{\upsilon_0}$$

在工程实际中，对于 $D>4$ 的围护结构，上式的最后一项很小，可以忽略不计。例如，天津地区，$t_{max} = 39.6$℃，$t_{wp} = 29$℃，$J_p = 323\text{W/m}^2$，$J_{max} = 959\text{W/m}^2$，$\alpha_n = 8\text{W/(m}^2\cdot℃)$，$\rho = 0.65$，$\upsilon_0 = 300$，则

$$\alpha_n\frac{\Delta t_w + \dfrac{\Delta J\rho}{\alpha_w}}{\upsilon_0} = \left[8\times\frac{(39.6-29) + \dfrac{(959-323)\times0.65}{23}}{300}\right]\text{W/m}^2 = 0.76\text{W/m}^2$$

由此可见，最后一项的热量波动仅仅只有 0.76W/m^2，这里没有考虑延迟时间对这部分热量的影响；若将延迟时间的影响因素考虑进去，也就是考虑当夜间温度降低时有部分热量由围护结构的内表面传向室外，其热量波动还会减少。因此，对于 $D>4$ 的中、重型结构，可以将这部分热量忽略不计。而 $D<4$ 的轻型结构由于其衰减度较小，延迟时间较短，则不能忽略。

对于因太阳辐射的昼夜变化发生的这部分传热量，计算起来比较复杂。因此，用室内外温差修正系数 a 来表示太阳辐射的昼夜平均值对围护结构传热量的影响程度，设

$$a = \frac{K\left(t_{wp} - t_n + \dfrac{J_p\rho}{\alpha_w}\right) + \alpha_n\dfrac{\Delta t_w + \dfrac{\Delta J\rho}{\alpha_w}}{\upsilon}}{K\ (t_{wp} - t_n)} \tag{2-17}$$

所以，冷间围护结构的传热量 Q_1（W）可简化为

$$Q_1 = aKA\ (t_{wp} - t_n) \tag{2-18}$$

式中，a 为室内外温差修正系数；K 为围护结构的传热系数 [W/(m^2·℃)]；A 为围护结构的表面积（m^2）；t_{wp} 为外界空气温度（℃），不同气候区域的计算温度参见有关冷库设计资料；t_n 为库内空气温度（℃）。

围护结构表面传热示意图如图 2－7 所示。

1. 围护结构传热系数 K

$$K=\frac{1}{\frac{1}{\alpha_w}+\sum\frac{\delta}{\lambda}+\frac{1}{\alpha_n}} \qquad (2-19)$$

式中，α_w 为围护结构外表面传热系数 [W/(m^2·℃)]；α_n 为围护结构内表面传热系数 [W/(m^2·℃)]；δ 为围护结构各层的厚度 (m)；λ 为围护结构各层材料的热导率 [W/(m·℃)]。

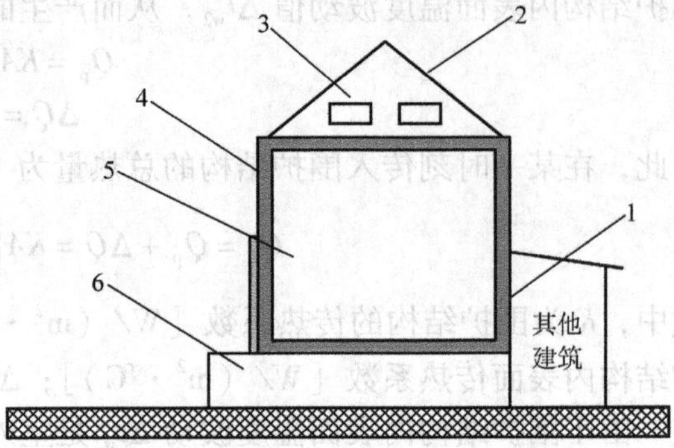

图 2－7　围护结构表面传热示意图

1—紧邻其他建筑的外墙　2—屋面

3—通风阁楼　4—外墙　5—库房　6—通风架空层

1）冷间围护结构外表面和内表面传热系数 α_w、α_n 和热阻 R_w、R_n 可参照表 2－5 取值。

表 2－5　围护结构外表面和内表面传热系数 α_w、α_n 和热阻 R_w、R_n

围护结构的部位及环境条件		α_w/[W/(m^2·℃)]	α_n/[W/(m^2·℃)]	R_w 或 R_n/(m^2·℃/W)
无防风设施的屋面、外墙的外表面		23	—	0.043
顶棚上为阁楼或设有房屋和外墙外部紧邻其他建筑物的外表面		12	—	0.083
外墙和顶棚的内表面、内墙和楼板的表面、地坪的上表面	1）冻结间、冷却间设有强力鼓风装置时		29	0.034
	2）冷却物冷藏间设有强力鼓风装置时		18	0.056
	3）冻结物冷藏间设有鼓风的冷却设备时		12	0.083
	4）冷间无机械鼓风装置时		8	0.125
地面下为通风架空层		8		0.125

注：地面下为通风加热管道和隔热层直接铺设于土壤上的地面以及半地下室外墙埋入地下部分，外表面传热系数 α_w 均不计。

2）围护结构各构造层材料的厚度应按实际设计厚度计算，隔气层为一毡二油按 5mm 计算，隔气层为二毡三油按 10mm 计算。

例 2－1　外墙的建筑结构做法（从外到内）如下：

① 白色外墙涂料。

② 25mm 厚 1:2.5 水泥砂浆抹面。

③ 370mm 厚砖砌体。

④ 25mm 厚 1:2.5 水泥砂浆找平层。

⑤ 冷底子油一道。

⑥ 二毡三油隔气层按 10mm 计算，一毡二油隔气层按 5mm 计算。

⑦ 200mm 厚高密度聚苯乙烯泡沫塑料隔热层。

⑧ 120mm 厚砖砌体。

⑨ 25mm 厚 1:2.5 水泥砂浆抹面。

⑩ 白色内涂料两道。

3）围护结构各隔热层材料的热导率 λ 在冷库设计中可采用式（2-20）计算，即

$$\lambda = b\lambda_0 \tag{2-20}$$

式中，λ 为设计采用的热导率［W/（m·℃）］；λ_0 为正常条件下测定的热导率［W/（m·℃）］；b 为热导率的修正系数。

引入热导率的修正系数 b，主要考虑通过围护结构传入热量的同时，水蒸气也随之传入，水分会在隔热层内凝结，导致隔热材料的含湿量增大。热导率将会增大。为了保证若干年内，冷库能够正常使用而引入隔热材料热导率的修正系数 b 值。常用隔热材料热导率的修正系数 b 值见表 2-6。

表 2-6　常用隔热材料热导率的修正系数 b 值

材料名称	b
聚氨酯泡沫塑料	1.4
聚苯乙烯泡沫塑料	1.3
XPS 隔热材料	1.4
膨胀珍珠岩	1.7
沥青膨胀珍珠岩	1.2
水泥膨胀珍珠岩	1.3
加气混凝土	1.3
岩棉	1.8
软木	1.2
炉渣	1.6
稻壳	1.7

注：水泥膨胀珍珠岩的修正参数，为经过烘干的块状材料并用沥青等不含水粘结材料贴铺、砌筑的数值。

2. 围护结构传热面积 A

由于冷间各部位的围护结构受太阳辐射和温差引起的传热有所不同，所以应分别计算其传热面积的大小。冷间围护结构的传热面积是由其建筑结构尺寸决定的。而确定具体尺寸时，又要根据冷间所在的位置、墙体的区别，按一定的原则确定。通常，围护结构传热面积的长、宽、高应按如下规定确定：

（1）长度计算（见图 2-8）。

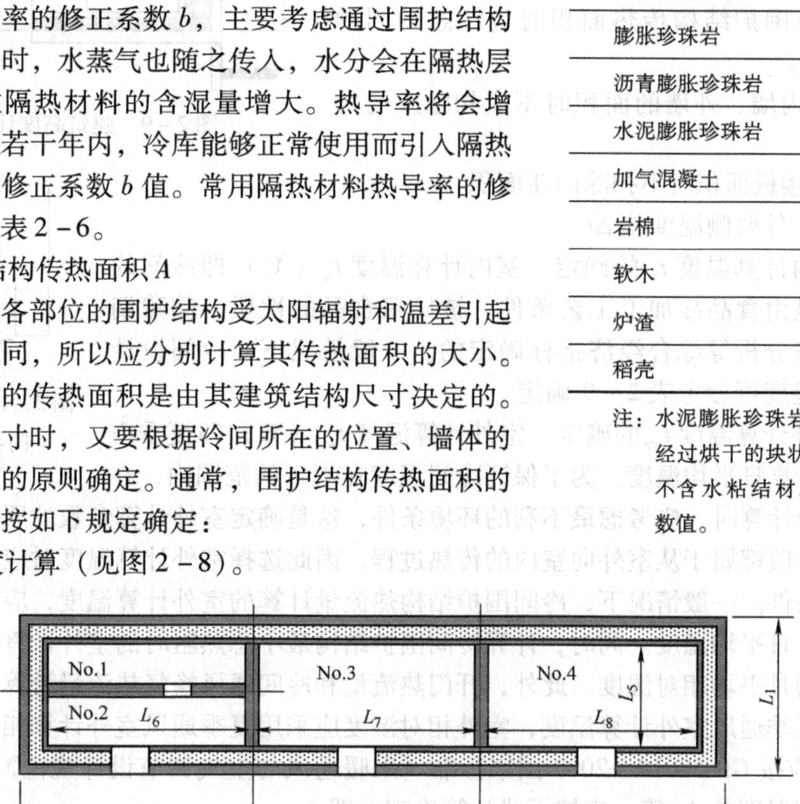

图 2-8　建筑长度计算图

1）具有墙角的外墙长度：外墙外侧到外墙外侧为 L_1；外墙外侧到内墙中心线为 L_2、L_3。

2）没有墙角的外墙长度：内墙中心线到内墙中心线为 L_4。

3）内墙的长度：外墙内表面到外墙内表面为 L_5；外墙内表面到内墙中心线为 L_6、L_8。

（2）高度计算（见图 2-9）。

1）底层为地下室的外墙高：地坪隔热层下表面到自然地坪面为 h_2；自然地面到上一层楼板面为 h_1。

2）底层无地下室的外墙高：地坪隔热层下表面到上一层楼板面为 h_3。

3）中间层外墙高度：本层楼板面到上一层楼板面为 h_4。

4）顶层外墙高度：有阁楼时，本层楼板面至阁楼隔热层上表面为 h_5；无阁楼时，本层楼板面至屋面隔热层上表面为 h_6。

5）底层中间层内墙高度：本层楼板面到上一层楼板面为 h_7、h_8。

6）顶层内墙高度：顶层楼板面到阁楼隔热层下表面为 h_9；顶层楼板面到屋面隔热层下表面为 h_{10}。

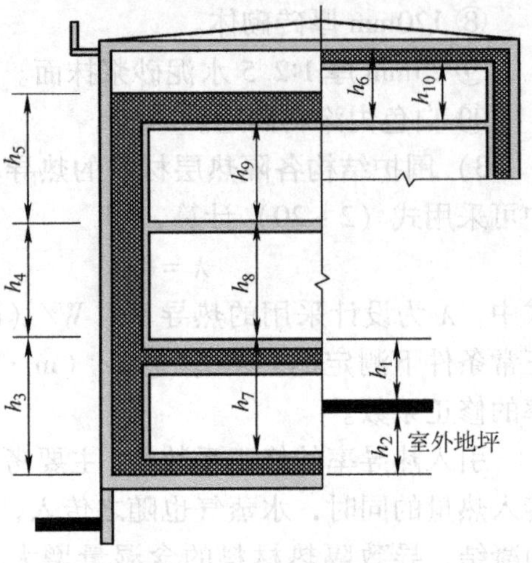

图 2－9　建筑高度计算图

（3）计算围护结构传热面积时应注意的问题（见图 2－10）。

1）计算内墙、外墙的面积时不应扣除库门所占的面积。

2）计算楼板面积时不扣除门斗面积。

3. 室内、外两侧温度差 Δt

（1）室内计算温度 t_n 的确定　室内计算温度 t_n（℃）即冷间的设计温度，是由食品冷加工工艺条件、被储藏食品的性质、储藏期限及技术经济分析等综合经济指标确定的。一般情况下，冷间设计温度和相对湿度可参考表 2－9 确定。

图 2－10　冷库门及门斗示意图

（2）室外计算温度 t_{wp} 的确定　室外计算温度 t_{wp}（℃）即夏季空气调节室外计算日平均温度。为了保证冷间温度在规定的范围内，在进行制冷负荷计算时，应考虑最不利的环境条件，这是确定室外计算参数的原则。由于冷间的传热过程一般都属于从室外向室内的传热过程，因此选择室外计算温度时应考虑炎热季节的外界环境条件。一般情况下，冷间围护结构热流量计算的室外计算温度，应采用夏季空气调节室外计算日平均温度。同时，计算冷间围护结构最小总热阻时的室外计算相对湿度，应采用最热月的月平均相对湿度。此外，开门热流量和冷间通风换气热流量计算的室外计算温度，应采用夏季通风室外计算温度，室外相对湿度应采用夏季通风室外计算相对湿度。室外计算温度 t_{wp} 应按 GB 50019—2003 国家标准《采暖通风与空气调节设计规范》的规定取值。室内、外两侧温度差 Δt 值，应按下式计算确定，即

$$\Delta t = \Delta t' a \tag{2-21}$$

式中，Δt 为设计采用的室内、外两侧温度差（℃）；$\Delta t'$ 为夏季空气调节室外计算日平均温度与室内温度差（℃），$\Delta t' = t_{wp} - t_n$；a 为围护结构两侧温度差修正系数。

4. 室内外温差修正系数 a

室内外温差修正系数 a 包含影响传热的多种因素，如冷库围护结构的热工特性、冷间的种类、冷间相邻的情况、冷间屋顶和地坪的构造做法和非稳定传热等。根据这些情况的不同，确定 a 值，即可以简化计算，将复杂的非稳定传热转化为简单的稳定传热来计算。

对于各种维护结构的室内外温差修正系数，下面将分别举例进行计算。

1）对 $D>4$ 的外墙，冻结间 $t_n=-23$℃、冻结物冷藏间 $t_n=-18$℃、冷却间 $t_n=-2$℃、

冷却物冷藏间 $t_n=\pm0℃$、冰库 $t_n=-4℃$、$\alpha_w=23W/(m^2\cdot℃)$、$\rho=0.48$（灰色粉刷）、$t_{wp}=32℃$（我国夏季空气调节日平均温度的最高值）、$J_p=151W/m^2$（各个朝向每昼夜平均辐射强度的最高值）。则

对于 $D>4$ 的围护结构，室内外温差修正系数 a 可按下式计算，即

$$a=\frac{t_{wp}-t_n+(J_p\rho/\alpha_w)}{t_{wp}-t_n}=1+\frac{J_p\rho}{\alpha_w(t_{wp}-t_n)} \qquad (2-22)$$

冻结间、冻结物冷藏间 a 值为

$$a=1+\frac{151\times0.48}{23\times[32-(-23,\ -18)]}=1.056\sim1.062 \qquad (推荐值：a=1.05)$$

冷却间、冷却物冷藏间 a 值为

$$a=1+\frac{151\times0.48}{23\times[32\ (-2,\ 0)]}=1.093\sim1.098 \qquad (推荐值：a=1.10)$$

2）对 $D>4$ 的相邻有房间的外墙，得

$$a=\frac{t_{ls}-t_n}{t_{wp}-t} \qquad (2-23)$$

式中，t_{ls} 为邻室计算平均温度（℃），$t_{ls}=t_{wp}+\Delta t_{ls}$，其中 Δt_{ls} 为邻室计算平均温度与夏季空气调节室外计算日平均温度的差值（℃）。

国家标准 GB 50019—2003《采暖通风与空气调节设计规范》规定：对散热很少的房间，如办公室、走廊，$\Delta t_{ls}=0\sim+2℃$。当邻室散热量 $<23W/m^3$ 时，取 $\Delta t_{ls}=3℃$；当邻室散热量为 $23\sim116W/m^3$ 时，取 $\Delta t_{ls}=5℃$。因此，当邻室散热量较少时，可取 $\Delta t_{ls}=0$，则 $t_{ls}=t_{wp}$，所以 $a=1$。

3）对 $D>4$ 的冷间顶棚，其上为通风阁楼，屋面有通风层或隔热层。若通风阁楼内的温度为 $t_{wp}+6.2℃$，则

冻结间、冻结物冷藏间 a 值为

$$a=\frac{(32+6.2)-(-23,-18)}{32-(-23,-18)}=1.11\sim1.12 \qquad (推荐值：a=1.15)$$

冷却间、冷却物冷藏间、储冰间 a 值为

$$a=\frac{(32+6.2)-(0,-4)}{32-(0,-4)}=1.19\sim1.17 \qquad (推荐值：a=1.20)$$

4）$D>4$ 的冷间顶棚，其上为不通风阁楼，屋面有通风层或隔热层。若不通风阁楼内的温度为 $t_{wp}+9℃$，则

冻结间、冻结物冷藏间 a 值为

$$a=\frac{(32+9)-(-23,\ -18)}{32-(-23,\ -18)}=1.16\sim1.18 \qquad (推荐值：a=1.20)$$

冷却间、冷却物冷藏间、储冰间 a 值为

$$a=\frac{(32+9)-(0,\ -4)}{32-(0,\ -4)}=1.28\sim1.25 \qquad (推荐值：a=1.30)$$

5）$D>4$ 的无阁楼屋面，屋面有通风层，$J_p=305W/m^2$（水平面太阳辐射强度平均值的最大值），$\rho=0.73$（灰色油毛毡屋面、水泥屋面），则

冻结间、冻结物冷藏间 a 值为

$$a=1+\frac{305\times0.73}{23\times[32-(-23,-18)]}=1.17\sim1.19\qquad(推荐值：a=1.20)$$

冷却间、冷却物冷藏间、储冰间 a 值为

$$a=1+\frac{305\times0.73}{23\times[32-(-4,-\pm0)]}=1.30\sim1.27\qquad(推荐值：a=1.30)$$

6）$D\leqslant4$ 的外墙，冻结物冷藏间 a 值为

$$a=\frac{k\left(t_{wp}-t_n+\frac{J_p\rho}{\alpha_w}\right)+\left[\alpha_n\left(\Delta t_w+\frac{\Delta J\rho}{\alpha_w}\right)\Big/v\right]}{k(t_{wp}-t_n)}\qquad(2-24)$$

选择160mm厚的硬质聚氨酯泡沫塑料夹芯板（外皮为镀塑钢板），$\lambda=0.03\mathrm{W/(m\cdot℃)}$，$\alpha_n=8\mathrm{W/(m^2\cdot℃)}$，$v_0=37.53$，$t_{wmax}=43℃$，$\rho=0.73$，$J_p=154\mathrm{W/m^2}$，$J_{pmax}=413\mathrm{W/m^2}$，则

$$k=\frac{1}{\frac{1}{23}+\frac{0.16}{0.03}+\frac{1}{8}}=0.18$$

$\Delta t_w=t_{wmax}-t_{wp}=(43-32)℃=11℃$、$\Delta J_p=J_{pmax}-J_p=259\mathrm{W/m^2}$（各朝向最大值的平均值）

$$a=\frac{0.18\times\left(32+18+\frac{154\times0.48}{23}\right)+8\times\left[\left(11+\frac{259\times0.48}{23}\right)\Big/37.53\right]}{0.18(32+18)}=1.45$$

国家标准GB 50072—2001《冷库设计规范》规定：在轻型围护结构的外侧，需增设通风空气层；经实测可知，采用这样的结构设计，可使其温差修正系数 a 减小15%左右，即

$$a=1.45\times0.85=1.23\qquad(推荐值：a=1.30)$$

7）$D\leqslant4$ 的无阁楼屋面，冻结物冷藏间：$J_p=305\mathrm{W/m^2}$；$J_{pmax}=906\mathrm{W/m^2}$；$\rho=0.72$；$\Delta t_w=11℃$；$\Delta J_p=J_{pmax}-J_p=(906-305)\mathrm{W/m^2}=601\mathrm{W/m^2}$。则

$$a=\frac{0.18\times\left(32+18+\frac{305\times0.72}{23}\right)+8\times\left(11+\frac{601\times0.72}{23}\right)\Big/37.53}{0.18(32+18)}=1.86$$

上部加通风层后，可使其温差修正系数 a 减小15%左右，即

$$a=1.86\times0.85=1.58\qquad(推荐值：a=1.60)$$

在工程设计中，要求轻型结构的冷库应放置于室内或架设遮阳设施。

8）冷间地坪下无通风等加热设备，隔热层直铺于土壤上。这种地坪处理方法仅适用于冷却间和冷却物冷藏间。当地坪直接铺设于土壤上时，由土壤传进的热量很少，而由外界气温沿地基通过地坪传入的热量则很多，传热规律是离外墙越近的部分所传入的热量越多，如图2-11所示。地坪实际传入热量可按下式计算，即

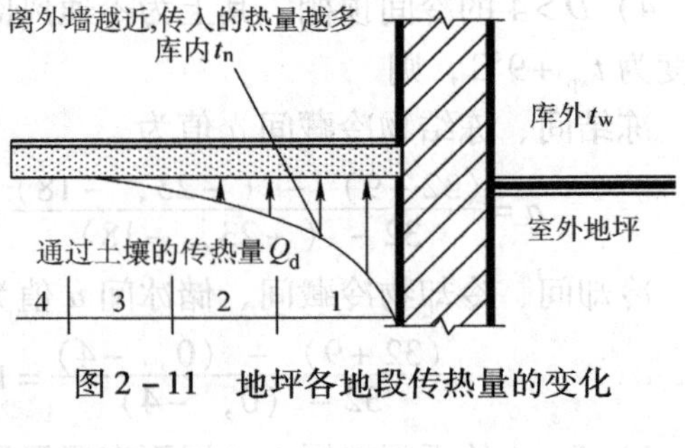

图2-11　地坪各地段传热量的变化

$$Q_d=\sum K_{df}A(t_{wp}-t_n)M\qquad(2-25)$$

式中，Q_d 为地坪实际传入热量（W）；K_{df} 为地坪无隔热时各地段的计算传热系数，按离外墙的距离而定［W/（m²·℃）］；A 为地坪各地段的计算面积（m²）；M 为地坪增铺隔热层后传热系数的相对减少值。

由于冷间通过地坪的传入热量应与地坪实际传入热量相等，则

$$KAa(t_{wp}-t_n)=\sum K_{df}A(t_{wp}-t_n)M$$

整理后可得

$$a=\frac{M\sum K_{df}A}{KA} \tag{2-26}$$

式中，$M=1\Big/\left[1+1.25K_{df}\left(\frac{\delta_1}{\lambda_1}+\frac{\delta_2}{\lambda_2}+\cdots\right)\right]$。

经计算可得：地坪面积 $A\leqslant 100m^2$ 时，$a=0.172$；$A<800m^2$ 时，$a=0.114$；$A\geqslant 800m^2$ 时，$a=0.084$ 。

因此，冷间地坪的温度修正系数 a 采用最大值0.2；地坪各地段的计算传热系数 K_{df} 值可按表2-7选用。对于两面墙的地坪拐角处，第一地段应重复计算地坪面积。

表2-7 K_{df}值 ［单位：W/（m²·℃）］

1段：0~2m	2段：2~4m	3段：4~6m	4段：>6m
0.47	0.23	0.12	0.07

9）半地下室外墙外侧为土壤时，传热规律如图2-12所示，可按上述8）的方式计算。

10）冷间地坪隔热层下有通风等加热设备。当冷间地坪隔热层下有通风等加热设施时，温度差修正系数 a 可用下式计算，即

$$a=\frac{t_j-t_n}{t_{wp}-t_n} \tag{2-27}$$

式中，t_j 为加热温度，一般按5℃计算；t_n 为按冷间最低温度-23℃计算。

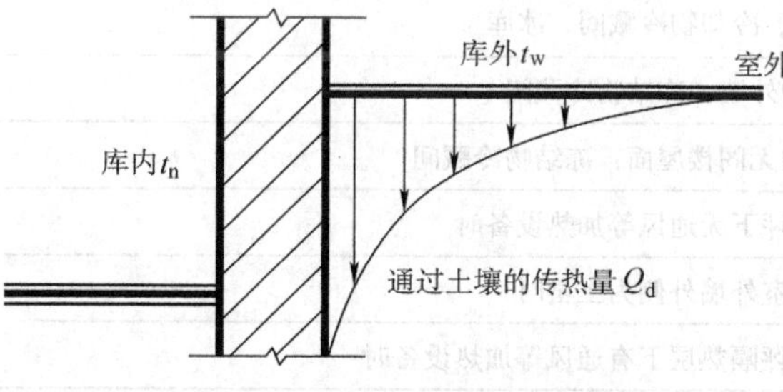

图2-12 冷间地坪传热量的变化

$$a=\frac{5+23}{32+23}=0.51 \qquad （推荐值：a=0.6）$$

11）冷间地坪下为通风架空层。按国家标准GB 50019—2003《采暖通风与空气调节设计规范》的规定，不采暖半地下室楼板，$a=0.7$。

12）两侧均为冷间的隔墙，$a=1$。但其传热温差应按邻室设计温度选取，如：内墙一侧温度为0℃，另一侧温度为－18℃，则温差应为18℃。但是对于冷却间和冷冻间相邻时，冷却间和冷冻间的温度应取其空库保温温度。若该冷间地坪下设有通风加热装置时，其外侧温度按1～2℃计算。对于两用间的计算温差可这样确定：进行本房间热量计算时，室内温度取低库温值；作为其他库房的邻室时，则取高库温值。库房结构示意图如图2－13所示。

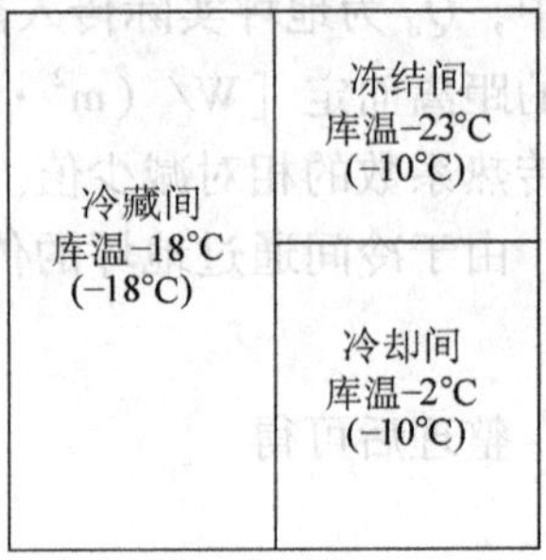

图2－13　库房结构示意图

13）冷却间和冻结间的空库保温温度。非连续使用的冷却间和冻结间，为防止建筑材料的冻融循环而损坏，在非使用期也需保持在较低温度下，冷却间的空库保温温度为10℃，冻结间的空库保温温度为－10℃。

室内外温差修正系数a的推荐值见表2－8。

表2－8　室内外温差修正系数a值

序号	围护结构部位	a
1	$D>4$的外墙： 冻结间、冻结物冷藏间 冷却间、冷却物冷藏间、冰库	 1.05 1.10
2	$D>4$的相邻有常温房间的外墙： 冻结间、冻结物冷藏间 冷却间、冷却物冷藏间、冰库	 1.00 1.00
3	$D>4$的冷间顶棚，其上为通风阁楼，屋面有隔热层或通风层： 冻结间、冻结物冷藏间 冷却间、冷却物冷藏间、冰库	 1.15 1.20
4	$D>4$的冷间顶棚，其上为不通风阁楼，屋面有隔热层或通风层： 冻结间、冻结物冷藏间 冷却间、冷却物冷藏间、冰库	 1.20 1.30
5	$D>4$的无阁楼屋面，屋面有通风层： 冻结间、冻结物冷藏间 冷却间、冷却物冷藏间、冰库	 1.20 1.30
6	$D\leq4$的外墙：冻结物冷藏间	1.30
7	$D\leq4$的无阁楼屋面：冻结物冷藏间	1.60
8	冷间地坪下无通风等加热设备时	0.20
9	半地下室外墙外侧为土壤时	0.20
10	冷间地坪隔热层下有通风等加热设备时	0.60
11	冷间地坪隔热层下为通风架空层时	0.70
12	两侧均为冷间时	1.00

注：1. 般情况下，D值不需计算，可从相关材料热工手册中查取。
2. 负温穿堂可按冻结物冷藏间选用a值。
3. 表内未列的其他室温等于或高于0℃的冷间可参照各项中冷却间的a值选用。

2.2　货物热量 Q_2

一般食品进入冷间时，其温度都高于冷间温度，食品温度与冷间温度之差会导致食品向冷间内放热。而蔬菜、水果类的活性食品在冷却与储藏期间还需要不断进行呼吸，即吸收空气中的氧气，排出二氧化碳和水分并产生热量，此热量称为呼吸热量。此外，带包装的货物因进、出库温差存在，包装材料也会向库内放出热量等。因此，冷间内货物热量 Q_2 通常由四部分组成：①食品热量 Q_{2a}；②包装材料和运载工具热量 Q_{2b}；③食品冷却时的呼吸热量 Q_{2c}；④食品冷藏时的呼吸热量 Q_{2d}。其计算公式为

$$Q_2 = Q_{2a} + Q_{2b} + Q_{2c} + Q_{2d} \tag{2-28}$$

式中，Q_{2a}为食品热量（W）；Q_{2b}为包装材料和运载工具热量（W）；Q_{2c}为食品冷却时的呼吸热量（W）；Q_{2d}为食品冷藏时的呼吸热量（W）。

冷间设计温度和相对湿度值见表2-9。

表2-9　冷间设计温度和相对湿度值

序号	冷间名称	室温/℃	相对湿度（%）	适用食品种类
1	冷却间	0~4	—	肉、蛋等
2	冻结间	−18~−23	—	肉、禽、冰蛋、蔬菜、冰淇淋等
		−23~−30	—	鱼、虾等
3	冷却物冷藏间	0	85~90	冷却后的肉、禽
		−2~0	80~85	鲜蛋
		−1~+1	90~95	冰鲜鱼
		0~+2	85~90	苹果、鸭梨等
		−1~+1	90~95	大白菜、蒜薹、葱头、菠菜、胡萝卜、甘蓝、芹菜、莴苣等
		+2~+4	85~90	土豆、橘子、荔枝等
		+7~+13	85~90	柿子椒、菜豆、黄瓜、番茄、菠萝、柑等
		+11~+16	85~90	香蕉等
4	冻结物冷藏间	−15~−20	85~90	冻肉、禽、兔和副产、冰蛋、冻蔬菜、冰淇淋、冰棒等
		−18~−25	90~95	冻鱼、虾等
5	冰库	−4~−6	—	盐水制冰的冰块

注：冷却物冷藏间设计温度宜取0℃，储藏过程中应按照食品的产地、品种、成熟度和降温时间等调节其温度与相对湿度。

1. 食品热流量 Q_{2a}

食品热流量 Q_{2a}按式（2-29）计算得

$$Q_{2a} = \frac{G'(h_1 - h_2)}{3.6\tau} \tag{2-29}$$

式中，G'为冷间的每日进货量（kg/24h）；h_1 为货物进入冷间初始温度时的比焓（kJ/kg），见表2-10；h_2 为货物在冷间内终止降温时的比焓（kJ/kg），见表2-10；τ 为货物冷却时

间（h），对冷藏间取24h，对冷却间、冻结间取设计冷加工时间；1/3.6为1kJ/h换算成1W的系数。

（1）冷间的每日进货量 G'（kg）

表2-10　食品的比焓　　（单位：kJ/kg）

食品温度/℃	牛肉及各种禽类	羊肉	猪肉	肉类副产品	去骨牛肉	多脂鱼	鲜蛋	纯牛奶	奶油	奶油冰淇淋	牛奶冰淇淋	葡萄、杏子、樱桃	水果及其他蔬菜
-25	-10.9	-10.9	-10.5	-11.7	-11.3	-12.2	-8.8	-12.6	9.2	-16.3	-14.7	-12.2	-14.2
-19	2.1	2.1	2.1	2.5	2.5	2.5	2.1	2.9	1.7	3.4	2.9	3.8	3.4
-18	4.6	4.6	4.6	5	5	5	4.2	5.4	3.8	7.1	6.3	7.5	6.7
-16	10	9.6	9.6	10.9	10.5	10.9	8.4	11.3	8	15.5	13.4	15.9	13.4
-14	15.9	15.9	15.1	17.2	16.8	17.2	12.6	17.6	12.6	24.3	22.2	25.6	21
-12	22.2	21.8	21.4	24.3	23.5	24.3	17.6	25.1	17.6	34.8	33.1	36.5	29.7
-10	30.2	29.7	28.9	33.1	31.4	32.7	22.6	32.7	23.5	46.9	47.3	49.9	39.4
-8	39.4	38.5	37.3	43.2	41.1	42.3	28.5	42.3	29.3	62.4	65.4	66.6	51.1
-6	50.7	49.4	47.3	55.3	52.4	54.5	36	54.9	36.5	86.7	92.2	93.9	68.7
-4	66.2	64.5	62	72.9	69.1	71.2	47.8	73.7	44.8	132	138.7	150	104.3
-2	98.9	96	91.8	109.8	103.5	106.4	230.9	111.5	60.3	221.2	230	229.2	211.2
0	232.5	224.2	212	261.5	243	249.3	237.6	319.3	95.1	227.9	236.7	236.3	271.9
2	238.8	230.5	217.9	268.6	2490.7	256.4	243.9	326.8	101.4	234.6	243.4	243.4	279.5
4	245.5	236.7	224.2	275.3	256.4	263.1	250.1	334.8	107.7	241.3	250.1	250.6	287
6	251.8	243	230	282.4	263.1	269.8	256.4	342.7	114.4	248	257.3	257.7	294.6
8	258.5	249.3	236.3	289.5	269.4	277	252.7	350.7	121.5	254.8	264	264.8	302.1
10	264.8	255.6	242.2	296.2	276.1	283.7	269	358.7	129.9	261.5	270.7	271.9	309.6
12	271.1	261.9	248.5	303.4	282.8	290.4	275.3	366.6	138.7	268.2	277.8	279.1	317.2
14	277.8	268.2	254.3	310.5	289.5	297.1	281.6	374.6	149.6	274.9	284.5	286.2	324.7
16	284.1	274.4	260.6	317.2	296.2	304.2	287.9	382.5	161.3	281.6	291.2	293.3	332.3
18	290.4	280.7	266.5	324.3	302.9	310.9	294.1	390.9	172.2	288.3	297.9	300.4	339.8
20	297.1	287	272.8	331.4	309.6	317.6	300.4	398.9	182.7	295	304.6	307.5	347.4
22	303.4	293.3	278.6	338.1	315.9	324.7	307.1	406.8	192.3	301.7	311.3	315.1	354.9
24	310.3	299.6	287.9	345.9	326	334.8	316.3	418.6	204.9	311.4	321.4	325.6	366.2
26	316.4	305.9	290.8	352.4	329.3	338.1	319.7	422.8	208.7	315.1	325.1	328.9	370
28	322.6	312.2	297.1	359.5	336	345.3	326	430.7	215.8	321.8	331.9	336	377.5
30	329.2	318.4	302.9	366.6	342.7	352	332.3	438.7	222.9	328.5	338.6	343.2	385.1
32	355.6	324.7	309.2	373.3	349.5	358.7	338.6	446.2	230.5	335.2	345.3	350.3	392.6
34	342.3	331	315.1	380.5	356.2	365.8	344.8	454.2	237.6	341.9	352	357.4	400.2
36	348.6	337.3	321.4	387.6	362.4	372.5	351.5	462.2	243.4	348.6	359.1	364.5	407.7

1）冷却间或冻结间应按设计冷加工能力计算。

2）存放果蔬的冷却物冷藏间，不应大于该间计算吨位的10%。

3）存放鲜蛋的冷却物冷藏间，不应大于该间计算吨位的5%。

4）无外库调入货物的冷库，其冻结物冷藏间每间每日进货量一般宜按该库每日冻结加工量计算。

5）有从外库调入货物的冷库，其冻结物冷藏间每间每日进货量可取该间计算吨位10%。

6）冻结量大的水产冷库，其冻结物冷藏间的每日进货量可按具体情况确定。

7）设有吊轨的冷却间、冻结间的生产能力 G_d（t/24h），可按式（2-30）计算，即

$$G_d = \frac{lg}{1000}\frac{24}{\tau} \tag{2-30}$$

式中，G_d 为设有单轨的冷却间、冻结间的生产能力（t/24h）；l 为冷间内吊轨的有效总长度（m）；g 为吊轨单位长度净载货量（kg/m）；τ 为冷间货物冷加工时间（h）；24为每日小时数（h）。

① 肉类

猪胴体，人工推动 $g=200\sim265$kg/m；机械传动 $g=170\sim210$kg/m。

牛胴体，人工推动（1/2胴体）$g=195\sim400$kg/m；人工推动（1/4胴体）$g=130\sim265$kg/m。

羊胴体，人工推动 $g=170\sim240$kg/m。

② 水产品

可按照加工企业的习惯装载方式确定，如：鱼类，15kg盘装 $g=400$kg/m；25kg盘装 $g=450$kg/m。虾类，$g=270$kg/m。

吊轨的轨距及轨面高度应依据食品种类、装载器具、通风条件及各种操作条件来确定，一般按表2-11选用。

表2-11　吊轨的轨距及轨面高度

食品种类	轨距/mm	轨面高度/mm
冻　肉	人工推动，750～850 机械传动，900～1000	2300～2500
鱼虾类	人工推动，1000～1100	2100～2300

8）设有搁架式排管的冷却间和冻结间每日的生产能力 G_g（kg/24h），可按式（2-31）计算，即

$$G_g = \frac{NG'_g}{1000}\frac{24}{\tau} \tag{2-31}$$

式中，G_g 为设有搁架式排管的冷却间和冻结间每日的生产能力（t/24h）；N 为搁架式冻结设备设计摆放冻结食品容器的件数；G'_g为每件食品的净质量（kg）；τ 为货物冷加工时间（h）；24为每日小时数（h）。

9）冷间公称体积的计算，按式（2-32）计算，即

$$V = FH \tag{2-32}$$

式中，V 为冷藏间或冰库的公称体积（m^3）；F 为冷藏间或冰库的净面积（m^2），即不扣除柱、门斗、制冷设备所占的面积；H 为冷藏间或冰库的净高（m）。

10）冷库或冰库计算吨位可按式（2-33）计算，即

$$G=\frac{V\rho_s\eta}{1000} \tag{2-33}$$

式中，G 为冷库或冰库计算吨位（t）；ρ_s 为储藏食品的密度（kg/m^3），见表 2－13；η 为体积利用系数，见表 2－12。

表 2－12　冷藏间、冰库体积利用系数 η

冷藏间公称体积/m^3	体积利用系数 η	冰库净高/m	体积利用系数 η
500～1000	0.40	≤4.2	0.40
1001～2000	0.50	4.21～5.0	0.50
2001～10000	0.55	5.1～6.0	0.60
10001～15000	0.60	>6.0	0.65
>15000	0.62		

注：1. 蔬菜冷库的体积利用系数，按表中的数值乘以 0.8。
2. 对于仅储存冻结食品或冷却食品的冷库，表中的公称体积为全部冷藏间公称体积之和；对于同时储藏冻结食品和冷却食品的冷库，表中的公称体积分别为冻结物冷藏间或冷却物冷藏间各自的公称体积之和。

表 2－13　储藏食品的密度 ρ_s

序号	食品类别	储藏食品的密度 ρ_s/（kg/m^3）
1	冻　肉	400
2	冻分割肉	750
3	冻　鱼	470
4	鲜蛋（箱装）	260
5	鲜蔬菜	230
6	鲜水果（箱装）	350
7	冰蛋（块状）	700
8	机制冰	750
9	其　他	按实际密度采用

注：同一冷库同时存放猪、牛、羊肉（包括禽兔）及只存冻羊腔时，密度 ρ_s 按 $250kg/m^3$ 计；只存冻牛、羊肉时，密度 ρ_s 按 $330kg/m^3$ 计。

（2）货物进入冷间初始温度时的比焓 h_1 和货物在冷间内终止降温时的比焓 h_2

1）货物进入冷间初始温度时的比焓 h_1（kJ/kg）和货物在冷间内终止降温时的比焓 h_2（kJ/kg）按表 2－10 选取。表 2－10 内食品未考虑含水量等因素的影响，取值时应附加 10% 的值。

2）货物进入冷间的初始温度取值：①未经过冷却的屠宰鲜肉温度取值为 +38℃；②经过冷却加工的鲜肉取值为 +4℃；③从库外调入的冻肉取值为 −8～−10℃；④本库冻结加工的肉按出库温度计算，一般取值为 −15℃；⑤冰鲜鱼、虾整理后的温度按 +15℃ 计算；⑥鲜鱼虾整理后进入冷间的温度，按整理鱼虾用水的水温计算；⑦鲜蛋、水果、蔬菜的进货温度，按当地食品进入冷间生产旺月的月平均温度计算。

3）货物在冷间内的终止温度取值：①冷冻肉取值为－15℃；②冷却肉取值为＋4℃；③冷却物冷藏间、冻结物冷藏间的食品温度按库温计算。

2. 包装材料和运载工具热量 Q_{2b}

包装材料和运载工具热量 Q_{2b} 可按式（2－34）计算，即

$$Q_{2b} = G'B\frac{(t_1 - t_2)\ c_b}{3.6\tau} \tag{2-34}$$

式中，B 为货物包装材料和运载工具重量系数，见表2－14；c_b 为包装材料和运载工具的比热容［kJ/（kg·℃）］，见表2－15；t_1 为包装材料和运载工具进入冷间时的温度（℃）；t_2 为包装材料和运载工具在冷间内终止降温时的温度（℃）；G' 为冷间的每日进货量（kg）。

1）温度 t_1 的确定方法是：①在本冷间包装的货物，其包装材料和运载工具温度应按夏季空气调节日平均温度乘以生产旺月的温度修正系数计算，即 $t_1 = t_{wp}\xi_t$，ξ_t 见表2－16确定；②自外地调入已包装的货物，包装材料温度为该货物进入冷间时的温度，运载工具温度按夏季空气调节日平均温度乘以生产旺月的温度修正系数来确定。

表2－14　货物包装材料和运载工具重量系数 B

食品包装运输方式	重量系数 B	食品包装运输方式	重量系数 B
肉、鱼类冷藏	0.1	肉、鱼、蛋类（吊笼、手推车）	0.6
猪肉冻结（单轨交叉式）	0.1	鲜蛋类	0.25
猪肉冻结（双轨交叉式）	0.3	鲜水果	0.25
肉、鱼、蛋冻结（搁架式）	0.3	鲜蔬菜	0.25

表2－15　包装材料和运输工具的比热容 c_b

名称	比热容 c_b/［kJ/（kg·℃）］	名称	比热容 c_b/［kJ（kg·℃）］
木板类	2.51	黄油纸类	1.51
黄铜	0.39	布类	1.21
铁皮类	0.42	竹器类	1.51
铝皮	0.88	马粪纸类、瓦楞纸类	1.47
玻璃容器类	0.84		

表2－16　生产旺月的温度修正系数 ξ_t

食品进入冷间的月份	1	2	3	4	5	6	7	8	9	10	11	12
温度修正系数 ξ_t	0.10	0.15	0.33	0.53	0.72	0.86	1.00	1.00	0.83	0.62	0.41	0.20

2）温度 t_2 一般为该冷间的设计温度。

3. 食品冷却时的呼吸热量 Q_{2c}

食品冷却时的呼吸热流量 Q_{2c} 按式（2－35）计算，即

$$Q_{2c}=G'\frac{q_1+q_2}{2} \tag{2-35}$$

式中，q_1 为货物冷却初始温度时的呼吸热（W/kg），见表2－17；q_2 为货物冷却终止温度时的呼吸热（W/kg），见表2－17。

表2－17　主要水果、蔬菜的呼吸热

名　称	温度/℃	呼吸热/［W/kg］	名　称	温度/℃	呼吸热/［W/kg］
苹果	0 4.4 15.6 29.4	0.008～0.0107 0.0133～0.212 0.531～0.0789 0.0789～0.01856	洋葱	0 10 21.1	0.008～0.0133 0.0212～0.0244 0.0372～0.0505
梨	0 15.6	0.008～0.0107 0.106～0.160	蘑菇	0 4.44 15.6	0.0841 0.3000 0.7807
桃	1.7 15.6 26.7	0.0186～0.0237 0.0531～0.160 0.1856～0.0266	黄瓜	0 4.44 15.6	0.0231 0.0348 0.1937
橘子	1.7 15.6 26.7	0.0053 0.0212 0.0399	番茄	0 4.44 15.6	0.0139 0.0172 0.0769
草莓	0 4.44 15.6	0.0452 0.0940 0.1821	甜菜	0 4.44 15.6	0.0363 0.0508 0.0991
西瓜	0 4.44 15.6	0.0180 0.0268 0.1160	花菜	0 4.44 15.6	0.0435 0.1586 0.0462
香蕉（青） 香蕉（熟） 已熟香蕉	10.2 20 20	0.0429 0.0391 0.112	豌豆	0 4.44 15.6	0.1114 0.1798 0.5371

4. 食品冷藏时的呼吸热量 Q_{2d}

食品冷藏时的呼吸热量 Q_{2d} 按式（2－36）计算，即

$$Q_{2d}=(G_n-G')\ q_2 \tag{2-36}$$

式中，G_n 为冷却物冷藏间的冷藏量（kg）。

需要注意的是，计算货物热量 Q_2 时，不是每个冷间都包括各个分项，只有新鲜水果、

蔬菜冷藏间才计算 Q_{2c}、Q_{2d}；冻结水产品冷加工过程中需要加水时，应把水的热量计入货物热量。

2.3 通风换气热量、电动机热量和操作热量

2.3.1 通风换气热量 Q_3

对水果、蔬菜等有呼吸作用的鲜活食品，必须定时通风换气，目的是保证水果、蔬菜呼吸所需要的新鲜空气，并定时排除产生的二氧化碳气体。对有操作人员长期停留的冷间，如加工间、包装间等，为保证操作人员健康所需的新鲜空气，也要通风换气。通风换气热量计算公式为

$$Q_3 = Q_{3a} + Q_{3b} \tag{2-37}$$

式中，Q_{3a}为冷间换气热量（W）；Q_{3b}为操作人员需要的新鲜空气热量（W）。

1. 冷间换气热量 Q_{3a}

冷间换气热量 Q_{3a}可按式（2-38）计算，即

$$Q_{2a} = \frac{(h_w - h_n)\ nV\rho_n}{3.6 \times 24} \tag{2-38}$$

式中，h_w 为室外空气的比焓（kJ/kg），应按夏季通风室外计算温度及夏季通风室外计算相对湿度取值；h_n 为室内空气的比焓（kJ/kg），应按冷间设计温度和相对湿度取值；n 为每日换气次数，如图2-14所示；V 为冷间公称容积（m^3）；ρ_n 为冷间内空气密度（kg/m^3）；24为每日小时数（h）。

为了节省能源和减少库温的波动，冷间通风换气一般应在早晚气温较低的时间进行。

2. 操作人员需要的新鲜空气热量 Q_{3b}

在冷冻、冷藏产品的生产加工过程中，对于操作人员长期停留的冷间（如冷加工间、包装间），应当计算操作人员需要的新鲜空气热量。Q_{3b}可按式（2-39）计算，即

$$Q_{2b} = \frac{30 n_r \rho_n\ (h_w - h_n)}{3.6} \tag{2-39}$$

式中，30为每个操作人员每小时需要的新鲜空气量（m^3/h）；n_r 为操作人员人数（每250m^3库房容积配备1人，不足4人按4人计算）。

2.3.2 电动机热量 Q_4

电动机在冷间内运转产生的热量 Q_4 按式（2-40）计算，即

$$Q_4 = 1000 \sum P\xi\rho \tag{2-40}$$

式中，P 为电动机额定功率（W）；ξ 为热转化系数，电动机在冷间内时应取 $\xi=1$，电动机在冷间外时取 $\xi=0.75$；ρ 为电动机运转时间系数，对冷风机配用的电动机取 $\rho=1$，对冷间内其他设备配用的电动机可按实际情况取值，一般可按每昼夜操作8h计，则 $\rho=8/24=0.33$。

2.3.3 操作热量 Q_5

操作热量 Q_5 指冷间由于操作管理引起的热量，包括照明热量、开门热量和操作人员热量，其计算公式为

$$Q_5 = Q_{5a} + Q_{5b} + Q_{5c} \tag{2-41}$$

式中，Q_{5a}为照明热量（W）；Q_{5b}为开门热量（W）；Q_{5c}为操作人员热量（W）。

1. 照明热量Q_{5a}

冷间的照明热量Q_{5a}可按式（2-42）计算，即

$$Q_{5a} = q_d A \tag{2-42}$$

式中，q_d为单位地板面积照明热量（W/m^2），冷间可取$q_d = 1.8 \sim 2.3W/m^2$，操作人员长时间停留的加工间与包装间取$q_d = 5.8W/m^2$；A为冷间地板面积（m^2）。

2. 开门热量Q_{5b}

冷间的开门热量Q_{5b}可按式（2-43）计算，即

$$Q_{5b} = 0.2778\frac{Vn(h_w - h_n)M\rho_n}{24} \tag{2-43}$$

式中，n为每日换气次数，如图2-14所示；V为冷间公称容积（m^3）；h_n、h_w为冷间内、外空气的比焓（kJ/kg）；M为空气幕效率修正系数，设空气幕时取$M = 0.5$，不设空气幕时取$M = 1$；ρ_n为冷间内空气密度（kg/m^3）。

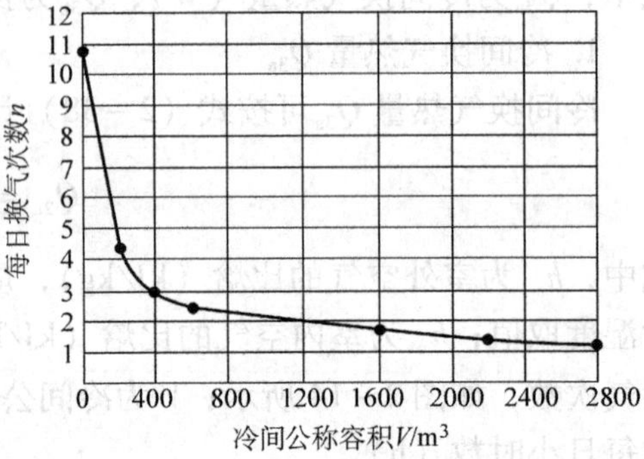

图2-14　冷间换气次数与公称容积的关系

3. 操作人员热量Q_{5c}

冷间的操作人员热量Q_{5c}可按式（2-44）计算，即

$$Q_{5c} = \frac{3}{24}n_r q_r \tag{2-44}$$

式中，3/24为每日操作时间系数，按每日操作3h计算；n_r为操作人员数，可按冷间内公称容积每250m^3配置1人；q_r为每个操作人员产生的热量（W/人），冷间设计温度≥-5℃时取280W/人，冷间设计温度<5℃时取410W/人，冷却间和冻结间不计算操作热量。

2.4　冷库制冷负荷

冷库制冷负荷包括冷间冷却设备负荷和制冷系统机械负荷两部分。根据冷间冷却设备负荷选配冷却设备，如冷风机、冷却排管等；根据机械负荷选配制冷压缩机。

冷库的冷却设备负荷必须进行逐间计算；机械负荷按不同的蒸发温度分别进行汇总，得出总冷量。机械负荷一般小于或等于冷却设备负荷。制冷系统中设备、管道的冷量损失包含在机械负荷中。

1. 冷间冷却设备负荷计算

冷间冷却设备负荷应按式（2-45）计算，即

$$Q_s = Q_1 + PQ_2 + Q_3 + Q_4 + Q_5 \tag{2-45}$$

式中，Q_s为冷间冷却设备负荷（W）；Q_1为冷间围护结构热量（W）；Q_2为冷间内货物热量（W）；Q_3为冷间通风换气热量（W）；Q_4为冷间内电动机运转量（W）；Q_5为冷间操作热量（W）；P为冷间内货物冷加工负荷系数，考虑食品放热的不均衡性，冷却间和冻结间以

及货物不经冷却而直接进入冷却物冷藏间的情况取 $P=1.3$，其他冷间取 $P=1$。

对于服务于机关、学校、工厂、宾馆、商场等小型服务性冷库，当其冷间的公称容积在 $400m^3$ 以下时，冷间冷却设备负荷可忽略操作人员热量。这类小型冷库的冷却间、冻结间以及货物不经冷却而直接进入冷却物冷藏间的情况 P 取 1.3，其他冷间 P 取 1。

2. 机械负荷计算

冷间的机械负荷应根据不同蒸发温度按式（2－46）计算，即

$$Q_j = (n_1\sum Q_1 + n_2\sum Q_2 + n_3\sum Q_3 + n_4\sum Q_4 + n_5\sum Q_5)R \qquad (2-46)$$

式中，Q_j 为某蒸发温度的机械负荷（W）；n_1 为冷间围护结构热量的季节修正系数，见表 2－18；n_2 为冷间货物热量折减系数；n_3 为同期换气系数，宜取 $n_3=0.5\sim1$，同时最大换气量与全库每日总换气量的比值大时取大值；n_4 为冷间内电动机同期运转系数，见表 2－19；n_5 为冷间同期操作系数，见表 2－19；R 为制冷装置和管道等冷损耗补偿系数，一般直接冷却系统宜取 $R=1.07$，间接冷却系统宜取 $R=1.12$。

1）冷间围护结构热量的季节修正系数 n_1 一般应根据生产旺季出现的月份，按表2－18 选取。当全年生产无明显淡、旺季区别时，应取 $n_1=1.0$。

2）货物热量折减系数 n_2 应根据冷间的性质确定：

① 冷加工间和其他冷间的 $n_2=1.0$。

② 冷却物冷藏间 n_2 取值范围：公称容积 $V<1000m^3$，取 $n_2=0.6$；$1001m^3<V<3000m^3$，取 $n_2=0.45$；公称容积 $V>3001m^3$，$n_2=0.3$。

③ 冻结物冷藏间 n_2 取值范围：公称容积 $V<7000m^3$，$n_2=0.5$；$7001m^3<V<20000m^3$，$n_2=0.65$；公称容积 $V>20001m^3$，$n_2=0.8$。

3）冷间内电动机同期运转系数 n_4 和冷间同期操作系数 n_5，应按表 2－19 取值。

表 2－18　季节修正系数 n_1 值

纬度	温度/℃	月份												说明
		1	2	3	4	5	6	7	8	9	10	11	12	
		n_1 值												
北纬 40°以上	0	-0.7	-0.5	-0.1	0.4	0.7	0.9	1	1	0.7	0.3	-0.1	-0.5	含 40°
	-10	-0.25	-0.11	0.19	0.59	0.78	0.92	1	1	0.78	0.49	0.19	-0.11	
	-18	-0.22	0.1	0.33	0.64	0.82	0.93	1	1	0.82	0.58	0.33	0.1	
	-23	-0.08	0.18	0.4	0.68	0.84	0.94	1	1	0.84	0.62	0.4	0.187	
	-30	-0.19	0.28	0.47	0.72	0.86	0.95	1	1	0.86	0.67	0.47	0.28	
北纬 35°～40°	0	-0.3	0.2	0.2	0.5	0.8	0.9	1	1	0.7	0.5	0.1	0.2	含 35°
	-10	0.05	0.14	0.41	0.65	0.86	0.92	1	1	0.78	0.65	0.35	0.14	
	-18	0.22	0.29	0.51	0.71	0.89	0.93	1	1	0.82	0.71	0.38	0.29	
	-23	0.3	0.36	0.56	0.74	0.9	0.94	1	1	0.84	0.74	0.4	0.36	
	-30	0.39	0.44	0.61	0.77	0.91	0.95	1	1	0.86	0.77	0.74	0.44	

（续）

纬度	温度/℃	月份												说明
		1	2	3	4	5	6	7	8	9	10	11	12	
		n_1 值												
北纬 30°~35°	0	0.1	0.15	0.33	0.53	0.72	0.86	1	1	0.83	0.62	0.41	0.2	含 30°
	-10	0.31	0.36	0.48	0.64	0.79	0.86	1	1	0.88	0.71	0.55	0.38	
	-18	0.42	0.46	0.56	0.7	0.82	0.9	1	1	0.88	0.76	0.62	0.48	
	-23	0.47	0.51	0.6	0.73	0.84	0.91	1	1	0.89	0.78	0.65	0.53	
	-30	0.53	0.56	0.65	0.76	0.85	0.92	1	1	0.9	0.81	0.65	0.58	
北纬 25°~30°	0	0.18	0.23	0.42	0.6	0.8	0.88	1	1	0.87	0.65	0.45	0.26	含 25°
	-10	0.39	0.41	0.56	0.71	0.85	0.9	1	1	0.9	0.73	0.59	0.44	
	-18	0.4	0.51	0.63	0.76	0.88	0.92	1	1	0.92	0.78	0.65	0.53	
	-23	0.54	0.56	0.67	0.78	0.89	0.93	1	1	0.92	0.8	0.67	0.57	
	-30	0.59	0.61	0.7	0.8	0.9	0.93	1	1	0.93	0.82	0.72	0.62	
北纬 25° 以下	0	0.44	0.48	0.63	0.79	0.94	0.97	1	1	0.93	0.81	0.65	0.49	—
	-10	0.58	0.6	0.73	0.85	0.95	0.98	1	1	0.95	0.85	0.75	0.63	
	-18	0.65	0.67	0.77	0.88	0.96	0.98	1	1	0.96	0.88	0.79	0.69	
	-23	0.68	0.7	0.79	0.89	0.96	0.98	1	1	0.96	0.89	0.81	0.72	
	-30	0.72	0.73	0.82	0.9	0.97	0.98	1	1	0.97	0.9	0.83	0.75	

4）对于小型服务性冷库冷间的机械负荷应分别根据不同蒸发温度按式（2-47）计算，即

$$Q'_j = \left(n_1 \sum Q_1 + n_2 \sum Q_2 + n_3 \sum Q_3 + n_4 \sum Q_4 + n_5 \sum Q_5\right) \frac{24}{\tau} R \qquad (2-47)$$

式中，Q'_j为同一蒸发温度的冷间的机械负荷（W）；n_1为冷间围护结构热量的季节修正系数，宜取1；n_2为冷间货物热量折减系数，冷却物冷藏间宜取0.6，冻结物冷藏间宜取0.5，冷加工间和其他冷间应取1；n_3为同期换气系数；n_4为冷间内电动机同期运转系数，见表2-19；n_5为冷间同期操作系数，见表2-19；τ为制冷机组每日工作时间，宜取$\tau=12\sim16$h；R为制冷装置和管道等冷损耗补偿系数，一般直接冷却系统宜取$R=1.07$，间接冷却系统宜取$R=1.12$。

表2-19 冷间内电动机同期运转系数 n_4 和冷间同期操作系数 n_5

同一蒸发温度冷间总间数	n_4 或 n_5
1	1
2~4	0.5
≥5	0.4

注：1. 冷却间、冷却物冷藏间、冻结间的 n_4 取1，其他冷间按本表取值。
2. 冷间总间数应按同一蒸发温度且用途相同的冷间间数计算。

3. 制冷负荷估算

在进行制冷工艺设计的初步设计时，通常需要短时间内做出估算，以便报价。所需制冷负荷的估算值见表2-20~表2-24。

表 2-20 肉类冷冻加工单位制冷负荷

序号	冷间温度/℃	肉内降温情况/℃		冷加工时间①/h	单位制冷负荷/(W/t)		备注
		入冷间时	出冷间时		冷间冷却设备负荷	机械负荷	
冷却加工							
1	-2	+35	+4	20	3000	2300	
2	-7/-2②	+35	+4	11	5000	4000	
3	10	+35	+12	8	6200	5000	
4	10	+35	+10	8	13000	10000	
冻结加工							
1	-23	+4	-15	20	5300	4500	
2	-23	+12	-15	12	8200	6900	
3	-23③	+35	-15	20	7600	5800	
4	-30	-10	-15	16	6700	5400	
5	-30	+4	-15	11	9300	7600	

注：1. 表中冷却设备负荷已包括食品冷加工的热量 Q_2 的负荷系数 P 的数值（即 $1.3Q_2$）。

2. 表中机械负荷已包括管道等冷损耗补偿系数 7%。

① 冷加工时间不包括货物进、出库时间。

② 此处指冷间温度先为 -7℃，待肉体表面温度降到 ±0℃时，改用冷间温度 -2℃继续降温。

③ 表示一次冻结（即肉类不经过冷却，氨系统直接用低于 -33℃蒸发温度）。

表 2-21 冷藏间、制冰等单位制冷负荷

序号	冷间名称			冷间温度/℃	单位制冷负荷/(W/t)		备注
					冷间冷却设备负荷	机械负荷	
冷藏间							
1	一般冷却物冷藏间			±0，-2	88	70	
2	冻结物冷藏间/t	<250		-15，-18	82	70	
3		500~1000		-18	53	47	
4		单层	1000~30000	-18，-20	41~47	30~35	
5		多层	1500~3500	-18	41	30~35	
6			4500~9000	-18	30~35	24	
7			10000~20000	-18	28	21	
制冰							
1	盐水制冰					7000	
2	储冰间					25	

注：表中机械负荷已包括管道等冷损耗补偿系数 7%。

表 2－22 小型冷库单位制冷负荷估算

序号	冷藏间/t	冷间温度/℃	单位制冷负荷/（W/t）		备注
			冷却设备负荷	机械负荷	
肉禽水产类					
1	<50	－15～－18	195	160	
2	50～100	－15～－18	150	130	
3	100～200	－15～－18	120	95	
4	200～300	－15～－18	82	70	
水果蔬菜类					
1	<100	0～+2	260	230	
2	100～300	0～+2	230	210	
鲜蛋					
1	<100	0～+2	140	110	
2	100～300	0～+2	90	90	

表 2－23 冻结物冷藏间每吨食品需冷却面积

序号	冷藏吨位/t	冷间温度/℃	所需冷却设备的冷却面积/（m^2/t）		备注
			光滑排管	翅片管	
1	<250	－15，－18	0.9～1.2	2.5～3.0	
2	500～1000	－18	0.7～0.95	1.8～2.7	
3	1000～3000（单层）	－18，－20	0.6～0.9	1.8～2.7	
4	1500～3500（多层）	－18	0.55～0.68	1.5～1.8	
5	4500～9000（多层）	－18	0.45～0.50	1.3～1.5	

表 2－24 冷库单位面积耗冷量估算值 q_F

冷间用途	库内温度/℃	q_F/（W/m^2）	
		单层冷库	多层冷库
冷却间	－2～0	80～100	50～60
冻结间	－30	850～900	850～900
冷却物冷藏间	－3～+4	80～95	60～65
冻结物冷藏间	－20	70～90	45～65
穿堂	－10	450～500	450～500
储冰间	－4	85～95	60～55
收发货间	+12	35	35

第3章 制冷压缩机与设备的选型计算

3.1 制冷压缩机的选型计算

制冷压缩机是制冷装置的核心部件，在制冷系统中吸入蒸发器出口的低温、低压气体制冷工质，经压缩机压缩至高温、高压状态，在较高温度下向外界放出热量，完成制冷工质和热量的输送任务。制冷压缩机的选择影响制冷装置的运行特性、经济指标和安全可靠性。

用于制冷装置的制冷压缩机种类很多，按照压缩气体制冷工质的方式分类，可分为往复式制冷压缩机和回转式制冷压缩机；按照电动机与制冷压缩机的布置形式分类，可分为开启、半封闭和全封闭式；按制冷压缩机的工作温度分类，可分为高温压缩机、中温压缩机和低温压缩机；按制冷压缩机的压缩级数分类，可分为单级制冷压缩机和双级制冷压缩机；按制冷工质的热力性能及对环境的影响分类，又可分为合成制冷工质的制冷压缩机和自然工质的制冷压缩机。

3.1.1 制冷压缩机的选型原则

制冷压缩机的选型应遵循以下原则：

1）所选制冷压缩机（以下简称压缩机）的制冷量应与制冷装置的机械负荷相等或接近，相近蒸发温度的冷间尽可能把必需的制冷量集中在一个机组中，按不同的蒸发温度系统分别选配压缩机，尽可能使每台（组）压缩机分别提供一种蒸发温度，以确保制冷系统运行可靠、经济合理。除特殊的要求外，一般不设专门的备用机，压缩机的工作条件应在制造厂家限定的工作条件范围内。

2）为便于压缩机的维护和零部件的更换，同一制冷系统中如需多台压缩机，应选同一系列，且台数要适宜，以满足高、低峰负荷变化的需要。当机械负荷较大时，应选用大型压缩机，减少台数，简化系统，降低成本，可以减少占地面积，节省建设投资。

3）为使压缩机安全、可靠和经济地运行，当氨制冷系统中冷凝压力与蒸发压力的比值 >8、氟利昂制冷系统中冷凝压力与蒸发压力的比值 >10 时，应采用双级压缩；但氨系统的压力比 <8、R134a 系统的压力比 < 10 时，采用单级压缩。当要求制冷温度低于 -60℃ 时，可采用复叠式制冷装置。

4）压缩机在不同的工况下运行，消耗的功率也不同，压缩机配用电动机的功率应按照运行的工况校核。对在变工况下工作的压缩机，应按最大轴功率工况选配电动机。

3.1.2 计算参数的确定

在选择压缩机时，首先要考虑实际应用中对制取温度的要求。制取温度的高低对压缩机的选型和系统组成极为重要。一般情况下，用于空气调节的高温压缩机和用于低温冻结的低温压缩机有根本上的差别。因此，工程技术人员必须熟知各种压缩机的特点和适用范围，确定适宜的工作温度，根据需要选择合适的压缩机。

由压缩机的工作特性可知，当制冷系统的蒸发温度越高、冷凝温度越低时，其制冷量越大，单位制冷量所消耗的功率也越小；反之亦然。因此，在满足使用条件的前提下，应合理地确定设计参数，对制冷装置进行优化设计，尽量提高制冷系统的蒸发温度，降低冷凝温度，以增大制冷量、减少功率消耗，提高制冷装置的性能。

1. 蒸发温度

根据储存物品的种类、冷藏工艺的需要和对冷间温、湿度的要求，确定合理的计算温差，从而确定蒸发温度。间接冷却制冷系统的蒸发温度 t_0 可按下式计算，即

$$t_0 = t_2 - (4 \sim 6) \tag{3-1}$$

式中，t_2 为蒸发器中载冷剂的出口温度（℃）。

对于直接冷却系统，则

$$t_0 = t_n - (8 \sim 10) \tag{3-2}$$

式中，t_n 为房间内温度（℃）。

对冷却空气蒸发器的传热温差也可按照表 3－1 选取。

表 3－1　冷却空气蒸发器的传热温差

冷间名称	蒸发器形式	传热温差/℃
冷却间	冷风机	10
冻结间	冷风机	10
	搁架排管	12～15
冻结物冷藏间	冷风机	10
储冰间	排管	10
冷却物冷藏间	冷风机	≤8

2. 冷凝温度

冷凝温度与冷凝器的形式、冷却方式、冷却介质的温度等有关，采用水冷式冷凝器时，冷凝温度 t_k 可用下式计算，即

$$t_k = \frac{(t_{z1} + t_{z2})}{2} + (5 \sim 7) \tag{3-3}$$

式中，t_{z1}、t_{z2} 为冷凝器冷却水的进口温度和出口温度（℃）。

冷凝器冷却水的进出口温差为 $\Delta t_z = t_{z2} - t_{z1}$。

立式冷凝器的 $\Delta t_z = 1.5 \sim 3$℃，卧式壳管式冷凝器的 $\Delta t_z = 4 \sim 6$℃，套管式冷凝器的 $\Delta t_z = 8$℃。

蒸发式冷凝器的冷凝温度 t_k 按下式计算，即

$$t_k = \tau + (5 \sim 10) \tag{3-4}$$

式中，τ 为夏季室外平均每年不保证 50h 的湿球温度（℃）。

风冷式冷凝器的冷凝温度 t_k 可用下式计算，即

$$t_k = t_1 + \Delta t \tag{3-5}$$

式中，t_1 为冷凝器的迎风面空气温度（℃）。

式（3－5）适用于迎面风速为 2.5～3.5m/s 的场合，冷凝器进风温度 t_1 按夏季空气调

节平均温度计算，Δt 为冷凝温度与进口空气温度之差（干球），取10～15℃。

3. 压缩机的吸气温度

压缩机的吸气温度是指压缩机吸气阀处的温度，与系统的供液方式、吸气管的长度、吸气管的管径、隔热情况、冷间内的热负荷大小和系统供液量等因素有关，吸气温度过低，会引起压缩机的液击，运行不安全；吸气温度过高，会引起压缩机的排气温度过高，冷凝负荷增加，运行既不经济也不安全。

对氨制冷系统允许有一点过热度，以防止液击，但不宜过大，允许的吸气过热度见表3－2。

表3－2 氨压缩机允许的过热度

蒸发温度/℃	0	－5	－10	－15	－20	－25	－28	－30	－33	－40
吸气温度/℃	1	－4	－7	－10	－13	－16	－18	－19	－21	－25
过热度/℃	1	1	3	5	7	9	10	11	12	15

对氟利昂制冷系统，一定的吸气过热度可以提高循环的经济性，采用热力膨胀阀时，蒸发器出口气体的过热度为3～8℃；单级压缩和双级压缩的高压级吸气温度不应超过15℃；对没有回热循环的制冷系统，压缩机的吸气温度按蒸发器的出口温度与回气管内的冷损失之和确定；对有回热循环的制冷系统，压缩机的吸气温度应为蒸发器的出口温度、通过回热器的温升和回气管内的冷损失三项之和，通过回热器的气体温升为30～40℃。

对复叠式制冷系统，低温循环压缩机的吸气过热度为15～60℃，蒸发温度较高时取较小值；反之，取大值。

4. 过冷温度

制冷循环中液体在节流前过冷，可以提高系统的经济性，但要考虑具体条件，进行技术经济分析来确定是否采用液体过冷。

对氨的单级压缩制冷系统，可以设置水冷式过冷器，出过冷器的氨液温度比进水温度高3℃；氨的双级压缩制冷系统采用中间冷却器过冷节流前的液体，出中间冷却器冷却盘管的液体温度比中间温度高5℃。

对氟利昂的单级压缩制冷系统，在气液热交换器中实现节流前液体的过冷，过冷度为5℃；对氟利昂的双级压缩制冷系统，节流前的液体在中间冷却器过冷后在气液热交换器进一步过冷，出中间冷却器冷却盘管的液体温度比中间温度高5～7℃，在气液热交换器中液体过冷温度应由换热器的热平衡计算式来确定。

3.1.3 往复式压缩机的选型

3.1.3.1 结构形式的选择

按压缩机的工作温度分类，压缩机分为高温压缩机、中温压缩机和低温压缩机。高温压缩机的额定蒸发温度为－5～15℃，常用的制冷工质有R22、R134a、R123等，适用于冷藏柜、冷藏库、空调机、自动汽水机和冷饮水机等。中温压缩机的额定蒸发温度为－20～0℃，通常使用的制冷工质有R22、R134a、R410A和R407C等，适用于冷冻、冷藏制冷装置；低温压缩机的额定蒸发温度为－35～－15℃，常用的制冷工质有R22、R507、R404A和R407A等，适用于低温制冷装置，包括低温冷库、低温冷柜、低温陈列柜、商业制冰机和商业冰激凌机等。用于制冷装置的往复式压缩机主要采用活塞式，有单级活塞式压缩机和双级活塞式压缩机。

1. 单级活塞式压缩机

单级活塞式压缩机有开启型、半封闭型和全封闭型。

（1）开启型活塞式压缩机　这类压缩机主要用于大型制冷装置，用 NH_3（R717）、R22、R404A、R407C 和 R134a 等制冷工质，对于 25kW 以上的大型制冷装置多用 NH_3 制冷工质。随着臭氧层消耗和气候温暖化的加剧，全球面临着日益严峻的环境问题，欧洲许多国家开发出碳氢化合物压缩机，主要是丙烷（R290）、丁烷（R600）和异丁烷（R600a）等压缩机，用于冷藏箱和冷冻箱制冷装置。目前，德国、荷兰、瑞士、意大利、日本和美国等国家正在积极开发 CO_2 等制冷压缩机。

（2）半封闭型活塞式压缩机　这类压缩机主要用 R22、R404A、R407C、R134a、R290、R600a 和 CO_2 等制冷工质，用于装配式冷库、超市系统、热泵等制冷装置中。

（3）全封闭型活塞式压缩机　这类压缩机被广泛应用于中小型商用制冷装置中。全封闭型活塞式压缩机主要用 R22、R404A、R407C、R134a 和 R600a 等制冷工质，德国等许多国家已经将 R290 全封闭型活塞式压缩机用于电冰箱、家用热水器和家用空调。

2. 双级活塞式压缩机

在低温系统中，当蒸发温度较低、压力比较大时，可采用双级活塞式压缩机。双级活塞式压缩机应使用中温制冷剂，通常应用较为广泛的是 R717、R22、R290 等。双级活塞式压缩机有单机双级和多机双级，单机双级结构形式有半封闭型和开启型。半封闭型单机双级活塞式压缩机，主要采用 R22 等制冷工质；开启型单机双级活塞式压缩机，主要用 NH_3、R22 制冷工质，用于石油、化工、制药等工业产品的生产，国防、科研方面的低温试验，以及食品的低温加工储藏和运输。

3. 压缩机组

目前有些公司生产的封闭型压缩机组，适用于各种不同的应用场合，可以和任何类型的蒸发器相连接，有户外全封闭和半封闭压缩风冷冷凝机组，供空调和冷藏、冷冻用的半封闭压缩水冷冷凝机组，及半封闭压缩并联水冷冷凝机组。

大型商用制冷装置已发展了多机头压缩机的组合装置，以提供更大的制冷能力。多机并联机组是由两台或两台以上的压缩机并联共用一套制冷回路而组成的制冷机组。压缩机、储液器、气液分离器、油分离器、中间冷却器、回气集管、供液总管、电控设备全部集中在一起，缩小设备占用空间，节约机房面积，可用 R22、R134a、R404A、R507A、R407C 等制冷工质。

在制冷装置中，当需要的冷负荷较大及系统的冷负荷变化时，往往采用多机并联机组。小型的商用制冷装置大多采用全封闭型活塞式压缩机，较大型的装置大多采用半封闭型活塞式压缩机和开启型活塞式压缩机。封闭型活塞式压缩机结构紧凑，体积小，噪声低，振动小，比较适合机组内藏式商用制冷装置，特别是体积小的特点，可使制冷装置有效地利用空间，相对地减少商业场所的占地面积，应优先选用。

在有些使用场合规定制冷装置每昼夜的工作时间为 18h，这就意味压缩机的工作时间系数为 18/24＝0.75。这时，该蒸发温度的机械负荷 Q_j 应考虑工作时间系数的影响，即

$$Q_j = \frac{Q}{b} \tag{3-6}$$

式中，Q_j 为考虑每昼夜 24h 工作的机械负荷（kW）；b 为工作时间系数。

对制冷橱柜等制冷装置，为保证工作可靠，都规定了压缩机的工作时间系数，在选择压缩机的型号和台数时，应以式（3-6）计算的机械负荷 Q_j 为依据。

3.1.3.2　选型计算

1. 单级压缩机的选型计算

（1）按压缩机的理论输气量选型　单级压缩制冷循环压焓图如图 3-1 所示。在选配压缩机时，压缩机制冷量应和计算所得的机械负荷 Q_j 相匹配。因此，利用制冷和需冷的平衡关系，即可求出所需的压缩机的理论输气量 q_{Vt}，即

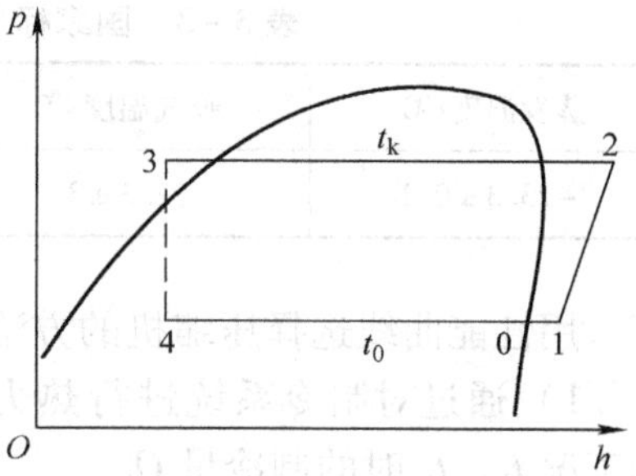

图 3-1　单级压缩制冷循环压焓图

$$q_{Vt} = \frac{Q_j v_1}{\eta_V (h_0 - h_4)} = \frac{Q_j}{\eta_V q_{0V}} \tag{3-7}$$

式中，Q_j 为该蒸发温度系统的机械负荷（kW）；v_1 为吸入气体的比体积（m^3/kg）；h_0 为蒸发器出口干饱和蒸气的比焓（kJ/kg）；h_4 为节流阀前后制冷工质液体的比焓（kJ/kg）；η_V 为压缩机的容积效率；q_{0V} 为单位容积制冷量（kJ/m^3）。

压缩机的容积效率 η_V 一般应按照制造厂的给定值选用，对活塞式压缩机可按式（3-8）计算，即

$$\eta_V = 0.95\left\{\frac{p_0 - \Delta p}{p_0} - c\left[\left(\frac{p_k - \Delta p_k}{p_0}\right)^{\frac{1}{m}} - \frac{p_0 - \Delta p_0}{p_0}\right]\right\}\lambda_T \tag{3-8}$$

式中，p_k 为冷凝压力（MPa）；p_0 为蒸发压力（MPa）；c 为压缩机相对余隙容积，一般取 $c = 0.03 \sim 0.08$；m 为多变膨胀指数；λ_T 为温度系数。

（2）按压缩机的标准工况制冷量选型　压缩机的制冷量随运行工况的变化而不同，为了以统一的工况表示制冷压缩机的制冷量，因此规定了标准工况。在标准工况下的制冷量即为标准工况制冷量 Q_B。计算所求得的机械负荷 Q_j 是设计工况下所需的制冷量，而不是标准工况下的制冷量 Q_B，因此，不能用 Q_j 直接选取制冷压缩机，而应把 Q_j 折算成标准工况下的制冷量 Q_B。

压缩机在标准工况和设计工况下的制冷量可分别按照 $Q_B = q_{Vt}\eta_{Vb}q_{0Vb}$ 和 $Q_j = q_{Vt}\eta_{Vj}q_{0Vj}$ 求出。由于同一台压缩机的理论容积输气量 q_{Vt} 是一定的，因此可得出设计制冷量和标准制冷量的换算公式

$$Q_B = \frac{\eta_{Vb}q_{0Vb}}{\eta_{Vj}q_{0Vj}}Q_j \tag{3-9}$$

式中，Q_B 为折算成的标准工况制冷量（W）；Q_j 为设计工况制冷量（W）；η_{Vb}、η_{Vj} 为标准工况下压缩机的容积效率、设计工况下压缩机的容积效率；q_{0Vb}、q_{0Vj} 为标准工况下的单位容积制冷量、设计工况下的单位容积制冷量（kJ/m^3）。

把设计工况下的制冷量换算成标准工况下的制冷量以后，就可以根据压缩机产品样本提供的技术数据，选配适用的制冷压缩机型号和数量。

（3）按压缩机的性能曲线选型　对每一种型号的制冷压缩机，制造厂都提供相应的特性曲线或性能表。因此，压缩机的型号确定以后，可以根据设计工况，利用各种压缩机的性能曲线进行选型。压缩机制造厂提供每种型号压缩机的性能曲线，如图 3－2 所示。图中 t_0 为蒸发温度，t_k 为冷凝温度。作图时，过冷温度和吸气温度由制造厂决定，基本上与国家标准 GB/T 9098—2008 中规定的压缩机制冷量试验条件（见表 3－3）相符。

表 3－3　国家标准 GB/T 9098—2008 中规定的制冷量试验条件

蒸发温度/℃	吸气温度/℃	冷凝温度/℃	过冷温度/℃	环境温度/℃
－23.3 ±0.2	32.3 ±3	54.4 ±0.3	32.2 ±0.1	32.2 ±1

用性能曲线选择压缩机的方法如下：

1）通过对制冷系统进行热力计算，求出在计算工况 t_k、t_0 时的制冷量 Q_0。

2）参照各种压缩机的性能曲线，选择压缩机。所选用的压缩机应满足计算工况下的制冷量，并应有高的制冷系数，同时要顾及产品的质量、价格和安装尺寸。

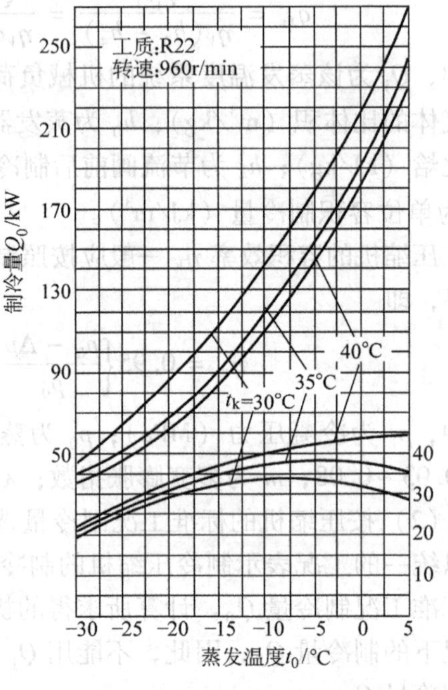

图 3－2　压缩机的性能曲线

（4）按压缩冷凝机组的性能选型　为使制冷系统的安装与施工更加方便、快捷，压缩机生产厂提供了各种型号和类型的压缩冷凝机组，在很大程度上解决了商业和公共食品企业制冷设备的充分供应问题。目前，小型商用制冷装置使用较为广泛的是全封闭压缩冷凝机组和半封闭压缩冷凝机组，大型制冷装置（如冷库）使用开启型压缩冷凝机组。压缩冷凝机组按其蒸发温度范围可分为低温、中温与高温压缩冷凝机组。因此，压缩机的选型可根据制冷系统的负荷计算，依照压缩冷凝机组的性能进行选择。表 3－4 列出了泰州商业机械厂生产的冷库用低温压缩冷凝机组。

2. 双级冷库用低温压缩机的选型计算

制冷系统的制冷循环可采用一级节流、二级节流、中间完全冷却、中间不完全冷却形式，在中小型制冷装置中采用一级节流中间不完全冷却的形式，具有结构简单，设备体积小，工质的充灌量少等特点。中间冷却的方式与选用的制冷剂的种类密切相关。对采用回热有利的制冷剂如 R290 等，采用中间不完全冷却循环形式，同样可使循环的制冷系数有所提高，但为了降低高压级的排气温度，也可选用中间完全冷却的循环形式。对采用回热循环不利的制冷剂如氨等，则应采用中间完全冷却的循环形式。对于蒸发温度较低的两级压缩循环，通常都设有回热器，其目的是改善压缩机的工作条件。

表3－4　泰州商业机械厂生产的冷库用低温压缩冷凝机组

冷却方式	机组型号	半封闭压缩机		制冷量/kW
		型号	功率/kW	R22（$t_0=-15℃$，$t_k=35℃$）
水冷机组	$200S_2$—FW	200 Fsv_2—FX	1.5	1.88
	$300S_2$—FW	300 Fsv_2—FX	2.2	2.674
	$400S_2$—FW	400 Fsv_2—FX	3.0	3.721
	$503S_2$—FW	503 Fsv_2—FX	3.75	5.116
	$755S_2$—FW	755 Fsv_2—FX	5.5	7.558
空冷机组	$200S_2$—FL	200Fsv_2—FX	1.5	1.767
	$300S_2$—FL	300 Fsv_2—FX	2.2	2.5
	$402S_2$—FL	400 Fsv_2—FX	3.0	3.488
	$503S_2$—FL	503 Fsv_2—FX	3.75	5.00
	$755S_2$—FL	755 Fsv_2—FX	5.5	7.44
	$201S_2$—FL	200 Fsv_2—FX	1.5	1.883
	$301S_2$—FL	300 Fsv_2—FX	2.2	2.674
	$401S_2$—FL	400 Fsv_2—FX	3.0	3.721
	$504S_2$—FL	503 Fsv_2—FX	3.75	5.116
	$756S_2$—FL	755 Fsv_2—FX	5.5	7.558

双级压缩循环工作参数的确定与单级压缩循环相似，即根据环境介质的温度和被冷却物体或空间要求的温度，考虑选取一定的传热温差，即可确定循环的冷凝温度和蒸发温度。而双级压缩机的选型关键是中间温度的选择。中间温度选择是否恰当，不仅影响到经济性，而且对压缩机的安全运行也有直接影响。在双级压缩制冷循环的计算中，确定中间温度常用的有计算法和图解法。

双级压缩机的选型方法有理论输气量选型和特性曲线图表选型两种方法。选配压缩机时，高压压缩机和低压压缩机可以由同一台压缩机来承担，即单机双级型压缩机；也可选多台压缩机的双级压缩，即一台压缩机为高压级，一台或多台压缩机为低压级。双级压缩机的高、低压级的容积比ξ大多为1:2、1:3，如选用配组式双级压缩机，可根据工况配置不同的高低压容积比。

（1）中间温度的确定　双级压缩制冷系统的设计选型中需要确定中间温度，中间冷却器内低压级压缩机的排气冷却为干饱和气体时的压力为中间压力，其相应的饱和温度为中间温度，中间温度与高、低压级压缩机的气缸的容积比有关，并随着蒸发温度和冷凝温度的变化而波动。在确定中间温度时，当制冷循环总的功率消耗最小（低压级压缩机与高压级压缩机的功率消耗之和最小）、制冷量最大、制冷系数最高时，对应的中间温度为最佳中间温度（理想的中间温度）。选择中间温度的方法如下：

1）从制冷循环的计算确定最佳中间温度。

① 按式（3－10）得到一个中间压力 p_m 的近似值，对应的饱和温度即为中间温度 t_m，即

$$p_m = \sqrt{p_k p_0} \tag{3-10}$$

式中，p_k 为冷凝压力（MPa）；p_0 为蒸发压力（MPa）。

② 在 t_m 的上、下按一定间隔（1℃左右）取若干个中间温度，对每个中间温度的热力循环，计算出理论制冷系数 $\varepsilon=f(t_m)$ 和高、低压级制冷压缩机理论输气量之比 $\xi=f(t_m)$。

③ 作出 $\varepsilon=f(t_m)$ 和 $\xi=f(t_m)$ 曲线，如图 3－3 和图 3－4 所示，从图上找出与制冷系数最大值 ε_{max} 对应的温度，即为所求的最佳中间温度 t_{mopt}，与此对应的饱和压力即为最佳的中间压力 p_{mopt}。图中与 t_{mopt} 对应的 ξ 即为最佳高、低压级理论输气量之比。

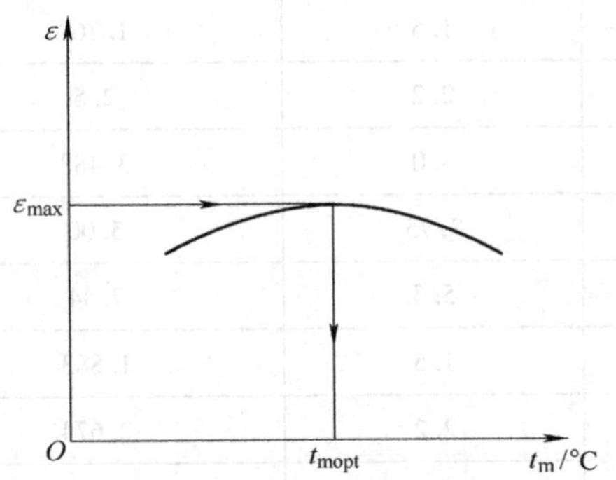

图 3－3　$\varepsilon=f(t_m)$ 曲线

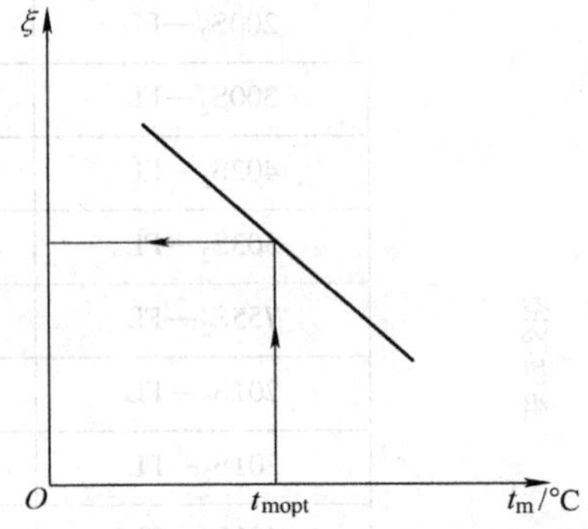

图 3－4　$\xi=f(t_m)$ 曲线

2）根据给定的高、低压级压缩机理论输气量之比确定中间温度。

① 按式（3－10）计算出一个近似的中间压力值 p_m，对应的饱和温度即为中间温度 t_m。

② 在 t_m 的上、下按一定间隔（1℃左右）取若干个中间温度，对每个中间温度的热力循环，计算出高、低压级压缩机理论输气量之比 $\xi=f(t_m)$。

③ 作出 $\xi=f(t_m)$ 曲线，从图上找出与给定的 ξ 值相对应的 t_m 值，即为所求的中间温度，对应的饱和压力即为所求的中间压力。

（2）压缩机的选型计算

1）按理论容积输气量选型计算。求所需的双级制冷压缩机的理论输气量。

低压级压缩机的理论容积输气量为

$$q_{VtL} = \frac{3.6Q_0}{q_{0VL}\eta_{VL}} \tag{3-11}$$

式中，Q_0 为双级压缩制冷循环的制冷量（W）；q_{VtL} 为低压级压缩机的理论容积输气量（m^3/h）；q_{0VL} 为低压级压缩机的单位容积制冷量（kJ/m^3）；η_{VL} 为低压级压缩机的容积效率。

高压级压缩机的理论容积输气量为

$$q_{VtH} = \xi q_{VtL} \tag{3-12}$$

式中，q_{VtH} 为高压级压缩机的理论容积输气量（m^3/h）。

按照以上所计算的高、低压级压缩机的理论容积输气量 q_{VtH}、q_{VtL}，可进行压缩机的选型，并确定台数。

对于一个实际的设计任务，如果高压级和低压级的压缩机选配不当，会使制冷循环的经

济性降低，应重新选择计算，先确定出最佳中间温度及最佳中间温度时的理论输气量比，再选配适宜的高、低压级制冷压缩机，使其理论输气量比尽可能接近最佳中间温度时的理论输气量比，然后再按已选择的高、低压级压缩机确定实际运行的中间温度及其他各项技术经济指标。下面通过例题来说明压缩机选型的方法和步骤。

例3-1 某冷库需要一套氨双级压缩机，其工作条件如下：制冷量 $Q_0=150\text{kW}$；冷凝温度 $t_k=40℃$，无过冷；蒸发温度 $t_0=-40℃$；管路有害过热 $\Delta t=5℃$。试进行热力计算并选配合适的压缩机。

解：因制冷剂为氨，选用一级节流中间完全冷却循环，其 p—h 图如图3-5所示。根据给定条件，可确定表3-5中的参数。按最佳制冷系数的原则确定中间温度及中间压力，假定中间压力 $p_m=\sqrt{p_k p_0}=0.334\text{MPa}$，对应的中间温度 $t_m=-6.5℃$，在 $-6.5℃$ 上、下取若干个数值，例如0，-1，-2，-3，-4，-5，-6，-7，-8，-9℃进行计算，在计算中取中间冷却盘管的氨液出口处端部温差 $\Delta t=3℃$，计算结果如图3-6所示，从图中可以看出，最佳温度在 $t_m=-5℃$ 处，相应的中间压力 $p_m=0.355\text{MPa}$。表3-6是制冷循环性能指标的计算结果（其中，低压级制冷压缩机的容积效率 η_{VL} 取0.65，指示效率 η_{iL} 取0.83，轴效率 η_{eL} 取0.67；高压级压缩机的容积效率 η_{VH} 取0.73，指示效率 η_{iH} 取0.85，轴效率 η_{eH} 取0.67）。

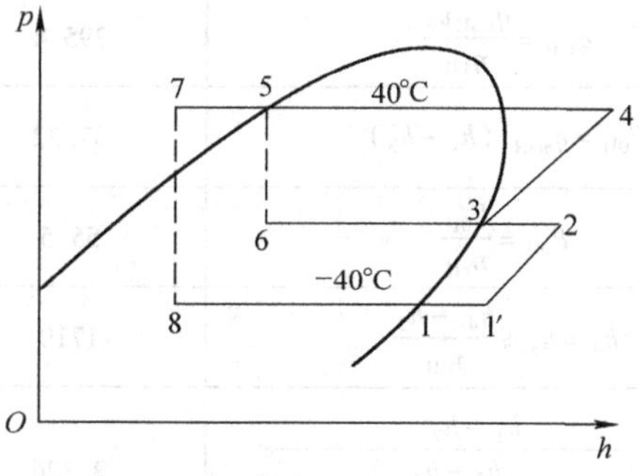

图3-5 制冷循环的 p—h 图

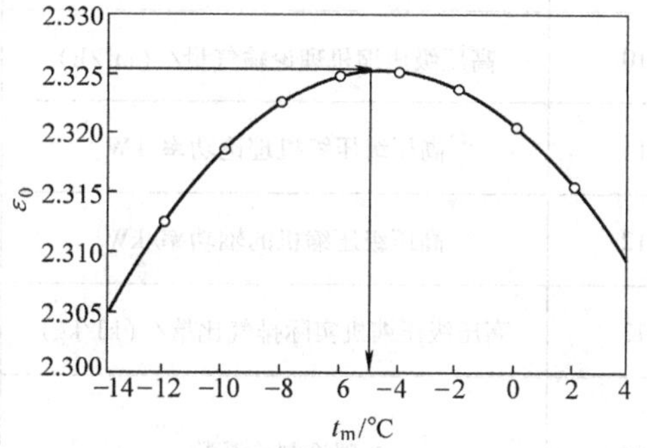

图3-6 制冷系数与中间温度的关系曲线

表3-5 各点的状态参数

状态参数	符号	单位	数值
冷凝压力	p_k	MPa	1.555
蒸发压力	p_0	MPa	0.0717
5点的比焓	h_5	kJ/kg	390.6
1点的比焓	h_1	kJ/kg	1408
1′点的比焓	$h_{1'}$	kJ/kg	1419
1′点的比体积	$v_{1'}$	m^3/kg	1.591
2点的比焓	h_2	kJ/kg	1640
3点的比焓	h_3	kJ/kg	1457
4点的比焓	h_4	kJ/kg	1672
7点的比焓	h_7	kJ/kg	191.5
3点的比体积	v_3	m^3/kg	0.3465

表 3-6 制冷循环性能指标的计算结果

序号	性能指标	计算公式	计算结果
1	高压级压力比	$\frac{p_k}{p_m}$	4.383
2	低压级压力比	$\frac{p_m}{p_0}$	4.952
3	单位质量制冷量/（kJ/kg）	$q_{0m}=h_1-h_7$	1216
4	低压级压缩机制冷剂流量/（kg/h）	$q_{maL}=\frac{Q_0}{q_{0m}}$	444
5	低压级压缩机理论输气量/（m³/h）	$q_{VtL}=\frac{q_{maL}v_{1'}}{\eta_{VL}}$	1086.5
6	低压级压缩机理论功率/kW	$P_{0L}=q_{maL}(h_2-h_{1'})$	27.28
7	低压级压缩机轴功率/kW	$P_{eL}=\frac{P_{0L}}{\eta_{eL}}$	40.7
8	低压级压缩机实际排气比焓/（kJ/kg）	$h_2=h_1+\frac{h_{2s}-h_{1'}}{\eta_{iL}}$	1685
9	高压级压缩机制冷剂流量/（kg/h）	$q_{maH}=q_{maL}\frac{h_2-h_7}{h_3-h_5}$	622
10	高压级压缩机理论输气量/（m³/h）	$q_{VtH}=\frac{q_{maH}v_3}{\eta_{VH}}$	295.4
11	高压级压缩机理论功率/kW	$P_{0H}=q_{maH}(h_4-h_3)$	37.22
12	高压级压缩机的轴功率/kW	$P_{eH}=\frac{P_{0H}}{\eta_{eH}}$	55.5
13	高压级压缩机实际排气比焓/（kJ/kg）	$h_4=h_3+\frac{h_{4s}-h_3}{\eta_{iH}}$	1710
14	理论制冷系数	$\varepsilon_0=\frac{h_1-h_7}{(h_2-h_{1'})+\frac{h_2-h_7}{h_3-h_5}(h_4-h_3)}$	2.326
15	实际制冷系数	$\varepsilon=\frac{Q_0}{P_{eH}+P_{eL}}$	1.558
16	理论输气量比	$\xi=\frac{q_{VtH}}{q_{VtL}}$	0.272
17	冷凝器热负荷/kW	$Q_k=q_{maH}(h_4-h_5)$	228

根据热力计算所确定的理论输气量，低压级压缩机可选用 8AS17 型，理论输气量为 $1094m^3/h$；高压级压缩机可选用 4AV12.5 型，理论输气量为 $284m^3/h$。关于计算中选取的各个效率，详细计算办法可参阅有关资料。

2）按性能曲线或图表选型计算。制冷压缩机制造厂为双级压缩机提供特定循环下的性能曲线或图表，在采用特性曲线或图表选型计算时，应注意特性曲线或图表的实验条件，选择合适的双级压缩机，以满足制冷装置的需要。表 3-7 是 S812.5 系列双级活塞式制冷压缩机的性能。

表 3－7　S812.5 系列双级活塞式制冷压缩机的性能

蒸发温度/℃	冷凝温度/℃					
	30		35		40	
	Q/kW	P_e/kW	Q/kW	P_e/kW	Q/kW	P_e/kW
－30	98.9	44.84	97.7	47.25	95.9	49.66
－35	79.1	41.30	78.5	44.28	76.8	47.38
－40	62.1	38.08	60.5	40.78	60.0	43.35
－45	46.3	33.42	45.6	35.92	44.8	37.40
－50	35.2	30.28	34.5	31.78	34.5	34.84

3. 复叠式循环压缩机的选型计算

在商业制冷系统中，如果要求制冷温度较低时，蒸发温度和冷凝温度相差很大，采用通常的蒸气压缩式制冷循环很难达到要求，如果冷凝压力过高，为了保证足够的强度，冷凝器和高压管道的壁厚均需要增加，结果使制冷机笨重庞大。如果蒸发压力过低，由于低压部分在真空下运行，增加空气漏入系统的可能性，同时由于制冷压缩机的压力比增大，使压缩机容积效率降低，制冷循环的性能下降。因此，为了获得适宜的冷凝温度和蒸发温度，可以采用复叠式制冷循环。表 3－8 是复叠式制冷循环的制冷工质与组合形式。

表 3－8　复叠式制冷循环的制冷工质与组合形式

蒸发温度/℃	制冷剂（高温循环/低温循环）	制冷循环形式
≥－80	R22/R23	R22 单级或双级压缩循环/R23 单级压缩循环
	R507/R23	R507 单级或双级压缩循环/R23 单级压缩循环
	R290/R23	R290 双级压缩循环/R23 单级压缩循环
≥－55	R290/CO_2	R290 单级压缩循环/CO_2 单级压缩循环
	NH_3/CO_2	NH_3 单级压缩循环/CO_2 单级压缩循环

随着世界经济技术的飞速发展，全球环境成为当前国际社会共同关注的问题，各国都在积极研究新的自然工质复叠式制冷系统。为保证冷冻冷藏食品的品质，许多国家已开始使用自然工质复叠式制冷系统，图 3－7 所示是荷兰某超市的 NH_3/CO_2 复叠式制冷系统，高温循环用 NH_3 做制冷剂，低温循环用 CO_2 做制冷剂或载冷剂，用于冷冻冷却食品。图 3－8 所示为瑞典某超市中使用的 R290/CO_2 复叠式制冷系统，高温循环用 R290 做制冷剂，低温循环用 CO_2 做制冷剂或载冷剂，用于冷冻冷却食品。CO_2 液体在低温下粘性小，流动阻力小，管路尺寸小，泵能耗低；CO_2 液体的导热性好，换热效率高，对设备的材料没有腐蚀。使用 CO_2 作为低温循环工质的复叠式制冷系统，在蒸发温度为－55～－30℃的工况下，运行压力高，设备容积小，可以直接供冷，对被冷冻冷藏物品（如食品、医药、农作物种子等）无污染，不燃，运行安全可靠。

（1）中间温度的确定　由两个单级压缩循环组成的复叠式制冷循环的中间温度，即为

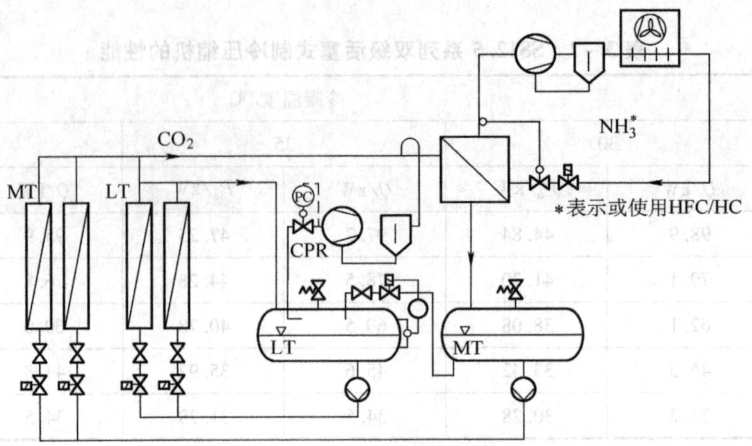

图 3-7　NH_3/CO_2 复叠式制冷系统

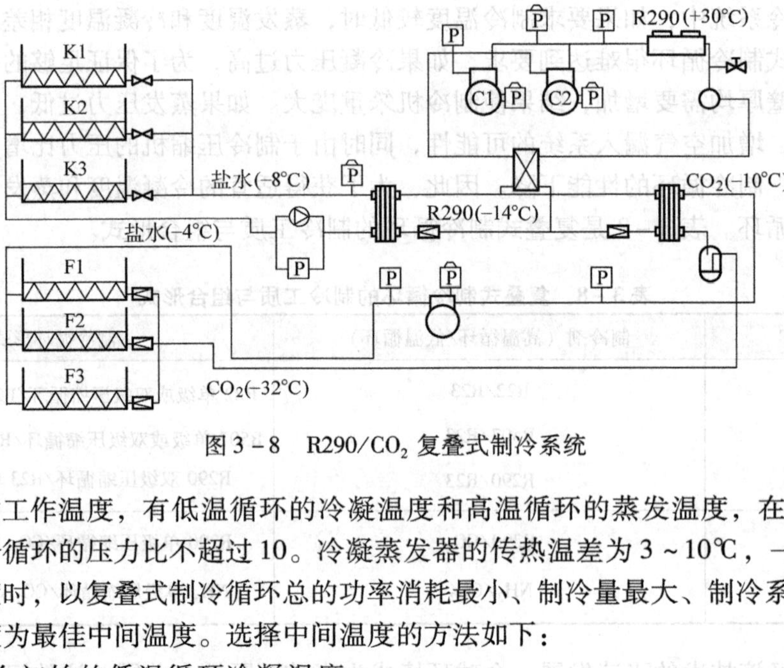

图 3-8　R290/CO_2 复叠式制冷系统

冷凝蒸发器的工作温度，有低温循环的冷凝温度和高温循环的蒸发温度，在确定中间温度时，要求每个循环的压力比不超过 10。冷凝蒸发器的传热温差为 3～10℃，一般取 5℃。在确定中间温度时，以复叠式制冷循环总的功率消耗最小、制冷量最大、制冷系数最高时，对应的中间温度为最佳中间温度。选择中间温度的方法如下：

① 找一个初始的低温循环冷凝温度 t_3（见图 3-9），使得高、低温循环的压力比不超过 10，则高温循环的蒸发温度为

$$t_6 = t_3 - \Delta t \qquad (3-13)$$

式中，Δt 为冷凝蒸发器的传热温差（℃）；t_6 为高温循环的蒸发温度（℃）；t_3 为低温循环的冷凝温度（℃）。

在低温循环的冷凝温度 t_3 和高温循环的蒸发温度 t_6 下，对高低温循环分别进行热力计算，低温循环的质量流量为

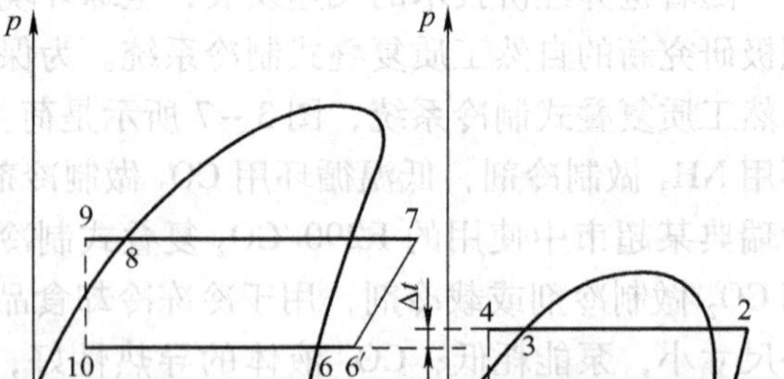

图 3-9　复叠式制冷循环的 $p—h$ 图

$$q_{maL} = \frac{3.6Q_0}{h_1 - h_5} \tag{3-14}$$

式中，Q_0 为制冷系统的制冷量（W）；q_{maL} 为低温循环制冷工质的质量流量（kg/h）；h_1 为蒸发器出口制冷工质的比焓（kJ/kg）；h_5 为蒸发器入口制冷工质的比焓（kJ/kg）。

低温循环压缩机消耗的功率为

$$P_{eL} = \frac{q_{maL}(h_2 - h_{1'})}{3.6\eta_{iL}\eta_{mL}\eta_{moL}} \tag{3-15}$$

式中，P_{eL} 为低温循环压缩机消耗的功率（W）；$h_{1'}$ 为低温循环压缩机入口制冷工质的比焓（kJ/kg）；h_2 为低温循环压缩机出口制冷工质的理论比焓（kJ/kg）；η_{iL} 为低温循环压缩机的指示效率；η_{mL} 为低温循环压缩机的机械效率；η_{moL} 为低温循环压缩机的电动机效率。

冷凝蒸发器的热负荷为

$$Q_{KL} = Q_0 \frac{(h_2 - h_4)}{(h_1 - h_5)} \tag{3-16}$$

式中，Q_{KL} 为冷凝蒸发器的热负荷（W）；h_4 为低温循环冷凝蒸发器出口制冷工质的比焓（kJ/kg）。

高温循环的质量流量为

$$q_{maH} = \frac{3.6Q_{KL}}{h_6 - h_{10}} \tag{3-17}$$

式中，q_{maH} 为高温循环制冷工质的质量流量（kg/h）；h_6 为高温循环冷凝蒸发器出口制冷工质的比焓（kJ/kg）；h_{10} 为高温循环冷凝蒸发器入口制冷工质的比焓（kJ/kg）。

高温循环压缩机消耗的功率为

$$P_{eH} = \frac{q_{maH}(h_7 - h_{6'})}{3.6\eta_{iH}\eta_{mH}\eta_{moH}} \tag{3-18}$$

式中，P_{eH} 为高温循环压缩机消耗的功率（W）；$h_{6'}$ 为高温循环压缩机入口制冷工质的比焓（kJ/kg）；h_7 为高温循环压缩机出口制冷工质的理论比焓（kJ/kg）；η_{iH} 为高温循环压缩机的指示效率；η_{mH} 为高温循环压缩机的机械效率；η_{moH} 为高温循环压缩机的电动机效率。

制冷循环压缩机的总耗功为

$$P = P_{eL} + P_{eH} \tag{3-19}$$

复叠式制冷循环的性能系数为

$$\varepsilon = \frac{Q_0}{P} \tag{3-20}$$

式中，P 为制冷循环压缩机的总耗功（W）。

上述计算的压缩机耗功是针对封闭型压缩机，对于开启型压缩机的计算见相关资料。图3-9中的1~1′和6~6′过程的温升，是回气的有害过热。

② 在 t_3 的上、下按一定间隔（1℃左右）取若干个低温循环冷凝温度，对每个低温循环冷凝温度对应的复叠式制冷循环，按照上面的方法进行热力计算，计算出制冷系数 $\varepsilon = f(t_3)$。

③ 作出 $\varepsilon = f(t_3)$ 曲线，如图3-10所示，从图上找出制冷系数最大值 ε_{max}，如果按照上述计算没有得到制冷系数最大值 ε_{max}，则重新选择初始的 t_3 值，重新进行上述计算。直到找到制冷系数最大值 ε_{max}，对应的温度 t_3 即为所求的最佳低温循环冷凝温度 t_{3opt}，与此对应

的饱和压力即为最佳的低温循环冷凝压力 p_{3opt}，同时，得到最佳高温循环蒸发温度 t_{6opt}。

（2）压缩机的选型计算　根据上述计算得到的 t_{3opt} 和 t_{6opt}，对复叠式制冷循环低、高温循环压缩机的理论输气量进行计算，低温循环压缩机的理论容积输气量为

$$q_{VtL}=\frac{q_{maL}v_{1'}}{\eta_{VL}} \tag{3-21}$$

式中，q_{VtL} 为低温循环压缩机的理论容积输气量（m^3/h）；$v_{1'}$ 为低温循环压缩机入口制冷工质的比体积（m^3/kg）；η_{VL} 为低温循环压缩机的容积效率。

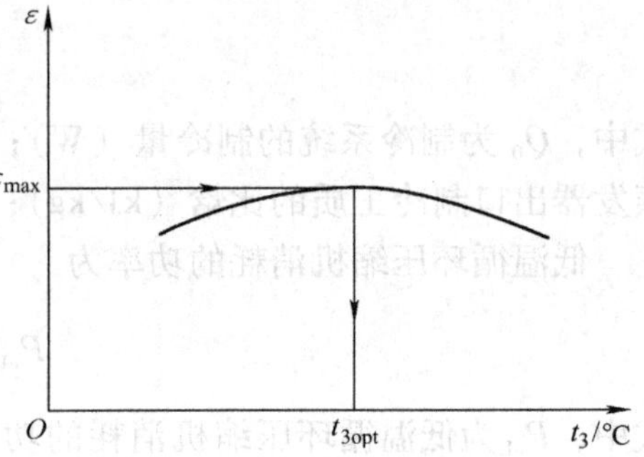

图 3-10　$\varepsilon=f(t_3)$ 曲线

高温循环压缩机的理论容积输气量为

$$q_{VtH}=\frac{q_{maH}v_{6'}}{\eta_{VH}} \tag{3-22}$$

式中，q_{VtH} 为高温循环压缩机的理论容积输气量（m^3/h）；$v_{6'}$ 为高温循环压缩机入口制冷工质的比体积（m^3/kg）；η_{VH} 为高温循环压缩机的容积效率。

按照以上所计算的高、低温循环压缩机的理论容积输气量 q_{VtH}、q_{VtL}，可进行压缩机的选型，并确定台数。

3.1.4　回转式压缩机的选型

回转式压缩机同活塞式压缩机一样，属于容积型的压缩机，所不同的是传递运动的方式不同。它靠回转体的旋转运动替代往复式压缩机中活塞的往复运动，来改变压缩机气缸的工作容积。

应用于制冷装置的回转式制冷压缩机主要有四种形式，即滚动转子式压缩机、旋转滑片式压缩机、螺杆式压缩机和涡旋式压缩机。回转式压缩机与活塞式压缩机相比，具有构造简单、容积效率高、运转平稳、易实现高速度和小型化的特点，普遍适用于商用制冷装置。但是，由于回转式压缩机的密封主要是依靠各摩擦面的滑动进行，故要求零部件的加工精度与装配间隙较严格，使其发展受到某种程度的制约，目前国内外许多厂家都在生产、研制、开发不同形式的小型回转式压缩机，如美国的通用电气公司，日本的大金公司、三洋公司等，以适应市场的需求。

3.1.4.1　*滚动转子式压缩机*

1. 结构形式的选择

适用于制冷装置的滚动转子式压缩机一般多为小型全封闭型，多用于电冰箱及冰柜等小型制冷装置中，标准制冷量在 3kW 以下。滚动转子式压缩机按照主轴与水平面的位置关系，有立式和卧式结构；按滚动转子和气缸数，有单缸和双缸结构，主要用 R22、R134a、R600a、R407C、R410A/B、R290 和 CO_2 等制冷工质。

2. 选型计算

滚动转子式压缩机的选型计算与活塞式压缩机基本相同，主要区别在于输气量的计算及一些参数的选取上。

（1）输气量的计算

$$q_{Va} = \eta_V q_{Vt} \tag{3-23}$$

式中，q_{Vt}为压缩机的理论容积输气量（m^3/h）；q_{Va}为压缩机的实际容积输气量（m^3/h）；η_V为容积效率。

而压缩机的理论容积输气量可用式（3－24）求得，即

$$q_{Vt} = 60n\pi L(R^2 - r^2) = 60n\pi LR^2\ \tau(2-\tau) \tag{3-24}$$

式中，n为压缩机转速（r/min）；R为气缸半径（m）；L为气缸长度（m）；r为滚动转子半径（m）；τ为相对偏心距，$\tau = e/R$，e为偏心距，$e = R - r$。

式（3－24）中压缩机的主要参数R、e、L、n均由压缩机的结构确定，只要选定压缩机的型号，即可求出压缩机的理论输气量q_{Vt}。而其容积效率η_V表示制冷压缩机工作气缸的利用程度，用于计算压缩机的实际输气量q_{Va}，滚动转子的容积效率可以用式（3－25）表示，即

$$\eta_V = \lambda_V \lambda_p \lambda_T \lambda_1 \lambda_h \tag{3-25}$$

式中，λ_V、λ_p、λ_T、λ_1、λ_h为容积系数、压力系数、温度系数、泄漏系数和回流系数。

现分别讨论如下：

1）容积系数λ_V

$$\lambda_V = 1 - c\left[\left(\frac{p_k}{p_0}\right)^{\frac{1}{\kappa}} - 1\right] \tag{3-26}$$

式中，c为相对余隙容积，其值可通过计算确定，通常取$c = 1\% \sim 2\%$；κ为工质等熵指数。

2）压力系数λ_p。该值主要取决于吸气压力损失$\Delta p_0/p_0$，而滚动转子式压缩机由于没有吸气阀，故这一值很小，大约只有0.005左右，一般取$\lambda_p = 1$。

$$\lambda_p = 1 - \frac{1+c}{\lambda_V}\frac{\Delta p_0}{p_0} \tag{3-27}$$

3）温度系数λ_T。小型全封闭滚动转子式压缩机的温度系数λ_T由试验方法得出如下的经验公式，即

$$\lambda_T = AT_k - B(T_1 - T_0) \tag{3-28}$$

式中，T_k、T_1和T_0为冷凝温度、压缩机吸气温度及蒸发温度；A、B为常数。

$T_k = 30 \sim 50℃$时，对R22：$A = 2.57\times10^{-3}$，$B = 1.06\times10^{-3}$；通常，当压力比为2～8时，$\lambda_T \approx 0.95 \sim 0.82$。

4）泄漏系数λ_1。该值在滚动转子式压缩机中具有重要的影响，这是由于其压缩腔间隙的相对长度较大。滚动转子式压缩机的泄漏系数比活塞式压缩机小得多，且随着转子间隙大小和润滑油量而改变。当精心设计选用较小间隙值时，λ_1在0.98～0.92之间；而当选用中等间隙时，随着t_0从5℃降至－25℃，或者t_k从30℃升至50℃，λ_1减小3%～6%。在设计时，对于标准工况可近似取$\lambda_1 = \lambda_T$。或者当转速$n = 2880$r/min时，$\lambda_1 = 0.82 \sim 0.92$；当转速$n = 1440$r/min时，$\lambda_T = 0.75 \sim 0.88$。

5）回流系数λ_h。滚动转子式压缩机的吸气孔口前边缘角，会造成压缩过程开始前吸入的气体向吸气口回流，导致输气量下降。但当吸气孔口前边缘角很小时（仅有30°～35°时），其间的容积变化很小，回流系数λ_h近似取为1。

通常，滚动转子式压缩机的容积效率$\eta_V = 0.7 \sim 0.9$。

（2）能量损失　小型全封闭滚动转子式压缩机能量损失主要是电动机的电气损失、热力损失、气动损失及机械损失。总的能量损失可用电效率 η_{el} 来表示，即理论压缩所需功率 P_t 与实际压缩所需功率 P_{el} 之比。此外，电效率还可以表示为几个效率的乘积

$$\eta_{el} = \eta_i \eta_m \eta_{mo} \tag{3-29}$$

1）指示效率 η_i。该值表示压缩机压缩气体时，气动损失及压缩过程热交换损失的大小。可以近似的用式（3-30）计算，即

$$\eta_i = \lambda_T \lambda_1 / \left[1 + 1.5 (\Delta p_{sm} + \Delta p_{dm} \varepsilon^{-\frac{1}{\kappa}}) / \left(\frac{h_2 - h_1}{v_1} \right) \right] \tag{3-30}$$

式中，v_1 为吸入点气体比体积（m^3/kg）；ε 为压力比；Δp_{sm}、Δp_{dm} 为吸、排气阀平均压力降（Pa）；h_1、h_2 为压缩开始及终了时的比焓（kJ/kg）；κ 为制冷工质的等熵指数。

2）制冷压缩机的机械效率 η_m。该值主要与油和制冷工质混合物的粘性有关，而粘性的大小又取决于该混合物的温度和浓度。其值难以定量计算。对于中温全封闭滚动转子式制冷压缩机，$\eta_m = 0.7 \sim 0.85$；而对于冰箱制冷压缩机，$\eta_m = 0.4 \sim 0.7$。对于高转速、小制冷量的制冷压缩机，η_m 取小值；反之则取大值。

3）电动机效率 η_{mo}。该值与其绕组温度有关，通常可在下列范围内取值：小冰箱，$\eta_{mo} \leqslant 0.65$；商用制冷机，$\eta_{mo} \leqslant 0.8$。

4）电效率 η_{el}

$$\eta_{el} \approx 0.4 \sim 0.55$$

在选定压缩机的电效率后，即可计算压缩机所需功率。但在选配内置电动机时，应考虑内置电机具有一定的过载能力的这个特点，可选取电动机的名义功率比实际功率略小一些。图 3-11 所示为不同制冷量时电效率与压比的变化关系。

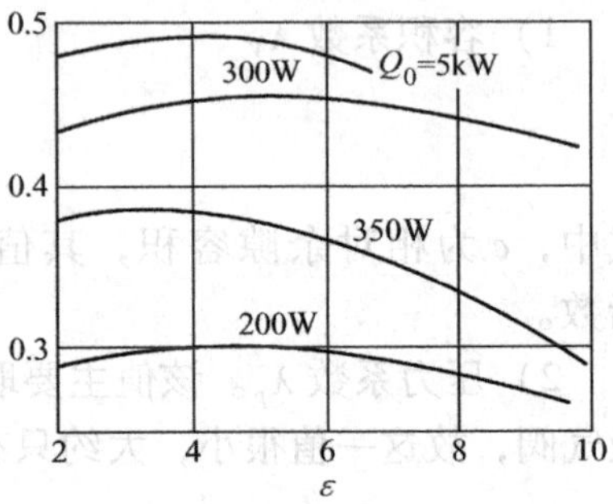

图 3-11　不同制冷量时电效率与压比的变化关系

3.1.4.2　涡旋式压缩机

1. 结构形式的选择

用于制冷装置的涡旋式压缩机主要采用全封闭型，有立式和卧式结构；为了提供更大的制冷能力，已经发展了多机头涡旋式压缩机的组合系统，有两台涡旋式压缩机和三台涡旋式压缩机的并联机组。

2. 选型计算

涡旋式压缩机的选型计算与活塞式压缩机基本相同，主要区别在于输气量的计算及一些参数的选取上。涡旋式压缩机的理论容积输气量计算公式为

$$q_{Vt} = 60 n V_p = 60 n \pi P (P - 2t) (2N - 1) h \tag{3-31}$$

式中，V_p 为涡旋式压缩机的吸气容积（m^3）；q_{Vt} 为理论容积输气量（m^3/h）；t 为涡旋体的壁厚（m）；P 为涡旋体的节距（m）；h 为涡旋体高（m）；N 为压缩腔室对数；n 为压缩机的转速（r/min）。

$$q_{Va} = \eta_V q_{Vt} \tag{3-32}$$

式中，q_{Va} 为实际容积输气量（m^3/h）；η_V 为容积效率。

$$\eta_V = \lambda_V \lambda_P \lambda_T \lambda_1 \tag{3-33}$$

式中，λ_V 为容积系数，因涡旋式压缩机余隙中气体不能回流到吸气腔，则 $\lambda_V=1$；λ_p 为压力系数，因涡旋式压缩机没有吸气阀，吸气压力损失很小，则 $\lambda_p=1$；λ_T 为温度系数，因涡旋式压缩机的吸气腔在外侧，吸气过程吸收的热量不大，则 $\lambda_T=1$；λ_1 为泄漏系数，一般取0.95。

各个厂商生产的涡旋式压缩机的性能参数，可参阅产品样本。

3.1.4.3 螺杆式压缩机

1. 结构形式的选择

螺杆式压缩机有全封闭型、半封闭型和开启型三种结构形式；有用于超市等食品冷冻冷藏装置的固定式，以及各种交通运输制冷装置的移动式；有单机单级和单机双级螺杆压缩机组，适用于R22、NH_3、R134a、R410A、R290、CO_2、R407C、R404A和R507A等多种制冷工质。在环境温度下运行，单级压缩机可达－25℃的蒸发温度，采用经济器或双级压缩，可达到－40℃的蒸发温度，制冷量范围为10～2500kW。CO_2 开启型螺杆压缩机用于蓄冷空调冷水机组和超市复叠式制冷装置的低温循环系统。R290螺杆式压缩机组适用于制取－50～－30℃的低温环境，如油田轻烃回收、天然气液化等；用于化工、制药等工艺流程中需要人工低温的场合及R290气体的压缩、输送；R290螺杆式压缩机组也可用于超市复叠式制冷装置的高温循环系统。

2. 选型计算

螺杆式压缩机的选型计算与活塞式压缩机基本相同，主要区别在于输气量的计算及一些参数的选取上。螺杆式压缩机的输气量计算公式为

$$q_{Vt}=60(z_1n_1V_{p01}+z_2n_2V_{p02}) \tag{3-34}$$

式中，q_{Vt} 为理论容积输气量（m^3/h）；z_1、z_2 为阴、阳转子的齿数；V_{p01}、V_{p02} 为阴、阳转子的一个齿间容积（m^3）；n_1、n_2 为阴、阳转子的转速（r/min）。

$$q_{Va}=\eta_V q_{Vt} \tag{3-35}$$

式中，q_{Va} 为实际容积输气量（m^3/h）；η_V 为容积效率。

$$\eta_V=\lambda_V\lambda_p\lambda_T\lambda_1 \tag{3-36}$$

式中，λ_V 为容积系数，螺杆式压缩机没有余隙容积，$\lambda_V=1$；λ_p 为压力系数，螺杆式压缩机没有吸气阀，吸气压力损失很小，$\lambda_p=1$；λ_T 为温度系数，螺杆式压缩机的吸气孔口与排气孔口在机体的两侧，吸气过程吸收的热量不大，则 $\lambda_T=1$；λ_1 为泄漏系数，与螺杆式压缩机两转子的接触线长度和部件间的间隙有关，还与压缩机的喷油温度和喷油量有关。

对于采用单边不对称线型的喷油螺杆式压缩机，$\eta_V=0.82\sim0.85$。不同工质的单级、双级螺杆式压缩机以及螺杆式压缩机组的技术数据，可参阅产品样本。

3.2 换热设备的选型计算

3.2.1 冷凝器的选型计算

1. 结构形式的选择

制冷装置中的冷凝器，根据冷却介质和冷却方式的不同，分为空气冷却式、水冷式和蒸发式三种类型。

（1）空气冷却式冷凝器 空气冷却式冷凝器是以空气作为冷却介质，按其通风方式的不同，有强制通风式和自然对流式两种类型。强制通风空气冷却式冷凝器可用于冷藏柜、商

场食品陈列柜、小型颗粒冰机、冰激凌机等各种商用制冷装置。自然对流空气冷却式冷凝器的传热效果低于强制通风空气冷却式冷凝器，但由于不使用风机，节省风机电耗，避免风机运转时引起的噪声，适用于小型制冷装置。由于空气冷却式冷凝器安装、维修简便，目前在商用制冷装置中应用最为广泛，特别适用于缺水、干燥地区或运输式制冷系统，其应用范围甚至扩大到制冷量在350kW以上的制冷装置。

（2）水冷式冷凝器　水冷式冷凝器目前用于制冷量较大（10kW以上）的制冷系统，在制冷装置中一般与压缩机一起构成压缩冷凝机组，为了节约用水，需要设置冷却塔和循环水池，同时为了防止腐蚀、结垢和水藻的形成，需设置水处理装置，因而水冷式冷凝器的造价和运行费用较高。水冷式冷凝器按其结构不同，在制冷装置中常见的有立式壳管式、卧式壳管式、板式、套管式和壳—盘管式等几种类型。

1）立式壳管式冷凝器。一般放置在室外，多用于大、中型氨制冷装置，如肉类、鱼类等大型冷库制冷系统。

2）卧式壳管式冷凝器。一般用于制冷量在15kW以上的制冷装置，冷凝器既可以与压缩机一起构成水冷式压缩冷凝机组，用于大型冷库、超市制冷系统等，也可以与压缩机、蒸发器、节流装置等一起组成冷水机组，用于集中中央空调等的制冷系统。

3）板式冷凝器。其传热系数高，结构紧凑，组合灵活，在制冷装置中的应用日益广泛；但该冷凝器制造复杂，对水质要求高，适用于中、小型制冷装置。

4）套管式冷凝器。其传热系数较高，结构简单，易于加工，但冷却水的流动阻力大，清洗困难，主要用于小型商用制冷装置中。

5）壳—盘管式冷凝器。有立式和卧式两种类型，加工简便，成本较低，结构比较紧凑，适用于机组。

（3）蒸发式冷凝器　蒸发式冷凝器特别适用于缺水的地区，尤其是当气候较干燥时，其应用更为有效。蒸发式冷凝器一般可安装在厂房的屋顶上，可以节省建筑面积。但是蒸发式冷凝器的水蒸发后，残留的矿物质容易附着在蛇形管表面上，水垢层增长较快，传热性能降低，清洗工作麻烦，传热管容易腐蚀和结垢，且不易清洗，造成维护保养费用高，宜使用软水或经过软化处理的水。蒸发式冷凝器可用于大型的商用制冷装置。

2. 选型计算

冷凝器的选型计算，主要是通过热力计算和传热计算，确定其传热面积，从而选定适用型号的冷凝器；以及通过流体动力计算，确定冷却介质（空气或水）的流量和流过冷凝器的阻力损失，从而选择泵或风机的容量及功率。

冷凝器类型的选择取决于当地的水温、水质、水源以及压缩机的容量大小、使用场合等诸多因素，需经综合考虑后进行优化选择。在冷却水源充足、水质较好的地区，多采用水冷式冷凝器；在冷却水源缺乏的地区，或夏季室外空气湿球温度较低的地区，宜使用蒸发式冷凝器。在无水或缺水地区，或移动式冷藏装置，适宜采用空气冷却式冷凝器。

（1）冷凝器传热面积

$$A = \frac{Q_k}{K\Delta t_m} = \frac{Q_k}{q_F} \tag{3-37}$$

式中，Q_k为冷凝器的传热量（W），即热负荷；K为冷凝器的传热系数［W/（m^2·K）］；A为冷凝器的传热面积（m^2）；Δt_m为冷凝器的对数平均温差（K或℃）；q_F为冷凝器的单位面积热负荷（W/m^2），$q_F = K\Delta t_m$。

只有在确定冷凝器的对数平均温差 Δt_m、传热系数 K 和热负荷 Q_k 以后，才能由式(3－37)求出冷凝器所需的传热面积 A。下面分别介绍这些参数的确定方法。

1）冷凝器的对数平均温差 Δt_m。制冷剂在冷凝器中与冷却介质进行热交换，首先使气态的制冷剂由过热状态冷却成饱和蒸气，再冷凝成饱和液态，甚至达过冷状态，因此，在冷凝器中制冷剂的温度并不是定值。但由于在冷凝器的总热负荷中，气态制冷剂的过热量和液态制冷剂的过冷量所占的比例并不很大，为了计算简便，一般可认为制冷剂的温度等于冷凝温度 t_k。这样，在冷凝器中，制冷剂和冷却介质之间的平均温差 Δt_m 可按下式计算，即

$$\Delta t_m = \frac{t_2 - t_1}{\ln\dfrac{t_k - t_1}{t_k - t_2}} \tag{3-38}$$

式中，t_1、t_2 为冷却介质在冷凝器中的进、出口温度（K 或℃）。

式（3－38）表明，要计算 Δt_m，首先需要确定冷却介质的进、出口温度和制冷剂的冷凝温度。冷却介质的进口温度 t_1 取决于当地的气象或水源条件。当冷却介质为空气时，t_1 应按夏季空气调节日平均温度取值，即 t_1 为历年平均每年不保证五天的日平均温度；当冷却介质为水时，t_1 应根据当地气象资料和冷却设备或建筑物的形式给予确定。但 t_1 不宜高于32℃。冷却介质的温升（$t_2 - t_1$），即出口温度 t_2 的选择，与冷却介质的流量有关。流量越大，温升越小，则 Δt_m 越大，所需的冷凝器传热面积减小。但大的流量（风量或水消耗量）将会引起风机或水泵耗功的增大。因此，冷却介质的温升应根据技术经济条件及当地实际状况而定。对于强制通风空气冷却式冷凝器，空气进出口温差（$t_2 - t_1$）一般取8～10℃；对氟利昂卧式壳管式冷凝器，冷却水的进出口温差（$t_2 - t_1$）一般取4～6℃；对于氟利昂套管式冷凝器，（$t_2 - t_1$）为5～8℃。若冷却介质的温升已有标准规定，则应按标准取值。

2）冷凝器的传热系数 K。从式（3－37）可以看出，在 Δt_m 和 Q_k 不变的条件下，冷凝器的传热系数 K 与冷凝器的传热面积成反比。即传热系数越高，所需冷凝器的面积就越小，冷凝器的尺寸体积也小，价格也低。所以，冷凝器的传热效率主要取决于 K 值。K 值由冷凝器的结构形式、制冷剂种类、冷却介质的速度、温度差、传热面上的污垢系数、传热管的材质等等因素所决定，一般可根据传热理论通过计算求得。当计算不方便时，也可从表3－9和表3－10中直接选取。

表3－9　氨冷凝器的 K 值与 q_F 值选取范围

冷凝器种类	传热系数 K /［W/（m^2·℃）］	单位面积热负荷 q_F /（W/m^2）	对数平均温差 Δt_m /℃
卧式壳管式冷凝器	700～900	3500～4000	4～6
立式壳管式冷凝器	800～1100	4000～5000	4～6
板式冷凝器	2000～2300		
螺旋板式冷凝器	1400～1600	7000～9000	4～6
淋水式冷凝器	600～7500	3000～3500	
蒸发式冷凝器	600～800	1800～2500	2～3

表3-10 氟利昂冷凝器的K值与q_F值选取范围

冷凝器种类		传热系数K /[W/(m²·K)]	单位面积热负荷q_F /(W/m²)	对数平均温差Δt_m /℃
水冷式冷凝器	卧式(翅片管)	800~900	4500~5000	5
	套管式	1100	3500~4000	5
空气冷却式冷凝器	强制通风式	24~28	240~280	8~12
	自然对流式	5.8~9.3		
蒸发式冷凝器		580~750	1400~1800	2~3

3)冷凝器的热负荷Q_k。它是指制冷剂蒸气在冷凝器中放出的总热量,一般情况下等于制冷剂在蒸发器中吸收的热量Q_0(制冷量)与在压缩过程中所获得的机械功之和,即

$$Q_k = Q_0 + \eta_m P_e \tag{3-39}$$

式中,Q_0为压缩机在计算工况下的制冷量(kW);P_e为开启式压缩机的轴功率(kW);η_m为压缩机的机械效率,对全封闭往复式压缩机,η_m在0.8~0.95范围内。

Q_k也可以用式(3-40)计算,即

$$Q_k = q_{ma}(h_2 - h_3) \tag{3-40}$$

式中,q_{ma}为制冷剂的质量流量(kg/s);h_2为制冷剂蒸气进入冷凝器时的比焓(kJ/kg);h_3为制冷剂液体离开冷凝器时的比焓(kJ/kg)。

冷凝器的热负荷Q_k还可由式(3-41)确定,即

$$Q_k = \psi Q_0 \tag{3-41}$$

式中,ψ为冷凝负荷系数,是单位质量冷凝负荷与单位质量制冷量的比值,其值随着制冷工况的变化而改变,可由图3-12直接查得。

在计算工况下,制冷量Q_0和轴功率P_e的确定方法:在制冷系统的冷凝温度t_k和蒸发温度t_0已知的条件下,一般可以通过制冷系统循环的压—焓图来获得。但比较快速简便的方法是从选定的压缩机的性能曲线中直接查得。在小型制冷装置的冷凝器的热负荷Q_k计算中,由于制冷系统运行时全封闭制冷压缩机的机壳外表面不断地向周围介质散热(散热量的大小与冷却介质的温度、流过压缩机时的速度等因素有关),虽然压缩机内装式电动机的电能损失转变成热量补充了一部分,但总体上还是使从机壳排出的制冷剂蒸气温度降低,从而使冷凝器的热负荷Q_k大为减少。压缩机的容量越小,通过机壳散发的热量与制冷量的比值越大,则冷凝器的实际热负荷Q_k越小。因此,对使用小型全封闭压缩机的制冷装置,必须针对其结构特点和系统组成,区别不同情况,确定冷凝器的实际热负荷。

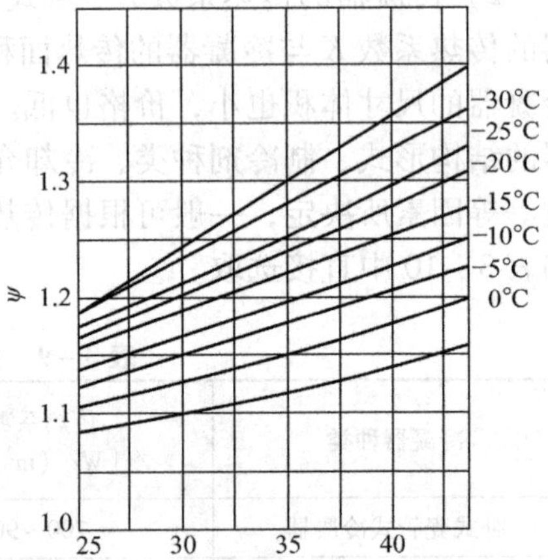

图3-12 R717冷凝器的负荷系数

通过上述计算,在得出冷凝器的对数平均温差Δt_m、传热系数K和热负荷Q_k后,代入

式（3－37）便可计算出冷凝器的传热面积A。根据A查冷凝器的产品目录表，则能选择到适用的冷凝器。考虑到冷凝器的污垢层随着运行时间的增长而增厚，会逐渐地降低冷凝器的传热性能，所以选择冷凝器的面积时，应有10%～15%的裕量。

冷凝器的选型除了上述方法之外，对于空气冷却式冷凝器，也可由式（3－42）计算的名义制冷量来选择，即

$$Q = E_1E_2E_3E_4E_5E_6Q_0 \tag{3-42}$$

式中，Q为名义制冷量（kW）；Q_0为制冷量（kW）；E_1为取决于蒸发温度t_0与冷凝温度t_k的修正系数，见表3－11；E_2为压缩机型号修正系数，对封闭式压缩机$E_2=1.06$，半封闭式压缩机，$E_2=1$，开启式压缩机$E_2=0.94$；E_3为冷凝温度t_k与空气入口温度t_1之差Δt的修正系数，见表3－12；E_4为制冷剂修正系数，对R22、R134a、R404A制冷剂，E_4分别为1.00、1.02和1.035；E_5为空气温度修正系数，见表3－13；E_6为海拔高度修正系数，见表3－14。

表3－11 E_1值

冷凝温度 t_k/℃	蒸发温度 t_0/℃										
	−40	−35	−30	−25	−20	−15	−10	−5	0	+5	+10
25	1.60	1.55	1.47	1.39	1.34	1.29	1.25	1.21	1.17	1.14	1.12
30		1.63	1.54	1.45	1.38	1.32	1.28	1.24	1.20	1.17	1.15
35			1.62	1.51	1.44	1.37	1.32	1.27	1.24	1.21	1.18
40			1.72	1.59	1.50	1.42	1.36	1.32	1.27	1.24	1.21
45				1.70	1.57	1.48	1.42	1.36	1.32	1.27	1.24
50				1.87	1.70	1.56	1.48	1.42	1.36	1.32	1.28
55					1.86	1.69	1.55	1.49	1.42	1.36	1.32
60						1.88	1.70	1.58	1.48	1.41	1.36

表3－12 Δt的修正系数E_3

Δt/℃	9	10	11	12	13	14	15	16	17	18	19	20
E_3	1.67	1.50	1.36	1.25	1.15	1.07	1.00	0.94	0.88	0.83	0.79	0.75

表3－13 空气温度修正系数E_5

空气温度 t_1/℃	+15	+20	+25	+30	+35	+40	+45	+50
E_5	0.97	0.98	1.00	1.01	1.03	1.05	1.06	1.08

表3－14 海拔高度修正系数E_6

海拔高度/m	0	600	800	1000	1200	1400	1600	1800	2800
E_6	1	1.04	1.06	1.07	1.09	1.10	1.12	1.14	1.16

例3－2 一半封闭式压缩机，当蒸发温度$t_0=-15$℃，冷凝温度$t_k=50$℃时，其制冷量

$Q_0=9.97$kW，使用 R22 制冷剂，空气温度 $t_1=35$℃，安装在平原地区。试选配合适的空气冷却式冷凝器。

解： 根据给定条件，查相应表可得 $E_1=1.56$，$E_2=1$，$E_3=1$，$E_4=1$，$E_5=1.03$，$E_6=1$，代入式（3－42）可得 $Q=1.56\times1\times1\times1\times1.03\times1\times9.97\text{kW}=16\text{kW}$。

查相关资料，选择 ARS—43A 型空气冷却式冷凝器一台。该冷凝器的名义制冷量为16kW，传热面积为 43.1m²，满足要求。

（2）冷凝器的热负荷　冷凝器中制冷剂蒸气释放的热量 Q_k 被冷却介质带走。根据热平衡，对空气冷却式冷凝器和水冷式冷凝器，冷却介质的质量流量可由式（3－43）计算求出，即

$$q_V=\frac{Q_k}{\rho c_p(t_1-t_2)} \tag{3-43}$$

式中，q_V 为冷却介质的体积流量（m³/s）；Q_k 为冷凝器的热负荷（kW）；ρ 为冷却介质的密度（kg/m³），对水取平均温度下的 ρ，对空气取进口温度下的 ρ；c_p 为平均温度下冷却介质的比定压热容［kJ/（kg·K）］，一般空气取 $c_p=1.005$kJ/（kg·K），淡水取 $c_p=4.186$kJ/（kg·K），海水取 $c_p=4.312$kJ/（kg·K）；t_1、t_2 为冷凝器中冷却介质的进、出口温度（K 或℃）。

对于蒸发式冷凝器，冷却介质的流量计算有空气流量、循环喷淋水量和补充水量等，一般可按经验数据选择。对于 1kW 的冷凝器热负荷，所需要的空气流量约为 85～160m³/h（室外空气湿球温度为 20～28℃时）；循环喷淋水量约为（50～70）kg/h；补充水量约为循环水量的 5%～10%。

（3）流动阻力　在空气冷却式冷凝器中，空气通过顺排平片翅片管进行换热时的流动阻力 Δp，可按式（3－44）计算，即

$$\Delta p=A(L/D_e)v^{1.7} \tag{3-44}$$

式中，Δp 为流动阻力（Pa）；A 为表面状况系数，对于不平整的表面，取 $A=0.11$，对于精工制作表面，取 $A=0.07$；L 为冷凝器沿空气流动方向的深度（m）；v 为最窄流通截面上空气流速（m/s）；D_e 为最窄流通截面的当量直径（m）。

$$D_e=\frac{2\ (S_1b-d_0b-2h\delta)}{(2h+b-\delta)}$$

式中，S_1、d_0 为管子中心距和外径（m）；b、h、δ 为翅片间距、高度和厚度（m）。

对于叉排的平片翅片管束的冷凝器的空气流动阻力，可按式（3－44）计算的值，再增大 20%。

当翅片表面有湿交换和翅距较小时，流动阻力将显著增大。平片翅片净距为 2mm 时，空气流动阻力修正系数 $\Phi=1.8$。对于不同迎面风速时，平片翅片的空气流动阻力修正系数 Φ，可按表 3－15 进行修正。

表 3－15　湿工况时空气流动阻力修正系数 Φ

迎面风速/（m/s）	1.5	2.0	2.5	3.0
水平气流	1.65	1.52	1.50	1.48
垂直向上气流	1.28	1.30	1.32	1.34

卧式壳管式冷凝器中冷却水在传热管内流动时的阻力 Δp 可用经验公式求得，即

$$\Delta p = \frac{1}{2}\rho v^2\left[fN\frac{L_t}{d_i} + 1.5(N+1)\right] \tag{3-45}$$

式中，ρ 为冷却水平均温度下的密度（kg/m^3）；N 为冷却水的管程数（流程数）；d_i 为传热管内径（m）；L_t 为传热管长度（m），即左右管板外侧端面间的距离；v 为冷却水在管内的平均流速（m/s），根据选定的冷凝器和求得的冷却水量 q_m，$v = 4q_mN/(\pi d_i^2 n)$，其中 n 是冷凝器中传热管的总根数；f 为与传热管的污垢和绝对粗糙度有关的摩擦阻力系数，$f = 0.178Cd_i^{-0.25}$，对于钢传热管，$C = 0.098$，对于铜传热管，$C = 0.075$。

3. 水冷却塔

水冷却塔的作用是把水冷式冷凝器中冷却水吸收的制冷剂蒸发而吸收的热量，通过表面蒸发及与空气接触进行热交换后排放到环境当中，使冷却水的温度降低，供冷凝器循环使用，以达到节约用水的目的。

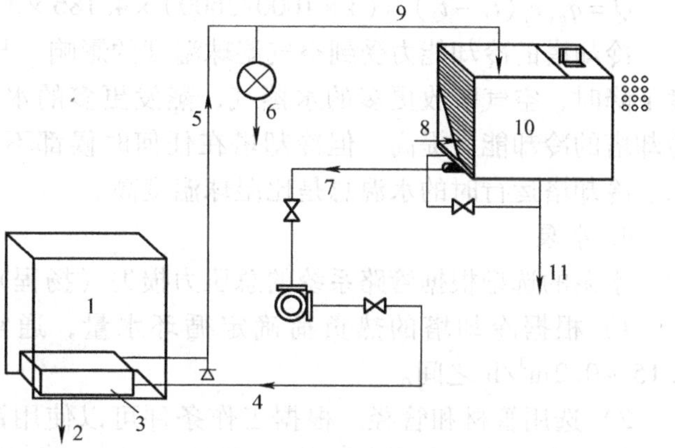

图3-13　冷却塔与水冷式冷凝器的管线连接

1—制冷装置　2—冷凝水排水管　3—冷凝器　4—冷却水进口管　5—冷却水出口管　6—排泄开关　7—吸水管　8—补给水进口　9—冷却水回水管　10—冷却塔　11—溢流排水管

在冷却水系统中，一般冷却塔与水冷式冷凝器的管线连接如图3-13所示。如果冷却塔需要在冬季（室外大气温度在0℃以下）运转，必须采取防冻措施，以免水管中的水和塔内水池中的水结冰。最常用的一种防冻方法是在室内增设一个水箱，其管路系统如图3-14所示。在这个系统中，设在室内的水箱的位置低于冷却塔中的水池；塔中已经冷却的水在未结冰之前，便从塔底水池在重力作用下经排水管流进室内水箱中，补给水和任何因控制容量而旁路的水，都流到这个室内水箱。唯一暴露于0℃以下大气中的水管是冷却塔的进入管。只要系统在运行，这条管中的水（温水）是不会结冰的。但这条管必须设一个排水阀，以便当系统停止工作时，趁管中的水未结冰之前便将水放掉。

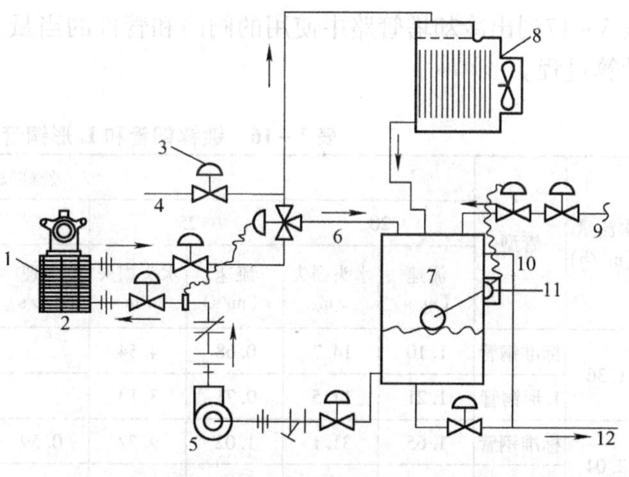

图3-14　冬季运行（设有室内水箱）的冷却塔管路系统

1—冷凝器　2—压缩机组　3—放气阀　4—排气管　5—水泵　6—旁通管　7—室内储水箱　8—水冷却塔　9—补给水管　10—溢流管　11—浮球控制阀　12—至下水道

冷却水系统设备的选型计算，包括冷却塔的选型和水泵的选型两部分内容。冷却塔的选型主要是根据冷却范围（冷却塔中进水温度与出水温度之差，一般在6℃以下）、冷幅高

（出水温度与空气湿球温度之差，一般是3～5℃）和热负荷来进行。冷却塔的热负荷Q可由式（3－46）计算，即

$$Q = q_{mw}c_p(t_1 - t_2) \tag{3-46}$$

式中，Q为冷却塔的热负荷（kW）；q_{mw}为被冷却水的质量流量（kg/s）；c_p为被冷却水的比定压热容［kJ/（kg·K）］，一般淡水c_p＝4.186kJ/（kg·K）；t_1、t_2为被冷却水的进、出口温度（℃或K）。

例3－3 有一水冷却塔，已知冷却范围为5.6℃，循环水量为4m³/h，试计算冷却塔的热负荷。

解： 根据公式（3－46）可得

$Q = q_{mw}c_p(t_1 - t_2) = (4\times1000/3600)\times4.186\times5.6\text{kW} = 26.05\text{kW}$

冷却塔的冷却能力受到空气湿球温度的影响，与干球温度的关系不大。当空气的湿球温度下降时，空气吸收更多的水蒸气，蒸发更多的水（1kg水蒸发吸收的热量约为2300kJ），冷却塔的冷却能力提高。但冷却塔在任何时候都不能冷却温度在进气空气湿球温度以下的水。冷却塔运行时的水温总是比湿球温度高。

4. 水泵

水泵的选型根据管路系统的总压力损失（扬程）和流量进行。在管路系统的设计中：

1）根据冷却塔的热负荷确定循环水量，通常冷却塔每1kW热负荷的冷却能力在0.15～0.2m³/h之间。

2）选用管材和管径。根据工作条件可以使用镀锌钢管、L形铜管和CPVC塑料管等，管径的大小以使水在管内的流速不超过2.4m/s为宜。

3）确定管路系统中的阀门和配件（弯头、三通等）的数量。

4）计算管路中的沿程阻力损失和局部阻力损失。

表3－16列出镀锌钢管和L形铜管的沿程阻力损失。塑料管的阻力损失基本上与铜管的相同。表中数据是以洁净水、适当的腐蚀和水垢、流速低于1.5m/s的条件下获得的。表3－17列出冷却塔管路中使用的阀门和管件的当量长度。下面通过举例来说明水泵的选型计算过程。

表3－16 镀锌钢管和L形铜管的沿程阻力损失 （单位：mH_2O）

水流量/(m³/h)	管型	公称管径/mm									
		20		25		32		38		50	
		流速/(m/s)	水头损失/m	流速/(m/s)	水头损失/m	流速/(m/s)	水头损失/m	流速/(m/s)	水头损失/m	流速/(m/s)	水头损失/m
1.36	标准钢管	1.10	14.7	0.68	4.54						
	L形铜管	1.21	11.5	0.71	3.13						
2.04	标准钢管	1.65	31.1	1.02	9.72	0.59	2.75				
	L形铜管	1.82	24.2	1.07	6.63	0.70	2.38				
2.73	标准钢管			1.36	16.4	0.78	4.31	0.58	2.04		
	L形铜管			1.42	11.3	0.93	4.04	0.66	1.73		

（续）

水流量/(m^3/h)	管型	公称管径/mm									
		20		25		32		38		50	
		流速/(m/s)	水头损失/m	流速/(m/s)	水头损失/m	流速/(m/s)	水头损失/m	流速/(m/s)	水头损失/m	流速/(m/s)	水头损失/m
3.41	标准钢管			1.70	24.9	0.98	6.35	0.72	3.22		
	L形铜管			1.78	17.1	1.17	6.12	0.82	2.62		
5.0	标准钢管					1.44	13.2	1.06	6.25	0.64	1.85
	L形铜管					1.59	12.5	1.21	5.57	0.69	1.40
6.81	标准钢管							1.44	11.1	0.87	3.29
	L形铜管							1.65	9.44	0.95	2.45
10.2	标准钢管									1.31	6.96
	L形铜管									1.42	5.20

注：1. 表中数据是在洁净水、适当的腐蚀和水垢条件下得出的。
2. 水头损失是在管长为100m的条件下得出的。
3. 数据来自于Ingersoll Rand公司公布的资料。
4. $1mH_2O = 9.80665kPa$。

表3-17 冷却塔管路中使用的阀门和管件的当量长度 （单位：m）

公称管径/mm	闸阀（全开）	45°弯头	90°弯头或标准三通（直流）	标准三通（支流）	角阀（全开）	球阀（全开）
20	0.13	0.30	0.43	1.28	3.51	7.04
25	0.17	0.37	0.55	1.62	4.48	8.96
32	0.23	0.49	0.70	2.13	5.88	11.8
38	0.26	0.58	0.82	2.47	6.89	13.8
50	0.34	0.73	1.07	3.17	8.84	17.7

注：数据来自于柯莱（Crane）公司公布的资料。

例3-4 有一台热负荷为22kW的冷却塔，塔净高是1.52m，循环水量是3.41m^3/h，管路（使用镀锌钢管）总长为22.86m，标准弯头10个，闸阀4个，水通过冷凝器的压力损失是89.63kPa（制造厂提供）。试确定所需水泵的总扬程。

解： 根据循环水量3.41m^3/h，为保证水流速低于1.5m/s，故选32mm镀锌钢管。

当量管长度为22.86m，总当量长度为 $(22.86+0.7\times10+0.23\times4)$ m $=30.78$m。

由表3-16可知，32mm镀锌钢管在水流量为3.41m^3/h时，每100m长的阻力损失是6.22×10^4Pa（6.35mH_2O），所以30.78m当量管长的阻力损失为$(30.78\times6.22\times10^4/100)$ Pa $=1.91\times10^4$Pa（1.95mH_2O）。即管路、阀门和配件所造成的压力损失为1.91×10^4Pa（1.95mH_2O）。

冷凝器的压力损失为8.96×10^4Pa（9.14mH_2O）。

冷却塔净高造成的压力损失为1.49×10^4Pa（1.52mH_2O）。

总压力损失（水泵所需扬程）为 12.4×10^4Pa（2.61mH_2O）。

冷却塔的水泵则可由水流量（3.41m^3/h）和总压力损失（12.4×10^4Pa）来选定。

3.2.2 蒸发器的选型计算

1. 结构形式的选择

在制冷系统的蒸发器中，低温的制冷剂液体吸收被冷却介质的热量后蒸发（沸腾）为蒸气，蒸发器是制冷系统中直接制取冷量和输出冷量的热交换器。制冷装置中的蒸发器，按其被冷却介质的不同，可以分为冷却空气式蒸发器和冷却液体式蒸发器两类。

（1）冷却空气式蒸发器　冷却空气式蒸发器分为自然对流型和强制对流型两类。

1）在商用制冷装置中，自然对流型冷却空气式蒸发器主要有管板式、吹胀式和冷却排管等几种。

① 管板式蒸发器有三种典型结构：一是将直径为 6～8mm 的蛇形纯铜管直接贴焊在铜板或薄钢板上制成，制冷剂在纯铜管内蒸发汽化。蒸发器在未结霜状态下空气侧的表面传热系数约为 11～14W/（m^2·K），当传热温差为 10℃时，其表面传热系数在 8～10W/（m^2·K）之间。在卧式冷柜中，蒸发器一般被安装在内壁或底部。在小型冷库中，将蒸发器做成多层搁架式兼作食品搁架使用，结构紧凑，冷冻效率高。二是用板料模压成型，制冷剂在板间的通道内气化，便于清洁，成本低廉，能够方便地制成所需形状，可置于箱体四壁或底部，或兼作搁架、隔板使用，用于冷柜和冻结设备。三是将蛇形管装在两块四边相互焊接的金属板之间，金属板与管子之间的空腔抽空后，充有大量的低熔点共晶溶液作为蓄冷剂。这种蒸发器常用于冷板冷藏汽车中，安装在车厢内两侧壁上或顶板下，蒸发器制冷一次可保持车厢内低温时间 8～15h。这种蒸发器可以单个使用，也可以组合使用，还可以构成冷藏室的货架、隔板、冷冻食品的陈列货架、冰激凌箱和汽水箱等。

② 吹胀式蒸发器大多为铝—锌—铝或铝—铝石墨印刷复合板吹胀成形，外表面经氧化处理以提高耐腐蚀性，多用于电冰箱或小型冷柜中，其 K 值与管板式蒸发器接近。

③ 冷却排管主要用于冷柜、陈列柜及冷库的冷藏库房中。小型冷库中使用的冷却排管，按其在库房中的安装位置，可分为墙排管及顶排管两类，前者是靠墙安装，后者则是吊装在库房顶棚下。蛇管式墙排管可由单根或两根蛇形管制成单排或双排的排管。蛇管式顶排管可以由单排蛇形管或由并列的几排蛇形管组成。冷却排管结构简单，加工方便，对食品储存干耗小。但其传热系数值低［光滑冷却排管的传热系数为 6～12W/（m^2·K），翅片冷却排管的传热系数为 3.5～6W/（m^2·K）］，单位制冷量的耗金属量大，融霜操作繁复，不利于自动化操作等。

2）冷风机由蛇管组和风机所组成，广泛用于陈列柜、冷库等制冷装置。根据其用途的不同，这类蒸发器的外形结构和安装位置也有多种形式。在冷库中，按其安装位置的不同，这类蒸发器可分为落地式和吊顶式两种。落地式直接放在库内地坪上，一般靠墙布置，出风的形式有顶吹式和侧吹式两种。吊顶式吊装在库房顶板或楼板之下，不占用库房地面面积，更合理利用库房的空间；但应防止冲霜时水飞溅到地坪，造成地坪隔热层的破坏。在氟利昂制冷系统中主要使用的是吊顶式冷风机，蒸发器的出风形式为侧吹式，出风口由风机的数目来决定，有单出风口、双出风口等，根据储藏食品的条件不同，吊顶式冷风机一般有：用于 0℃以上的高温保鲜库，可以储存水果、蔬菜、鲜禽蛋等新鲜食品；用于 -18℃左右的冷库，可以储存肉类及水产品等；用于 -25℃左右的低温冷库或速冻库，用于鲜肉或鲜鱼等的冻结。但对于装配式冷库，由于其高度较低，仅2.3m左右，且进深较浅，因而蒸发器的设置位置和气流循环方式与一般冷库有所不同，应避免吹向出入口。

冷风机的优点是结构紧凑，被冷却空间降温速度快，温度分布较均匀，其传热系数 K 比自然对流型的高。当迎面风速达2～3m/s时，在冷库中的 K 值约12～20W/（m^2·K）。但在陈列柜和冷库的使用中，冷风机的缺点是使食品的干耗增加，并且在霜层累积太厚时，容易使其传热性能急剧恶化。

3）工作在空气露点以下、0℃以上的冷却空气式蒸发器，空气中的水蒸气会在蒸发器的外表面上凝结成小水滴。小水滴除了影响蒸发器（尤其是翅片间距较小的蒸发器）的传热性能外，还会使周围环境受到影响，因此必须及时把它排掉。冷却空气式蒸发器凝结水的处理方法有两种：其一是借助于凝结水本身的重力将它排掉（见图3－15和图3－16）；其二是当靠重力作用不能使凝结水排除时，可通过敷设水箱中的小水泵和浮球控制开关把它排到附近的排水管道中。

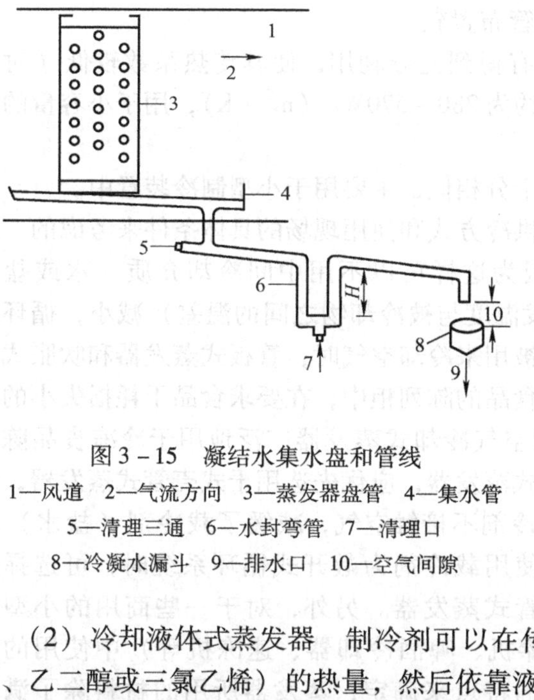

图3－15　凝结水集水盘和管线

1—风道　2—气流方向　3—蒸发器盘管　4—集水管　5—清理三通　6—水封弯管　7—清理口　8—冷凝水漏斗　9—排水口　10—空气间隙

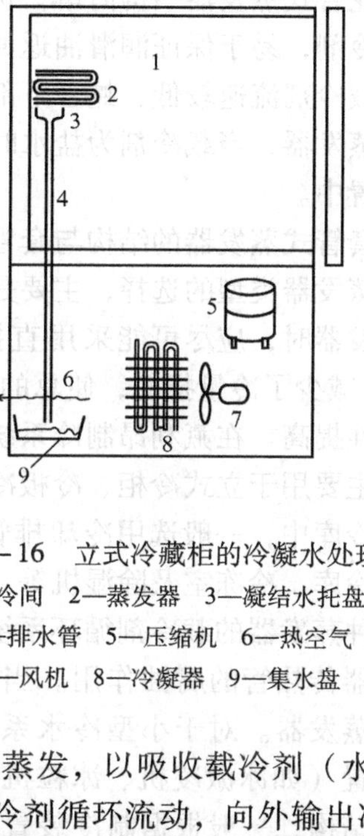

图3－16　立式冷藏柜的冷凝水处理

1—冷间　2—蒸发器　3—凝结水托盘　4—排水管　5—压缩机　6—热空气　7—风机　8—冷凝器　9—集水盘

（2）冷却液体式蒸发器　制冷剂可以在传热管外或管内蒸发，以吸收载冷剂（水、盐水、乙二醇或三氯乙烯）的热量，然后依靠液泵的作用使载冷剂循环流动，向外输出冷量；也可以直接冷却和冻结物料来制作冷饮。这类蒸发器包括壳管式、水箱式和套管式三种形式。壳管式蒸发器有满液式与干式两种；水箱式蒸发器也有直立管式、螺旋管式及蛇管式等几种形式。

1）干式壳管式蒸发器的制冷剂的充注量少，制冷剂在管内具有较大的流速，可以保证润滑油顺利地返回压缩机，管外空间的载冷剂充注量较大，冷损失较少，热稳定性较好，而且不会发生管子结冻而胀裂的现象，载冷剂侧的阻力损失小，主要用于大、中型制冷量（15kW以上）的冷水机组中。

2）与干式壳管式蒸发器相比，满液式壳管式蒸发器的载冷剂易发生冻结，胀裂管子，易积油，适合于易挥发的制冷剂，广泛用于大型氨制冷系统，也可用于氟利昂制冷系统。

在氟利昂制冷系统中，对于载冷剂为开式循环使用的冷却液体式蒸发器通常采用蛇管式蒸发器。

图 3－17 所示是这种蒸发器在冷饮水机中的应用实例。在储水箱中装有两组盘管：一组为蒸发盘管；另一组为饮用水盘管，饮用水（或汽水）通过储水箱中的冷却水（载冷剂）被冷却。如果储水箱中的温度小于4℃，蒸发盘管可靠近储水箱底部。蛇管式蒸发器的另一种结构形式是由传热管缠绕在一个小的储水箱外壁面上构成。制冷剂在外盘管内流动，水被置于水箱内冷却。为安全起见，小储水箱可用双层壁结构。进水可通过水嘴喷出的冷水进行预冷，以提高蒸发器的冷却能力。

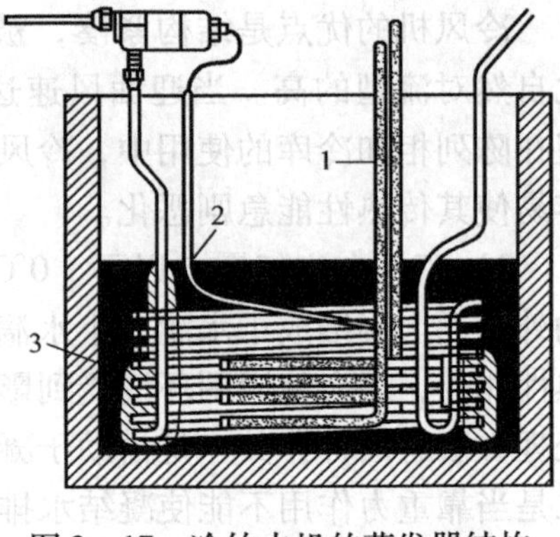

图 3－17　冷饮水机的蒸发器结构
1—冷水盘管　2—水位　3—冰层

蛇管式蒸发器结构简单，价格便宜，只需充灌少量的制冷剂，易于保证润滑油返回压缩机。因蛇管布置较密，载冷剂流速较低，蛇管下部的传热面积没有得到充分利用，使其传热系数较低（对浸渍式蒸发器，当载冷剂为盐水时，其传热系数约为 280～570W/（m^2·K），用于小容量的制冷装置中。

套管式蒸发器的结构与套管式冷凝器结构十分相似，主要用于小型制冷装置中。

蒸发器类型的选择，主要是从生产工艺、供冷方式和使用现场的具体条件来考虑的。选用蒸发器时，应尽可能采用直接冷却方式，因为这样可以不用中间冷却介质（水或盐水等），减少了冷量损耗，使总的传热温差（蒸发温度与被冷却物之间的温差）减小，循环的经济性提高。在氟利昂制冷系统中，当蒸发器被用来冷却空气时，管板式蒸发器和吹胀式蒸发器主要用于立式冷柜、冷板冷藏汽车及冷藏食品的陈列柜中；在要求食品干耗损失小的冷柜和冷库中，一般选用冷却排管；强制对流型空气冷却式蒸发器广泛地用于冷冻食品陈列柜、冷库、冷冻室及除湿机等。对于冷却液体式蒸发器，应优先选用干式壳管式蒸发器，因为这种蒸发器的载冷剂循环系统为密闭式，载冷剂不接触空气，减缓了载冷剂（盐水）对蒸发器传热管的腐蚀作用。当生产工艺要求使用载冷剂为敞开式循环系统时，可选择蛇管式蒸发器。对于小型冷水系统，可选用套管式蒸发器。另外，对于一些商用的小型制冷装置（如冰激凌机、冰粒机、冷饮机、冰棒机、啤酒冷却器、速冻机等）中使用的蒸发器结构，一般根据制冷装置的用途和本身的特点来确定；蒸发器所用的材料除了满足强度要求之外，还必须符合食品卫生要求的标准。例如在冰激凌机中使用的蒸发器（冻结缸），一般选用不锈钢薄板加工成圆筒形夹层，制冷剂在夹层内流动蒸发，冰激凌在圆筒内被冷却。

2. 选型计算

蒸发器的选型计算与冷凝器一样，也是根据传热计算所确定的传热面积，通过产品目录表选择合适的蒸发器。强制对流型冷却空气式蒸发器（冷风机）还需进行阻力计算及选择合适的风机。冷却液体式蒸发器则应计算出载冷剂（水或盐水等）的流量及通过蒸发器时的流动阻力。

蒸发器传热面积A　根据传热理论可用下式计算，即

$$A = \frac{Q_0}{K\Delta t} = \frac{Q_0}{q_F} \tag{3-47}$$

式中，Q_0为蒸发器的传热负荷（W），即制冷量；K为蒸发器的传热系数（W/m^2·K）；Δt为蒸发器的传热温差（K或℃）；q_F为蒸发器单位面积的热负荷（W/m^2）。

式（3-47）表明，要计算蒸发器的传热面积A，必须先确定Q_0、Δt和K值。下面介绍Δt和K值的确定方法。

1）对于冷却空气式蒸发器，蒸发器的传热温差Δt为被冷却空气温度t_1与制冷剂蒸发温度t_0之差。蒸发温度t_0一般取决于被冷却物体的温度以及蒸发器中的传热温差。对于商用冷藏柜中使用的蒸发器，Δt一般取5~10℃，若为间冷式，Δt可取5℃。对冷库中使用的蒸发器，当为冷却排管时，一般Δt=7~15℃；当为强制对流型空气冷却式蒸发器时，在冷间Δt一般采用10~15℃，在冻结物冷藏间和冻结间Δt可采用7~10℃。在冷却物冷藏间，当相对湿度要求在90%左右时，Δt可在4.5~5.5℃范围内选用；当相对湿度要求在80%左右时，Δt可在5.5~6.5℃内选用；当相对湿度要求在75%左右时，Δt可在6.5~9℃内选用。对有外包装的食品的冷藏间或加工间，Δt可在9~14℃范围内选用。

在冷却液体式蒸发器中，传热温差Δt仍可按对数平均温差进行计算，即

$$\Delta t = \Delta t_m = \frac{t_1 - t_2}{\ln\dfrac{t_1 - t_0}{t_2 - t_0}} \tag{3-48}$$

式中，t_1为载冷剂（水或盐水等）进入蒸发器时的温度（K或℃）；t_2为载冷剂离开蒸发器时的温度（K或℃）；t_0为制冷剂的蒸发温度（K或℃）。

在式（3-48）中，载冷剂离开蒸发器时的温度t_2是根据生产工艺要求确定的。一般情况下，蒸发温度t_0应比t_2低。在干式壳管式蒸发器中，t_0比t_2低2~4℃，但不应低于2℃（当载冷剂为水时，t_2不应低于5℃）；对蛇管式蒸发器，t_0宜比t_2低4~6℃，载冷剂进出蒸发器的温度差（t_1-t_2）一般取4~6℃。

2）蒸发器的传热系数K值随着蒸发器结构的不同而有不同的计算公式。在自然对流型冷却空气式蒸发器中，由于被冷却空气侧的复合表面传热系数α_0远小于管内制冷剂侧的沸腾表面放热系数α_i，因此传热系数K可近似按下式计算，即

$$K = \varepsilon\alpha_0\eta_0 \tag{3-49}$$

式中，ε为考虑管外霜层热阻或水膜热阻的修正系数，根据试验有ε=0.8~0.9；η_0为翅面总效率。

η_0可由式（3-50）确定，即

$$\eta_0 = \frac{A_f\eta_f + A_b}{A_f + A_b} \tag{3-50}$$

式中，η_f为翅片效率，与翅片形状有关，可从有关资料中查得；A_f为每米管长翅片侧面面积（m^2/m）；A_b为每米管长翅片间管面面积（m^2/m）。

空气侧的复合表面放热系数α_0由式（3-51）计算，即

$$\alpha_0 = \alpha_{0f}\xi + \alpha_{0r}\psi \tag{3-51}$$

式中，ξ为析湿系数，是考虑到湿空气中的水蒸气在蒸发器表面上凝结为水或凝固为霜时，

对 α_{0f}的影响；α_{0r}为空气侧辐射换热的表面放热系数［W/（m^2·K)］；ψ 为曝光系数，对于平板可取为1.0；α_{0f}为自然对流表面放热系数（W/m^2·K)。

α_{0f} 由式（3－52）确定，即

$$\alpha_{0f} = 1.28A\left(\frac{t_m - t_0}{l_0}\right)^{\frac{1}{4}} \tag{3-52}$$

式中，t_m 为被冷却空气的平均温度（K 或℃）；t_0 为蒸发器管内制冷剂的蒸发温度（K 或℃）；l_0 为定型尺寸（m），对管板式蒸发器、吹胀式蒸发器和冷却排管，l_0 取管外径 d_0；A 为沿蒸发器高度方向管排数的修正系数，当管板式蒸发器、吹胀式蒸发器冷却排管为5圈时，$A=1.25$。

α_{0r}由式（3－53）确定，即

$$\alpha_{0r} = \frac{5.67\varepsilon\left[\left(\frac{T_m}{100}\right)^4 - \left(\frac{T_w}{100}\right)^4\right]}{t_m - t_w} \tag{3-53}$$

式中，ε 为蒸发器表面的黑度，当表面结霜时，$\varepsilon=0.96$；T_m 为被冷却空气的平均温度（K）；T_w 为蒸发器表面温度（K）。

当被冷却的空气温度高于0℃时，ξ 由式（3－54a）计算，即

$$\xi = 1 + 2.48\frac{d_m - d_w}{t_m - t_w} \tag{3-54a}$$

当被冷却空气的温度低于0℃时，ξ 由式（3－54b）计算，即

$$\xi = 1 + 2.88\frac{d_m - d_w}{t_m - t_w} \tag{3-54b}$$

式中，d_m 为被冷却空气在 t_m 时的绝对含湿量（g/kg）；d_w 为在蒸发器表面温度 t_w 下空气的绝对含湿量（g/kg）。

在强制对流型冷却空气式蒸发器（冷风机）中，其传热系数 K 可由式（3－55）确定，即

$$K = \frac{1}{\left(\frac{1}{\alpha_i} + R_i\right)\frac{A_{0f}}{A_i} + \frac{\delta}{\lambda}\frac{A_{0f}}{A_m} + \left(\frac{1}{\alpha_0\xi} + R_0\right)\frac{1}{\eta_0} + R_B\frac{A_{0f}}{A_B}} \tag{3-55}$$

式中，α_i、α_0 为传热管内、外流体与管表面间的表面放热系数［W/（m^2·K)］；R_i、R_0 为传热管内、外侧表面的污垢系数（m^2·K/W），见表3－18；A_i、A_{0f}为传热管的管内表面积和外总表面积（m^2/m）；R_B 为胀管后翅片与基管之间的接触热阻（m^2·K/W），它与胀管后的基管外径及胀管前的翅片孔径有关，应在0.0034～0.0086m^2·K/W 范围内取值；A_B 为翅片与基管接合部分的表面积（m^2/m），对于套片型翅片管，$A_B=\pi d_0$，d_0 是基管外径（m）；A_m 为每米传热管长的平均面积（m^2/m），$A_m=\pi(d_i+d_0)/2$，d_i 是传热管内径（m）；δ为传热管的壁厚（m）；λ 为传热管材料的热导率［W/（m·K)］，对纯铜管 λ＝393W/（m·K）；η_0 为翅面总效率，由式（3－50）确定；ξ 为析湿系数，可由式（3－54）确定。

表 3-18　冷却介质侧的污垢系数

类别	污垢系数 / ($m^2 \cdot K/W$)	类别	污垢系数 / ($m^2 \cdot K/W$)
强制通风空气冷却式冷凝器尘埃垢层	0.1×10^{-3}	清净河水垢层	0.34×10^{-3}
城市生活用水垢层	0.17×10^{-3}	混浊河水垢层	0.5×10^{-3}
经处理的工业循环用水垢层	0.17×10^{-3}	井水、湖水垢层	0.17×10^{-3}
未经处理的工业循环用水垢尘	0.43×10^{-3}	近海海水垢层	0.17×10^{-3}
处理过的冷水塔循环用水垢尘	0.17×10^{-3}	远海海水垢层	0.086×10^{-3}

α_i 的计算，可近似按制冷剂在水平管内的沸腾换热过程处理。即可由 Bogdanov 的关联式来确定，即

$$\alpha_i = C\frac{G^{0.2}q^{0.5}}{d_i^{0.5}} \tag{3-56}$$

式中，G 为制冷剂的质量流量密度 [kg/ ($m^2 \cdot s$)]；q 为沸腾热流密度（W/m^2）；d_i 为管内径（m）；C 为与制冷剂性质和蒸发温度 t_0 有关的常数，见表 3-19。

表 3-19　C 值（R22）

蒸发温度 t_0/℃	-30	-10	+10
C 值	0.99	1.22	1.54

α_0 的值与蒸发器的结构（包括管排方式、翅片形状、节距、管距、套片方式等），被冷却空气的温度、湿度以及迎面风速等因素有关，一般需由实验来确定。在不考虑表面结露、结霜的条件下，当蒸发器采用平片的整套片 4 排叉排管簇时，其平均的表面放热系数 α。可使用麦克奎勋（MCQuistion）提出的关联式计算，即

$$j = 0.0014 + 0.2618Re^{-0.4}\left(\frac{A_{0f}}{A_0}\right)^{-0.15} \tag{3-57}$$

$$j = StPr^{2/3} = \frac{\alpha_0}{\rho_a c_p v}Pr^{2/3}$$

式中，St 为斯坦顿数；ρ_a 为空气密度（kg/m^3）；v 为垂直于空气流动方向的最窄截面的流速（m/s）；c_p 为空气的比定压热容 [J/ (kg · K)]；Pr 为空气的普朗特数；Re 为雷诺数，$Re = \rho_a v d_0/\mu_a$，其中 μ_a 为空气的动力粘度（Pa · s），d_0 为管外径（m）；A_{0f} 为蒸发器空气侧的总外表面积（m^2）；A_0 为没翅片时管簇的外表面积（m^2）。

大量实验表明，式（3-57）与实验数据的偏差小于 10%。当管排数大于 4 排，直至 8 排时，式（3-57）仍与试验结果吻合良好；当管排数小于 4 排时，可用式（3-58）计算，即

$$\frac{\alpha_0}{j} = 0.992\left[2.24Re^{-0.092}\left(\frac{n}{4}\right)^{-0.031}\right]^{0.607(n-4)} \tag{3-58}$$

式中，n 为管排数。

当蒸发器采用如图 3－18 所示的冲缝整套片时，计算 α_0 值的关联式为

$$\alpha_0 = 0.479Re^{-0.644}F_a \tag{3-59}$$

且 $$F_a = 1 + 1.093\times10^3\left(\frac{\delta}{S_f-\delta}\right)^{1.24}\Phi_s^{0.944}Re^{-0.58} + 1.097\left(\frac{\delta}{S_f-\delta}\right)^{2.09}\Phi_s^{2.26}Re^{0.88} \tag{3-60}$$

式中，Re 为以管外径为定型尺寸的雷诺数；F_a 为量纲一的数；δ、S_f 为翅片厚度和节距（m）；Φ_s 为套片上被增强部分的面积（图 3－18 中凸出带条的面积）与总的套片面积之比。

当蒸发器采用三角形波纹套片（见图 3－19）时，在管排 $n=4$，每 25.4mm 有 12 个翅片的条件下，j 可用如下关联式确定，即

$$j = 0.143Re^{-0.375} \tag{3-61}$$

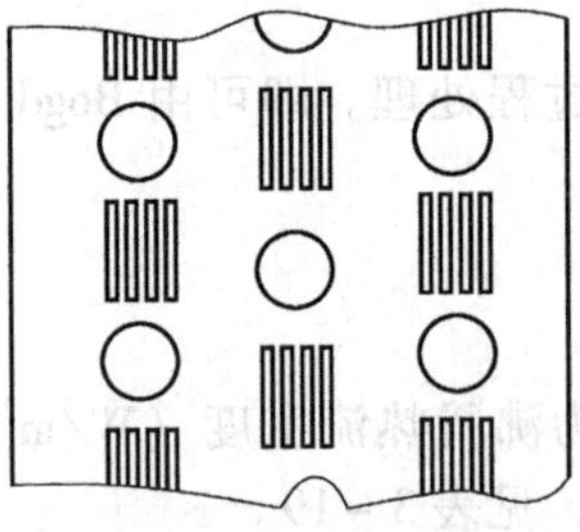

图 3－18　冲缝形翅片

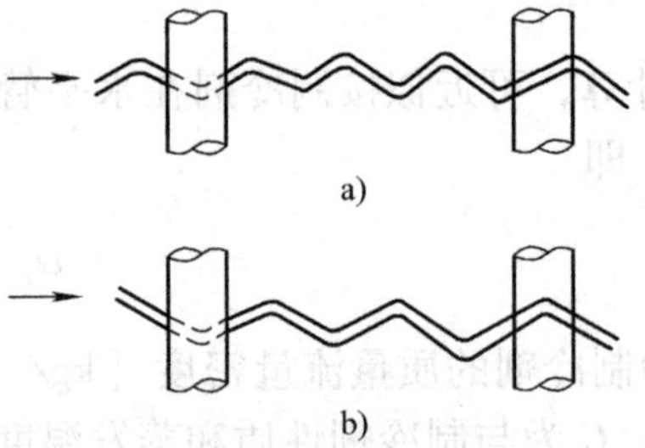

图 3－19　波纹套片

a）正弦波形　b）三角形波形

由于影响波纹套片蒸发器换热性能的因素太多，至今仍无法求得其通用关联式。但已有的波纹套片试验表明，在其他条件相同的情况下，当迎面风速为 2.5～3.0m/s 时，波纹套片的换热性能可比平片套片高出 25% 左右，随着迎面风速的进一步增大，可高出 40% 甚至更多。

对于整套片型蒸发器来说，使用冲缝片时的传热性能最好，波纹片次之，而传统的平片的传热性能最差。这是由于空气通过波纹片和冲缝片时，流道形状的连续变化，使边界层不断地受到扰动和破坏，充分发展段的流动条件无法形成，因而增强了传热。Hosada 等人的实验表明，冲缝片的 α_0 值比波纹套片高出约 60%；但冲缝片的流动阻力最大，波纹片次之，平片套片最小。

当蒸发器采用绕片式翅片管时，j 的计算可使用 Rabas 等人的关联式，即

$$j = 0.292Re^{-0.415+0.0346\ln\left(\frac{d_t}{S_f}\right)}\left(\frac{S_f}{d_0}\right)^{1.115}\left(\frac{S_f}{h}\right)^{0.257}\left(\frac{\delta}{S_f}\right)^{0.666}\left(\frac{d_t}{d_0}\right)^{0.473}\left(\frac{d_t}{\delta}\right)^{0.772} \tag{3-62}$$

式中，d_t 为翅片顶端直径（m）；S_f 为翅片节距（m）；d_0 为管外径（m）；h 为翅片高度（m），$h=(d_t-d_0)/2$；δ 为翅片厚度（m）。

式（3－62）的适用范围：$h\leqslant 6.35$mm，$1000\leqslant Re\leqslant 25000$，$d_0=4.76\sim31.75$mm，每米管长翅片数为 246～1181 个，垂直于流动方向的管间距 $S_1=15.08\sim111.0$mm，沿流动方向的管间距 $S_2=10.32\sim96.11$mm，$S_1\geqslant S_2$，管排数 $n\geqslant6$。j 的测量数据与关联式之间的偏差不超过 6%。

对于冷却液体式蒸发器，其传热系数 K 的计算公式与水冷式冷凝器的相同，这里不再介绍。表 3－20 和表 3－21 列出了各种氨蒸发器和各种氟利昂蒸发器的传热系数 K 和使用条件，供选用参考。

表 3-20 各种氨蒸发器的传热系数 K 和使用条件

蒸发器种类	载冷剂	传热系数 K/ [W/ (m^2·K)]	热流密度/ (W/m^2)	使用条件
直管式	水	500~700	2500~3500	传热温差为4~6℃，载冷剂流速0.3~0.7m/s
	盐水	400~600	2200~3000	
螺旋管式	水	500~700	2500~3500	
	盐水	400~600	2200~3000	
卧式壳管式（满液式）	水	500~700	3000~4000	传热温差为5~7℃，载冷剂流速为1~1.5m/s，光钢管
	盐水	450~600	2500~3000	
板式	水	2000~2300		使用焊接板式或经特殊处理的钎焊板式
	盐水	1800~2100		
螺旋板式	水	650~800	4000~5000	传热温差为5~7℃，载冷剂流速为1~1.5m/s
	盐水	500~700	3500~4500	

表 3-21 各种氟利昂蒸发器的传热系数 K 和使用条件

蒸发器种类			载冷剂	传热系数 K/ [W/ (m^2·K)]	热流密度/ (W/m^2)	使用条件
壳管式	满液式	光管	水	290~870		传热温差为4~6℃，水速为1.0~1.5m/s
			盐水	180~520		
		低翅管	水	810~1400（以外表面计）		水速为1.0~2.4m/s
			盐水	170~520（以外表面计）		
	干式	光管	水	450~900		水速为0.5~1.5m/s
			盐水	200~450		
		内翅片管	水	700~1400	5000~7000	
			盐水	350~700		
冷风机（冷库用）			空气	18~23		迎面风速约2.5m/s，翅片节距为4~10mm
冷却排管			空气	12~15	450~500	蒸发温度为-30~-14℃

一旦确定了蒸发器的 Q_0、Δt 和 K 值以后，由式（3-47）即可算出所需的蒸发器的传热面积 A。根据 A 就可制作出或直接从产品目录表中选择出合适的蒸发器。但对于吊顶式冷却空气式蒸发器，选用时应该注意，国内厂家所列的制冷量（工质为R22）是在下列工况下得出的：对DL系列，库温 $t_1=0℃$，t_1 与蒸发温度 t_0 的差 $\Delta t_1=t_1-t_0=7℃$；对DD系列，$t_1=-18℃$，$\Delta t_1=7℃$；对DJ系列，$t_1=-25℃$，$\Delta t_1=7℃$。当吊顶式冷却空气式蒸发器的实际运行工况与规定工况不符时，其制冷量 Q_0 也发生变化。Q_0 主要取决于 Δt_1、制冷剂的种类和冷库内空气的相对湿度 φ 等因素，可由式（3-63）确定，即

$$Q_0 = C_f Q_{on} \tag{3-63}$$

式中，C_f 为吊顶式冷却空气式蒸发器（吊顶式冷风机）工况的修正系数，对 DL 系列可查表 3-22，对 DD 和 DJ 系列可查表 3-23；Q_{on} 为产品目录表中所列的制冷量（W）。

吊顶式空气冷却式蒸发器（冷风机）的 Δt_1 与 φ 之间的关系，对 DL 系列可查图 3-20，对 DD 和 DJ 系列可查图 3-21。

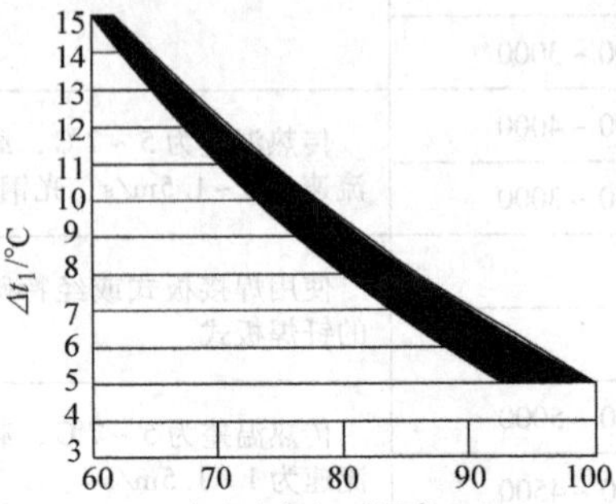

图 3-20 DL 系列冷风机的 Δt_1 与 φ 关系

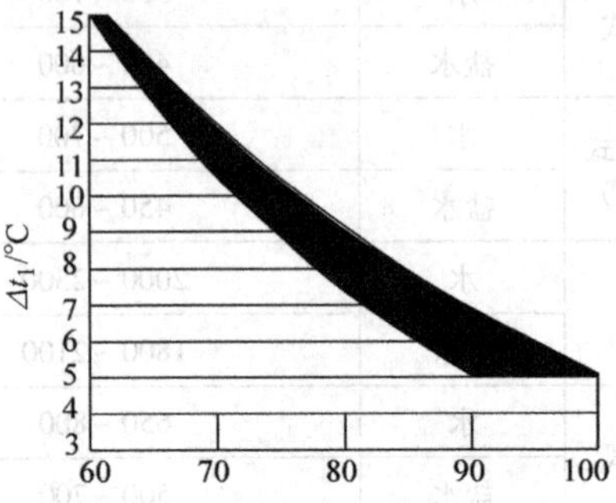

图 3-21 DD 和 DJ 系列冷风机的 Δt_1 与 φ 关系

例 3-5 试计算 DL-8.2/40 吊顶式冷却空气式蒸发器在库内相对湿度 $\varphi=80\%$、库温 $t_1=5℃$时，使用 R22 制冷剂的制冷量。

解：如图 3-20 所示，$\varphi=80\%$ 时 $\Delta t_1=8℃$；查表 3-22，对 R22 在 $t_1=5℃$、$\Delta t_1=8℃$ 时的工况修正系数 $C_f=1.18$。查相关资料得 DL-8.2/40 的制冷量 $Q_{on}=8.2\text{kW}$。故

$$Q_0 = C_f Q_{on} = 1.18 \times 8.2\text{kW} = 9.68\text{kW}$$

表 3-22 DL 系列冷风机的工况修正系数 C_f

C_f		t_1/℃						
		5	0	-5	-10	-15	-20	-25
Δt_1/℃	5	0.73	0.73	0.73	0.73	0.72	0.70	0.70
	6	0.89	0.89	0.87	0.86	0.86	0.85	0.83
	7	1.04	1.03	1.01	1.00	0.99	0.97	0.94
	8	1.18	1.17	1.15	1.14	1.13	1.10	1.07
	9	1.32	1.31	1.30	1.28	1.25	1.23	1.18
	10	1.46	1.45	1.44	1.41	1.37	1.34	1.30

例 3-6 试计算 DD-8.0/40 吊顶式冷却空气式蒸发器在库内相对湿度 $\varphi=90\%$、库温 $t_1=-15℃$时使用 R22 制冷剂的制冷量。

解：如图 3-21 所示，$\varphi=90\%$时，$\Delta t_1=5.8℃$；查表 3-23，用内插法求得 $C_f=0.89$。查相关资料得 DD-8.0/40 的制冷量 $Q_{on}=8\text{kW}$。则

$$Q_0 = C_f Q_{on} = 0.89 \times 8\text{kW} = 7.12\text{kW}$$

表 3-23　DD 和 DJ 系列冷风机的工况修正系数 C_f

C_f		t_1/℃						
		-5	-10	-15	-18	-20	-25	-30
Δt_1/℃	5	0.76	0.76	0.76	0.76	0.76	0.75	0.73
	6	0.95	0.94	0.92	0.91	0.90	0.89	0.87
	7	1.13	1.11	1.08	1.07	1.06	1.03	1.02
	8	1.29	1.27	1.24	1.22	1.21	1.17	—
	9	1.44	1.43	1.38	1.36	1.25	1.30	—
	10	1.57	1.56	1.52	1.49	1.48	1.43	—

蒸发器的选型除了根据计算面积进行之外，对一些外国产品，也可按照生产厂家提供的选择图表直接进行选型。图 3-22 所示为德国库宝（Kuba）提供的冷却空气式蒸发器的选型图。型号中带有“E”的是带有电热融霜装置，没有“E”的是空气自然融霜。例如，当库温 t_1 =2℃、温差 DT_1 =8℃时，从图 3-22 可查得需要 1.98kW 制冷量的蒸发器，应选用

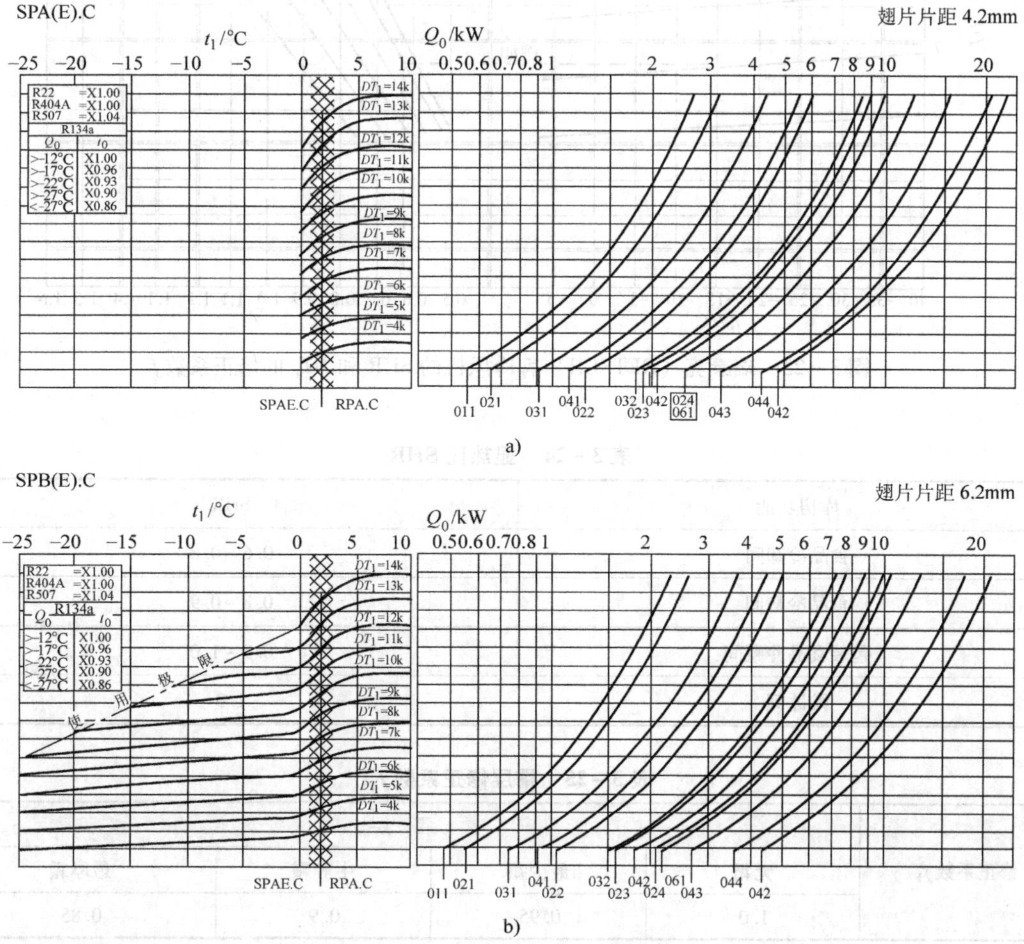

图 3-22　德国库宝冷风机选型图

型号为 SPB031C 或 SPBE031C 的蒸发器。选择蒸发器时得到的制冷量必须大于或等于计算出的冷库冷却设备负荷才可选用。对于瑞泰克（RETECH）牌冷却空气式蒸发器，可由下式进行选型，即

$$Q = ff_Ff_RQ_{on} \tag{3-64}$$

式中，Q 为实际制冷量（kW）；Q_{on} 为名义制冷量（kW）；f 为显热比 SHR（SHR = 显热量/总热量）和温差 DT_1（DT_1 是蒸发器空气进口温度 t_1 与蒸发温度 t_0 之差）的修正系数（见图 3-23），显热比 SHR 取决于库房的功能，见表 3-24；f_F 为霜层修正系数，见表 3-25；f_R 为制冷剂修正系数，对 R22，f_R = 0.85；对 R717，f_R = 1.0。

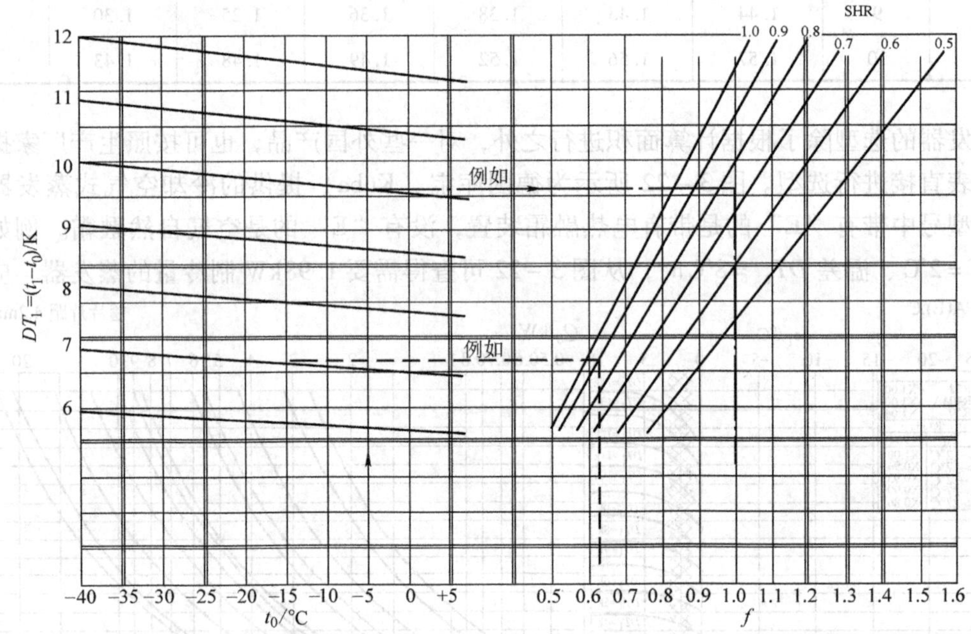

图 3-23　瑞泰克（RETECH）牌冷风机的 SHR 和 DT_1 的修正系数 f

表 3-24　显热比 SHR

库房功能	SHR
食品冷却间	0.6～0.8
食品冷藏间	0.8～0.9
包装食品冷藏间	0.9～1.0
贮冰间	1.0

表 3-25　霜层修正系数 f_F

修正系数 f_F	霜　层			
	无霜	最少霜	中等霜	最厚霜
	1.0	0.95	0.9	0.85

例3-7 有一食品冷藏间，已知温差 $DT_1 = 7℃$，蒸发温度 $t_0 = -20℃$，使用制冷剂为R22，制冷量 $Q = 16\text{kW}$，试选择合适的蒸发器。

解： 对食品冷藏间，由表3-24可得SHR=0.9；由SHR=0.9和 $DT_1 = 7℃$，查图3-23可得 $f = 0.63$。设霜层厚度中等，从表3-25查得 $f_F = 0.9$；工质为R22，所以 $f_R = 0.85$。将已知量代入式（3-64）可得所需蒸发器的名义制冷量 Q_{on} 为

$$Q_{on} = \frac{Q}{ff_F f_R} = \frac{16}{0.9 \times 0.63 \times 0.85}\text{kW} = 33.2\text{kW}$$

根据冷藏间温度（约-13℃）和 Q_{on}，查相关资料可知应选翅片片距为12mm的LSD121336H型冷却空气式蒸发器1台，该蒸发器的名义制冷量 $Q_{on} = 34.0\text{kW}$，在运行工况条件下，它的实际制冷量 $Q = 0.63 \times 0.9 \times 0.85 \times 34\text{kW} = 16.4\text{kW} \geqslant 16\text{kW}$，因此满足要求。

3. 通过蒸发器的风量及载冷剂流量的计算

冷却空气式蒸发器的风量 q_V 可按式（3-65）进行计算，即

$$q_V = A_1 v \tag{3-65}$$

式中，A_1 为蒸发器中空气的净通过面积（m^2）；v 为空气的流速（m/s），一般取4～5m/s。

蒸发器的使用场所决定了蒸发器的通风量，一般每1kW冷量配860～1030m^3/h的风量用于冻结间，每1kW冷量配520～600m^3/h的风量用于冷却间、冷却物冷藏间。对于已定型的冷却空气式蒸发器，设计制造时已根据换热面积（或制冷量）配备上合适的风机，不再需要进行风量的计算。

在冷却液体式蒸发器中，载冷剂（水、盐水等）的循环量 q_m 可按式（3-66）计算，即

$$q_m = \frac{3600 Q_0}{c_p(t_1 - t_2)} \tag{3-66}$$

式中，q_m 为载冷剂（水、盐水等）的循环量（kg/h）；Q_0 为蒸发器计算的冷负荷（kW）；c_p 为载冷剂的平均比定压热容［kJ/（kg·K）］，水的 $c_p = 4.186\text{kJ/kg·K}$，盐水的 c_p 可由盐水的物理性质表查出；t_1、t_2 为载冷剂进、出蒸发器的温度（K或℃）。

3.2.3 中间冷却器的选型计算

中间冷却器用于双级压缩制冷装置中，为壳—盘管式结构，连接于低压级排气管和高压级吸气管之间。从冷凝器来的高压液体制冷剂分成两路：一路进入蛇形盘管内，另一路进入壳与盘管之间。其作用是：①降低低压级的排气温度；②分离低压级排气中夹带的润滑油；③使蛇形盘管内的液体制冷剂过冷。

为使中间冷却器内的制冷剂液面保持恒定，氨双级压缩制冷装置的中间冷却器采用浮球阀、液面控制器或供液电磁阀作为供液装置，氟利昂双级压缩制冷装置的中间冷却器采用热力膨胀阀作为供液装置。

中间冷却器通过计算内部蛇形盘管的冷却面积和筒体直径来选型，中间冷却器的选择应满足两个条件：一是气体通过中间冷却器横截面的流速应满足气液分离的作用，一般流速不大于0.8m/s；二是传热面积应满足液体制冷剂过冷的要求，且盘管内的流速不大于0.7m/s。

1. 冷却面积的计算

中间冷却器蛇形盘管的冷却面积为

$$A = \frac{Q_{zl}}{K\Delta t_m} \tag{3-67}$$

式中，A 为中间冷却器蛇形盘管的冷却面积（m^2）；Q_{zl} 为中间冷却器的热负荷（W）；K 为中间冷却器蛇形盘管的传热系数［W/（m^2·K）］；K =600～700W/（m^2·K）；Δt_m 为对数平均温差（℃）。

$$\Delta t_m = \frac{t_k - t}{2.3\lg\frac{t_k - t_{zj}}{t - t_{zj}}} \tag{3-68}$$

式中，t_k 为冷凝温度（℃）；t 为蛇形盘管的出液温度（℃）；t_{zj} 为中间冷却温度（℃）。

2. 中间冷却器筒体直径的计算

$$D = \sqrt{\frac{4\lambda q_{VtH}}{3600\pi v}} \tag{3-69}$$

式中，D 为中间冷却器的筒体直径（m）；λ 为制冷压缩机高压级的输气系数；q_{VtH} 为制冷压缩机高压级的理论输气量（m^3/h）；v 为中间冷却器中的气体流速（m/s），可取0.5m/s。

所选的中间冷却器应符合蛇形盘管的冷却面积和筒体直径两项指标的要求。

3.2.4 回热式热交换器的选型计算

回热式热交换器用于氟利昂制冷装置中，通常为壳—盘管式结构，从冷凝器或中间冷却器来的高压制冷剂液体在盘管内流动，与流出蒸发器并在壳—盘管间流动的回气进行热交换，使液体过冷，蒸气过热。对小型氟利昂制冷装置，如电冰箱，将供液管与回气管绑或焊在一起构成结构简单的回热式热交换器。回热式热交换器的作用是：①通过回热减少有害过热带来的损失，使液体制冷剂过冷，提高制冷剂单位质量的制冷量，提高制冷装置的经济性能；②回气中夹带的制冷剂液体汽化，防止压缩机的液击事故的发生。

回热式热交换器的选择应满足两个条件：一是气体在壳体内的流速应为8～10m/s，过低的流速会造成润滑油在壳体内的沉积；二是传热面积应满足给定的工作条件。

回热式热交换器的传热面积按式（3-70）计算，即

$$A = \frac{Q_{hr}}{K\Delta t_m} \tag{3-70}$$

式中，Q_{hr} 为回热式热交换器的热负荷（kW）；Δt_m 为对数平均温差（℃）；K 为回热式热交换器的传热系数，一般情况下，当壳体内的气体流速为8～10m/s、盘管内的液体流速为0.1～0.8m/s时，K=100～250W/（m^2·K）。

$$Q_{hr} = q_m(h_j - h_c)/3600 \tag{3-71}$$

式中，h_j 为进热交换器的制冷剂气体的比焓（kJ/kg）；h_c 为出热交换器的制冷剂液体的比焓（kJ/kg）；q_m 为通过热交换器的气体流量（kg/h）。

$$\Delta t_m = \frac{(t_1 - t_2') - (t_2 - t_1')}{2.3\lg\frac{t_1 - t_2'}{t_2 - t_1'}} \tag{3-72}$$

式中，t_1 为进热交换器的制冷剂液体温度（℃）；t_2 为出热交换器的制冷剂液体温度（℃）；t_1' 为进热交换器的制冷剂气体温度（℃）；t_2' 为出热交换器的制冷剂气体温度（℃）。

3.2.5 冷凝蒸发器的选型计算

冷凝蒸发器用于复叠式制冷装置中，从低温循环中压缩机排出的高温高压气体，在冷凝

蒸发器中与高温循环节流降压后的液体进行热量交换，低温循环的高温高压气体放出热量冷凝为液体，高温循环的液体吸收热量蒸发成饱和蒸气或过热蒸气。

1. 结构形式的选择

冷凝蒸发器的结构形式主要有立式壳管式、盘管式和套管式。

（1）立式壳管式冷凝蒸发器　它的结构与一般的壳管式冷凝器相似，高温循环的液体制冷剂在管内蒸发，低温循环的气体制冷剂在壳管间冷凝。其优点是结构简单；缺点是高温制冷剂的充灌量大，静液柱对蒸发温度有较大的影响。

（2）盘管式冷凝蒸发器　该蒸发器有立式和卧式两种，是由一组多头盘管装在一个圆形壳体中构成，高温循环的液体制冷剂经过液体分配器后进入盘管，在管内蒸发后从另一端流出，低温循环的气体制冷剂在壳管间冷凝。

（3）套管式冷凝蒸发器　它是由两根直径不同的铜管套在一起后弯曲而成，低温循环的气体制冷剂在小管内冷凝，高温循环的液体制冷剂在管间蒸发。

2. 选型计算

冷凝蒸发器的选型计算方法与冷凝器和蒸发器基本相同，传热温差为低温循环的冷凝温度和高温循环的蒸发温度之差，一般为5～10℃。

3.3 辅助设备的选型计算

制冷装置中，为保证系统安全、可靠和经济地运行，需要一系列的辅助设备，如起储存作用的高压储液器、低压储液器、排液器和低压循环储液器等，起分离作用的油分离器、气液分离器和空气分离器，对蒸发器的供液量进行控制调节的节流机构，为保证制冷装置安全可靠运行的控制元件，应对这些辅助设备进行合理选择。

3.3.1 液体储存设备

1. 高压储液器

高压储液器的选择主要是确定容积，保证制冷装置在运行时，最大储液量小于容积的70%，最小储液量大于容积的10%，对大型（如NH_3）制冷系统所需储液器容积的计算公式为

$$V = \frac{m\varphi v}{\beta} \tag{3-73}$$

式中，m为压缩机每小时内制冷工质总的循环量（kg）；v为冷凝温度下液体工质的比体积（m^3/kg）；β为储液器的充满度，取0.7；φ为储液器的容积系数，冷间的公称容积小于2000m^3时，φ取1.2；冷间的公称容积在2000～10000m^3之间时，φ取1.0；冷间的公称容积在10000～20000m^3之间时，φ取0.8；冷间的公称容积大于20000m^3时，φ取0.5。

对中、小型制冷系统所需储液器容积的计算公式为

$$V = \frac{mv}{\beta} \tag{3-74}$$

$$m = V_c\rho \tag{3-75}$$

式中，V_c为系统总的充灌制冷工质的容积（m^3）；ρ为液体制冷工质的密度（kg/m^3）。

在计算制冷工质总的充灌量时，只计算存有制冷工质液体的设备和管道的尺寸，制冷系

统中设备和管道的液体制冷工质充满度见表 3-26 和表 3-27。

表 3-26　氟利昂制冷系统中设备和管道的液体制冷工质充满度

设备名称		液体制冷工质充满度
热力膨胀阀供液的蒸发盘管		盘管容积的 25%
壳管式蒸发器	满液式	壳体容积的 80%
	干　式	传热管容积的 25%
壳管式冷凝器		传热管容积的 100%，壳体侧容积的 50%
冷凝蒸发器		盘管容积的 25%，壳体容积的 50%
中间冷却器		盘管容积的 100%，壳体容积的 50%
回热式热交换器		盘管容积的 100%
液体管		管道容积的 100%
其他部件或设备		制冷工质侧总容积的 10% ~20%

表 3-27　氨制冷系统中设备和管道的液体制冷工质充满度

设备名称	液体制冷工质充满度	设备名称		液体制冷工质充满度
各种冷凝器	15%	冷却排管	氨泵供液上进下出	25%
储液器	70%		氨泵供液下进上出	50% ~60%
过冷器	100%		重力供液	50% ~60%
中间冷却器	盘管容积的 100%，壳体容积的 50%	冷风机	氨泵供液上进下出	40% ~50%
立式低压循环器	35%		氨泵供液下进上出	60% ~70%
卧式低压循环器	25%		重力供液	70%
气液分离器	20%	搁架式排管		50%
壳管式蒸发器（满液式）	80%	氨液管		100%
平板冻结器	50%	低压循环器之前的回气管		60%

2. 低压储液器

低压储液器用于重力供液方式的制冷系统中，接受机房气液分离器分离出来的制冷剂液体，并经加压后重新进入系统中。由于机房气液分离器分离出来的制冷剂液体量不多，低压储液器的容积不宜过大，一般为 $0.25 \sim 1.0m^3$，可以每个蒸发温度系统单独设一台，也可以几个蒸发温度系统合用一台，低压储液器也可以和排液器合用。

3. 排液器

排液器用于冷库等重力供液或直接膨胀供液的制冷系统中，用来接受冻结间或冷藏间热气融霜时由冷风机和冷却排管来的液体制冷剂。排液器的选择是确定其容积，按照库房中最大一间的排液量计算。容积计算公式为

$$V = \frac{V_1 \varphi}{1000\beta} \tag{3-76}$$

式中，V_1 为库房中最大一间冷间的冷分配设备的容积（m^3）；φ 为冷分配设备中的液体制冷工质的充满度，见表3-27；β 为排液器的充满度，取0.7。

4. 低压循环储液器

低压循环储液器是用制冷剂泵强制供液制冷系统的重要设备，起着容纳储存制冷剂液体并供给制冷剂泵、调节对蒸发器的供液和气液分离、保证压缩机安全运行的作用。根据容积和直径选择低压循环储液器的规格和台数。

（1）低压循环储液器容积的计算

1）下进上出系统

$$V = (0.2V_p + 0.6V_h + \tau q_{Vb})/0.7 \tag{3-77}$$

式中，V 为低压循环储液器的容积（m^3）；V_p 为充灌制冷剂量最大的一间冷间的蒸发器排管容积（m^3）；V_h 为回气管容积（m^3）；τ 为自制冷剂泵起动到制冷剂从系统返回低压循环储液器的时间，$\tau = 0.15 \sim 0.2h$；q_{Vb} 为一台制冷剂泵的流量（m^3/h）。

2）上进下出系统

$$V = (\varphi V_z + 0.6V_h)/0.5 \tag{3-78}$$

式中，V 为低压循环储液器的容积（m^3）；V_z 为蒸发器的总容积（m^3）；φ 为蒸发器设计充灌制冷剂容量的百分比。

上进下出系统和下进上出系统的冷风机作为蒸发器时，低压循环储液器可以代替排液器。对于下进上出系统，蒸发器为排管时应进行校核计算。当融霜排液量 $0.6V_p < 0.2V_p + 0.6V_h$ 时，低压循环储液器才可以兼作排液器。

（2）低压循环储液器直径的计算

$$D = \sqrt{\frac{4\lambda q_{Vt}}{3600\pi v \xi n}} = 0.0188\sqrt{\frac{\lambda q_{Vt}}{v \xi n}} \tag{3-79}$$

式中，q_{Vt} 为压缩机的理论容积输气量（m^3/h），双级压缩时为低压级压缩机的理论输气量；D 为低压循环储液器的直径（m）；λ 为压缩机的输气系数，双级压缩时为低压级压缩机的输气系数；v 为低压循环储液器内的气体流速（m/s），立式低压循环储液器取0.5m/s，卧式低压循环储液器取0.8m/s；ξ 为低压循环储液器的截面积系数，立式循环储液器取1，卧式循环储液器取0.3；n 为低压循环储液器的气体进气口的个数。

3.3.2 分离捕集设备

1. 油分离器

根据所需截面积大小，计算筒体直径的公式为

$$D = 0.0188\sqrt{\frac{\lambda q_{Vt}}{v}} \tag{3-80}$$

式中，D 为油分离器的直径（m）；λ 为压缩机的输气系数；q_{Vt} 为压缩机的理论容积输气量（m^3/h）；v 为油分离器中的气体流速，填料式油分离器取0.3～0.5m/s，其他形式的油分离器取0.5～0.8m/s。

2. 集油器

集油器的选择主要是依据系统制冷量的大小，一般情况下，当制冷系统标准工况下的制冷量为 230kW 以下时，采用壳体直径为 $\phi 159$mm 的集油器一台；制冷量为 230 ~ 1160kW 时，采用壳体直径为 $\phi 325$mm 的集油器 1 ~ 2 台；制冷量为 1160kW 以上时，采用壳体直径为 $\phi 325$mm 的集油器 2 台。对于大型制冷系统，集油器可按照高、低压系统分别选择。

3. 气液分离器

气液分离器的作用是使混合的气体和液体制冷剂进行分离，按照不同的蒸发系统分别设置，并按设置位置的不同，分为机房气液分离器和库房气液分离器。

1）在重力供液和直接膨胀供液的制冷系统中，机房气液分离器设置在压缩机的吸气管道上，安装在机房内，分离回气中的液滴，防止压缩机发生液击，保证压缩机的安全运转。

氨用机房气液分离器的选择主要是满足所需的壳体直径，按照式（3 - 81）进行计算，即

$$D = \sqrt{\frac{4\lambda q_{Vt}}{3600\pi v}} \tag{3-81}$$

式中，D 为机房气液分离器的直径（m）；λ 为压缩机的输气系数；q_{Vt} 为压缩机的理论容积输气量（m^3/h）；v 为气液分离器中气体流过横断面的流速，一般取 0.5m/s。

2）在氨重力供液系统中必须设置库房气液分离器，作用是分离节流后的低压制冷剂液体中夹带的蒸气及来自冷间的冷分配设备回气中夹带的液滴，并利用设置的高度（一般比冷间内最高层的冷分配设备高出 0.5 ~ 2.0m，而使制冷剂液体具有一定的位能，以此向各个冷分配设备供液。

氨用库房气液分离器所需的壳体直径，按照式（3 - 82）进行计算，即

$$D = \sqrt{\frac{4q_m v_0}{3600\pi v}} \tag{3-82}$$

式中，D 为氨用库房气液分离器的直径（m）；q_m 为通过气液分离器的液体制冷剂的量（kg/h）；v_0 为蒸发压力下饱和制冷剂蒸气的比体积（m^3/kg）；v_0 为气液分离器中气体流过横断面的流速，一般取 0.5m/s。

4. 空气分离器

为了排除制冷系统中的空气及其他不凝性气体，防止冷凝压力过高，需在每个氨制冷系统中设置一台立式自动空气分离器。

3.3.3 节流机构

在制冷系统中，供给蒸发器液体制冷剂量的多少直接影响蒸发器能否有效工作。制冷剂供给量不足会引起蒸发器制冷量的减少；而蒸发器液体过满同样会使制冷量减少，可能导致强烈的带油使压缩机产生液击的危险。因此，为保证制冷系统的正常运行，必须对蒸发器的制冷剂供液量进行调节，需设置节流机构。节流机构的作用是为蒸发器提供适量的制冷剂液体，同时又维持系统高、低压侧的压力差，保证蒸发器中适宜的蒸发压力。因而节流机构的正确选择将影响制冷系统的运行效率和性能。在商用制冷装置中常用的节流机构，按照其在

使用中调节方式的不同，可以分为手动调节的节流机构（即手动膨胀阀）、液位调节的节流机构、用制冷剂蒸气过热度调节的节流机构（包括热力膨胀阀、热电膨胀阀及电子膨胀阀等）和不做调节的节流机构（有恒压膨胀阀、毛细管等），其调节的方法是通过控制进入蒸发器的制冷剂流量来实现的，即调节节流机构的开度来调节蒸发器的供液量。其中，手动膨胀常用作旁通或辅助节流机构，恒压膨胀阀和毛细管适用于工况比较稳定的制冷系统，热力膨胀阀和热电膨胀阀多用于管内蒸发的氟利昂蒸发器及中间冷却器。

1. 热力膨胀阀

热力膨胀阀是反应敏捷、应用最广泛的节流元件，可自动调节阀的开度，其控制方法取决于蒸发器出口上的制冷剂蒸气的过热温度和蒸发器中制冷剂的压力。蒸发器中的热负荷越大，蒸发器出口制冷剂的温度越高，热力膨胀阀的开度就越大，进入蒸发器的制冷剂流量增加，蒸发器产冷量越大。

热力膨胀阀的阀体应垂直布置在蒸发器入口的水平管路上，感温包放置在蒸发器出口的水平管路上，温包应与回气管路充分接触，以便更好地感受管内的制冷剂蒸气的温度。温包外应包隔热层，以减少外界温度对温包的影响。温包内充有一定量的工质，温包内的制冷剂感应蒸发器出口制冷剂的温度 t_1，温包内制冷剂的压力 p_1 随其感应的温度 t_1 而变化。该压力通过毛细管传递到阀的感应膜片的上方，这个力是使热力膨胀阀开启的力。膜片的下方作用着节流后制冷剂的压力 p_2 和弹簧力 p_3，这两个力是使膨胀阀趋于关闭的力。当这三个力达到力的平衡时，膜片处于平衡状态。此时，热力膨胀阀也处于一定的开度，有一定的制冷剂流量进入蒸发器中。这三个力达到力的平衡的条件是

$$p_1 = p_2 + p_3 \tag{3-83}$$

如果忽略制冷剂在蒸发器中的阻力损失，即有

$$p_2 = p_0 \tag{3-84}$$

则式（3-83）可以写为

$$p_1 = p_0 + p_3 \tag{3-85}$$

热力膨胀阀根据蒸发器出口的制冷剂蒸气的过热度的大小，成比例地调节阀的开度，改变制冷剂进入蒸发器的流量，以达到改变制冷量的目的。热力膨胀阀主要用于氟利昂制冷循环的直接膨胀供液系统，根据蒸发器出口气体制冷剂的过热度自动控制蒸发器的供液量，其结构有内平衡式和外平衡式两种。热力膨胀阀的选择包括形式选择和容量（制冷量）选择。

（1）热力膨胀阀的形式选择　根据其平衡方式，热力膨胀阀有内平衡式和外平衡式之分。内平衡式热力膨胀阀是通过阀体内部的通道，将膨胀阀出口（即蒸发器进口）的制冷剂的压力传递给感应元件，适用于管内流动阻力较小的小型蛇管蒸发器。外平衡式热力膨胀阀则通过外平衡管，将蒸发器出口的制冷剂压力传递给感应元件，用于蒸发器管路较长、管内制冷剂流动阻力较大及带有分液器的场合。对于蒸发器制冷剂侧的压力损失较小的小型制冷系统，选用内平衡式；而对于蒸发器制冷剂侧的压力损失较大，如蒸发器带液体分配器时，选用外平衡式。热力膨胀阀的形式选择可按照表3-28中规定的压力损失值来确定，当压力损失小于规定值时采用内平衡式；反之，采用外平衡式。在实际应用中，当压力损失超过表3-29所规定的数值时，建议采用外平衡式热力膨胀阀。

表 3 – 28　热力膨胀阀形式选择允许的压力损失值

应用场合	蒸发温度范围/℃	压力损失/MPa
空调	2 ~ 10	0.022
商业	−18 ~ −1	0.015
低温	−18 以下	0.007

表 3 – 29　压力损失 Δp/kPa

制冷剂	蒸发温度/℃							
	10	0	−10	−20	−30	−40	−50	−60
R22	25	20	15	10	7	5	3	2

感温包是热力膨胀阀的工作感温元件，其充灌方式有液体充灌式、气体充灌式和交叉充灌式三种。通常感温包采用液体充灌式和气体充灌式的热力膨胀阀适用于高、中温制冷系统，而交叉充灌式的热力膨胀阀比较适合于低温制冷系统。在选择热力膨胀阀时，首先应根据制冷装置的具体要求选定感温包的充注方式，并根据蒸发器的压力降和是否使用分液器的情况来确定是否选用外平衡膨胀阀。同时在选择热力膨胀阀时，也应考虑膨胀阀进口与出口处的连接尺寸，该尺寸应当与液体管和蒸发器的连接尺寸相一致。在蒸发器的入口管路上，管径稍小一些也是允许的。负荷变化较大的装置采用两个或更多个膨胀阀并联的情况，布置方式如图 3 – 24 所示。图 3 – 24a 所示方式，在低负荷时关闭一个膨胀阀，蒸发器利用面积减少一半；图 3 – 24b 所示方式，蒸发器利用面积不变，可以减少温差，提高运行效率。

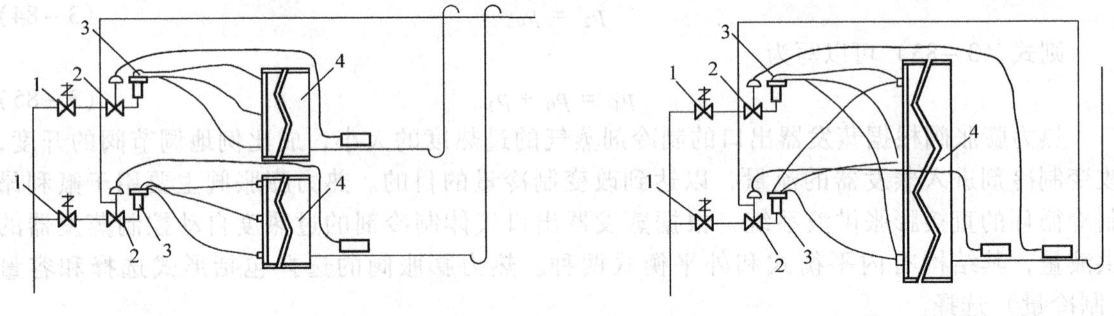

图 3 – 24　两个或更多个膨胀阀并联使用方式

1—电磁阀　2—热力膨胀阀　3—分液器　4—蒸发器

（2）热力膨胀阀的容量（制冷量）选择　热力膨胀阀的容量是指在某一压力差作用下，处于一定开度的膨胀阀通过的制冷剂流量，在一定蒸发温度下完全蒸发时所产生的制冷量。因此，影响热力膨胀阀容量的因素有膨胀阀前后的压力差、蒸发温度和制冷剂的过冷度。

热力膨胀阀的选择应与制冷系统的运行工况和蒸发器的制冷量相一致。通常可以通过计算后，在生产厂家的产品样本上选取。为了从样本上选择合适的热力膨胀阀，要知道蒸发温度、系统运行的制冷量、热力膨胀阀两端的压力差。依据蒸发温度和制冷量确定通过膨胀阀的制冷剂流量，根据膨胀阀两端的压力差确定膨胀阀阀孔的大小。

生产厂家的热力膨胀阀性能资料不完全，在选择时通常以制冷量或膨胀阀的孔径为选择依据。此时，制冷量可以根据给定的制冷机运行情况（蒸发温度 t_0 和冷凝温度 t_k 等）及循环的形式（单级压缩、双级压缩、有无回热等）来确定。制冷剂流量为

$$q_m = Q_0/(h_0 - h_1) \tag{3-86}$$

式中，q_m 为通过热力膨胀阀的制冷剂流量（kg/s）；Q_0 为膨胀阀的制冷量（kW）；h_0 为蒸发器出口制冷剂的比焓（kJ/kg）；h_1 为蒸发器入口制冷剂的比焓（kJ/kg）。

并按式（3-87）求得膨胀阀孔径的横截面积为

$$A = q_m/[16.1\phi(\rho\Delta p)^{1/2}] \tag{3-87}$$

$$\Delta p = p_1 - p_2 \tag{3-88}$$

式中，A 为热力膨胀阀的通道面积（m^2）；p_1 为热力膨胀阀的入口压力（MPa）；p_2 为热力膨胀阀的出口压力（MPa）；ϕ 为流量系数。

$$\phi = 0.02005\sqrt{\rho} + 0.634v \tag{3-89}$$

一般情况下，ϕ 的值为：R22 取 0.7；R717 取 0.5～0.6。

式中，ρ 为热力膨胀阀入口处制冷剂的密度（kg/m^3）；v 为热力膨胀阀出口处制冷剂气、液混合物的比体积（m^3/kg）。

$$p_1 = p_k - \Delta p_S \tag{3-90}$$

$$p_2 = p_0 + \Delta p_d \tag{3-91}$$

$$\Delta p_S = \Delta p_{S1} + \Delta p_{S2} + \Delta p_{S3} \tag{3-92}$$

式中，Δp_S 为供液管的阻力（MPa）；Δp_{S1} 为供液管的沿程阻力（MPa），见表3-30；Δp_{S2} 为供液管的局部阻力（MPa），包括干燥过滤器、弯头和截止阀等处的局部阻力（见表3-31）。Δp_{S1} 与 Δp_{S2} 根据额定制冷量时，供液管中制冷剂液体的流速、供液管的长度和内径，以及沿程阻力系数和局部阻力系数去计算；Δp_{S3} 为供液管中竖直管段的液柱的压差（MPa），根据垂直管段的长度及制冷剂液体的密度计算，当制冷剂液体从高位流向低位时为负值，冷凝器/储液器与蒸发器之间高度差引起的静压损失见表3-32；p_0 为蒸发压力（MPa）；p_k 为冷凝压力（MPa）；Δp_d 为分液器和分液管的压力降（MPa）。

表3-30 R22液体管路压力损失和制冷量的关系

液体管内径/mm	压力损失/MPa						
	0.005	0.01	0.02	0.03	0.05	0.08	0.1
	制冷量/kW						
8	1.81	2.65	3.84	4.89	6.28	8.03	9.07
10	5.93	8.72	12.6	15.7	20.2	26.2	29.7
13	11.2	16.4	23.4	29.3	38.4	48.9	55.8
20	22.7	33.2	48.9	59.3	80.3	101.2	115.1
25	45.4	66.3	94.2	122.1	157	171	230.3
30	76.8	111.7	164	202.4	265.2	341.9	383.8
38	129.1	188.4	272.1	334.9	453.6	476.8	645.5
50	261.7	366.3	540.8	680.4	907	1151.4	1325.8

表 3－31　配管中阀及接头的压力损失的当量长度/m

配管直径/mm	10	13	20	25	30	38	50	63	75	80	100
球形阀、电磁阀	4.3	4.9	6.7	8.5	11.0	12.8	17.2	21.0	25.5	30.4	36.0
角度阀	2.1	2.8	3.7	4.6	5.5	6.4	8.5	10.4	12.8	15.0	17.2
弯头	0.3	0.6	0.6	0.9	1.2	1.2	1.5	2.1	2.4	3.1	3.7
T形接头	0.9	1.2	1.5	1.8	2.4	2.7	3.7	4.3	5.2	6.1	6.7

表 3－32　R22 制冷剂冷凝器/储液器与蒸发器之间高度差引起的静压损失

高度差/m	3	6	9	12	15	18
静压损失 Δp/MPa	0.035	0.70	0.106	0.141	0.176	0.211

热力膨胀阀的制冷量应大于蒸发器的冷负荷，对蒸发器的冷负荷较稳定的场合需大于 20%～30%，对蒸发器的冷负荷波动较大的场合需大于 70%～80%。热力膨胀阀前的液体应具有一定的过冷度，以免部分制冷剂液体在阀前的汽化，造成流经热力膨胀阀的制冷剂流量减少，导致阀容量的降低，过冷度值随着阀前液管的总压力损失的增加而增大。尺寸一定的热力膨胀阀，它的容量取决于制冷剂、阀前后的压力降、蒸发温度和阀前液体的过冷度。

1）热力膨胀阀前后的压力降的影响。通常膨胀阀阀孔的流量与阀两端的压力降成正比，即阀前后的压力降越大，通过阀的流量越多，阀的容量也就越大；反之就越小。膨胀阀两端的压力降 Δp 不等于制冷系统循环的冷凝压力 p_k 和蒸发压力 p_0 之差。它们之间的差别应考虑膨胀阀前高压液管的压力降 Δp_S 以及膨胀阀后分液器和分液管的压力降 Δp_d。

2）蒸发温度的影响。蒸发温度越低，则相应的蒸发压力 p_0 也越低，膨胀阀的容量越小。这是因为流经膨胀阀孔的制冷剂节流损失增大，即膨胀阀的容量随着蒸发温度的降低而减少。例如，当蒸发温度为5℃时，容量为100%；当蒸发温度为－20℃时，容量仅为5℃时的57%。表 3－33 列出了蒸发温度对热力膨胀阀容量的影响。

表 3－33　蒸发温度对热力膨胀阀容量的影响

蒸发温度/℃	5	0	－5	－10	－15	－20	－25	－30	－35	－40
相对容量	1.0	0.9	0.8	0.75	0.66	0.57	0.49	0.41	0.39	0.38

3）制冷剂液体过冷度的影响。膨胀阀前液体过冷度的大小直接影响到节流后两相制冷剂的干度，对阀的流量系数也产生影响。膨胀阀的容量随膨胀阀前液体过冷度的增加而增大，见表 3－34。膨胀阀入口处必须避免有气体闪发，否则严重影响阀容量。冷凝器至阀前的液管有阻力降时，必须增加液体过冷度，以防止阀前液体汽化，表 3－35 给出与此有关的数据。

表 3-34 阀前液体过冷度对阀容量的影响

过冷度 Δt_g/℃		4	8	11	16	22	27	33
阀相对容量	R22	1.0	1.14	1.17	1.24	1.31	1.37	1.42
	R717	1.0	1.12	1.23	1.39	1.48	1.50	1.60

表 3-35 不产生闪发气体时液体压力损失 Δp 与所需最小过冷度的关系

制冷剂	Δp/MPa 冷凝温度/℃	0.05	0.10	0.15	0.20	0.25	0.30
R134a	30	2.4	4.8	7.1	9.5	11.9	14.3
	40	1.9	3.7	5.6	7.5	9.3	11.2
	50	1.6	3.1	4.6	6.3	7.8	9.4
R22	30	1.6	3.3	5.1	6.9	8.8	10.8
	40	1.4	2.8	4.2	5.7	7.2	8.8
	50	1.2	2.3	3.5	4.7	6.0	7.2
R404A	30	1.3	2.7	4.0	5.3	6.6	8.0
	40	1.1	2.2	2.3	3.4	5.5	6.6
	50	0.95	1.9	2.9	3.8	4.8	5.7

热力膨胀阀选用时必须根据制冷装置的种类、蒸发温度范围及蒸发器冷负荷的大小选择一定的型号、通径和容量。通径选择过小，不能满足制冷量的要求；而通径选择过大，则又使调试困难。一般情况下，所选取的膨胀阀容量要比蒸发器的实际负荷大 20% ~30%，对于冬季运行的制冷装置，由于冷凝压力下降而引起膨胀阀容量减少，选择的膨胀阀容量可适当提高 70% ~80%，所以，每个膨胀阀的制冷量在不同情况时差别很大。

例 3-8 R22 制冷系统如图 3-25 所示。其设计条件为：制冷剂为 R22，制冷量 Q_0 = 20kW；冷凝温度 t_k = 36℃，冷凝压力 p_k = 1389.2kPa；蒸发温度 t_0 = 0℃，蒸发压力 p_0 = 497.59kPa；阀前制冷剂液体温度 t_1 = 26℃；液体过冷度 Δt_1 = (36-26)℃ = 10℃；液管管

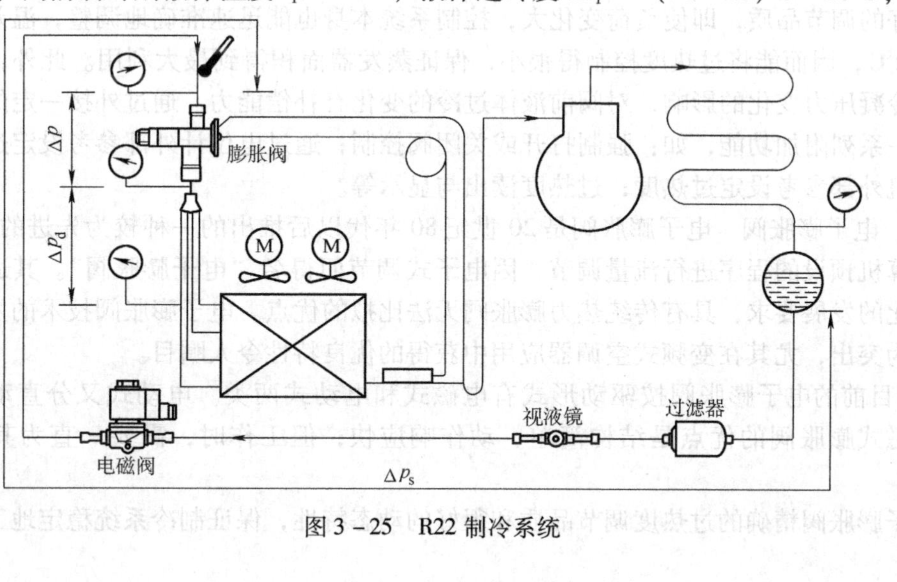

图 3-25 R22 制冷系统

径 d =13mm；管长 L =25mm；蒸发器分六路并联，安装位置比储液器高 6m。试为该系统选配热力膨胀阀。

解：（1）确定阀前后的压力降 Δp　液体经过管路、管弯头、干燥过滤器、视液镜、电磁阀等部件的压力降 Δp_S 假设为 50kPa；液体分配器的压力降 Δp_d 假设为 50kPa；由图 3－25 可知，蒸发压力

$$p_0 = p_k - \Delta p - \Delta p_S - \Delta p_d$$

因此，膨胀阀两端的压力降

$$\Delta p = p_k - p_0 - \Delta p_S - \Delta p_d = (1389.2 - 497.59 - 50 - 50)\ \text{kPa} = 791.61\text{kPa}$$

对于在上升立管中的压力降，本题忽略不计。

（2）膨胀阀型号的确定　在液体过冷度 Δt_1 =10℃时，修正系数为 1.07（参见相关资料）。因此，修正的蒸发器负荷为 20/1.07kW =18.7kW。

由于膨胀阀的制冷量必须等于或稍大于修正的蒸发器负荷 18.7kW，故型号为 TDEX6 的膨胀阀在此是一个合适的选择，其同工况下的制冷量为 22.1kW（参见相关资料）。

2. 热电膨胀阀与电子膨胀阀

热电膨胀阀靠电加热产生的热力驱动阀杆动作，而电子膨胀阀是靠电磁力和脉冲电动机动力驱动阀杆动作。

（1）热电膨胀阀　热电膨胀阀是为了适应计算机控制而开发的一种制冷节流元件。根据其工作原理，热电膨胀阀又可分为双金属片热电膨胀阀和电控制式的热电膨胀阀。

1）双金属片型热电膨胀阀。双金属片型热电膨胀阀由传感元件和调节阀组成，敏感元件为放在蒸发器出口管道中的负温度系数热敏电阻，用以感受制冷剂蒸气的温度。热敏电阻与膨胀阀内的双金属片电加热器串联在一个交流电 24V 的回路中。当蒸发器出口处制冷剂蒸气的过热度增高时，热敏电阻值下降，膨胀阀电热丝上的电压升高，电加热器功率增加，使双金属片变形加大上移，带动针阀开大，制冷剂流量增加，又会使过热度下降。若过热度降低，则调节过程相反。最终可保证蒸发器出口有恒定的过热度，以充分利用蒸发器的面积，实现对蒸发器供液量的控制及高压液体制冷剂的节流。

2）电控制式的热电膨胀阀。电控式的热电膨胀阀采用电子式比例积分调节器，能够保证有良好的调节品质，即使负荷变化大，控制系统本身也能迅速准确地调整，温差的设定可以小到 2℃，因而能将过热度控制得很小，保证蒸发器面积得到最大利用。此外，该控制系统不受冷凝压力变化的影响，对阀前液体过冷的变化有补偿能力。通过外接一定的附件，还能获得一系列附加功能，如：强制打开或关闭阀控制；通过电位计外部参考设定过热度；通过计算机外部参考设定过热度；过热度读出与显示等。

（2）电子膨胀阀　电子膨胀阀是 20 世纪 80 年代以后推出的一种较为先进的节流元件，其按计算机预设的程序进行流量调节，因电子式调节而得名“电子膨胀阀”。其适应制冷机电一体化的发展要求，具有传统热力膨胀阀无法比拟的优点。电子膨胀阀技术的发展目前以日本最为突出，尤其在变频式空调器应用中获得的优良特性令人瞩目。

1）目前的电子膨胀阀按驱动形式有电磁式和电动式两类。电动式又分直动型和减速型。电磁式膨胀阀的优点是结构简单、动作响应快；但工作时，需要一直为其提供控制电压。

电子膨胀阀精确的过热度调节品质和很好的动态特性，保证制冷系统稳定地工作，使运

行能耗大大减少；即使在低温库系统中使用，也能将过热度精度控制在1℃以内，所以不会因流量调节波动造成压缩机回液，不像使用热力膨胀阀那样，为防止回液要对蒸发器留出足够的设计裕度，由此可将蒸发器效率提高20%左右，节省了蒸发器的材料，降低了成本和重量。表3-36列出日本东芝公司电子膨胀阀的技术参数。

表3-36 日本东芝公司电子膨胀阀的技术参数

技术参数	A型	B型	备注
公称能力/kW	5.3	10.6	1）阀流向可逆 2）反应速度指阀从全开到全关所需时间；调节分辨能力指阀从全开到全关所需脉冲次数
制冷剂	R22	R22	
形式	波纹管，减速型	直动型	
阀口径/mm	$\phi2.4$	$\phi2.5$	
行程/mm	0.5	5	
驱动电动机	脉冲电动机	脉冲电动机	
额定电压	12V（DC）	12V（DC）	
反应速度	7.2s	3.7s	
调节分辨力	1440次脉冲	240次脉冲	
使用温度/℃	-30～+60	-30～+60	

2）利用电子膨胀阀调节系统直接检测蒸发器出口真实的过热度，信号传递快，调节反应迅速。阀本身有很好的线性流量特性，调节范围宽。计算机系统可以对阀设置开度基准和开度记忆，精确调节流量。用计算机按要求设置调节规律，不仅可以采用反馈调节，而且可以采用前馈加反馈复合调节，还可以与压缩机能量调节一起进行，精确地控制过热度，即使负荷变动大而频繁，也能获得很好的调节品质。

利用电子膨胀阀反应快、能适应大范围流量调节的特点，可以将其应用扩展到对制冷系统的其他控制。电子膨胀阀流向可逆，使控制系统简化。如用电子膨胀阀与压缩机变频调速相配合，在热泵循环中可以实现不间断供热快速除霜。除霜时四通阀不换向，电子膨胀阀全开，压缩机高速运转，制冷剂大流量循环，利用压缩气体的显热除霜，使除霜时间缩短，且室内盘管降温很少，可以降低除霜附加能耗。又如，将电子膨胀阀用于压缩机排气温度控制，排温过高时，阀开度加大，制冷剂流量增大，冷却进气，从而降低排气温度。这样不仅提高装置工作的可靠性，而且比传统的保护性排气温度控制方式节电约6%。此外，电子膨胀阀还可以用到压缩机起、停控制中，减少起、停过程能量损失。对于用温控器控制压缩机起、停的系统，停机时，若蒸发器与冷凝器连通，则冷凝器高温液体进入蒸发器，使蒸发器温度升高，造成下次起动要为冷却蒸发器付出额外电能。若蒸发器与冷凝器之间的管道截止，再次开机时，压缩机带压起动困难，电流冲击大。采用电子膨胀阀，可以在停机时，阀全关，阻止制冷剂从冷凝器向蒸发器迁移。而在温控器使压缩机起动时，提前很短的一段时间，先令阀全开，造成吸、排气压力迅速平衡，然后压缩机起动，于是既减少了热损失，又使起动容易。

3. 恒压膨胀阀与毛细管

（1）恒压膨胀阀　恒压膨胀阀是依靠蒸发压力来调节供液量的一种自动膨胀阀。恒压膨胀阀的调节特性与压缩机的变工况特性是相反的。当蒸发压力（或蒸发温度）降低时，压缩机的制冷能力减小，要求减少制冷剂的供液量，但恒压膨胀阀却使供液量增大，易导致压缩机的湿行程；反之当蒸发压力增大时，压缩机的制冷能力增大，而恒压膨胀阀的供液量却减少，将会导致蒸发器缺液。恒压膨胀阀用于蒸发温度及冷量负荷比较稳定的情况。

（2）毛细管

1）由于毛细管的结构特点，小型商用制冷装置，如小型冷饮水机、小型冰激凌机、电冰箱等，通常采用毛细管代替热力膨胀阀作为节流机构。毛细管一般为管径0.6～2mm的等截面纯铜管，长度在0.5m以上。由于它的长度和小管孔径产生的高摩擦阻力，以及在毛细管中逐渐形成的闪发气体而产生的节流效果，使液体的压力降低到其饱和压力以下。毛细管的作用是限制或定量供给冷凝器到蒸发器的液体流量，同时维持这两个部件之间需要的运行压力差。

当给定毛细管的长度和孔径时，毛细管的阻力特性也随之恒定。在任一时间内，通过毛细管的液体流速与毛细管两端的压力差成正比。这里所说的压力差即为系统蒸发器与冷凝器之间的压力差。由于毛细管和压缩机在系统中是串联连接的，显然毛细管的流通能力应该等于压缩机运行时的抽吸能力。因此，如果系统是有效地维持在设计压力下运行，则确定的毛细管长度和管径应满足在设计条件下的流通能力正好等于压缩机在同样条件下的抽吸能力的要求。

如果毛细管的阻力，即毛细管的流通能力大于或小于压缩机在设计条件下的抽吸能力，则系统运行的平衡点将建立在设计条件以外的某个运行状态点。例如，如果毛细管的阻力太大（由于毛细管太长或孔径太小），则毛细管的流通能力将比压缩机在设计条件下的抽吸能力小；蒸发器将缺液，过多的液体回吸到冷凝器的底部，即在毛细管的入口处积聚。蒸发器的缺液会导致压缩机吸气压力的降低，而冷凝器中液体的聚积会减少冷凝器的有效冷凝面积，致使冷凝温度变高，从而使压缩机在偏离设计工况的条件下运行，该平衡点是比系统设计压力低的吸气压力和高的冷凝压力点。在此运行状态下，由于压缩机的抽吸能力被降低，致使整个系统的制冷能力少于设计能力。另一方面，当毛细管没有足够的阻力时（由于毛细管太短或是孔径太大），毛细管的流通能力将大于压缩机在设计条件下的抽吸能力，该运行条件下蒸发器的过量供液将会引起液体进入压缩机的危险。同样，在冷凝器中将没有液体封住毛细管的入口处，没有冷凝的气体将会随着液体一起进入毛细管流向蒸发器，使系统的制冷能力降低。

使用毛细管的制冷系统运行的最大效率值只在一个运行工况点，除此之外的运行工况均使制冷系统的效率略微低于最大值，所以合理地设计和使用毛细管是完全必要的。通常，生产厂家是按一定的运行工况设计选定毛细管的规格尺寸。当制冷系统正常负荷变化（增加或减少）时，毛细管的流通能力随之相应地增加或减少。事实上，毛细管流通能力的调节一方面由冷凝器内冷凝压力的变化来补充制冷系统负荷的正常变化；另一方面由冷凝器内制冷剂液体过冷的程度进行调节。例如，当蒸发器负荷增加时，液态制冷剂在蒸发器中被蒸发与在冷凝器中被冷凝的瞬时速率比液体通过毛细管到蒸发器的瞬时速率高，引起过多的液体积聚在冷凝器的底部使冷凝器的冷凝压力增加；同时在冷凝器底部的液体将有一较大的过冷度，从而将减少制冷剂在毛细管中产生闪发气体，以达到增加蒸发器供液量的目的。这一特性既有助于毛细管流通能力的增加，有助于制冷系统的制冷能力的增加。相反，当制冷系统负荷减少时，冷凝压力和过冷度降低，因而毛细管的流通能力相应降低。毛细管与其他种类的制冷剂流动控制的差异，是其不能在停止制冷循环期间切断和停止制冷剂液体流到蒸发器的通路。当压缩机停机时，高低压侧的压力通过开启的毛细管达到平衡，同时在冷凝器中剩余的液体流到低压侧的蒸发器，停留在蒸发器里直到压缩机重新开机。鉴于这个原因，控制在毛细管系统中制冷剂的容量非常关键。由于在冷凝器和毛细管之间没有储液器，制冷剂的容量既要满足蒸发器负荷需要的最低限度，又要维持系统运行期间在冷凝器与毛细管的连接部位形成液体密封。任何过量的制冷剂将只有积滞在冷凝器中，从而增加冷凝压力，又降低系统性能，特别是当冷凝器中全部过量液体制冷剂在停机期间流向蒸发器时，将会引起蒸发器迅速变热，从而引起蒸发器的融霜。此外，在停机期间，大量的液体进入蒸发器，当压缩机再次起动时，可能发生液体回流到压缩机的液击现象，使压缩机受到损坏。因此，在使用毛细管节流的制冷系统中应当严格控制制冷剂的充灌量，以保证制冷系统的正常运行。

毛细管节流方式具有结构简单、成本低的优点。同时，在停机期间通过毛细管制冷系统的高压与低压之间迅速得到平衡，使压缩机可以实现无负荷起动，从而可以使用低起动转矩的电动机驱动压缩机。此外，毛细管制冷系统的制冷剂充灌量小，省去储液罐，进一步降低制冷机的制造成本。综上所述，由于毛细管使用中的诸多优点，使得毛细管节流方式在许多小型商业制冷装置中得到广泛应用。

使用毛细管节流的制冷系统通常都是专门设计的制冷系统，较适用于连接紧密的整机制冷系统，有相对稳定的负荷并使用封闭式压缩机。一般说来，毛细管不适用于开启式压缩机的制冷系统，这是因为开启式压缩机的轴封部位可能会引起制冷剂的泄漏，致使制冷系统内充灌的制冷剂逐渐减少，压缩机不能正常工作。此外，毛细管还不适用于远距离输送制冷剂的系统（即压缩机离开蒸发器的距离较远），因为长距离的输送管线将导致压缩机的制冷充灌量不准确，影响毛细管的正常工作。而且，由于制冷剂充灌量的大大增加，使得其在系统停机期间全部聚集在蒸发器中，当压缩机重新起动时可能发生严重的液体回流现象，这是压缩机的运行所不允许的。除非在吸气管路中安装合适的储液器，这样将增加制冷系统的复杂性，实际上较少使用。

2）毛细管的选择计算方式有许多种，但大多以实测为准。新设计制冷装置时，先用计算方法初步选定，再实测流量后决定制造标准尺寸。

① 根据压缩机工况条件下的实际排气量和毛细管对氮气的流量来确定。即已知实际排气量 $q_{V\mathrm{a}}$ 值，根据式（3－93）和式（3－94）求出氮气流量，选某一内径尺寸的毛细管后，再计算其长度。

$$q_{V\mathrm{n}} = 95 q_{V\mathrm{a}}^{1.23}\left(\frac{p_0}{p_\mathrm{k}}\right)^{0.9} \tag{3-93}$$

$$q_{V\mathrm{n}} = 2.5\sqrt{p_0^2 - 1}\,L^{0.5} d^{2.5} \tag{3-94}$$

式中，$q_{V\mathrm{n}}$ 为所测定的氮气流量（L/min）；$q_{V\mathrm{a}}$ 为压缩机的实际排气量（L/min）；p_0 为测量氮气流量的入口压力（Pa）；L 为毛细管长度（mm）；d 为毛细管内径（mm）。

用式（3－94）计算得到图3－26所示的曲线。也可依式（3－95）进行制冷剂流量值的计算。

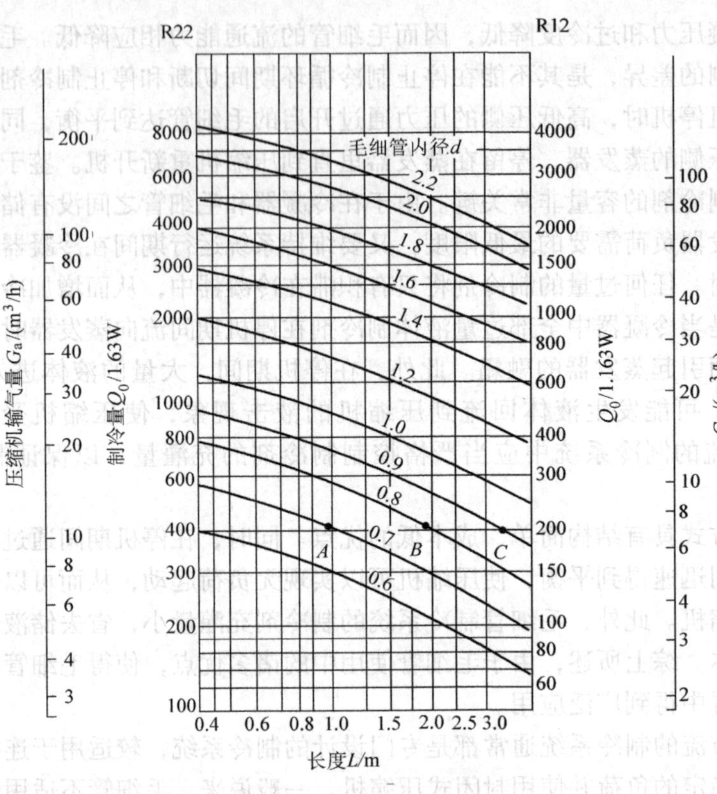

图 3－26　毛细管初选曲线图

表 3－37 列出丹麦丹佛斯（Danfoss）公司所生产的小型全封闭式压缩机在不同工况下的毛细管尺寸和所测氮气流量值。图 3－27 所示为用氮气测定毛细管流量的装置。

表 3－37　丹麦丹佛斯（Danfoss）公司小型全封闭式压缩机在不同工况下的毛细管尺寸和所测氮气流量值

蒸发温度/℃（压缩机型号）				配毛细管规格		
－35 ~ －20	－20 ~ －10	－10 ~ +5	0 ~ 15	氮气流量/（L/min）	内径/mm	长度/mm
PW3.5	PW3			6.2	0.71	3550
PW4.5	PW3.5			8.4	0.80	3550
PW5.5	PW4.5			9.4	0.90	5000
	PW5.5			10.5	0.90	4000
		PW3		11.9	1.00	3150
		PW3.5		13.5	1.12	4000
		PW4.5		16.5	1.12	5000
		PW5.5	PW3	19.5	1.00	3500
			PW3.5	22.0	1.20	1500
			PW4.5	25.0	1.20	3000
			PW5.5	29.0	1.20	2200

② 实测法。将几台经过实测和经证实符合设计工况要求的制冷系统作为样机，拆除该机的毛细管作为标准品并测出其若干数据，作为生产中对毛细管的测定依据。

将要测定的毛细管，连接到一个有一定入口的容器上，如图 3－28 所示。保持容器内稳定气压，检测毛细管在每分钟内液体流量值。测定中要保持环境温度基本稳定。

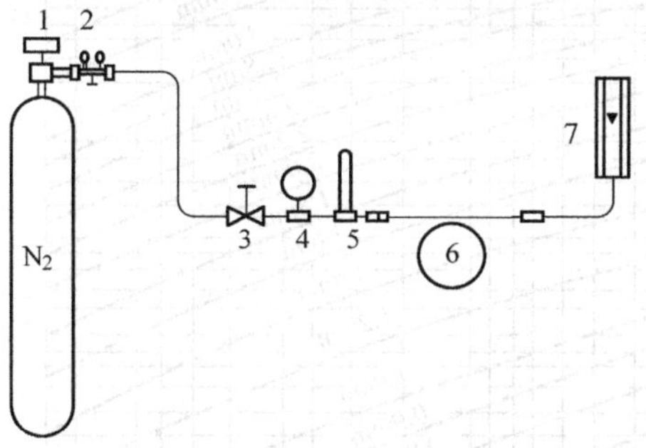

图 3－27　用氮气测定毛细管流量的装置

1—瓶阀　2—减压器　3—截止阀　4—压力计　5—温度计　6—毛细管　7—流量计

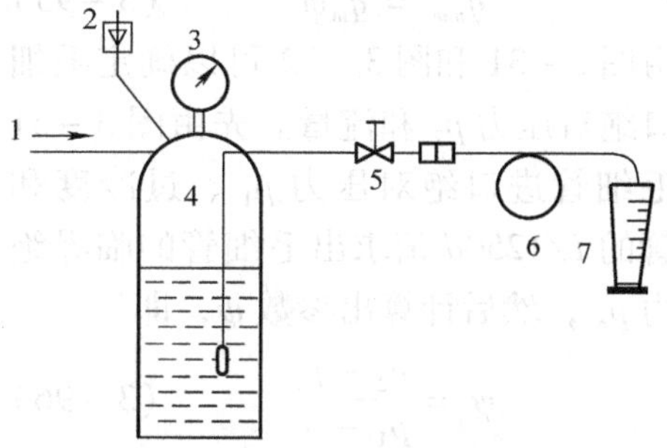

图 3－28　用液体测定毛细管流量

1—外加气压源　2—恒压阀　3—压力计　4—液体容器　5—截止阀　6—毛细管　7—量杯

③ 图解法。即在稳定的工况下，对某种制冷剂按试验数据作出线图。实际应用时，根据已知的条件，通过线图选择适用的毛细管长度和内径。图 3－26 所示是在进口温度为 46.1℃，蒸发压力 p_0 小于或等于临界压力时，制冷剂 R22 的毛细管初选曲线图。如果已知制冷剂种类、制冷量 Q_0、压缩机流量 q_m 等条件，就可以从图上方便地确定适用的毛细管长度和内径。若采用 R22 制冷剂的制冷装置，当 $Q_0=652\text{W}$、$q_m=10\text{kg/h}$ 时，即可在图中找到 A、B、C 三点，得到三种长度和三种内径的毛细管，其长度分别为 0.86m、1.9m、3.35m，内径分别为 0.7mm、0.8mm、0.9mm。可以看出，三种规格中毛细管管径越小，其长度越短；反之，则越长。实际应用时，可按装置的具体结构特点及要求，从三种规格中选取一种。

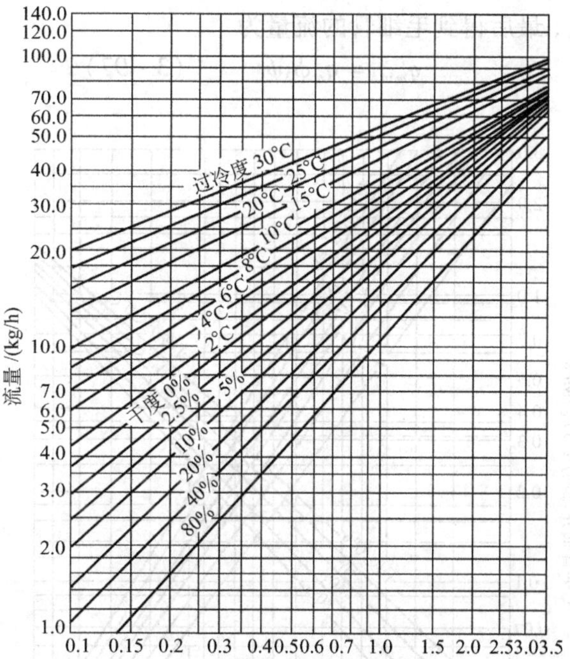

图 3－29　按毛细管的进口压力和过冷度确定流量

图 3－29 和图 3－30 是用于 R22 制冷剂按不同的冷凝压力和毛细管进口的过冷度确定通过毛细管流量的曲线图。这两个图适用的工况范围较广，但精确度稍差，实际使用时应作试验调整。应用方法是：先根据制冷装置的运行工况，即毛细管进口的 R22 制冷剂工作压力和过冷度（制冷剂冷凝温度和毛细管进口

处温度之差）按图 3-29 确定制冷剂流量 q_m，然后，根据选定的毛细管内径 d 和长度 L，按图 3-30 求出流量系数 ϕ，则毛细管的流量为

$$q_{mm} = q_m \phi \qquad (3-95)$$

由图 3-31 和图 3-32 可以确定毛细管出口绝对压力 p_2 和流量。先由图 3-31 按照毛细管进口绝对压力 p_1、过冷度和毛细管的 $L/1250d$ 值求出毛细管的临界绝对压力 p_c，然后计算出参数 ψ，即

$$\psi = \frac{p_2 - p_c}{p_1 - p_c} \qquad (3-96)$$

式中，p_1 为进口绝对压力（MPa）；p_2 为出口绝对压力（MPa）；p_c 为临界绝对压力（MPa）。

再按照图 3-32 求出流量修正系数 ϕ_3，最后得到毛细管的流量为

$$q_{mm} = q_m \phi_3 \psi \qquad (3-97)$$

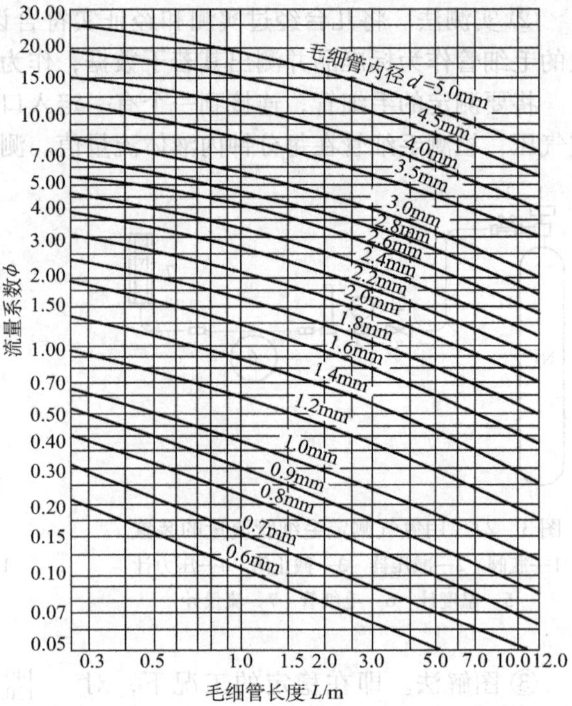

图 3-30　确定毛细管的流量系数

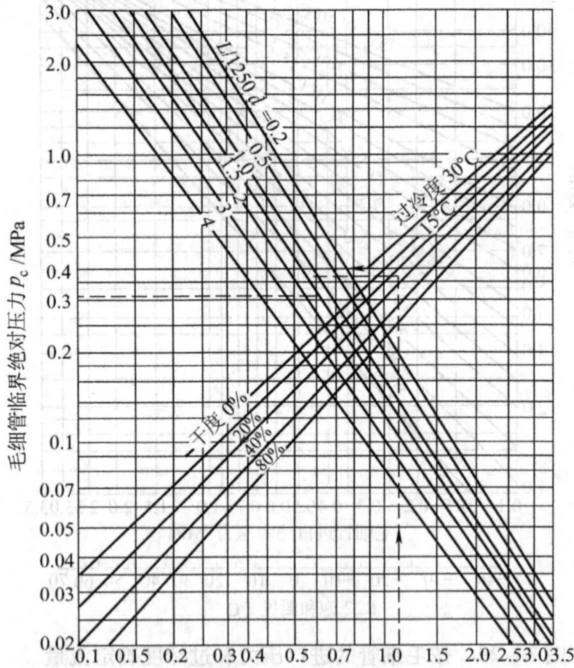

图 3-31　确定毛细管临界出口压力

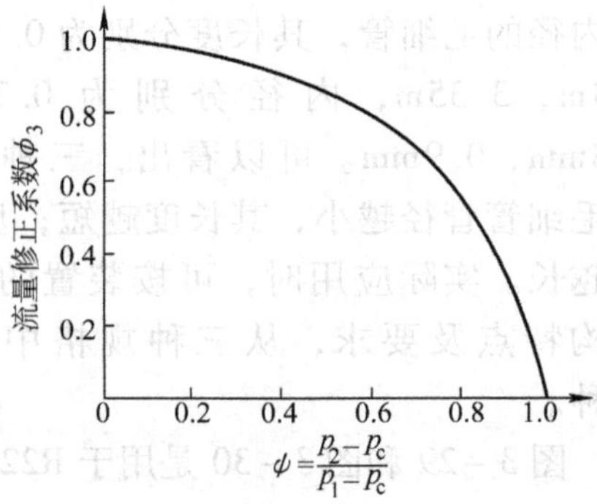

图 3-32　毛细管的流量修正系数

p_1—进口绝对压力　p_2—出口绝对压力

p_c—临界绝对压力

当毛细管贴在压缩机吸气管上时，毛细管得到进一步的过冷。利用图3－33可以确定毛细管的过冷度。其方法是先由横坐标上的吸气管内径向上作平行于纵坐标的直线，交R22辅助线，再由此交点作横轴的平行线，交流量曲线。再由此交点向下作纵坐标的平行线，交毛细管长度线。再由此交点作横坐标的平行线，交毛细管入口与压缩机吸气管入口温差曲线。再由此交点作平行于纵坐标的直线，在横坐标上读出液体过冷度。

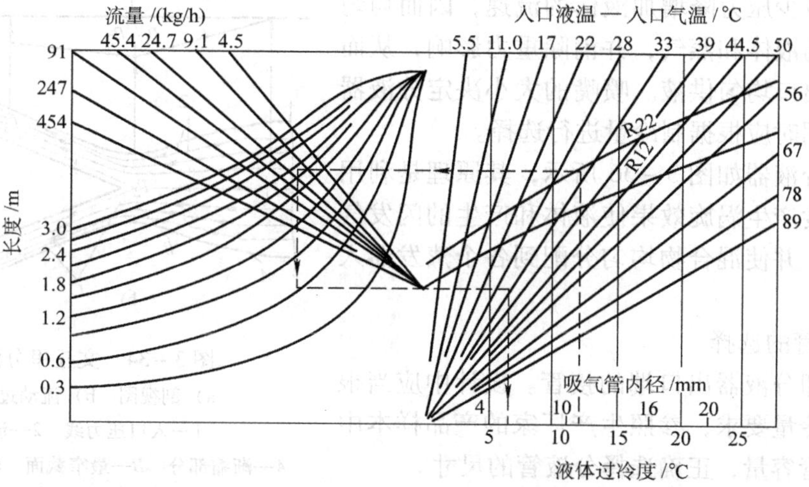

图3－33　确定毛细管与吸气管有热交换时的液体过冷度

④ 可利用计算法，但毛细管的计算公式到目前为止都不十分精确。这里介绍一种从管道阻力计算中推导出来的经验公式。该公式中所取的摩擦阻力系数采用勃兰修斯公式，即 $f = 0.3164Re^{-1/4}$ 。据相关报导，此公式作为摩擦阻力系数计算毛细管长度，更能接近实际。毛细管的计算公式为

$$L = \frac{\Delta p Re^{0.25} d}{0.1582 v^2 \rho} \tag{3-98}$$

式中，Δp 为压力降（Pa），$\Delta p = p_k - p_0$；Re 为雷诺数；L 为毛细管长度（m）；v 为制冷剂流速（m/s）；ρ 为制冷剂密度（kg/m^3）；

也可用式（3－99）进行估算，即

$$q_{ma} = 5.44 D^{2.71} \left(\frac{\Delta p}{L}\right)^{0.571} \tag{3-99}$$

式中，q_{ma} 为制冷剂流量（g/s）；Δp 为毛细管进、出口压力降（MPa）；L 为毛细管长度（m）；D 为毛细管直径（mm）。

3.3.4　分液器

1. 分液器的类型

当蒸发器有多个制冷剂环路时，从膨胀阀流出的制冷剂到蒸发器的各个环路需要通过液体分配器配送，以保证各环路供液均匀。分液器有文丘里式、压力降式、离心式三种形式。

文丘里喷管式分液器的流动特性如图3－34所示。制冷剂从截面A进入后，先渐缩到B再减速扩压到C，靠压力能均匀分流。管内的收缩与扩张段采用平滑过渡，整个过程中不发

生湍流，压力损失小（压力损失局限在液体与管壁面的摩擦），但因内部是一个特殊的曲面，制造复杂。

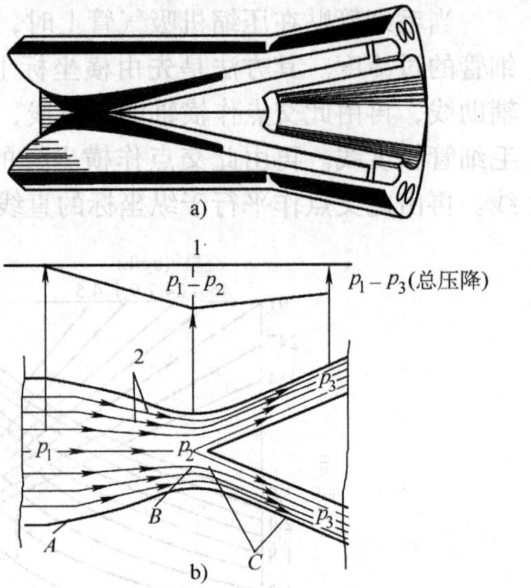

图 3－34 文丘里分液器

a）剖视图 b）流动过程图

1—入口压力线 2—流线

A—渐缩部分 B—最窄截面 C—分流部分

压力降式分液器如图 3－35 所示。该分液器是一圆柱形壳体，内设可更换的喷嘴，端部用一弹簧圈固定，以减少压力降增加液体的流速，因而均匀地输送混合的液体和蒸气，并消除重力影响，从而实现向各输出口均匀供液。喷嘴的大小决定分液器的能力，使用时应根据制冷量进行选择。

离心式分液器如图 3－36 所示，其原理是利用高的入口速度产生涡旋效果使液体和产生的闪发气体均匀混合，并使混合物均匀分配到各个蒸发器入口管。

2. 分液管的选择

分液管即分液器出口端的接管。设计中应当根据装置的制冷量要求，参照生产厂家的产品样本中提供的分液管容量，正确选择分液管的尺寸。

分液管的额定能力定义为：管长 1m、压力降 Δp =50kPa 时，其允许制冷剂流通量所具有的制冷能力。若分液管长度不等于 1m，应当将蒸发器每路要求的制冷量乘以管长修正系数 ξ（见表 3－38）。然后再以此为额定能力，查表 3－39确定分液管的尺寸。

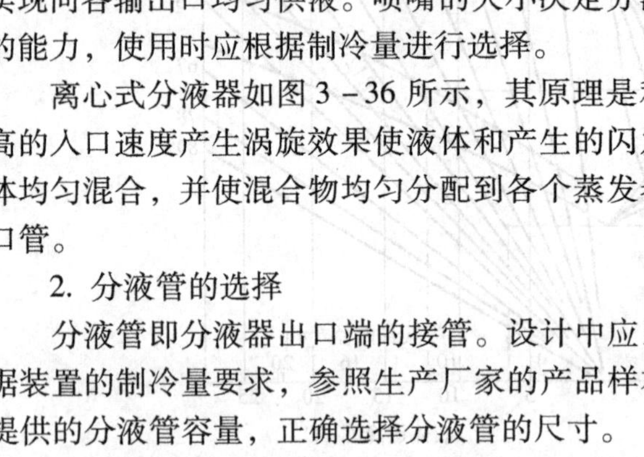

图 3－35 压力降式分液器

1—卡管 2—喷口板 3—壳体 4—分液管

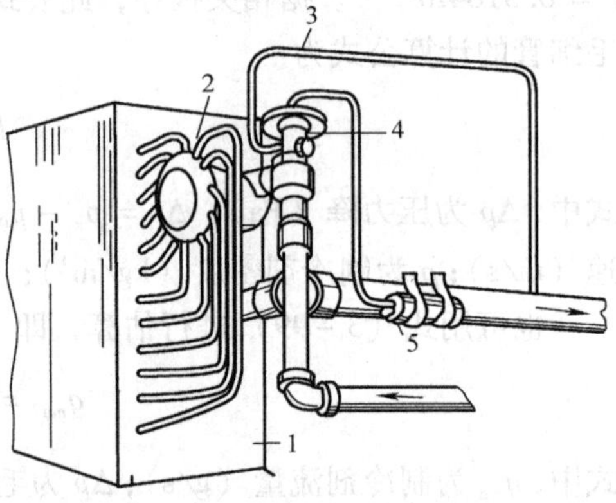

图 3－36 离心式分液器

1—蒸发器 2—离心式分液器 3—外平衡引管

4—热力膨胀阀 5—感温包

表 3－38 管长修正系数 ξ

分液管长 L/m	0.25	0.5	0.75	1.0	1.25	1.5	1.75	2.0	2.25	2.5
管长修正系数 ξ	0.5	0.7	0.85	1.0	1.12	1.23	1.33	1.42	1.51	1.60

表3-39 R22分液管的额定能力（管长$L=1\text{m}$，压降$\Delta p=50\text{kPa}$）

管径/mm	5	6	8	10
蒸发温度t_0/℃	额定能力/kW			
+10	2.4	5.1	9.7	15.8
+5	2.2	4.5	8.5	14.0
0	1.9	4.0	7.4	12.3
-5	1.6	3.4	6.4	10.6
-10	1.4	2.9	5.5	9.1
-15	1.2	2.4	4.7	7.7
-20	0.99	2.1	4.0	6.5
-25	0.87	1.7	3.3	5.6
-30	0.70	1.5	2.8	4.7
-35	0.58	1.2	2.3	3.9
-40	0.52	1.1	2.0	3.3
-45	0.47	0.87	1.7	2.8
-50	0.41	0.76	1.5	2.4
-55	0.35	0.64	1.3	2.2
-60	0.29	0.52	1.2	1.9

例3-9 已知：制冷剂为R22；蒸发器制冷量$Q_0=20\text{kW}$；蒸发温度$t_0=-15℃$；分液路数$n=10$；分液管长$L=1.25\text{m}$。确定分液管的管径。

解：每路要求的制冷能力为$Q=Q_0/n=(20/10)\ \text{kW}=2\text{kW}$。查表3-38，$L=1.25\text{m}$时，管长修正系数$\xi=1.12$，$\xi Q=(2\times1.12)\ \text{kW}=2.24\text{kW}$。再查表3-39，可采用$\phi$6mm的分液管。

每根分液管的实际冷量与其额定能力之比Q/Q_0，为分液器冷量利用百分比，其与文丘里式分液器的压力损失Δp之间的关系见表3-40，在选择膨胀阀时必须考虑该压力损失。

表3-40 文丘里式分液器的压力损失Δp与冷量利用率百分比Q/Q_0的关系

Q/Q_0（%）	20	30	40	50	60	70	80	90	100	110	120	130	140	150
Δp/kPa	30	33	42	52	62	72	82	92	104	115	128	142	158	175

分液器出口数目应与蒸发器的分路数相同。否则，不管哪种分液器都会出现流动不对称的现象，造成分液不均匀。分液器与膨胀阀之间的管段应尽可能短，并应避免二者之间有阀件或狭窄处，否则会产生附加压力降，影响分液效果。管段还应避免弯曲，否则会因离心力破坏分液器中的流动均匀性，也造成分液不均。分液器应当垂直安装，避免对分液均匀性产生不良的影响。

3.3.5 制冷剂泵

制冷剂泵的选型的依据是制冷剂泵的流量、扬程（输出压头）和泵的吸入压头。

1. 泵的流量

$$q_{VP} = nq_{Ve} \tag{3-100}$$

式中，q_{VP} 为制冷剂泵的流量（m^3/h）；q_{Ve} 为制冷剂泵所供蒸发系统的制冷剂蒸发量（m^3/h）；n 为流量系数（循环倍率）。

对空气自然对流条件下冷负荷比较稳定的蒸发器，以及蒸发器组数较少和不易积油的上进下出供液系统，为均匀配液，$n=3\sim4$；对强制空气循环，以及冷负荷波动较大、蒸发器组数较多和容易积油的下进上出供液系统，$n=5\sim6$；对上进下出供液系统，$n=7\sim8$。

2. 泵的扬程

一个系统内连接不同压力的蒸发器时，制冷剂泵的压头应按蒸发压力较高的蒸发器计算，制冷剂泵的扬程必须克服下列压头的损失：①制冷剂泵中心至最高蒸发器进液口的液柱；②制冷剂泵的出口至蒸发器进液口的全部阻力损失，包括阀门和管件等的局部阻力；③蒸发器的供液元件前应维持100kPa的自由压头，以调节各个蒸发器的流量。

3. 泵的吸入压头

各种形式的制冷剂泵，由于结构的特点，有各自的气蚀余量，气蚀余量为制冷剂泵不发生气蚀所必需的吸入压头。气蚀余量的数值随制冷剂流量的增加而增大，制冷剂泵生产厂家提供相应的气蚀余量曲线。

制冷剂泵的系统设计，依据系统中制冷剂泵出现最大流量时的气蚀余量数值，计算出制冷剂泵吸入侧需要的液位高度，以确保制冷剂泵在各种工况下运行均不发生气蚀，此液位高度通常称为静液柱高度，在低压循环储液器内保持稳定，即

$$H = \mathrm{NPSH} + H_f + 0.5 \tag{3-101}$$

式中，H 为低压循环储液器正常液面至制冷剂泵轴中心线的液位高度（m）；NPSH 为净正吸入压头，系统中制冷剂泵可能出现的最大气蚀量（m）；H_f 为制冷剂泵吸入管段的摩擦阻力压头损失（m）；0.5 为吸入压头安全余量（m）。

3.3.6 干燥器和过滤器

制冷剂过滤器用于清除制冷剂液体或气体中的机械杂质。液体过滤器设置在节流阀、热力膨胀阀、电磁阀和液泵之前的液体管路上，用以保护阀的严密性和液泵的运转部件。气体过滤器设置在压缩机的吸气口，以保证压缩机的气缸和阀片避免磨损。

在氟利昂制冷系统中，需设置干燥器以吸附制冷剂中的游离水分，防止在管路截面狭窄处（特别是热力膨胀阀的出口处）形成冰塞，通常氟利昂制冷系统中的干燥器和过滤器合为一体，即干燥过滤器。

干燥器和过滤器的大小应根据制冷系统管路的管径来选配。

第4章 管道设计

制冷装置能否达到预期的设计效果，除了合理选择压缩机及各种设备附件外，在很大程度上取决于管道系统的合理设计，制冷装置管道的设计是指把制冷压缩机及各种制冷设备和配件用管道合理连接起来组成制冷系统。制冷系统的管道设计包括对制冷剂管道、载冷剂管道、冷却水管道和润滑油管道进行设计，即对管道进行水力计算、尺寸确定、配件和管材的选择、强度计算、管道与管件的合理布置和管道的保温等。管道设计合理与否，关系到整个制冷装置运行的可靠性、经济性及维修管理的方便性。

4.1 氨制冷系统的管道设计

氨制冷系统的管道设计必须符合制冷原理，并根据制冷工艺要求进行。必须保证制冷机器设备的安全运转、安装操作和检修的方便；使管道连接简短顺畅，经济合理；使管内阻力最小；兼顾管道布置的整齐美观。氨制冷管道的管材为无缝钢管，管道的连接方式为管与管焊接，管与管件法兰连接，密封材料采用普通橡胶。

4.1.1 管道要求

1. 管道坡度

主要制冷剂管道应保持一定必要的坡度和坡向以满足制冷工艺要求，见表4-1。

表4-1 系统管道坡度方向

管道名称	倾斜方向	倾斜度（%）
制冷压缩机排气至油分离器的水平管段	向油分离器	1~2
与安装在室外冷凝器相连接的排气管	向冷凝器	1~2
制冷压缩机水平吸气管	向低压循环桶或氨液分离器	2~3
冷凝器至储液器的水平供液管	向储液器	2~3
液体调节站至蒸发器的水平供液管	向蒸发器排管	1~2
蒸发排管至气体调节站的水平回气管	向排管	2~3
气体调节站至低压循环桶或氨液分离器的水平回气管	向低压循环桶或氨液分离器	2~3

2. 管道伸缩弯

在管道直管段，当低压管超过100m、高压管超过50m时，为防止管道由于热应力被破坏，应设计伸缩弯。

伸缩弯半径通过计算管道的膨胀量而确定。即

$$\Delta L = KL\Delta t \tag{4-1}$$

式中，ΔL 为管道的膨胀量（mm）；K 为钢的膨胀系数（℃$^{-1}$），$K=6.9\times10^{-6}$℃$^{-1}$；L 为管道长度（mm）；Δt 为管道内外温差（℃）。

采用图 4－1a 所示伸缩弯，以 $\Delta L/4$ 值查表 4－2 确定其弯曲半径。采用图 4－1b 所示伸缩弯，以 $\Delta L/5$ 值查该表确定弯曲半径。

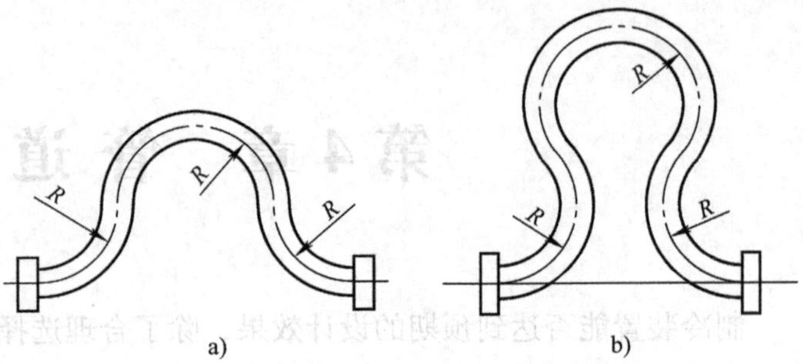

图 4－1　伸缩弯

表 4－2　每个 90°弯头的允许膨胀量

管径/mm	弯头半径/mm											
	300	380	510	760	1015	1270	1525	1780	2030	2280	2540	2800
	允许膨胀量/mm											
25	6	9	19	44	80							
50	3	6	13	25	44	71	98	137				
64		6	9	22	38	57	83	114	146			
76		3	9	16	29	48	67	92	121	152		
90			6	16	25	41	60	79	105	133		
100			6	13	25	38	50	73	95	121	146	
113				13	22	35	48	64	86	108	133	
125				9	19	29	41	57	76	95	117	143
150				9	16	25	35	49	64	79	98	121
200					13	19	25	38	48	64	76	92
250						16	22	29	38	50	60	73
300							19	25	33	41	60	64

3. 管道加固

制冷系统管道，特别是压缩机吸、排气管道，因为气流脉动等因素产生振动，为防止管道开裂泄漏，必须用管架支撑、安装牢固。管架可用 Q235 钢的角钢制作，用 U 形双头螺栓管卡固定，用圆钢或扁钢吊装。机房内管道及有冲击和振动的管道吊杆负荷按 34. 323MPa 计算。库房内无冲击和振动的管道吊杆断面负荷按 98. 066MPa 计算。沿墙敷设的管道可用角钢制作的支架支撑，预埋墙内角钢应将端头掰开，以防脱落。

制冷压缩机排气管及排气总管以及有冲击和振动的管道吊杆，应根据具体情况在吊杆间增设斜撑，沿墙敷设排气总管可直接固定在墙上。

管架的间隔距离取决于管架承受的垂直方向的载荷。最大允许间距应满足两方面的要求：一是满足管道强度的要求，防止管道受垂直方向力的作用而弯曲破坏；二是对于坡度要求的管道，防止挠度变形而达不到坡度要求，造成积液。管架最大间距因管道种类和管径而不同，氨和盐水管道吊点最大间距见表 4－3。

表4-3 氨和盐水管道吊点最大间距

(外径/mm)×(管壁厚/mm)	不带隔热层	带隔热层	气体管	氨液管	盐水管
	气体管	氨液管			
10×2.0	—	1.05	—	0.27	—
14×2.0	—	1.35	—	0.45	—
18×2.0	—	1.55	—	0.60	—
22×2.0	1.95	1.85	0.75	0.756	0.76
32×2.2	2.60	2.35	1.02	1.02	1.02
38×2.2	2.85	2.50	1.20	1.16	1.16
45×2.2	3.25	2.80	1.42	1.40	1.40
57×3.5	3.80	3.33	1.92	1.92	1.90
76×3.5	4.60	3.94	2.60	2.42	2.42
89×3.5	5.15	4.32	2.75	2.60	2.60
108×4.0	5.15	4.75	3.10	3.00	2.95
159×4.5	7.65	6.10	4.56	4.30	4.25
219×6.0	9.40	7.38	5.90	—	5.40
273×7.0	10.90	8.40	7.35	—	6.55
325×8	12.25	9.40	8.66	—	7.55
377×10	13.40	10.40	10.00	—	8.70

正常间距应为以上最大间距的0.8；若管道拐弯处或管道上有阀门等附件时，应于管道一侧或两侧增设吊点。管道变更方向时，吊点离弯头距离不宜大于600mm，并尽可能将吊点设在较长的管道上。制冷压缩机排气管道支架的间距，当管径大于108mm时，可采用3m；当管径小于108mm时，采用2m，排气管在拐弯处必须设一支架。

机房内的管道宜集中布置，集中使用管架，压缩机吸、排气管道布置在机房走道上方，采用吊架；辅助管道可以沿墙、柱、梁等布置，采用支架，注意不可挡门窗，不可影响通风采光。机房外管道采用沿墙布置、支架支撑；架空管道采用落地支架支撑。管道通过人行道时，管道下缘与道面之间的净距离不可小于3m。管道通过车行道时，管道下缘应高于道面4.5m。低支架敷设的管道，为防止浸水，管道应高于地面0.3～0.8m。

保温管道的吊点处应设浸泡沥青的木垫，以防止形成冷桥，木块的大小要与保温层厚度相适应。

4.1.2 管道的计算

制冷管道的计算包括确定主要制冷剂管道的长度、管壁的厚度和管道的直径。根据设计图样中各设备的安装位置和安装条件确定管道长度。根据工作压力选定标准定型管，从而确定管道壁厚。根据氨制冷剂的流量（或负荷）、摩擦阻力（压力降）和流体的流速，确定管道直径。

管径的确定方法有以下几种。

1. 公式法

（1）利用连续性流量方程式和管道中流体的允许流速计算管道内径

$$q_V = 3600Av \tag{4-2}$$

$$A = \frac{\pi}{4}d_n^2 \tag{4-3}$$

$$d_n = \sqrt{\frac{4q_V}{3600\pi v}} \tag{4-4}$$

式中，q_V 为管道中流体的最大流量（m^3/h）；v 为氨制冷管道允许流速（m/s）；A 为管道截面积（m^2）；d_n 为管道内径（m）。

$$q_V = q_m v_0$$

式中，q_m 为流体的质量流量（kg/h）；v_0 为流体的比体积（m^3/kg），见表4－4。

表4－4　氨制冷管道允许流速

管道类别	工作温度/℃	允许流速/（m/s）
高压自流输液管	25～40	0.5
高压氨液管	25～40	0.5～1.5
氨泵液管	－10～－45	0.5～1.5
氨吸入管	－10～－45	10～16
氨排气管	90～15	12～25

（2）校核阻力损失是否符合管道允许的压力降

1）对单相流体的制冷剂管道，总阻力损失为

$$\sum \Delta p = \Delta p_f + \Delta p_j \tag{4-5}$$

$$\Delta p_f = \frac{\lambda L \rho v^2}{2d_n} \tag{4-6}$$

$$\Delta p_j = \frac{\lambda L_e \rho v^2}{2d_n} \tag{4-7}$$

式中，$\sum \Delta p$ 为管道总阻力损失（Pa）；Δp_f 为摩擦阻力损失（Pa）；Δp_j 为局部阻力损失（Pa）；λ 为管道的摩擦阻力系数，见表4－5；L 为管道直管段长度（m）；L_e 为产生局部阻力的阀门、弯头三通等管件的当量长度，管件当量长度系数见表4－6；d_n 为以允许流速计算出的管内径（m）；v 为管道允许流速（m/s）；ρ 为流体密度（kg/m^3）。

表4－5　摩擦阻力系数 λ

干饱和蒸气和过热蒸气	0.025
湿蒸气	0.033
制冷剂液体	0.035
水和盐水	0.040

对层流：

$$\lambda = \frac{64}{Re} \tag{4-8}$$

对湍流：
$$\lambda = 0.0055\left[1 + \left(20000\frac{e}{d_n} + \frac{10^6}{Re}\right)^{\frac{1}{3}}\right] \tag{4-9}$$

式中，e 为管子的绝对粗糙度。

表 4-6 管件当量长度系数（$n = L_e/d_n$）

阀门与管件名称	系数 n
角阀（全开）	170
闸阀（全开）	8
单向阀（全开）	80
球形阀（全开）	340
丝扣45°弯头	14
丝扣90°弯头（二段组成）	30
焊接45°弯头（二段组成）	15
焊接60°弯头（二段组成）	30
焊接90°弯头（二段组成）	60
焊接90°弯头（三段组成）	20
焊接90°弯头（四段组成）	15
三通干管	60
三通支管	90
管径扩大（$d/D=1/4$）	30
管径扩大（$d/D=1/2$）	20
管径扩大（$d/D=3/4$）	17
管径缩小（$d/D=1/4$）	15
管径缩小（$d/D=1/2$）	11
管径缩小（$d/D=3/4$）	7

管道允许压力降，对吸气管道或回气管道，相当于饱和温度降1℃；对排气管道，相当于饱和温度降0.5℃，见表4-7。

表 4-7 氨制冷管道允许的压力降

	工作温度/℃	允许压力降/kPa
吸气管道或回气管道	-45	3.00
	-40	3.76
	-33	5.06
	-28	6.18
	-15	9.91
	-10	11.67
排气管道	90~150	19.61

如果流体流动过程有液位差，还应考虑流体克服液位差的阻力，即

$$\sum \Delta p = \Delta p_f + \Delta p_j + \Delta p_y$$

$$\Delta p_y = (Z_2 - Z_1)\rho g$$

式中，Δp_y 为流体克服液位差的阻力损失（Pa）；Z_2 为流体出口的液位（m）；Z_1 为流体入口的液位（m）；ρ 为流体密度（kg/m^3）；g 为当地的重力加速度（m/s^2）。

2）对两相流体的制冷剂管道，总阻力损失为

$$\sum \Delta p = \Delta p_f + \Delta p_j + \Delta p_g + \Delta p_a \tag{4-10}$$

式中，Δp_g 为重力阻力损失（Pa）；Δp_a 为加速阻力损失（Pa）。

$$\Delta p_g = gL\sin\theta[\rho_g a + (1 - a)\rho_l] \tag{4-11}$$

$$\Delta p_a = (x_2 - x_1)(v_g - v_l)G^2 \tag{4-12}$$

式中，ρ_g 为气体密度（kg/m^3）；ρ_l 为液体密度（kg/m^3）；a 为截面含气率，即气相流通截面积与总流通截面积之比；θ 为两相流方向与水平面的夹角（°）；x_2 为出口干度；x_1 为进口干度；v_g 为气体比体积（m^3/kg）；v_l 为液体比体积（m^3/kg）；G 为质量流速（$kg/m^2 \cdot s$）；g 为当地重力加速度（m/s^2）。

$$\Delta p_f = \phi_l^2(1 - x)^{2-n}\Delta p_{qf} \tag{4-13}$$

式中，n 为布拉修斯方程指数，对粗糙管取 $n=0$，对光滑管取 $n=0.25$，或 $n=0.2$；x 为流体的干度；Δp_{qf} 为假设全是液体时的单相摩擦阻力损失（Pa）；ϕ_l^2 为分液相折算系数，可按照式（4-14）计算。

$$\phi_l^2 = 1 + \frac{C}{X} + \frac{1}{X^2}$$

$$C = \left[0.75 + \left(\frac{2000}{G} - 0.75\right)\left(1 - \frac{\rho_g}{\rho_l}\right)\right]\left[\left(\frac{\rho_e}{\rho_g}\right)^{0.5} + \left(\frac{\rho_e}{\rho_l}\right)^{0.5}\right] \tag{4-14}$$

式中，ρ_e 为均质两相流密度（kg/m^3）；X 为 Martinelli 参数，可按下列四种情况分别求取。

① 液相和气相都是湍流（$Re_l \geqslant 2000, Re_g \geqslant 2000$ 时），则

$$X = \left[\left(\frac{1-x}{x}\right)^{1.8}\frac{\rho_g}{\rho_l}\left(\frac{\mu_l}{\mu_g}\right)^{0.2}\right]^{0.5} \tag{4-15}$$

② 液相层流（$Re_l \leqslant 1000$），气相湍流（$Re_g \geqslant 2000$）时，则

$$X = \left[\left(\frac{1500}{Re_g}\right)^{0.8}\left(\frac{1-x}{x}\right)\frac{\rho_g}{\rho_l}\frac{\mu_l}{\mu_g}\right]^{0.5} \tag{4-16}$$

③ 液相湍流（$Re_l \geqslant 2000$），气相层流（$Re_g \leqslant 1000$）时，则

$$X = \left[\left(\frac{Re_l}{1500}\right)^{0.8}\left(\frac{1-x}{x}\right)\frac{\rho_g}{\rho_l}\frac{\mu_l}{\mu_g}\right]^{0.5} \tag{4-17}$$

④ 液相和气相都是层流（$Re_l \leqslant 1000, Re_g \leqslant 1000$）时，则

$$X = \left[\left(\frac{1-x}{x}\right)\frac{\rho_g}{\rho_l}\frac{\mu_l}{\mu_g}\right]^{0.5} \tag{4-18}$$

式中，Re_l 为液相雷诺数；Re_g 为气相雷诺数。

$$Re_l = \frac{\rho_l v_l d_n}{\mu_l}$$

$$Re_g = \frac{\rho_g v_g d_n}{\mu_g}$$

$$v_l = \frac{q_{Vl}}{A}$$

$$v_g = \frac{q_{Vg}}{A}$$

式中，μ_l 为液体的动力粘度（Pa·s）；μ_g 为气体的动力粘度（Pa·s）；q_{Vl} 为液体的体积流量（m^3/s）；q_{Vg} 为气体的体积流量（m^3/s）；A 为管道流通的横截面积（m^2）；v_l 为液体的流速（m/s）；v_g 为气体的流速（m/s）。

两相流体的局部阻力可参考单相流体的局部阻力计算，管子的当量长度比单相流动稍长。

2. 图表法

为了简化管道管径的设计计算，根据管道条件，确定选用的计算图表，用查图法或查表法确定管道管径，再根据配管设计时的工况负荷量和管子当量长度，确定设计管道的公称直径。图4-2～图4-9所示是氨制冷剂管道的管径计算图。

对连接制冷剂设备的辅助管道，如放油管、放空气管、均压管、安全管等，其支管的管径应与有关设备的相应管接头直径一致；其总管管径应相应增大。设备、容器上的安全管直径应与其安全阀的直径一致。单台设备容器安全管公称直径不应小于安全阀的公称直径。当多台设备容器的各个安全阀共用一根安全管时，总管的公称直径应不小于25mm，不大于50mm。安全管排出口应高出冷库屋檐或半径50m以内邻近最高建筑物屋檐1m。

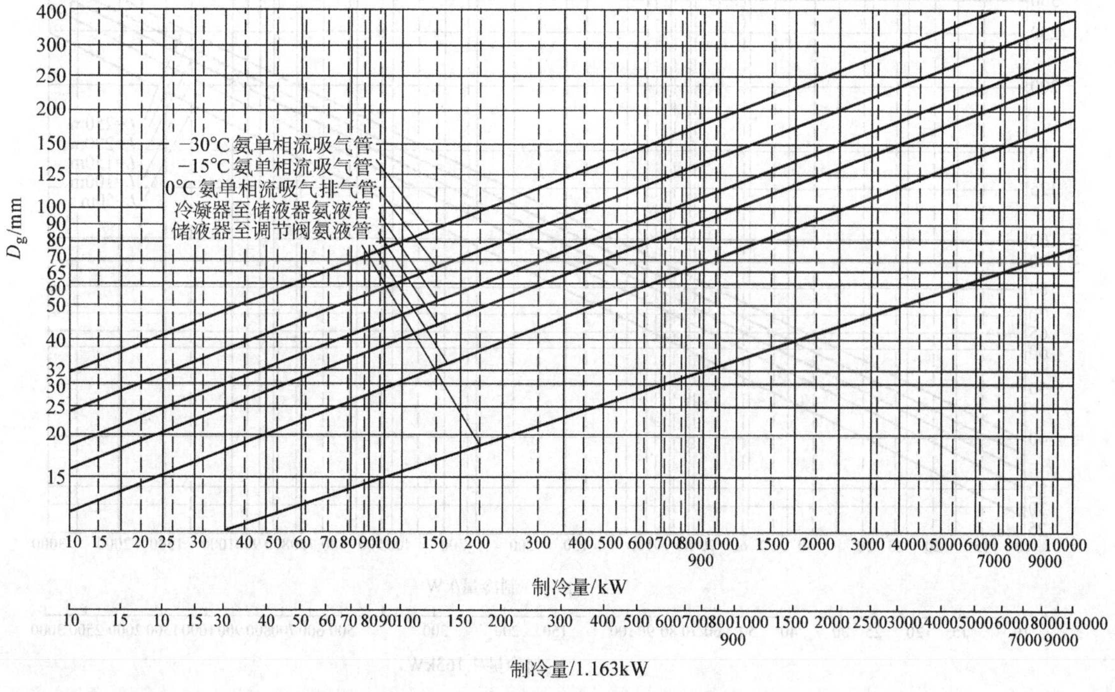

图4-2　管长小于30m氨吸气管的管径计算图

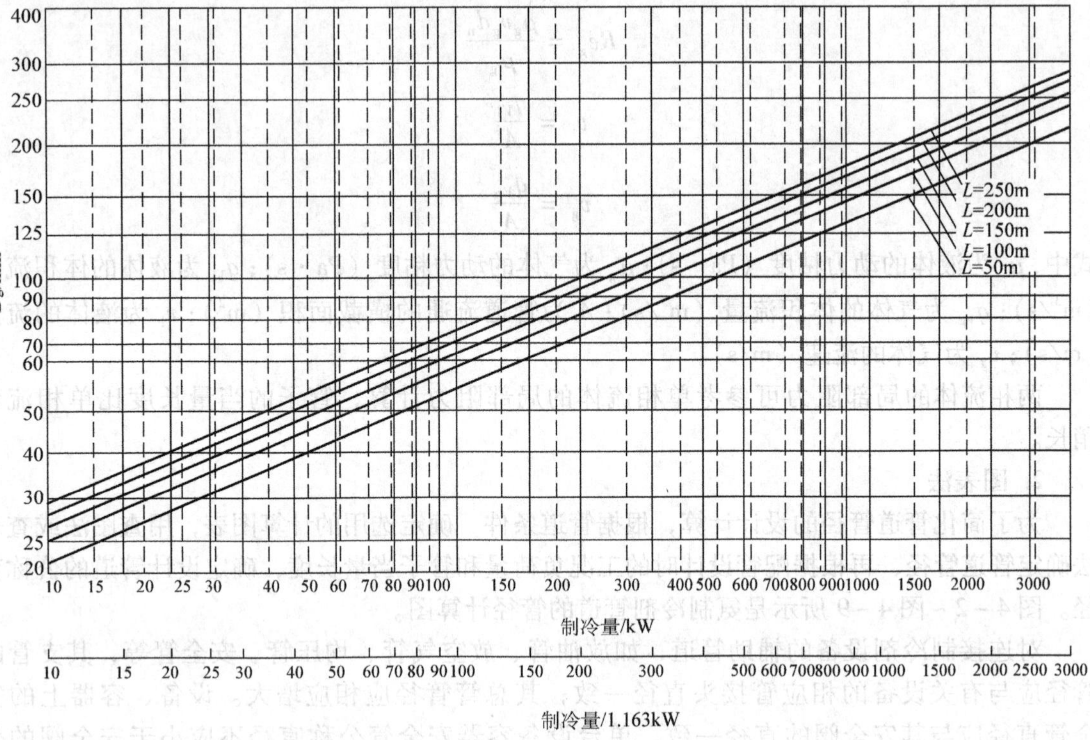

图4-3 蒸发温度-15℃氨单相流吸气管的管径计算图

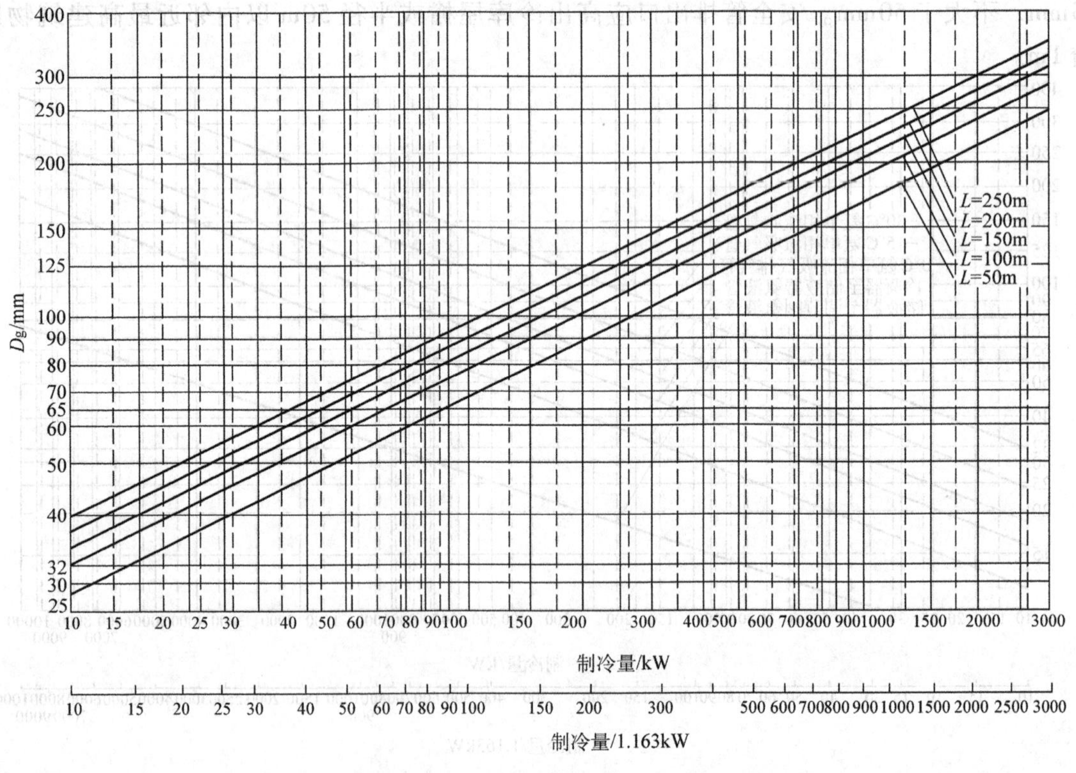

图4-4 蒸发温度-28℃氨单相流吸气管的管径计算图

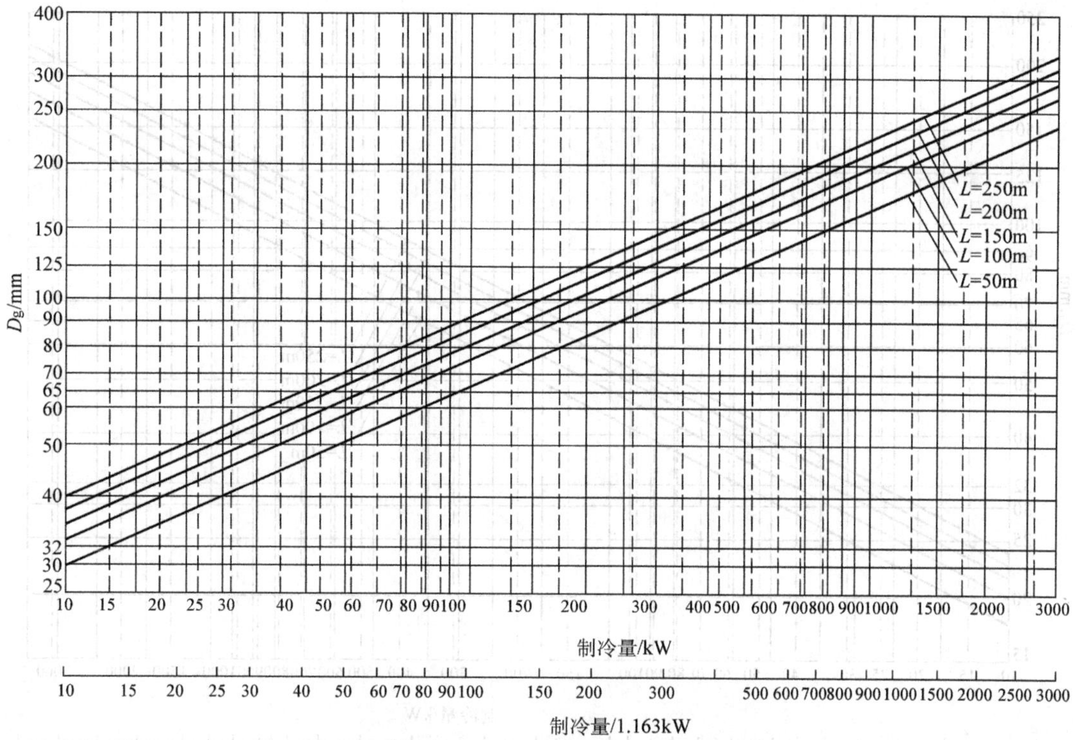

图4－5 蒸发温度－15℃氨两相流吸气管的管径计算图

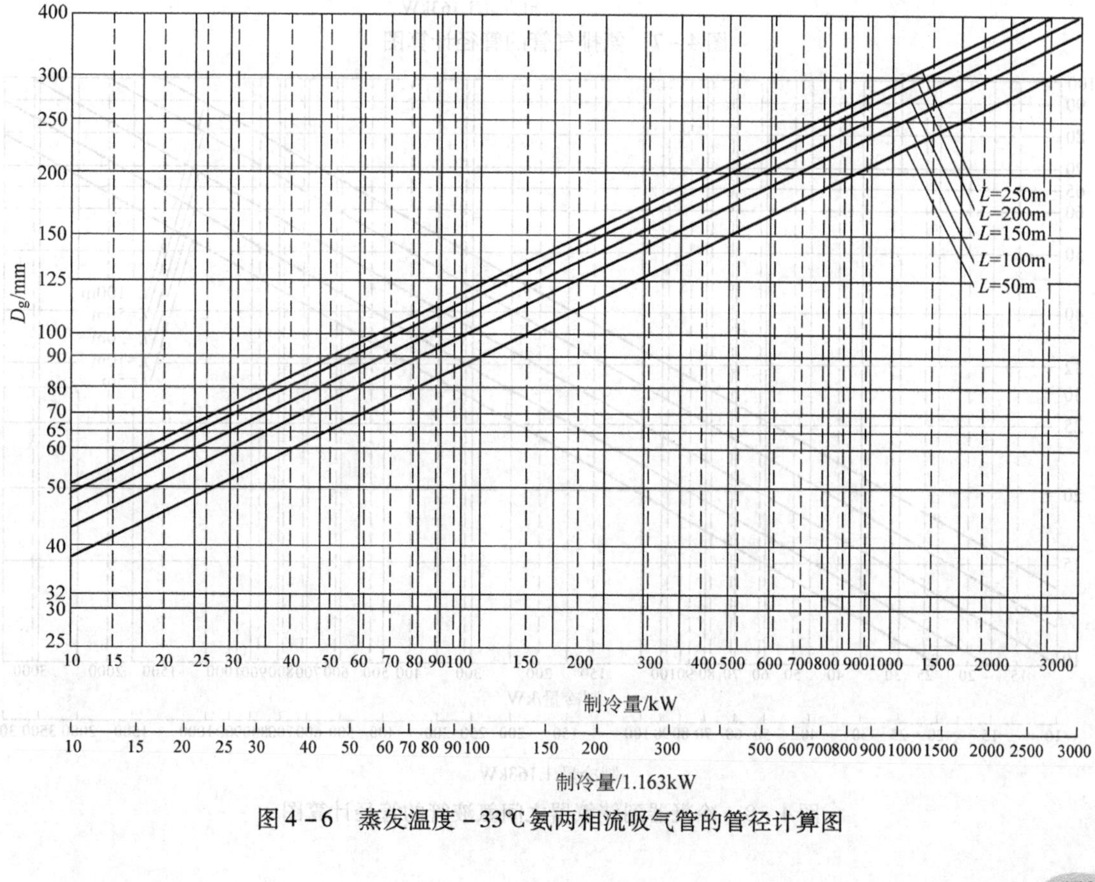

图4－6 蒸发温度－33℃氨两相流吸气管的管径计算图

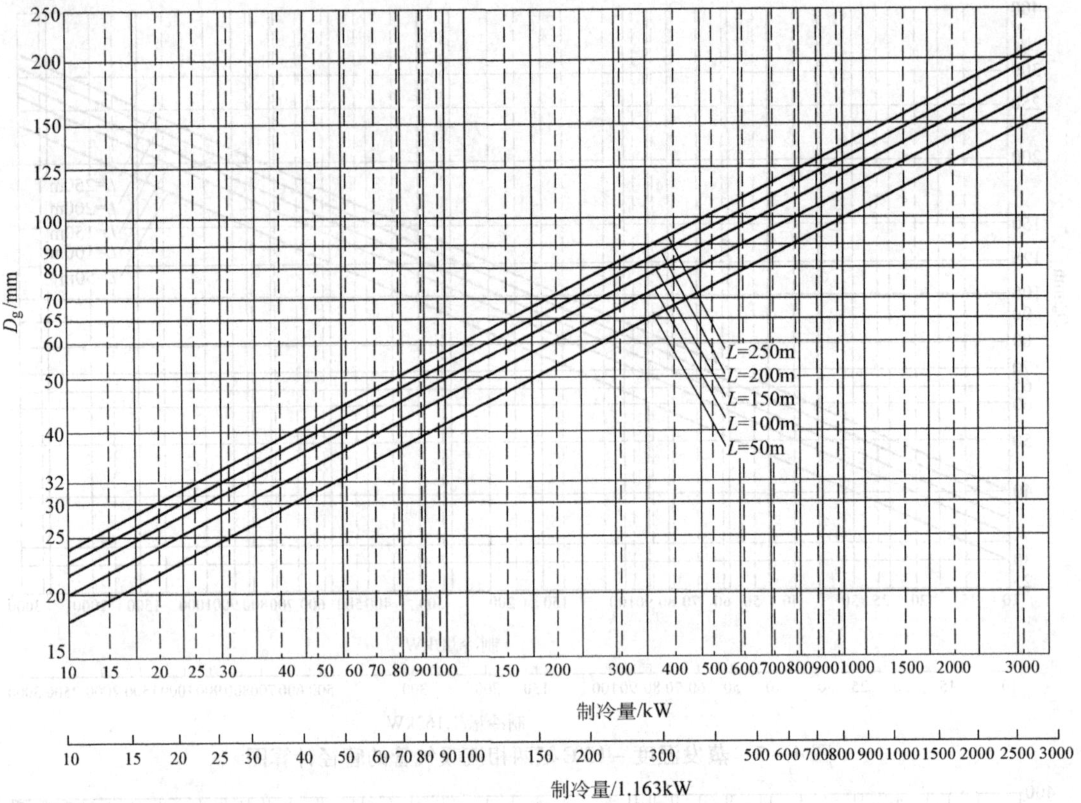

图 4－7　氨排气管的管径计算图

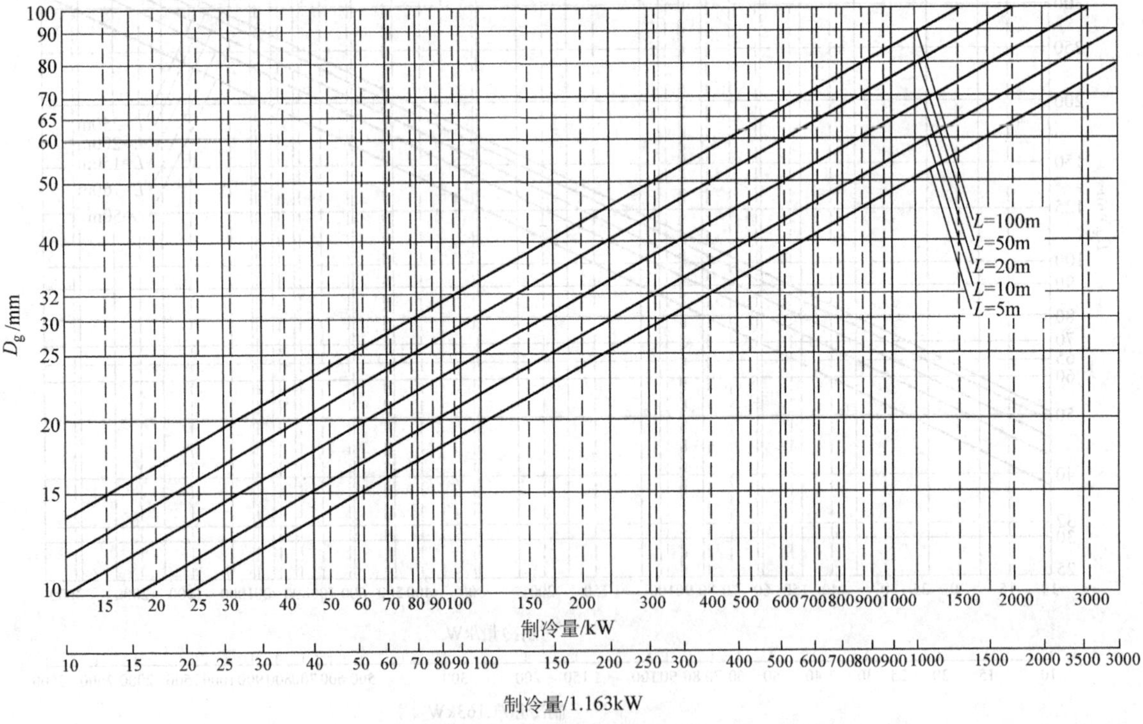

图 4－8　冷凝器到储氨器之间氨液管的管径计算图

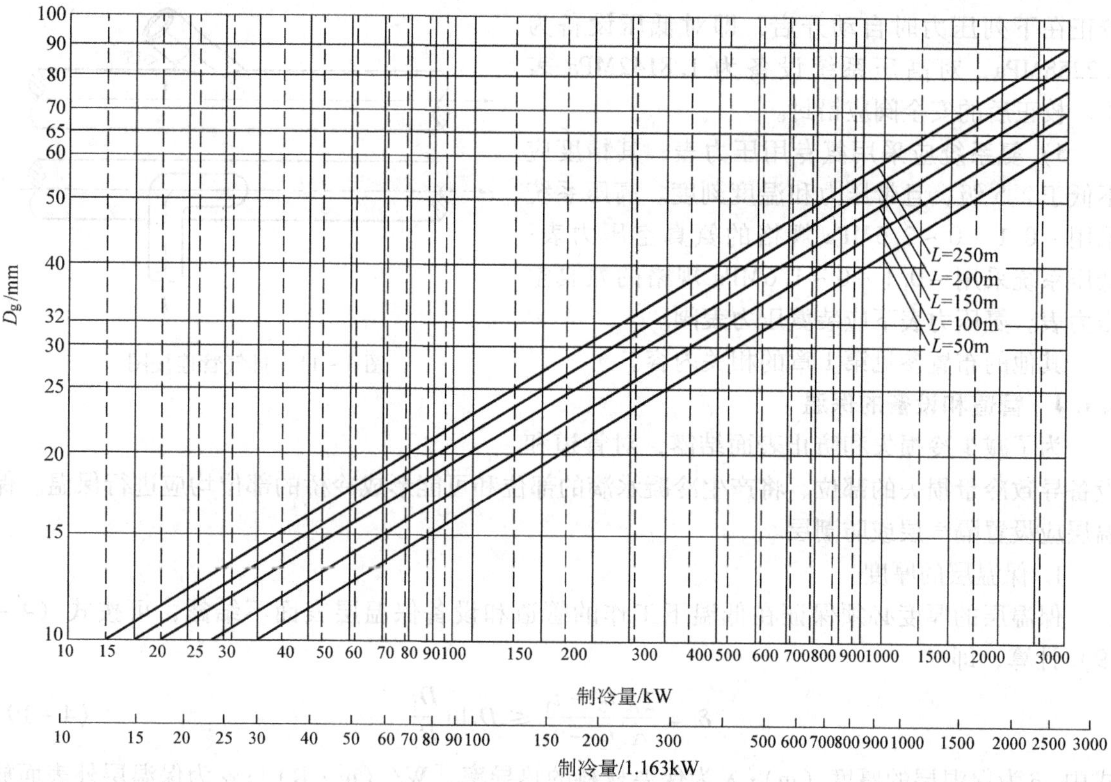

图 4－9 储氨器到分配站之间氨液管的管径计算图

对于两相流体的制冷管道，为简化计算，可以将其假设为单相流管道，利用公式进行计算，将计算结果加大 1～2 号管径，即可满足计算要求，或利用相应的图表计算。

4.1.3 管道的布置

1）重力供液系统的回气管道应注意防止“液囊”的形成。任何管道在同一标高处不应有平面交叉以免形成上下弯的“气囊”“液囊”。同理，也不可以在管道绕过建筑物梁板时形成上下弯。

2）空气分离器、集油器、排液桶、立式（卧式）蒸发器等设备的垂直回气立管不能与两相流回气总管合并，以免造成液体倒流到容器内。其回气管与两相流的回气水平总管连接时，必须从回气总管顶部接出。

3）各台制冷压缩机吸气管与水平吸气总管连接时，宜同吸气总管成 45°角连接，如图 4－10所示。制冷压缩机排气管与水平排气总管连接时，应从排气总管顶部接出，而且同顺气流的方向呈小于 45°角连接，如图 4－11 所示。吸气管与排气管集中敷设时，其管壁间距不得小于 250mm，如布置在同一垂直面上，应该吸气管在下，排气管在上。

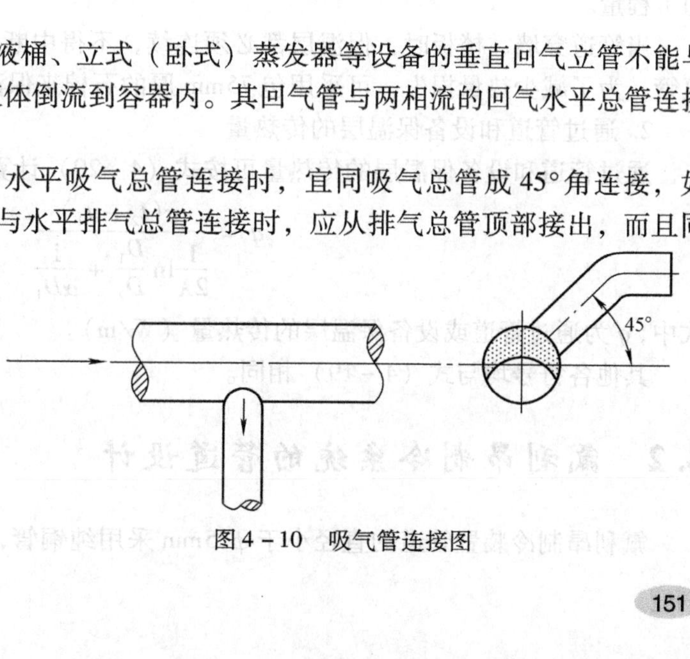

图 4－10 吸气管连接图

4）氨制冷设备安全阀必须

校正在下列压力时自动开启，即对低压设备为 1.2258MPa，对高压系统设备为 1.8142MPa 表压。校正后的安全阀应铅封。

5）氨系统应采用氨专用压力表，其精度应不低于2.5级，且带压力和温度刻度。高压系统采用 -0.1～0～2.5MPa 规格的氨真空压力表；低压系统采用 -0.1～0～1.6MPa 规格的氨真空压力表。氨压力表下应装氨压力表阀。

其他的布置参见第1章的相关内容。

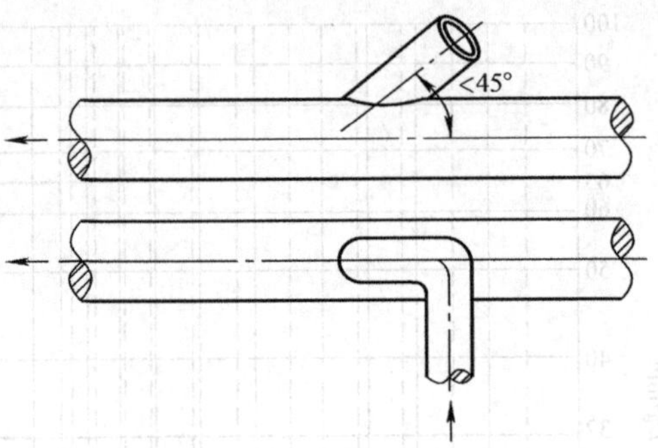

图4-11　排气管连接图

4.1.4　管道和设备的保温

为了减少冷损失和防止表面结露，对管道和设备导致冷量损失的部位、将产生冷凝水滴的部位和可能形成冷桥的部位均应进行保温。保温层应设置隔气层或防潮层。

1. 保温层的厚度

保温层的厚度必须保证在低温下工作的管道和设备保温层表面不结露，可按式（4-19）计算，即

$$\delta = \frac{2\lambda}{\alpha}\frac{t_3 - t_1}{t_2 - t_3} \leqslant D_1 \ln \frac{D_1}{D_2} \tag{4-19}$$

式中，δ 为保温层的厚度（m）；λ 为保温材料的热导率［W/（m·K）］；α 为保温层外表面放热系数［W/（m^2·K）］，可采用8.141W/（m^2·K）；t_3 为保温层外表温度（℃），可按日平均温度下的露点温度加1～2℃；t_1 为管道或设备内制冷剂（或盐水）的温度（℃）；t_2 为管道或设备周围空气温度（℃），一般常温地区取夏季空调日平均温度；D_1 为管道或设备包保温层后的外径（m），$D_1 = D_2 + 2\delta$；D_2 为管道或设备的外径（m）。

式（4-19）是一个超越方程，只能采用近似计算法求解。在设计中，为简化计算，可以在有关设计手册的图、表中查取所需管道和设备的保温层厚度及保温、隔气、粉刷等各层的工程量。

当管道穿墙、楼板时，保温层都必须连续，不得中断，防止“冷桥”。热氨融霜用的热氨管，为了减少热量损失，可采用包75mm厚的石棉来保温。

2. 通过管道和设备保温层的传热量

通过管道和设备保温层的传热量可按式（4-20）计算，即

$$q = \frac{\pi(t_2 - t_1)}{\dfrac{1}{2\lambda}\ln\dfrac{D_1}{D_2} + \dfrac{1}{\alpha D_1}} \tag{4-20}$$

式中，q 为通过管道或设备保温层的传热量（W/m）。

其他各符号均与式（4-19）相同。

4.2　氟利昂制冷系统的管道设计

氟利昂制冷装置管道的直径小于 ϕ25mm 采用纯铜管，直径大于 ϕ25mm 选用无缝钢管。

管道连接方式有焊接、法兰连接和螺纹联接，密封材料采用丁腈橡胶。

4.2.1 管道要求

氟利昂制冷装置管道设计方案随所用工质、结构形式不同而变化，但都必须遵循以下原则：

1）保证为所有的蒸发器提供足够的制冷剂，且供液分配均匀。

2）保证制冷压缩机排气所带走的润滑油能连续地返回到曲轴箱，以免压缩机失油。

3）制冷剂在管内的流动阻力损失小，以使制冷系统提供最大的制冷能力和具有良好的经济性。

4）在制冷压缩机运行、停机或起动期间，应防止液态制冷剂进入压缩机，以免造成液击。

5）避免在蒸发器或回气管中有积油现象，以免冲击、破坏制冷压缩机。

6）能保证机组从0%到100%能量调节时润滑状况良好。

7）多台制冷压缩机并联运行时，应充分考虑制冷剂与润滑油的均衡。

在制冷系统的管道设计中如不能同时满足上述要求，应采取折中的方法，确定最佳设计方案，以求做出正确合理的选择。制冷系统中，不同的工作介质，其物性不同，管道设计的原则也不同。制冷装置的工作温度可分为低温、中温和高温，制冷装置因工作温度不同，其管道配置也应不同。在制冷系统中，处于不同位置的管道有不同的作用，也有不同的设计要求。按照管道的特征分为回气管、排气管和供液管，而供液管又分为高压供液管和低压供液管。回气管是指由蒸发器到压缩机之间的管道。排气管是指由压缩机到冷凝器之间的管道。在从冷凝器到蒸发器之间的管道中流动的是液态制冷剂，这部分管道称为液管。它又可以分成两段或三段，冷凝器到储液器之间是泄液管；储液器到热力膨胀阀进口之间是高压供液管；热力膨胀阀出口到蒸发器之间是低压供液管。不用储液器的系统，冷凝器的一部分容积用于储液，则从冷凝器到热力膨胀阀为高压供液管。

4.2.2 管道的计算

管径的大小直接影响到管内流体的流速，从而影响流体流过管子的压力降，而压力降又影响到流体的动力消耗。管径的确定应从经济性、压力降和回油三个方面综合考虑。管径的确定方法有公式法和图表法，公式法计算管径的方法与计算公式参见4.1.2。图表法的计算方法是先选择计算图表，再根据设计工况的制冷能力、管子当量长度以及蒸发温度确定设计管道的管径。

1. 吸气管

如果吸气管的管径选择得太小，制冷剂的流动阻力增加，使管道产生节流损失，制冷机的制冷量下降，制冷压缩机的功耗增加；如果管径选择得过大，会使系统回油困难，导致制冷压缩机的润滑系统恶化，严重的甚至发生事故，影响制冷系统的正常运行。因此，吸气管的管径的选择要适当，其最佳尺寸是形成最小的制冷剂压力降，维持足够高的蒸气流速以保证润滑油能顺利地返回压缩机。吸气管道中的压力降应控制在相当于1℃的饱和蒸发温度差，蒸发温度越低，其值越小。为保证回油，水平管应坡向制冷压缩机，且水平管和上升管内最小流速分别是3.5m/s和7.5m/s。

图4－12所示为R22上升立管的最大管径，R22水平管的最大管径如图4－13所示。图4－14所示为R22制冷剂的吸气管、液体管和排气管的压力降图，图中冷凝温度范围为

25～50℃。图4－14中右下方水平线表示制冷压缩机的制冷量，找到对应点并由此向上引垂线与所需制冷剂蒸发温度线相交，从该交点向左引水平线与所选管径的斜线相交，再从该交点向下引垂线与水平的制冷剂冷凝温度线相交，从该点可得每米长所选管子的压力降。吸气管的弯头、T形接头和球形阀同样会影响制冷剂的压力降，其当量直线管长见表4－8。

表4－8 吸气管管件的当量直线管长/m

管件	管径/mm								
	4	8	10	14	16	20	25	32	40
弯头	0.23	0.23	0.3	0.3	0.46	0.46	0.62	0.76	0.91
T形接头	0.46	0.46	0.61	0.61	0.76	0.91	1.2	1.5	1.8
球形阀	0.46	0.46	0.61	0.61	0.76	0.91	1.2	1.5	1.8

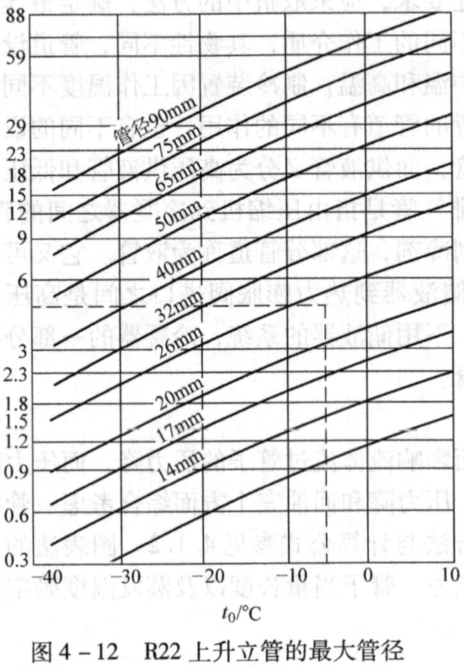

图4－12 R22上升立管的最大管径

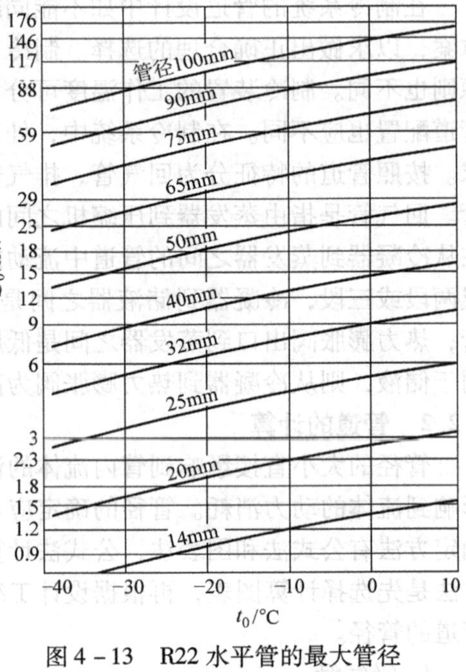

图4－13 R22水平管的最大管径

例4－1 某制冷装置，工质为R22，蒸发温度为－5℃，冷凝温度为38℃，制冷量为5kW，过冷度为5℃，过热度为5℃，吸气立管的当量管长为8m。确定吸气管的管径。

解： 1）查R22热力性能表，蒸发温度为－5℃时对应饱和温度差1℃的允许压力降是15kPa。

2）为保证回油，查图4－12得吸气立管的最大管径为26mm。

3）根据最大管径查图4－14得$\Delta P = 400\text{Pa/m}$。

4）总压力降＝当量管长$\times \Delta P = 8 \times 400\text{Pa} = 3200\text{Pa} = 3.2\text{kPa}$，因小于15kPa，缩小1号管径取24mm。

5）再查图4－14得$\Delta P = 1600\text{Pa/m}$。

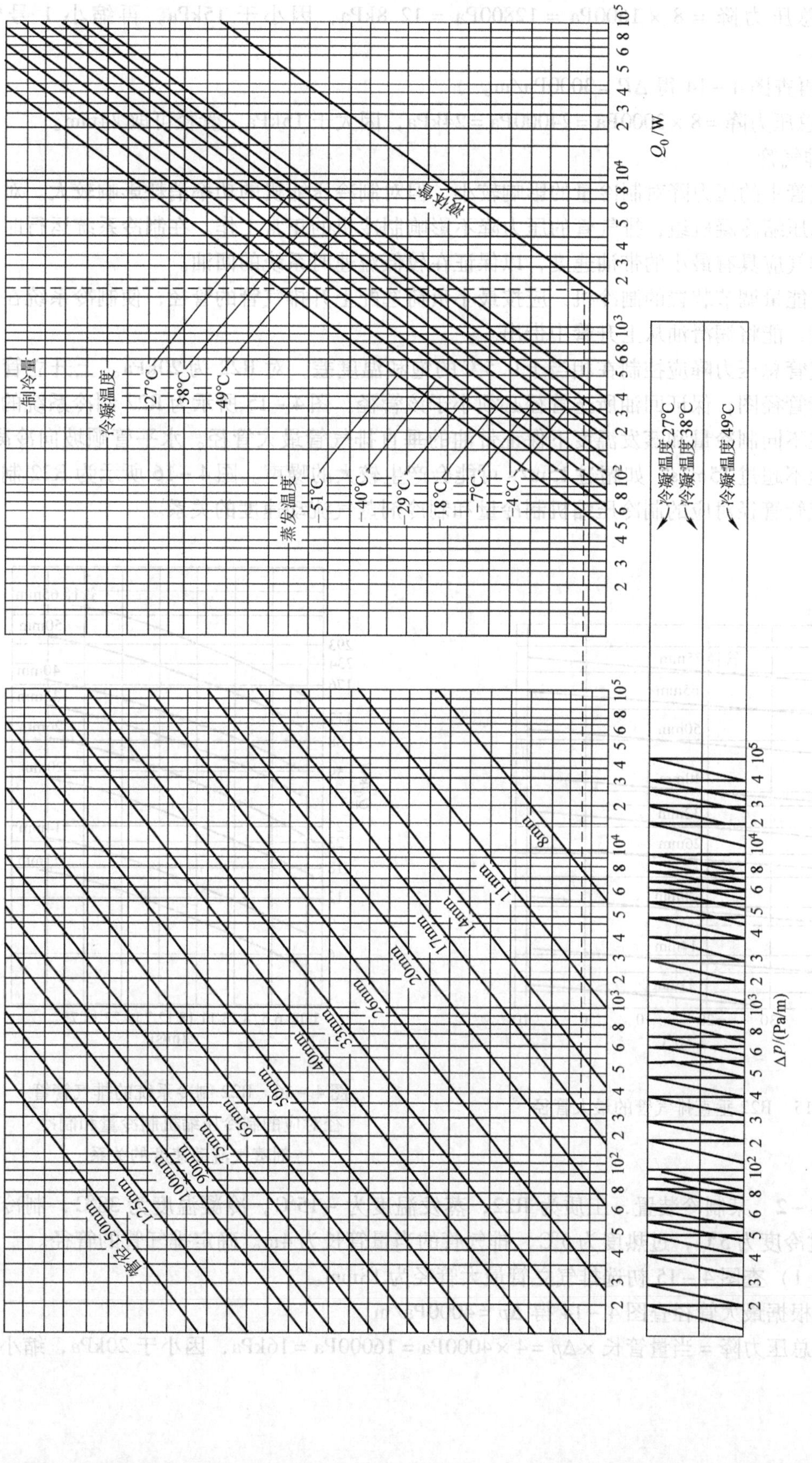

图 4-14 R22制冷剂的吸气管、液体管和排气管的压力降图

6）总压力降 = 8 × 1600Pa = 12800Pa = 12.8kPa，因小于 15kPa，再缩小 1 号管径取 22mm。

7）再查图 4 - 14 得 ΔP = 3000Pa/m。

8）总压力降 = 8 × 3000Pa = 24000Pa = 24kPa，因大于 15kPa，管径可取 24mm。

2. 排气管

排气管中的压力降对制冷量的影响较小，但对制冷压缩机的功率消耗影响较大。对工厂配置好的压缩冷凝机组，排气管的压力降不影响制冷机的正常工作。在制冷系统运行时，制冷机的排气应具有最小的带油速度，以保证在较低流速时系统的回油。

对有能量调节装置的制冷机，应按最小负荷选配上升排气管的管径，使制冷系统在低负荷运行时，能将润滑油从上升管中带出。

排气管总压力降应控制在相当于 0.5℃ 的饱和温度差，对 R22 为 20kPa。上升立管可查最大立管管径图，保证回油所选管径必须小于该管径。图 4 - 15 所示为 R22 制冷系统的制冷压缩机在不同制冷量和蒸发温度下保证带油的垂直排气管最大管径。水平管顺坡向冷凝器，最大流速不超过 15m/s，如超过 15m/s 可能会产生较大的噪声。图 4 - 16 所示为 R22 制冷系统的排气管管径对应的制冷压缩机制冷量和制冷剂蒸气流动速度的关系。

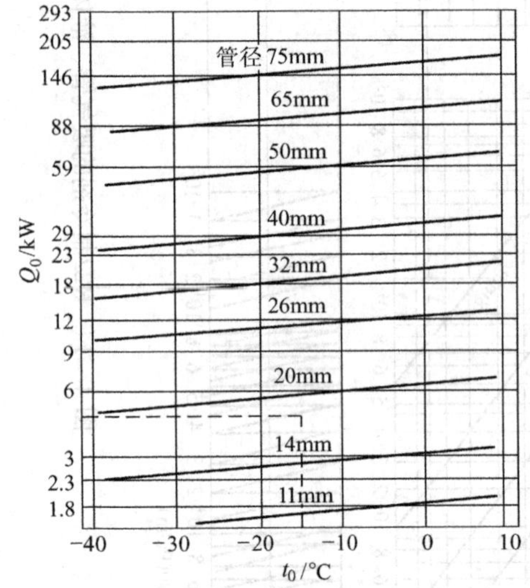

图 4 - 15　R22 垂直排气管的最大管径

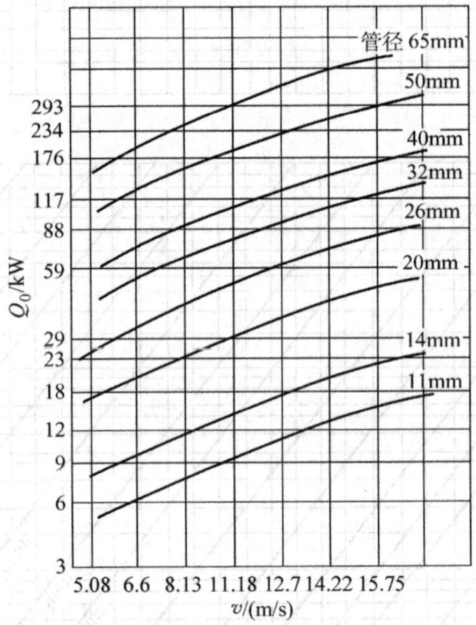

图 4 - 16　R22 制冷系统的排气管管径对应的制冷压缩机制冷量和制冷剂蒸气流动速度的关系

例 4 - 2　某制冷装置，工质为 R22，蒸发温度为 -15℃，冷凝温度为 38℃，制冷量为 5kW，过冷度为 5℃，过热度为 5℃，排气管的当量管长为 4m。确定排气管的管径。

解： 1）查图 4 - 15 初选排气立管最大管径为 18mm。

2）根据最大管径查图 4 - 14 得 Δp = 4000Pa/m。

3）总压力降 = 当量管长 × Δp = 4 × 4000Pa = 16000Pa = 16kPa，因小于 20kPa，缩小 1 号

管径取16mm。

4）再查图4－14得$\Delta p=5500\mathrm{Pa/m}$。

5）总压力降$=4\times5500\mathrm{Pa}=22000\mathrm{Pa}=22\mathrm{kPa}$，因大于20kPa，管径取18mm。

此装置排气管管径选18mm，满足压力降的要求。也可选16mm立管管径，同时相应地放大水平管的尺寸，或是设置高效油分离器，也能满足压力降的要求。查图4－16排气管中制冷剂的流动速度小于15m/s。

3. 供液管

供液管尺寸的选择必须考虑制冷剂的流动阻力损失不应使压力降低至低于饱和温度所对应的压力，防止引起液体制冷剂产生闪发气体。为避免液体在液管中出现闪发，在管道中液体的压力应维持在与液体的温度相对应的饱和压力以上。因闪发气体会减少热力膨胀阀的制冷量，并导致供给蒸发器不稳定的制冷剂。为防止闪发气体出现，需采取过冷处理。可使用气液热交换器或水冷式过冷器来提供需要的过冷度。对R22液体管道，过冷3℃将允许的压力降是100kPa。节流阀前液管总的压力损失每增加50kPa，就要相应地增加1.5℃的过冷度。制冷装置所需的过冷量可通过计算液管的压力降来确定。

通常对液管中电磁阀、干燥过滤器以及其他阀门和部件等引起的摩擦压力降的推荐值控制在20～34kPa为宜。若在液体管上安装电磁阀，由于急速关闭电磁阀时液体将产生冲击波，这时液体制冷剂的流动速度应限制在1.5m/s以内。为减少制冷剂的充灌量，尽量选用小的管径。图4－17所示为R22制冷剂在液管中流动速度与压力损失的对应关系。

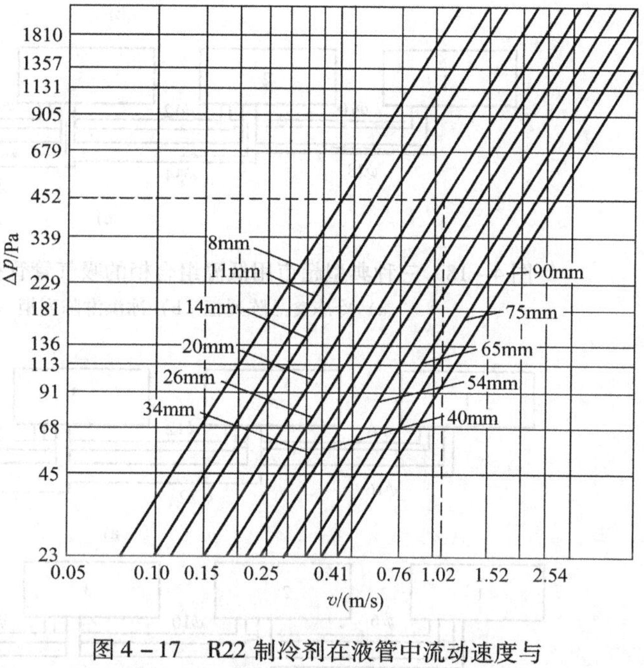

图4－17　R22制冷剂在液管中流动速度与压力损失的对应关系

供液管在设计时，除正确选择管径、阀门、辅件和管长外，需同时考虑垂直上升液管引起的静液柱压力降，液体管的总压力降应是摩擦压力降和垂直上升静液柱压力降之和，应根据总压力降确定允许的过冷度。

供液管的设计，应保证热力膨胀阀的进、出口有一定的压力差，使蒸发器得到正常的供液量，并避免供液管产生闪发气体，当供液管同时向几个蒸发器供液时应能均匀供液。即在设计时，按可能遇到的最低冷凝压力和相应的最大制冷量进行设计，选择合适的管径，以保证膨胀阀的前后有一定的压力差。为了避免供液管中产生闪发气体，可采用过冷器，以增加液态制冷剂的过冷度。

4. 组合系统的管道

在超市中，通常采用一台压缩机组连接几个制冷橱柜的制冷系统，图4－18所示为三种典型超市用低温组合柜的吸气管管径随回气量的增加而增加的情况。

在组合系统的液管设计中，液管直径的配置应随蒸发器数量的多少而定，所需的液体总管的管径可以两管的面积相加代替总管横截面积。图 4－19 所示为三种典型超市用高温组合柜的液体管尺寸分别随蒸发器数量的增加而增大的情况。

4.2.3 管道的布置

管道的布置要解决的问题是，气体管的正常回油和回油的均衡，防止液体管内制冷剂的汽化及并联机器、设备在各自不同的工作状态下制冷剂和润滑油的有害泄流和串通。

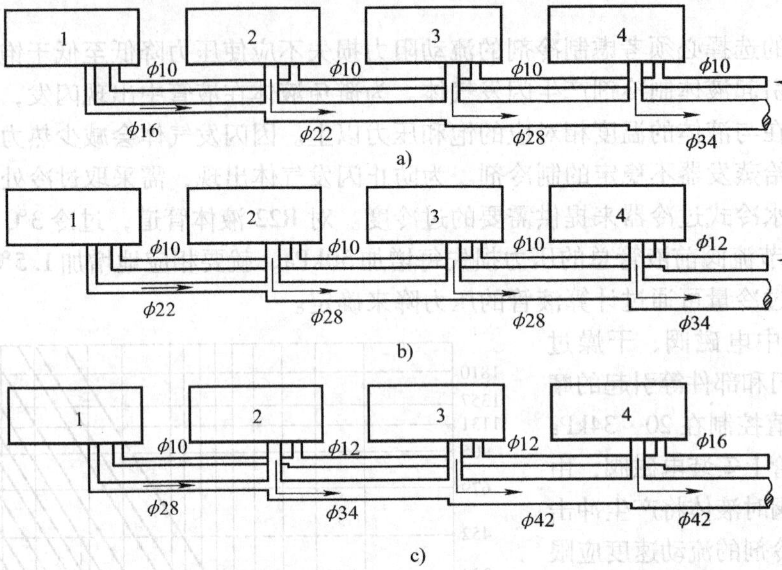

图 4－18　三种典型超市用低温组合柜的吸气管管径随回气量的增加而增加的情况

a）冷冻食品陈列柜　b）冰淇淋陈列柜　c）多层隔架陈列柜

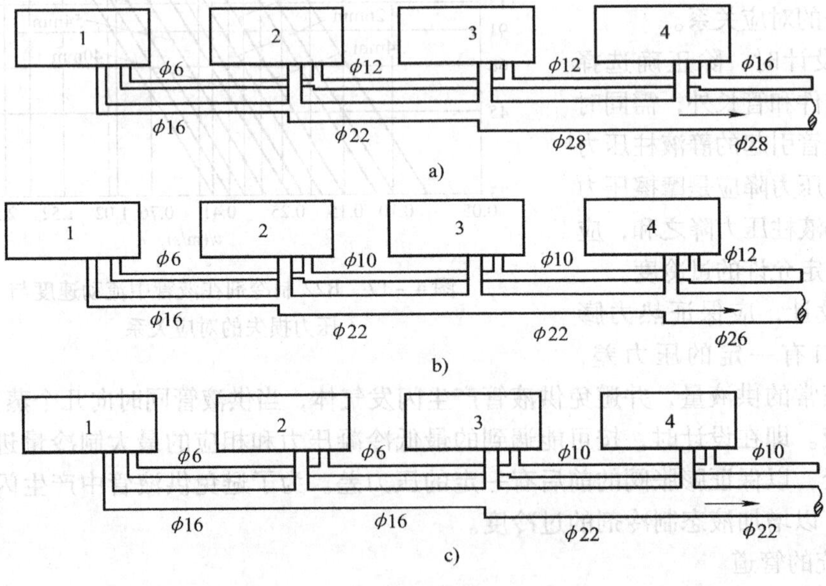

图 4－19　三种典型超市用高温组合柜的液体管尺寸分别随蒸发器数量的增加而增大的情况

a）敞开式陈列柜　b）多层隔架陈列柜　c）接待型肉食陈列柜

1. 吸气管

吸气管是连接蒸发器和制冷压缩机吸入口的低压气体管段。回气管的设计可分为三段：第一段是自蒸发器制冷剂出口至回气水平管段的上升立管，设计时应考虑在任何实际运行工况下，润滑油能顺利地进入水平管，多组蒸发器并联时防止润滑油从一组蒸发器流至另一组蒸发器，防止大股的液体制冷剂和润滑油进入水平管段，减少吸入管的总阻力损失；第二段是水平管段，设计时应考虑适当的坡度以便润滑油能够依靠重力进入下降立管；第三段是从水平管段至制冷压缩机入口的一段下降立管，设计应考虑润滑油能够平均分配给几台并联运行的制冷压缩机，防止在制冷压缩机并联运行时大量润滑油和液体制冷剂积存于吸入口。

（1）吸入管的带油措施和最小带油速度　导出蒸发器内积存的润滑油可采取两种方法：一是蒸发器出气管低于蒸发器出气口，润滑油靠重力直接流回压缩机（对蒸发器高于制冷压缩机的情况）；一是设上升立管让高速流动的制冷剂将润滑油带入压缩机。实践证明第一种方法不能应用。首先，对制冷压缩机高于蒸发器的情况不能实现这种连接。其次，对于蒸发器高于制冷压缩机的情况会由于润滑油或液体制冷剂的重力作用，产生油柱或液柱冲入压缩机，造成液击。因此，目前在回气管中都使用上升立管实现蒸发器和低压设备的回油。

上升立管的带油方法是在蒸发器出口的水平管与上升立管之间设置存油弯，蒸发器内的润滑油靠重力进入存油弯，将蒸发器出口与制冷压缩机吸入口封堵，压缩机在运转过程中从吸入管中吸入制冷剂蒸气，吸入管内的压力降低，蒸发器与吸入管之间建立压差，在这个压差的作用下润滑油进入上升立管，如图4－20所示。存油弯的大小直接关系到蒸发器与吸入管之间的压差，存油弯越大，内部积存的润滑油越多，将其推进立管段所需的压差就越大，不仅影响制冷压缩机的工作条件，而且有可能使存油弯中所积存的过多润滑油送入制冷压缩机，因此，存油弯（L）应尽可能小。

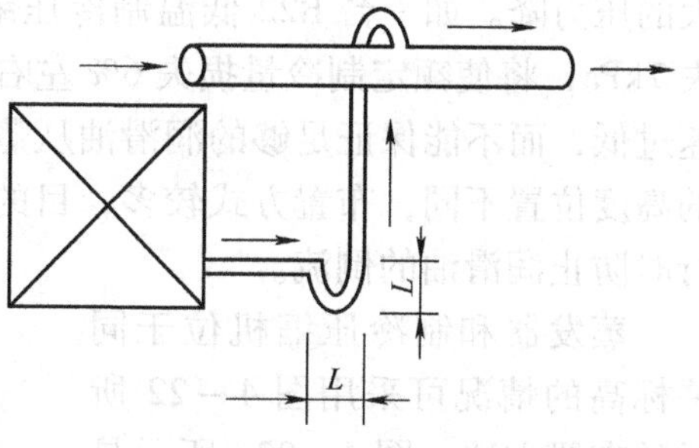

图4－20　上升立管

上升立管的最小带油速度是相对制冷系统的最低运转负荷而言，对于具有能量调节装置的系统，应按制冷系统可能运转的最低负荷选择管径。如果该系统尚有工况调节，还应该按最低蒸发温度下制冷系统的最低负荷进行校核。

单上升立管仅适用于负荷波动较小的制冷系统。对于负荷波动较大的系统，特别是系统的最低负荷和最高负荷相差较大或采用多级能量调节的制冷系统，不适合采用单上升立管。假如在确定上升立管管径时按最低负荷进行计算，所得的上升立管的管径很小。当系统负荷由最小变至最大时，回气管内的气体速度很大，噪声也很大，整个回气管的总阻力增加，影响制冷系统的制冷能力，只好增加水平管段的内径，降低制冷剂在其中的流动速度以减少整个回气管的压降，既浪费管材也不能获得显著的效果。较好的办法是采用图4－21所示的双上升立管。双上升立管由粗细不同的两根立管和U形弯头组成，当系统以最低负荷运行时，两根立管同时工作的气体流速低于最小带油速度，润滑油不能被带入水平管段而积存于立管下部的U形存油弯中，渐渐地越积越多便将U形弯封堵，蒸发器中的气体制冷剂只能通过较细的A管排出，并具有足够的带油速度。当U形弯中润滑油油面超过蒸发器出口的水平管时，超过的部分将被带入水平吸气管，从而使系统在最低负荷情况下实现蒸发器的回油。当系统以最大负荷工作时，吸入管中的压力降低，较细的管中的气体速度猛增，阻力也随之显著增大，导致较细的A管的两端产生较大压力差。当压差大到足以使U形弯中的润滑油带进水平管时，两个立管同时投入工作，并都具有带油速度。双上升立管的管径选择十分重要。在进行管径选择时考虑：较细的管的内径根据系统运转时的最低负荷下的最小带油速度确定；另一立管B的内径首先按系统最大负荷时的最小带油速度确定一个管径，然后将这个管径的流通面积减去较细的管的流通面积，就是另一管B的流通面积。

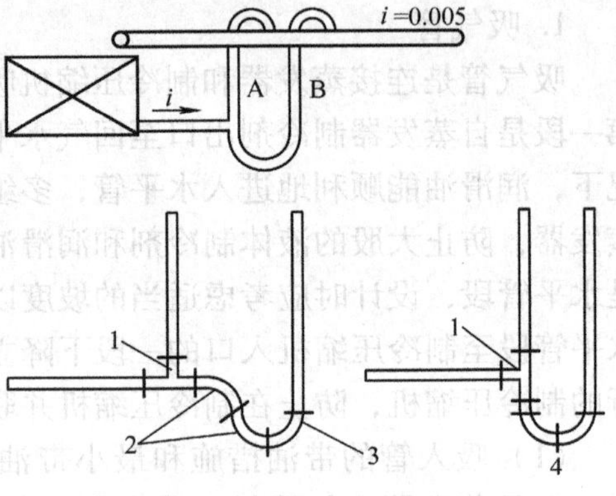

图4－21　双上升立管

1—三通　2—45°弯头　3—90°弯头

4—U形弯或两个90°弯头

(2) 吸气管的布置　吸气管的布置应使压缩机在停机、运行或起动期间，防止液体制冷剂进入制冷压缩机，同时，也应保证系统中润滑油及时地返回压缩机又不会造成管道中过大的压力降。如一台R22低温制冷压缩机，在－40℃蒸发温度下运行，吸气管的压力每损失7kPa，将使额定制冷量损失6%左右。而另一方面，超尺寸的吸气管设计会导致制冷剂流速过低，而不能保证足够的润滑油从蒸发器回到压缩机的曲轴箱。根据蒸发器与制冷压缩机的高度位置不同，布置方式较多，目的是使润滑油均衡地返回压缩机，在制冷压缩机停止运行时防止润滑油的倒流。

蒸发器和制冷压缩机位于同一标高的情况可采用图4－22所示的布置方法。图4－22a所示是一组蒸发器与一台制冷压缩机的连接，蒸发器出口设有带存油弯的上升立管，水平管应具有5‰的坡度坡向制冷压缩机并应略高于蒸发盘管。这样连接可防止系统停止工作时液体制冷剂和润滑油进入压缩机吸气口。图4－22b所示是多组标高相同的蒸发器与一台制冷压缩机的连接。在每组蒸发器出口设存油弯和上升立管，然后接至共同的水平管，每组蒸发器的上升立管与水平回气管连接时，应设倒U形弯，可避免液体制冷剂和润滑油流入停用的蒸发器。

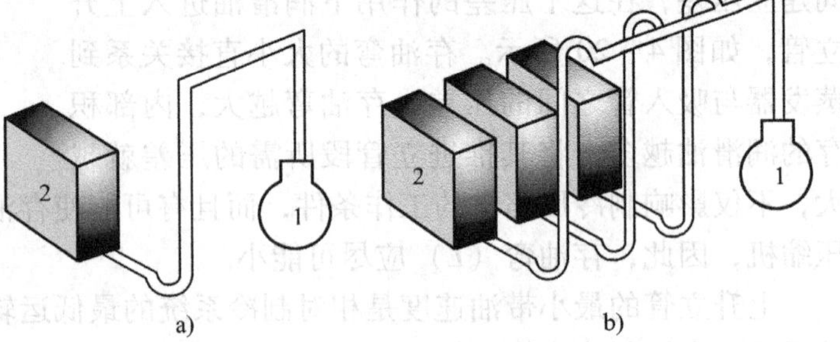

图4－22　制冷压缩机与蒸发器的高度相同

1—制冷压缩机　2—蒸发器

蒸发器布置于制冷压缩机上部的情况可采用图4－23所示的布

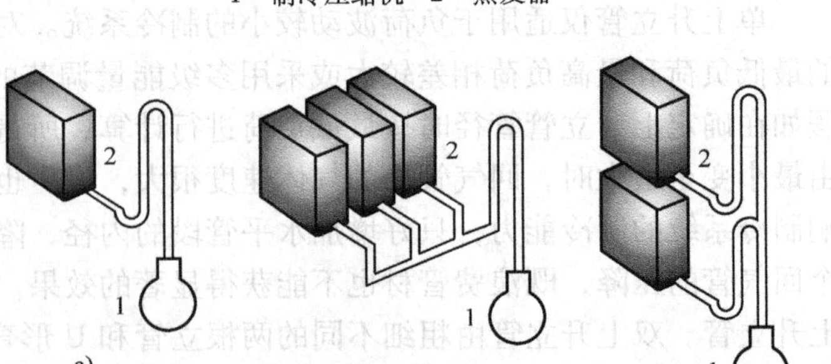

图4－23　蒸发器布置于制冷压缩机上部

1—制冷压缩机　2—蒸发器

置方法。图4－23a所示是单组蒸发器与单台制冷压缩机的连接，与上面不同之处在于设有上行环形管，以防止停车时液体制冷剂和润滑油沉积于制冷压缩机吸入口。图4－23b所示是三台位于同一水平高度蒸发器与制冷压缩机的连接。为防止液体制冷剂和润滑油由一组蒸发器返流至另一组蒸发器，在每组蒸发器出口处伸出一水平短管，然后向下再接入共同的水平吸气管，存油弯设于水平吸气集管的末端，当各蒸发器负荷变化较大时可设双上升立管。图4－23c所示为两组不同标高蒸发器与制冷压缩机的连接。

当蒸发器安置在制冷压缩机上方时，吸气管在膨胀阀感温包之后应紧接着弯管，此弯管要尽量小，以免在此集存的油过多，避免压缩机起动时大量的润滑油被带入制冷压缩机，对制冷压缩机造成冲击。上升立管要高于蒸发器并设置倒U形弯，如图4－24所示，以免液体制冷剂在停机期间因重力从蒸发器进入制冷压缩机。如果制冷系统具有降压控制装置，则管子可做成直接向下，如图4－24中的虚线所示。

蒸发器布置在制冷压缩机下方的管路连接方案如图4－25所示。连接方式与上述基本相同，主要考虑蒸发器的回油和防止液体制冷剂、润滑油串流。应指出，上升立管并不能任意长，一般应在10m以内，当上升立管较长时，宜每隔10m或更短的距离设一存油弯，将润滑油分级提升，以利于回油，如图4－26所示（图中的$L<10\text{m}$）。当蒸发器置于制冷压缩机的下方，同时吸气管紧靠蒸发器，上升立管应弯成如图4－27所示，以防止从弯头来的液体影响感温包。如管道不设弯头，可将感温包移到垂直管上，距水平管头部上方30mm到45mm处，如图4－27中的虚线所示。

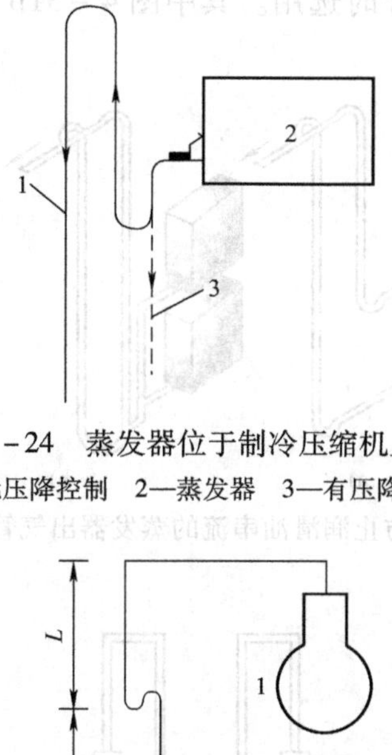

图4－24 蒸发器位于制冷压缩机上方

1—无压降控制 2—蒸发器 3—有压降控制

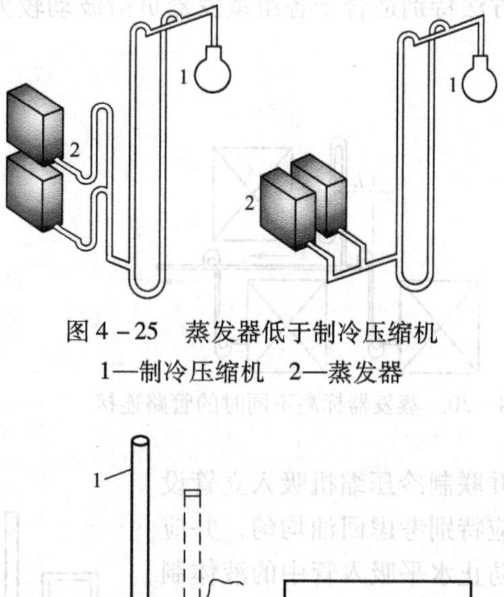

图4－25 蒸发器低于制冷压缩机

1—制冷压缩机 2—蒸发器

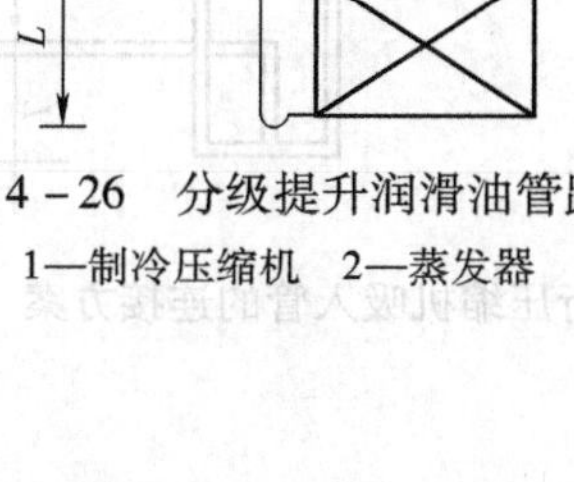

图4－26 分级提升润滑油管路

1—制冷压缩机 2—蒸发器

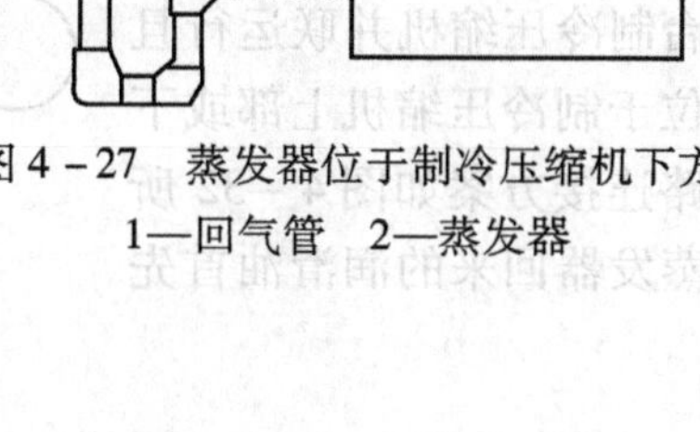

图4－27 蒸发器位于制冷压缩机下方

1—回气管 2—蒸发器

对多个蒸发器并列连接到一公共吸气管，每个蒸发器用单独的上升立管连至主管时，应通过倒U形弯连接至回气总管，以免正在工作的蒸发器回气管中带出的润滑油流入未工作的蒸发器中去，如图4－28所示。图4－29所示为多个蒸发器通过上升立管连到一公共吸气总管的方法。

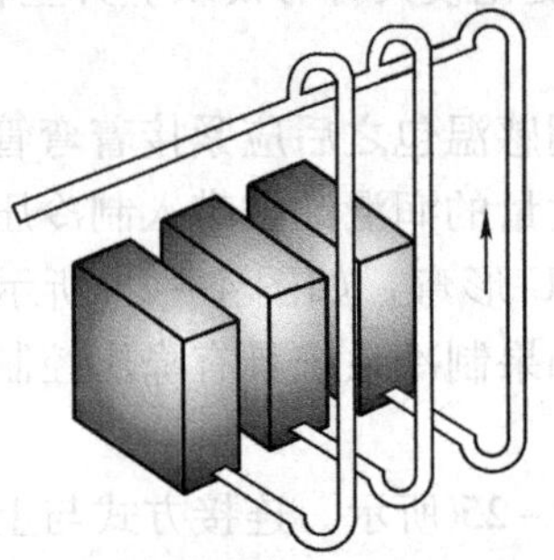

图4－28　相同高度的多个蒸发器用单独上升立管连至总管

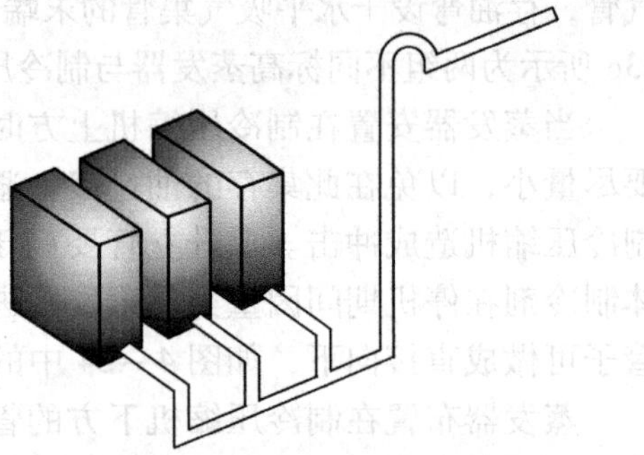

图4－29　多个蒸发器通过上升立管连到一公共吸气总管的方法

蒸发器位于不同标高而制冷压缩机位于其间时的管路连接，如图4－30所示。图中L不能太小，以免上部蒸发器的润滑油流入下部蒸发器的盘管之中。

位于不同水平高度的蒸发器应避免润滑油串流，管路的连接方法多样，在实际设计中可根据具体情况确定。图4－31所示的两种连接方法可供设计时选用。其中图4－31b所示的连接方法特别适合于各组蒸发器负荷波动较大的情形。

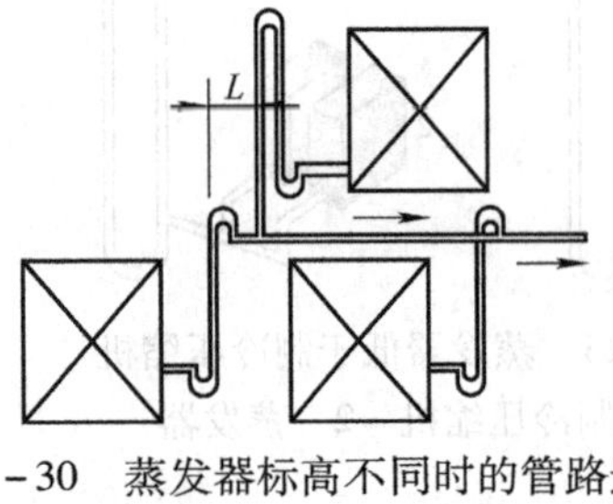

图4－30　蒸发器标高不同时的管路连接

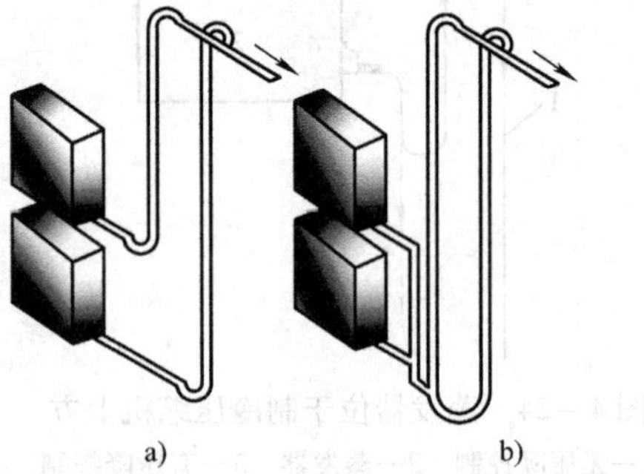

图4－31　防止润滑油串流的蒸发器出气管连接

并联制冷压缩机吸入立管设置时应特别考虑回油均匀，并应设法防止水平吸入管中的液体制冷剂和润滑油进入停止运行的制冷压缩机。

两台制冷压缩机并联运行且蒸发器位于制冷压缩机上部或下部的管路连接方案如图4－32所示。从蒸发器回来的润滑油首先

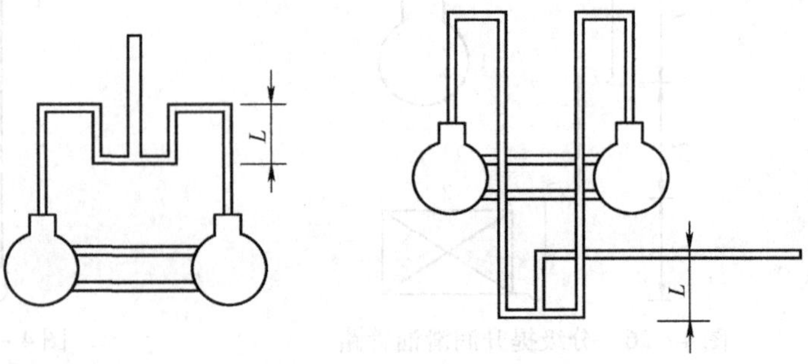

图4－32　并联运行压缩机吸入管的连接方案

进入两台制冷压缩机吸入管所组成的存油弯，然后制冷压缩机慢慢吸入，以防止润滑油迅速冲入一台制冷压缩机之中。当某台制冷压缩机停止运行时，存油弯中的润滑油只能被运转的制冷压缩机吸入，不会由于重力作用进入停止运转的制冷压缩机。存油弯的高度不可太小，以保证各吸气支管阻力均匀，一般 L 应大于 350mm。对于多台制冷压缩机并联的情况，通常是在机房中布置水平吸气总管，制冷压缩机的吸入管由总管的上部接入，各支管与水平吸入总管之间形成一个存油弯，如图 4-33 所示（$L>350$mm）。各制冷压缩机吸入管的端头应加工成45°的切口之后再插入水平吸入总管，以便气体制冷剂与润滑油能被一起吸入。45°切口的最下端与水平吸入总管下端应留有 $A=20$mm 的距离，以防止吸入分离出的液体制冷剂。

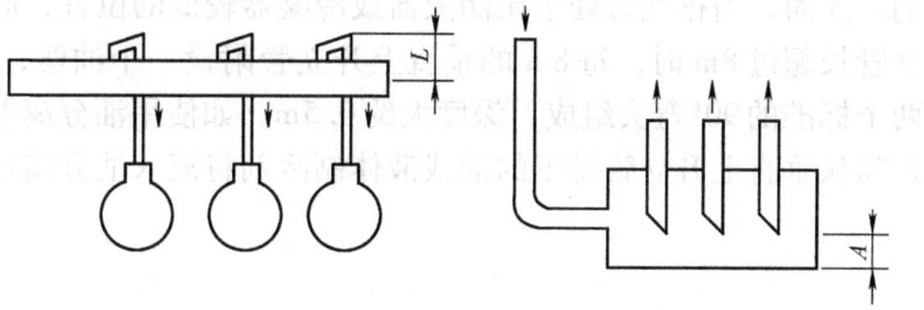

图 4-33　多台并联运行制冷压缩机吸入管道的连接方案

当吸气管处于制冷压缩机的水平入口以上时，管子可以设计成无液体弯头，油靠重力从吸气管进入制冷压缩机。对并联到一公共吸气管的制冷压缩机，管子的设计尽可能使油均匀地返回到每台压缩机。每台制冷压缩机的管道连接到集管的一侧。图 4-34所示为并联制冷压缩机的回气管道连接示意图。

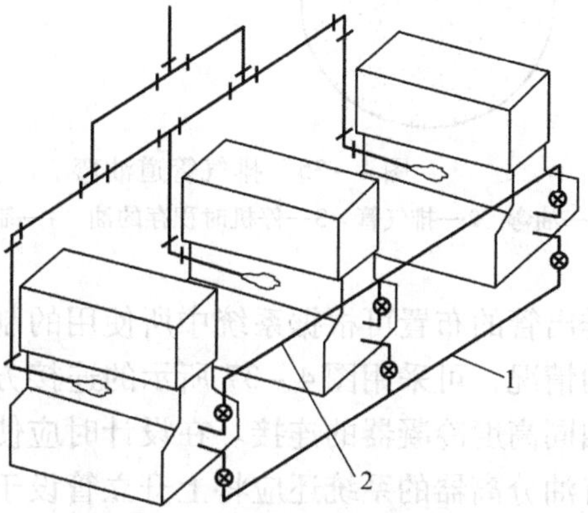

图 4-34　并联制冷压缩机的回气管道连接示意图
1—油平衡管　2—曲轴箱均压管

2. 排气管

排气管是从制冷压缩机排出口至冷凝器进气口的一段高压气体管道。将高温高压的气体制冷剂送入油分离器，经分油后送入冷凝器。如果排出管上没有油分离器，可将气体直接送入冷凝器。排气管道的布置应控制压降，保证带油及减少振动和噪声。排出管的布置可分为两段：一段为立管；一段为水平管。水平管的设计比较简单，一般只要考虑向油分离器或冷凝器方向具有 1% ~2% 坡度，以便润滑油和管路中冷凝的液体制冷剂靠重力进入油分离器或冷凝器，避免其积存于制冷压缩机排出口。上升排气立管管径的选择应保证最低的回油速度。

对于安装有油分离器的排气管可不考虑上升立管中的流速，由油分离器把油送回制冷压缩机曲轴箱。对于有能量调节的制冷压缩机，在设计上升排气立管时应考虑它在制冷系统低负荷运行时，能将润滑油从上升立管中带出。装有油分离器时，应将油分离器尽量靠近制冷压缩机，且从上升立管顶部到冷凝器的水平管顺坡向油分离器或冷凝器。

对于未设油分离器的排气管，当制冷压缩机停机时，附着在排气上升立管内壁面的油将由重力下落到上升立管的底部，积留在排气阀的上部，这会在制冷压缩机起动时产生液击事故。为防止此类事故的发生，如图 4-35 所示，可在靠近压缩机的排气管道上设置油弯，以防止油倒流回制冷压缩机排气阀。如果上升立管长于 2m 或 2.5m，从制冷压缩机出来的排气管将环绕地面形成一油弯，以使从排气管出来的油不会进入制冷压缩机，如图4-36所示，同时，此油弯也收集了在制冷压缩机停机期间，排气上升管中可能凝结出的液体制冷剂。因而，当排气管处于比储液器或冷凝器较低的位置，此油弯显得尤为重要。当垂直上升立管长超过8m时，每8m的垂直上升立管附设一个油弯，油弯的水平宽度应尽量小，并由两个标准的90°弯头组成，深度大约0.5m。如使用油分离器，弯头则可以省略，由于在停机期间从垂直上升立管排出的油或液体制冷剂将流入油分离器。

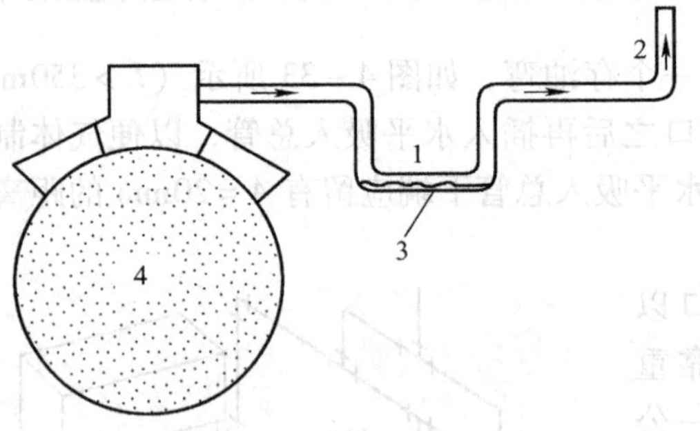

图4-35 排气管道油弯

1—油弯 2—排气管 3—停机时积存的油 4—制冷压缩机

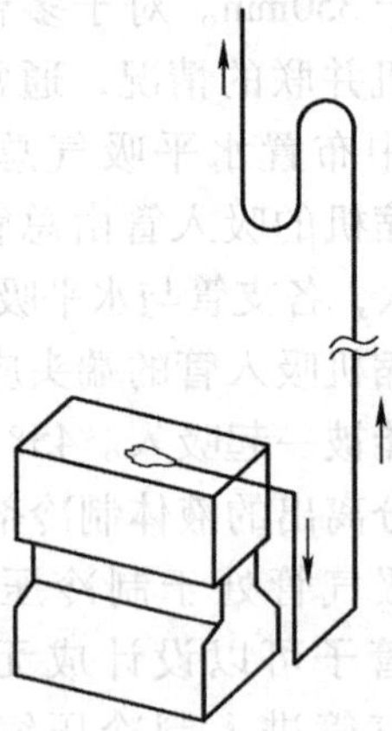

图4-36 上升式排气管

排出管的布置可根据系统中所使用的制冷压缩机台数确定。对单台制冷压缩机配单台冷凝器的情况，可采用图4-37所示的连接方案。图4-37a所示是单台制冷压缩机与油分离器或相同高度冷凝器的连接。在设计时应使排气管向油分离器或冷凝器有1%~2%的坡度，对设有油分离器的系统还应将上升立管设于油分离器之后，可使低负荷时不能被气体制冷剂带走的润滑油及停机后排出管中所冷凝的液体制冷剂靠重力流入油分离器，而不致积存于制冷压缩机吸入口，在设计油分离器出气端的上升立管时可不考虑气体带油速度问题。排气管上不设油分离器且冷凝器在压缩机上方时的管路连接如图4-37b所示，此时应将排气管先向下弯至地面，再向上接往冷凝器形成U形弯，以防止液体制冷剂和润滑油倒流至制冷压缩机排出口。图4-37c所示是当制冷压缩机排出立管高于3m时，根据上升立管长度设分级提升的管路。

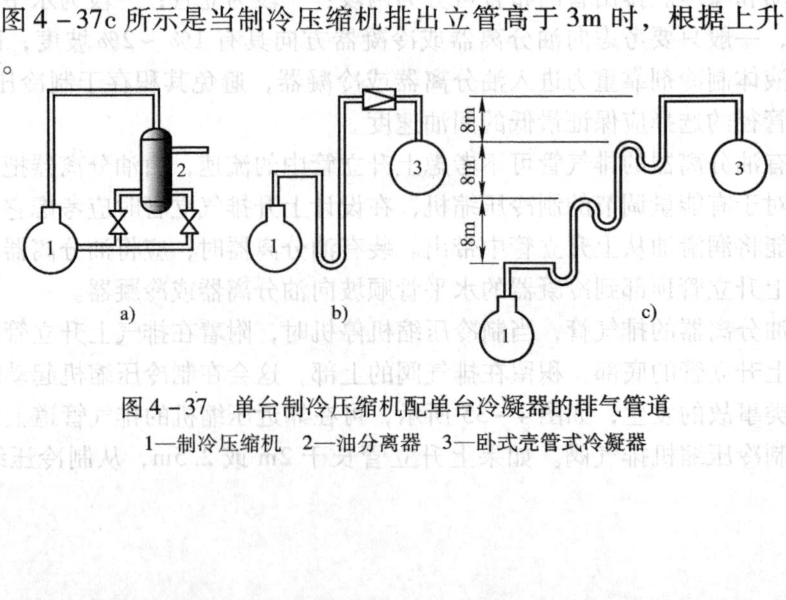

图4-37 单台制冷压缩机配单台冷凝器的排气管道

1—制冷压缩机 2—油分离器 3—卧式壳管式冷凝器

并联运行制冷压缩机的排气管道如图4－38所示。图4－38a所示是两台制冷压缩机配有一台冷凝器且冷凝器在上部的情况。图4－38b所示是冷凝器位于压缩机下部的连接方案，在两台制冷压缩机排气管相接处加工成45°角的Y字形，以防止两台制冷压缩机排出的气体相互撞击，形成脉动引起管道振动，避免润滑油流入停止工作的制冷压缩机。图4－38c、d所示分别是两台冷凝器且冷凝器设在其下部和上部的情况。两台冷凝器之间应设置气体均压管，以确保两台制冷压缩机的压力相同。

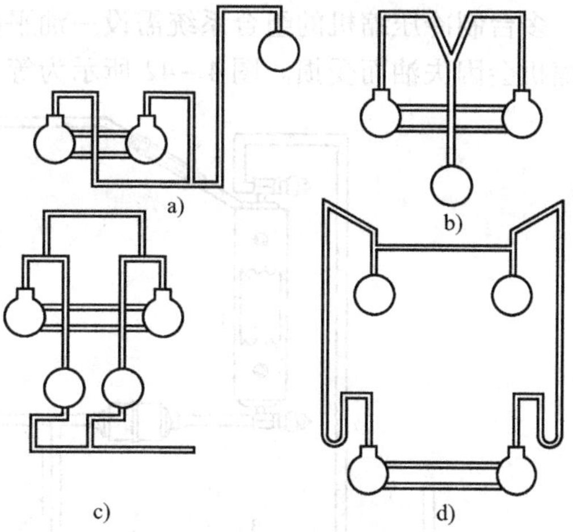

图4－38　并联运行制冷压缩机的排气管道

对于有能量调节的制冷压缩机，为确保制冷系统在低负荷时能将润滑油送入冷凝器，设计时应考虑双上升立管。双上升立管的管径确定方法可参考吸入管，其管路布置如图4－39a所示。如果在排出管上设有油分离器可不设双上升立管，这时允许润滑油进入油分离器，管路连接如图4－39b所示。

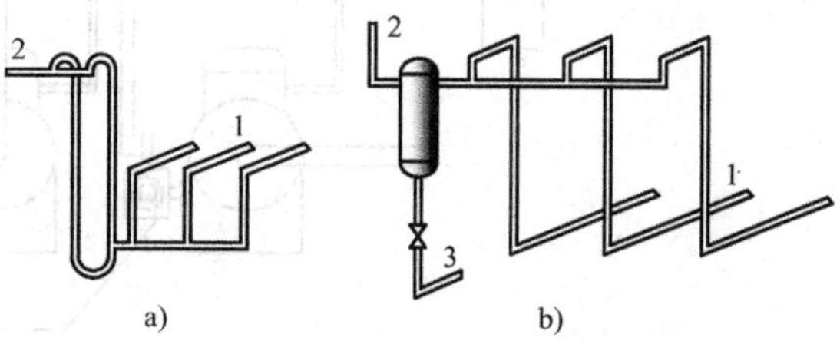

图4－39　多台并联运行制冷压缩机的排气管道
1—接制冷压缩机排气　2—去冷凝器　3—去回油

两台或多台制冷压缩机并联时，如果排气集管处于制冷压缩机的上面，从每台压缩机来的排气管将连接到集管的顶部，如图4－40所示。这样的排气管布置保证从工作制冷压缩机泵出的油不会进入停止运行的制冷压缩机中，以免压缩机的排气相互进入。通常每台相互靠近的制冷压缩机排气管，在连接到一公共的排气管前先垂直到地面，如图4－41所示。这样布置的排气管道在上升立管处不需设置弯头，因较低的水平集管起到这样的作用。为了减少因压缩机排气脉动引起的振动和噪声，并联制冷压缩机的每台制冷压缩机设置排气消声器，排气消声器可设置在水平管、下降管，但绝不能设置在上升管，如图4－41所示。

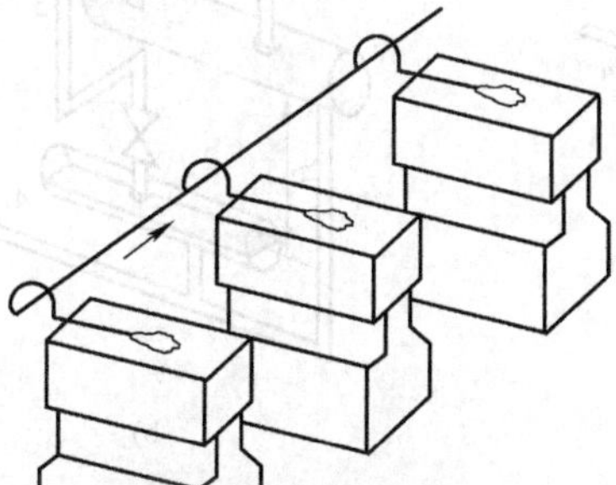
图4－40　并联制冷压缩机排气管

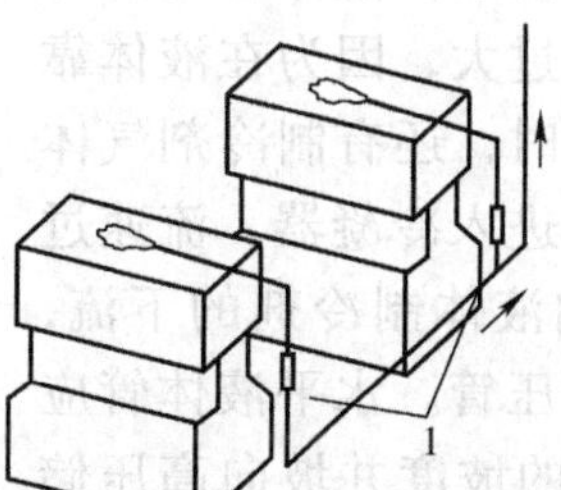

图4－41　设置排气消声器的并联制冷压缩机
1—排气消声器

多台制冷压缩机的组合系统需设一油平衡装置，以免一台制冷压缩机积油过多，而其他压缩机会因失油而受损。图 4－42 所示为等量分配油的泵油系统。

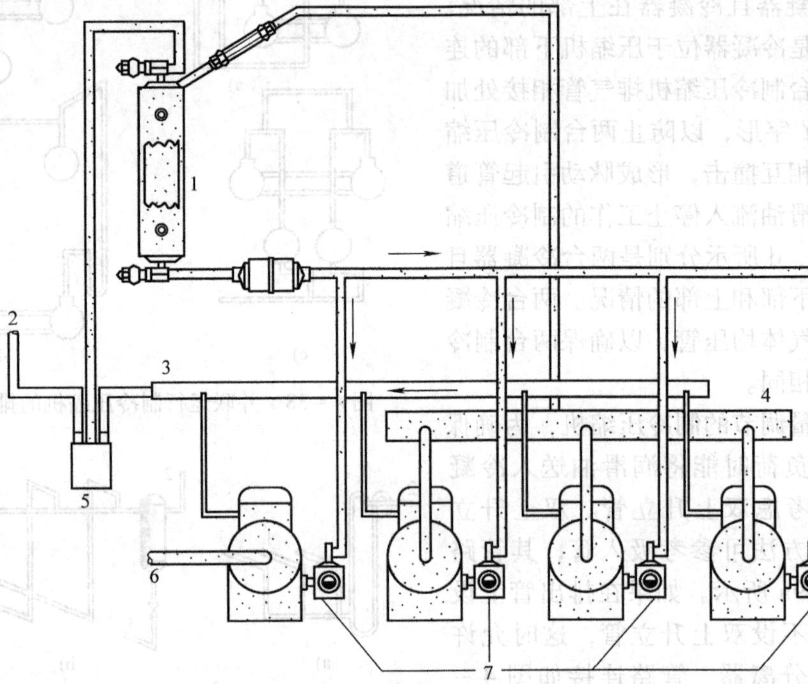

图 4－42　等量分配油的泵油系统

1—储油器　2—去冷凝器　3—总排气管　4—总吸气管

5—油分离器　6—单独吸气管　7—油面控制器

3. 冷凝器与高压储液器之间的液体管

在制冷系统中，冷凝器与高压储液器之间的液体管连接方式有通过式和波动式两种，如图 4－43所示，通过式连接方法在我国冷库制冷系统中广泛应用。在设计时，冷凝器与高压储液器之间应具有足以使液体制冷剂顺利进入高压储液器的高度差，这个高度差应根据管路的阻力确定。在冷凝器与高压储液器之间没有均压管的情况下，液体管内制冷剂的流速不能过大，因为在液体靠重力下流的同时，还有制冷剂气体由高压储液器进入冷凝器。流速过大时将会影响液体制冷剂的下流，应设置气体均压管。水平液体管应有不小于 1% 的坡度并坡向高压储液器。当冷凝器周围的温度较低时，常采用波动式的连接方式。这

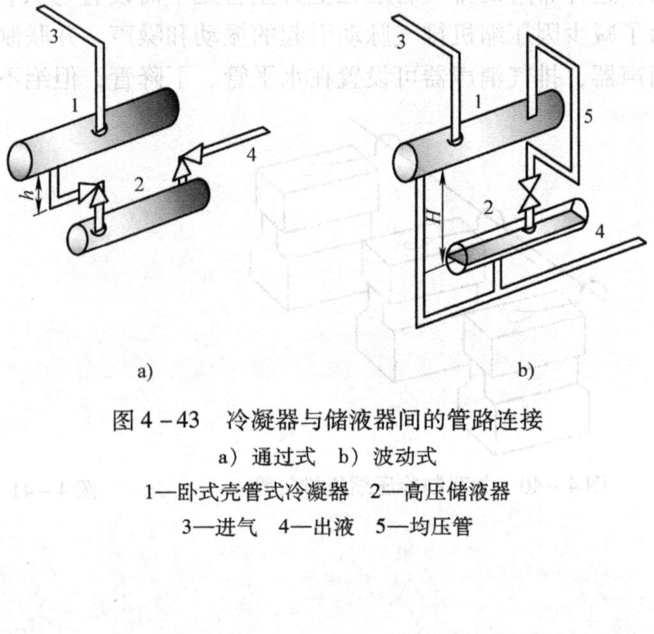

图 4－43　冷凝器与储液器间的管路连接

a）通过式　b）波动式

1—卧式壳管式冷凝器　2—高压储液器

3—进气　4—出液　5—均压管

种连接方式液体制冷剂由高压储液器底部进出，在蒸发器负荷变化时高压储液器起到调节供液的作用。设计时冷凝器与高压储液器之间要设均压管，否则液体不能进入高压储液器。在不同情况下，液体制冷剂在管道中的流速及冷凝器出口至波动式高压储液器最高液面的必要高度 H 值见表 4－9。

表 4－9 液体制冷剂在管道中的流速及冷凝器出口至波动式高压储液器最高液面的必要高度 H 值

液体制冷剂在管道中的流速/（m/s）	冷凝器与高压储液器的接管形式	必要高度 H/mm
0.5	截止阀或角阀	350
0.5～0.75	无阀	350
0.75	角阀	400
0.75	截止阀	700

高压储液器最高液面至少应比冷凝器低350mm，气体均压管的管径与制冷系统的制冷量有关，为使冷凝器中的液体顺利地进入高压储液器，不同制冷量下的管径可按表 4－10 选取。

表 4－10 均压管管径

均压管管径/mm		15	20	25	32	40	50
最大制冷量/kW	R12	123.28	243.07	424.50	695.47	965.29	1582.84
	R22	173.29	312.85	888.53	914.00	1235.11	2046.88

并联运行冷凝器与储液器的管路连接如图 4－44 所示。为平衡各冷凝器之间的压力差，冷凝液管在与高压储液器进口连接前设置了向上弯曲的管段，以形成液封。设计时液体管中制冷剂的流速不应大于 0.5m/s，冷凝器与储液器之间的高度差视液体管的阻力确定。阻力

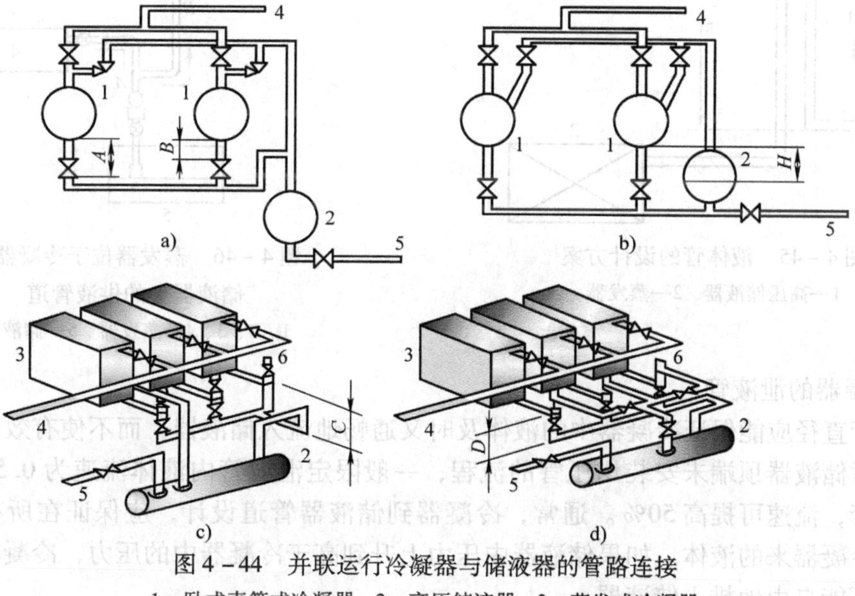

图 4－44 并联运行冷凝器与储液器的管路连接

1—卧式壳管式冷凝器 2—高压储液器 3—蒸发式冷凝器

4—进气 5—出液 6—放空气

大时，高度差相应增大，一般可按图 4 - 44 中的数值。图 4 - 44b 中的 H 值可由表 4 - 9 中查找（图 4 - 44 中 $A = 200\text{mm}$，$B = 350\text{mm}$，$C > 600\text{mm}$，$D > 480\text{mm}$）。多台冷凝器并联时必须设均压管，当冷凝器压力较高又不便于安装很长液封管时，可将均压管接至冷凝器的出液管段上，如图 4 - 44c、d 所示，可降低冷凝器安装高度。

4. 冷凝器或高压储液器至蒸发器的液体管

在这段管路中，液体制冷剂和润滑油处于互溶状态，即使是流速很低也不会分离。这里所需要解决的是如何防止产生闪发气体。液体管中产生的闪发气体会带来一系列不良影响。可在液体管上装设能使液体产生过冷的回热式热交换器，以消除可能产生的闪发气体。

布置液体管时可考虑两种情况：一是蒸发器位于高压储液器下部的情况，如图 4 - 45 所示，在高压储液器的出液管上设置一高度为 2m 以上的倒 U 形弯，可防止制冷压缩机停止运行时液体制冷剂再供入蒸发器中。如果供液管上设有与制冷压缩机连动的电磁阀，可不设此倒 U 形弯。

如图 4 - 46 所示，多个蒸发器位于冷凝器或储液器上面且蒸发器的安置高度不同时，使蒸发器的进口处于比三通管的出口支管高一些的位置，在 A 处产生的闪发气体将进入蒸发器 4，而在 B 处产生的闪发气体进入蒸发器 3，以使每个蒸发器能均匀地通过一定量的闪发气体。当几个蒸发器的安置高度相同时，在布置管道时应使各分支管的压降接近平衡，或者按各分支管不同的压降选不同的热力膨胀阀，以保证各蒸发器供液均匀。

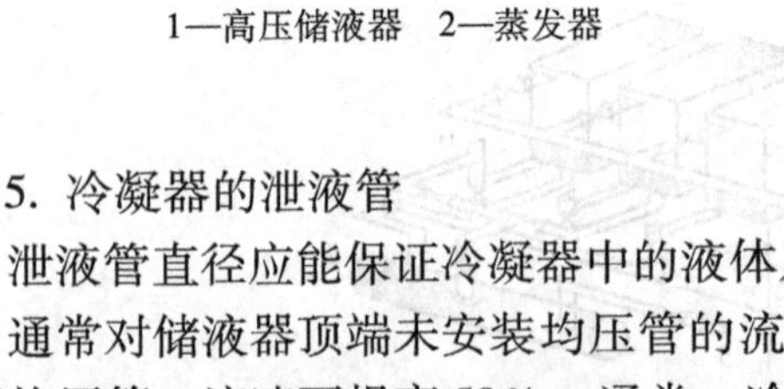

图 4 - 45　液体管的设计方案

1—高压储液器　2—蒸发器

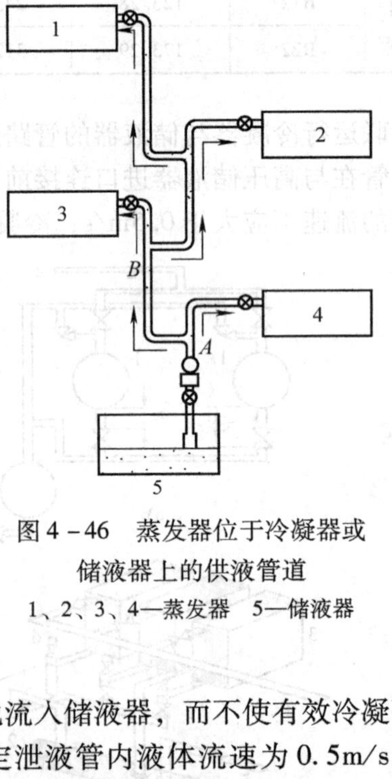

图 4 - 46　蒸发器位于冷凝器或储液器上的供液管道

1、2、3、4—蒸发器　5—储液器

5. 冷凝器的泄液管

泄液管直径应能保证冷凝器中的液体及时又通畅地流入储液器，而不使有效冷凝面积减少，通常对储液器顶端未安装均压管的流程，一般限定泄液管内液体流速为 0.5m/s。若安装了均压管，流速可提高 50%。通常，冷凝器到储液器管道设计，应保证在所有时间内自由地排放冷凝器来的液体。如果储液器中压力上升到高于冷凝器中的压力，冷凝器中的液体制冷剂将不能自由地排入储液器。

为保证从冷凝器排出液体时不存液位，冷凝器与储液器之间应保持一定的高度差，储液器顶端距冷凝器底部应有0.3m以上的距离，且水平管顺坡向储液器1/100以上。当在管道中安装截止阀时，应装在距离冷凝器液体出口0.2m以上处，泄液管的水平管管径的选择应使在全负荷时制冷剂的流速不会超过0.5m/s。冷凝器出口和储液器中最高液面之间最小垂直距离不应少于0.3m。图4-47所示为典型的商用制冷系统的管道布置。

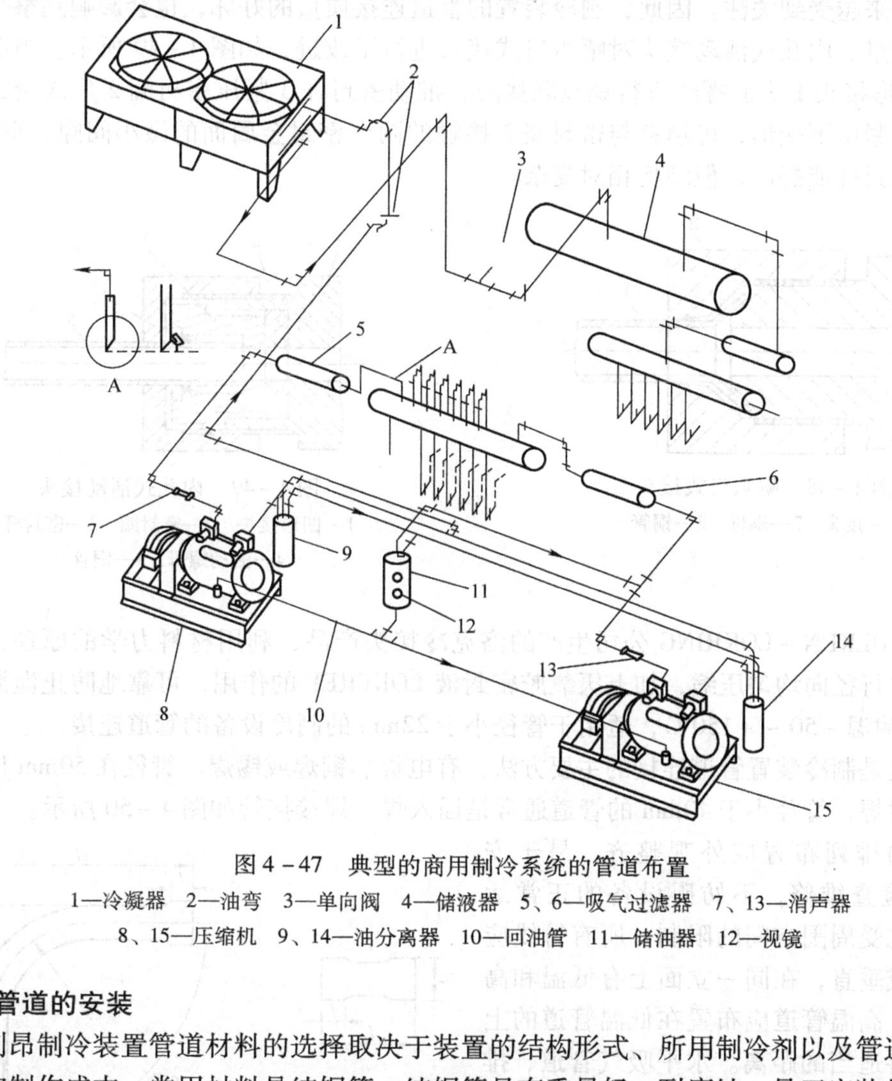

图4-47 典型的商用制冷系统的管道布置

1—冷凝器 2—油弯 3—单向阀 4—储液器 5、6—吸气过滤器 7、13—消声器 8、15—压缩机 9、14—油分离器 10—回油管 11—储油器 12—视镜

4.2.4 管道的安装

氟利昂制冷装置管道材料的选择取决于装置的结构形式、所用制冷剂以及管道材料本身的价格和制作成本。常用材料是纯铜管。纯铜管具有重量轻、耐腐蚀、易于安装的优点，用于管径小于25mm的管道。其有硬淬火和软淬火两种，前者即冷拔管，可做成6m长的直管，用于直径大于20mm和有刚性要求的较小的管径；而后者可以绕制成盘管，用于管径在20mm以内的制冷管道，且用于需弯曲和隐蔽的地方，并用喇叭口连接。

制冷装置管道的连接方式取决于装置结构形式、管道的种类和尺寸大小等，主要有喇叭口连接和焊接。目前，在商用制冷装置中，管径小于20mm的软淬火铜管广泛使用喇叭口式连接，如图4-48所示，这种连接方式具有结构简单、成本低的特点，但其极易泄漏。这是其内部结构所决定的。它由两个金属表面紧压贴合，以达到密封的目的，这就要求金属表面有高的加工精度。同时，由于一个金属表面是由纯铜管扩口而成的喇叭口，铜壁很薄，密封时如用扳手旋紧用力过大，喇叭口易破，用力小，则密封不紧，所以要用专用扭力扳手来旋紧，如用普通扳手旋紧就易导致因旋得不紧或过紧而起不到良好的密封效果。因此，在连接时，接好喇叭口接头是关键，即使许多已安装好的、表面用肥皂水检漏合格的喇叭口接头，也存在着慢性泄漏现象，需经常补充工质。随着蒙特利尔条约对氟利昂使用的限制，氟利昂泄漏问题越来越受到关注。因此，制冷装置的管道连接质量的好坏，也会影响到整个制冷装置的装配质量。内孔式活动接头对喇叭口式接头进行了改进，如图 4－49 所示。当活动螺母 4 通过对凹形接头 1 表面螺纹进行螺纹联接时，推动密封杆 3 紧压密封圈 2 形成密封，由于密封圈 2 在紧压下变形，可填补与密封圈 2 接触的两个密封金属面的微小间隙，形成密封，因此，其密封性能提高，但结构相对复杂。

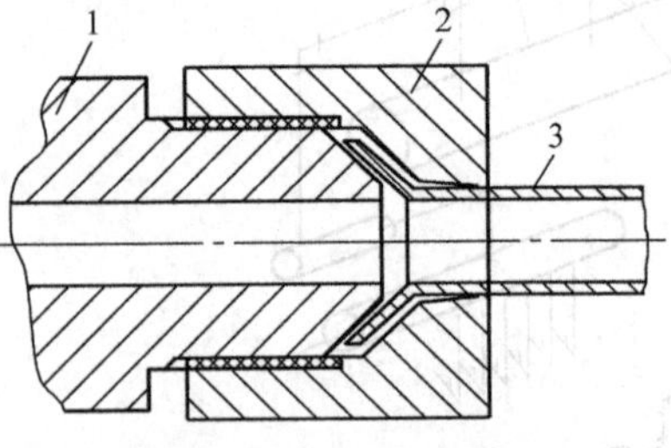

图 4－48　喇叭口式接头
1—接头　2—螺母　3—铜管

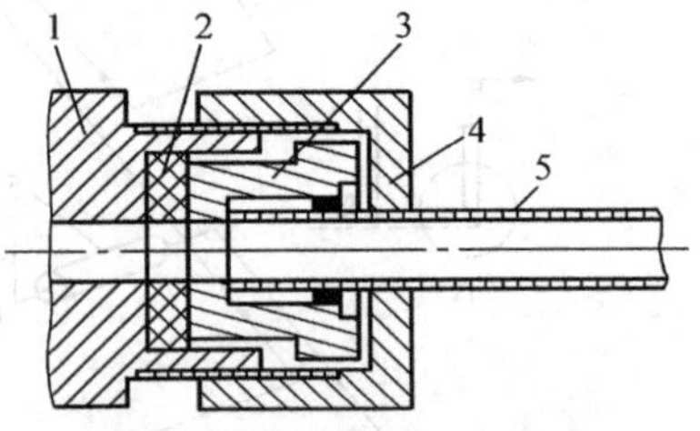

图 4－49　内孔式活动接头
1—凹形接头　2—密封圈　3—密封杆
4—活动螺母　5—铜管

德国 VULKEN－LOKRING 公司生产的洛克冷接头产品，利用材料力学的原理，通过对金属圆管进行径向均匀压缩，加上厌氧胶密封液 LOKPREP 的作用，可靠地防止泄漏。其耐压 5MPa，耐温 －50 ~ ＋150℃，适用于管径小于 22mm 的制冷设备的管道连接。

焊接也是制冷装置管道连接的主要方法，有电焊、铜焊或锡焊。管径在 50mm 以上的管道通常是对焊，管径小于 40mm 的管道通常是插入焊，焊接接管如图 4－50 所示。

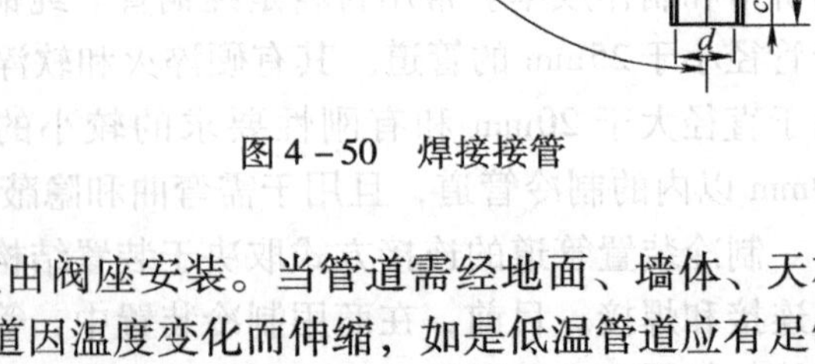

图 4－50　焊接接管

管道的排列布置应外观整齐，易于安装，便于检查维修，不妨碍设备的正常运行，同时也受周围空间的限制。所有管线应与墙平行或垂直，在同一立面上有低温和高温管道时，高温管道应布置在低温管道的上方，并保持适当的距离。水平吸气管道、排气管道、冷凝器至储液器的管道朝流动方向倾斜，并由合适的天花板吊架或墙支架支撑。支架应相互紧靠以防支架间管道掉落。通常支架间相距不大于 3m，在改变方向时支架间不大于 0.6m，所有水平管道上的阀门应由阀座安装。当管道需经地面、墙体、天花板时，应将管道套装在电镀型钢管内，以便管道因温度变化而伸缩，如是低温管道应有足够的隔热层。同时应考虑到管道的热胀冷缩，在管道的两端留出一定的长度，不要刚性地固定长直管的两端。

使用活塞式制冷压缩机的制冷系统，其振动不可避免。制冷管中的振动和噪声源于所连接的设备，一方面可以通过合理的管道连接而消除；另一方面会由于不合理的管道设计而被放大，致使管道或所连接的设备严重损坏。制冷管中的振动原因有管道与活塞式制冷压缩机的刚性连接，活塞式制冷压缩机气阀启闭造成的气流脉动，以及管道内高速气体的扰动。但如果将靠近制冷压缩机的管道设计成柔性的，振动可以被管道吸收、衰减，而不被传递和扩大。使用软淬火铜管的小型装置上，在靠近制冷压缩机的吸、排气管道中设置一个像弹簧一样吸收和衰减制冷压缩机振动的振动圈，可防止通过管道的振动传递到系统的其他部位。在靠近制冷压缩机的吸气和排气管用刚性管道连接的地方安装振动限制器，可以有效地衰减制冷压缩机的振动，并且将振动限制器安装在垂直管道中效果最好。对较大系统，当管道被固定、支撑在建筑物结构上时，因建筑物会起到发声板的作用放大和传递管道中的振动和噪声，应该采用隔振式的吊架或支架。在活塞式制冷压缩机的吸气和排气管中，因气流脉动产生的振动和噪声在排气管中更为频繁和强烈，严重时脉动的频率和管道发生共振，使脉动放大，甚至会使得管道从支架上脱落、损坏，这可通过改变制冷压缩机的速度、设置排气消声器或改变排气管的尺寸和长度来消除或降低振动和噪声。由于改变制冷压缩机的转速并不实际，因此，同时使用后两种方法效果较好。当系统使用离心式和转子式制冷压缩机，由于转子运动和气流进出时的平稳流动，制冷管道中的振动与噪声只取决于管道内高速气流的扰动，其改善方法是增加管道直径以减小气体的流速。

第5章 机房和库房设计

5.1 机房设计

制冷装置的机房是控制制冷系统运行的场所，是冷库的重要组成部分。机房设计应以保证冷库的生产要求、降低投资、布置合理为主。在机房设计中，制冷工艺设计人员需要与土建、水、暖、电等专业的设计人员密切配合，提出准确的要求和条件，根据设计任务和现场实际情况合理设计。

5.1.1 机房设计的一般要求

5.1.1.1 土木建筑方面

大中型冷库的机房一般包括压缩机间、辅助设备间、水泵间、控制室，根据具体情况，机房内还建有变压室、配电室、工具房及工人值班休息室等。小型冷库可以将压缩机和设备布置在同一个房间内，但要单独设置水泵间和油处理间。

制冷机房一般是一个单层的独立建筑。机房应布置在靠近冻结间、制冰间等冷负荷较大的库房，不宜紧靠冷库的主要交通干道。机房要布置在库区夏季主导风向的下方，锅炉房、煤场等散发尘埃场所的上方。机房宜南北朝向，两面设置门窗。机房周围要开敞，保证良好的通风采光。机房四邻不宜靠近人员密集的场所（如宿舍、幼儿园、食堂、小卖部、俱乐部等），以免在发生重大事故时造成人身伤害。除非特殊需要，一般不宜将机房设置在地下建筑内。

机房建筑的形式，应根据机器设备台数和现场具体情况，可选用I型和L型；根据压缩机布置的不同，可以分为单列式、双列式图5－1～图5－3和三列式。

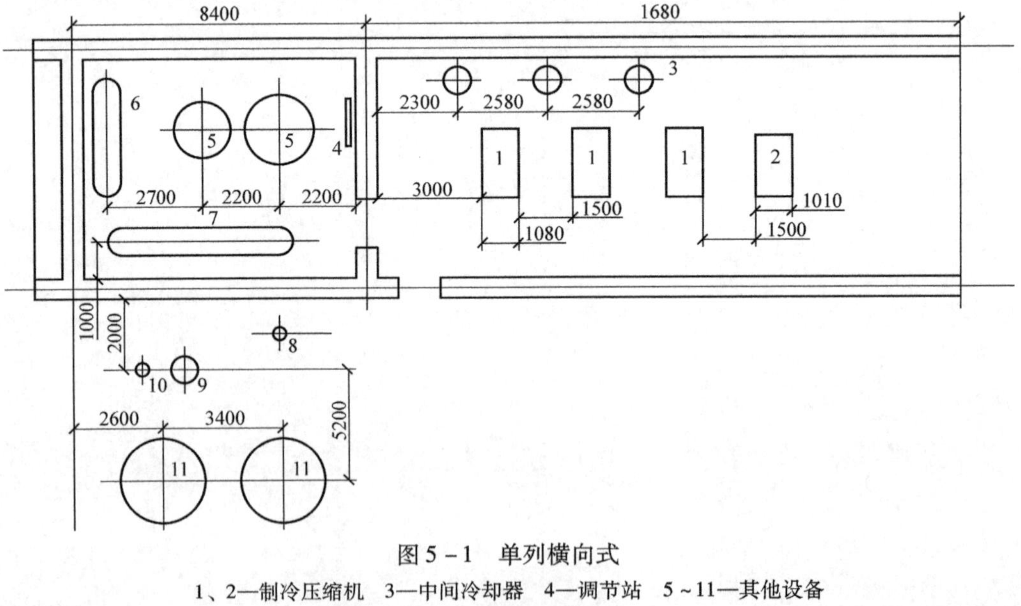

图5－1 单列横向式

1、2—制冷压缩机 3—中间冷却器 4—调节站 5～11—其他设备

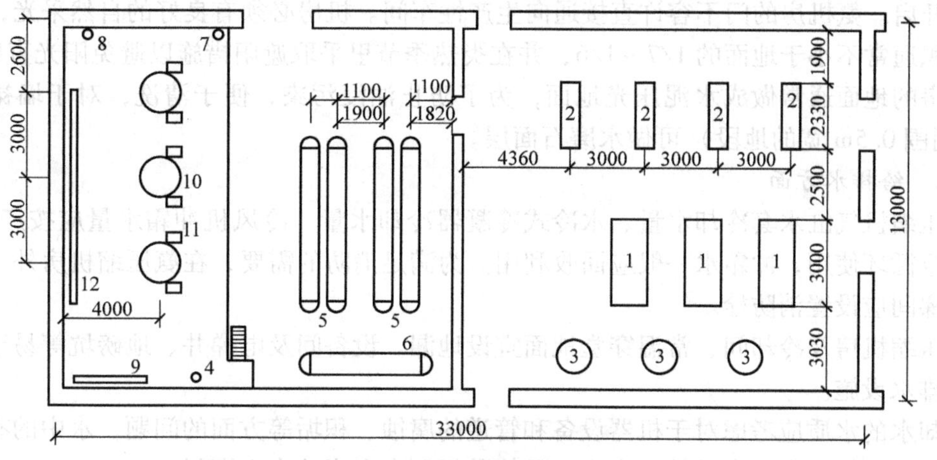

图5-2　双列横向式

1、2—压缩机　3—中间冷却器　4—调节站　5~12—其他设备

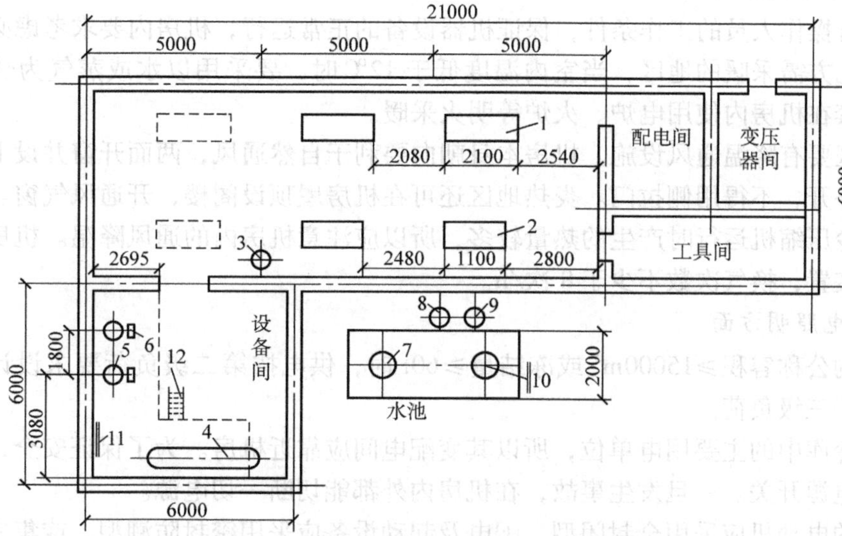

图5-3　双列纵向式

1、2—制冷压缩机　3—中间冷却器　4~12—其他设备

机房建筑面积的大小与制冷系统的总制冷量、所选机器及设备型号及布置方式等因素有关，大约是冷库库房建筑面积的5%~10%。机房的建筑形式，应由机器、设备的布置及操作所需来确定。机房可与冷库主体建筑连接或分开建造，选择方案时既要考虑到管道系统的简短，也要考虑机房的通风采光。

机房的高度要考虑到制冷压缩机检修时装设起吊设备和抽出活塞的空间要求，及采暖通风和采光的要求。一般冷库机房的净高不宜高于6m。机房的宽度根据压缩机的排列形式确定，单列式为4.5~7m，双列式为7~12m。机房的长度根据机器的台数确定。

为了保证操作人员的安全和方便，机房内主要通道不宜过长，最好不超过12m。如需超过12m时，要有两个以上互不相邻、直接通向室外的出入口。出入口门扇的大小，可视安装、检修机器设备的需要决定，但门洞净宽最好不小于1.5m。机房所有的门、窗均应设计成朝外开启。氨机房的门不容许直接通向生产性车间。机房必须有良好的自然采光，其窗孔投光面积通常不小于地面的1/7～1/6，并在炎热季节里采取遮阳措施以避免阳光直射。

机房的地面通常做成水泥压光地面，为了防止油浸污染，便于清洗，对于墙裙和机座（包括周围0.5m宽的地段）可做水磨石面层。

5.1.1.2　给排水方面

氨压缩机气缸水套冷却水量、水冷式冷凝器冷却水量、冷风机冲霜水量应按产品规定。冷却水应循环使用，冲霜水一般应回收利用。为满足消防的需要，在氨压缩机房外、常温穿堂或楼梯间应设置消防栓。

氨压缩机房及冷却间、常温穿堂地面宜设地漏。设备间及电梯井、地磅坑等易于积水处应设有排水设施。

冷却水的水质应考虑对于机器设备和管道的腐蚀、积垢等方面的问题，水中的有机物和无机物含量应控制在一定的数量之内，具体数据可参考当地水文资料。

冷却水进入机房的水压，一般情况下应保持在146～196kPa，但不应大于294kPa。

5.1.1.3　采暖通风方面

为了改善操作人员的工作条件，保证机器设备的正常运行，机房内要求考虑必要的采暖和通风。在北方需采暖的地区，当室内温度低于12℃时，要采用以水或蒸气为热源的散热器取暖。严禁在机房内使用电炉、火炉等明火采暖。

南方地区要有降温通风设施。机房本身朝向要利于自然通风，两面开窗并设上、下两层窗，门窗向外开，不得用侧拉门。炎热地区还可在机房屋顶设阁楼，开通风气窗。

由于制冷压缩机运行时产生的热量较多，所以应注意机房内的通风降温。机房内还应设置事故排风装置，换气次数不少于8次/h。

5.1.1.4　供电照明方面

当冷库的公称容积≥15000m^3或冻结量≥60t时，供电按第二级负荷要求设计。其余冷库的供电属于三级负荷。

机房是冷库中的主要用电单位，所以其变配电间应靠近机房。为了保证安全，在机房内外均要设置电源开关。一旦发生事故，在机房内外都能切断一切电源。

冷间内的电动机应采用全封闭型，配电及起动设备应采用密封防潮型，或集中安装于机器间、常温穿堂等干燥场所。冷间内应设置呼唤信号装置，以免发生人员被关在库内的事故。

冷却间和0℃以下冷间的照明，应采用密封式防潮灯具，其他冷间允许用带防水灯头的开启式灯具。照明开关均应采用气密防水开关，开关应安装于各冷间门外。

冷库库房、穿堂和水泵间的照明度为10～20lx（勒克斯），维修间为20～30lx，设备间的照度不小于30lx，加工间、包装间采用30～50lx，机器间为50lx的照度标准。对仪表集中处或个别设备的测量仪器处照度不足，可采用局部照明。

5.1.2 制冷压缩机的布置

5.1.2.1　制冷压缩机间的布置原则

制冷压缩机间内一般设置制冷压缩机、起动控制柜、中间冷却器、总调节站、控制台等。

制冷压缩机、设备的布置应根据制冷原理，符合工艺流程，管道连接要简短、美观，确保生产操作安全，便于安装、检修、操作。另外要尽可能布置紧凑，充分利用空间，节约建筑面积。

制冷压缩机间内主要通道的宽度应为1.5~2.5m，非主要通道的宽度不小于0.8m。两台制冷压缩机突出部分之间的距离不应小于1m。制冷压缩机突出部分到配电盘或调节站之间的距离不小于1.5m。制冷压缩机距墙不小于0.5m。

为了便于观察和操作，制冷压缩机的压力表、温度表及其他仪表，均应设于能清楚观测到的地方，一般应面向主要操作通道。压缩机的进排气阀门应位于或接近主要通道，其高度宜在1.2~1.5m之间，超过1.5m时，应在制冷压缩机旁设立便于操作的台阶。

5.1.2.2 制冷压缩机的布置形式

制冷压缩机的布置形式应根据制冷压缩机本身的形式、尺寸大小、台数多少，又要根据机房尺寸来决定，一般主要有单列式和双列式。其中双列式又可分为双列横向式和双列纵向式。制冷压缩机布置形式如图5-1~图5-3所示。

单列式是将制冷压缩机成一条直线，其他设备则靠墙布置。这种布置方法适用于机器设备较少的小型冷库，其优点是操作管理方便，管道走向整齐。

双列式是将制冷压缩机排成双列，可以对面布置，也可以同向布置。双列制冷压缩机之间形成主要通道，吸排气管可集中布置在通道上空，其他设备仍可靠墙布置。对于制冷压缩机台数较多的大中型冷藏库，大都采用这种布置形式以充分利用制冷压缩机间的面积。

5.1.3 辅助设备的布置

通常辅助设备布置在设备间内。设备间主要通道的宽度应不小于1.5m，非主要通道的宽度不小于0.8m。

5.1.3.1 中间冷却器

中间冷却器应布置在与之配连的高压级和低压级制冷压缩机的近处（一般布置在压缩机间），以缩短连接管路。中间冷却器一般靠墙设置，但应注意不要影响窗户的开启和采光。

中间冷却器的工作温度较低，应外包隔热层。为避免冷桥，可在其底脚下垫上经过防腐处理的50mm厚木块。中间冷却器基础露出地面的高度应不小于150mm。中间冷却器的隔热层外侧到墙壁的距离不小于200mm。

中间冷却器必须装设液面控制器和超高液位报警。液面高度以淹没整个蛇形管为准，一般按制造厂规定的液面高度安装浮球阀，也可采用液位计配合电磁主阀来控制液面。中间冷却器上还必须设有安全阀和压力表。

5.1.3.2 油分离器

油分离器要根据其结构形式及使用场合进行合理布置。

制冷压缩机附带的油分离器、装设在机房内的卧式冷凝器配用的油分离器、专供融霜用的干式油分离器设置在机器间或设备间内。此外，凡不带自动回油装置的油分离器应设在室外。

与立式冷凝器配用的洗涤式油分离器设于机房外，且靠近冷凝器布置。洗涤式油分离器需要从冷凝器的出液管引进氨液，冷凝器出液管与油分离器进液管的相对高度差约为250~300mm，如图5-4所示。

其他类型的油分离器的标高可以不受限制。在布置油分离器时，要尽量布置得离制冷压缩机远一些，以便使排气在进入油分离器前得到额外的冷却，减小氨气的比体积，提高分离效果。

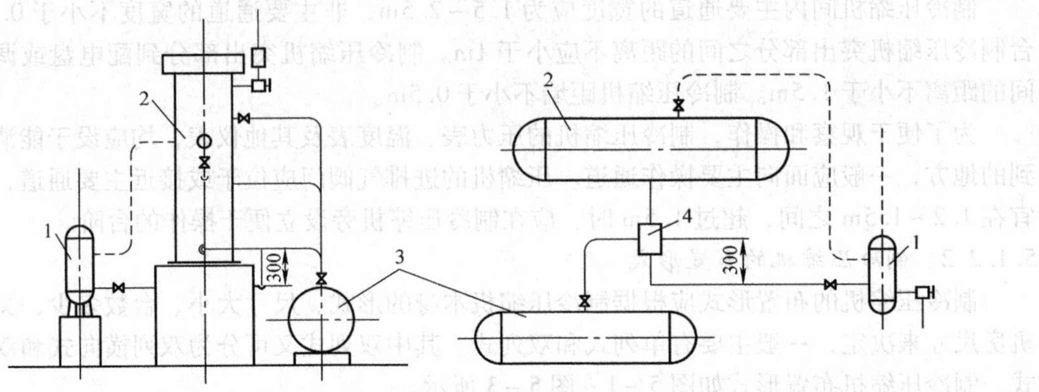

图 5-4　洗涤式油分离器布置图

1—油分离器　2—冷凝器　3—高压储液器　4—油液分离器

5.1.3.3　冷凝器

各种形式的冷凝器都应按工艺流程，与油分离器、储液器就近布置。冷凝器的安装高度必须使制冷剂液体能借助重力顺畅地流入储液器。冷凝器上应设压力表和安全阀。

立式冷凝器应安装在室外离机房出入门较近的地方。立式冷凝器通常利用底部冷却水池作为基础，水池壁与机房等建筑物墙体的距离应大于 3m，以避免冷却水外溅损坏建筑物。为了便于操作和清除水垢，立式冷凝器一般设有钢结构的操作平台。

卧式冷凝器通常布置在设备间，它的一端留有清洗和更换管道的空间，约为冷凝器长度的 1.5 倍。为节省占地面积，将卧式冷凝器与储液器上、下分层布置。为保证出液顺畅，其出液管的截止阀至少应低于出液口 300mm。图 5-5 所示为卧式冷凝器的水平布置尺寸要求及卧式冷凝器与储液器的垂直布置示例。

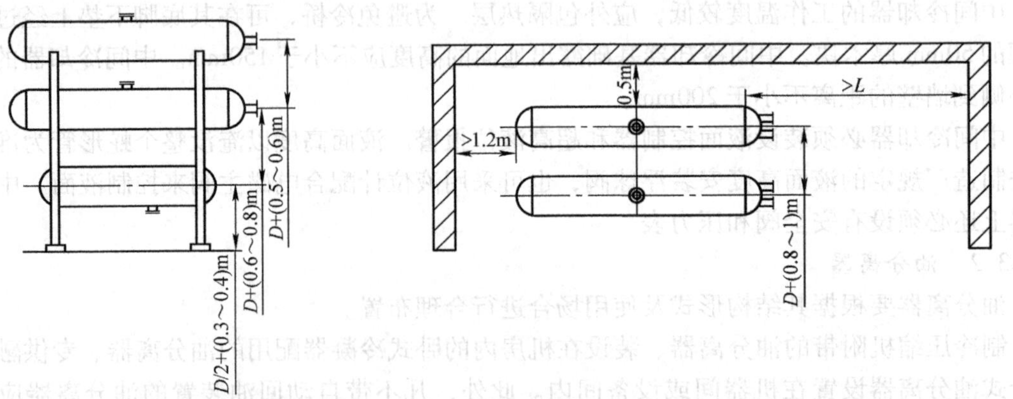

图 5-5　卧式冷凝器的水平布置尺寸要求及卧式冷凝器与储液器的垂直布置示例

蒸发式冷凝器多布置在机房的屋顶上，要求周围通风良好。蒸发式冷凝器的顶部应高出邻近建筑物 300mm，至少不低于邻近建筑物的高度，以免排出的热湿空气沿墙面回流至进风口。如不能满足此要求时，应在蒸发式冷凝器顶部出风口上装设渐缩口风筒，以提高出口风速，提高排气高度，减少回流。

蒸发式冷凝器与邻近建筑的间距，当冷凝器的四周都是实墙时，进风口侧的最小间距为1800mm，非进风口侧的最小间距为900mm。当冷凝器处于三面是实墙，一面是空花墙时，进风口侧的最小间距为900mm，非进风口侧的最小间距为600mm。

两台蒸发式冷凝器之间的间距，如两台都是进风口侧，最小间距为1800mm；如一台为进风口侧，另一台为非进风口侧，最小间距为900mm；如两台都不是进风口侧，最小间距为600mm。如果蒸发式冷凝器采用同轴连接的离心式风机或水盘内设有电加热器时，上述的尺寸应适当加大，以利维修。蒸发式冷凝器的水盘离地面距离不小于500mm，以便于管道连接、水盘检漏和防止地面脏物被风机吸入。

当选用多台蒸发式冷凝器，而要求的最小间距不能保证时，安装处将形成自己的环境空气，在选择冷凝器时应适当提高计算湿球温度。多台蒸发式冷凝器连用时，要保证各台实际阻力相等，防止某台冷凝器出液不畅。由于制冷剂通过蒸发式冷凝器时阻力损失较大，为了保证氨液顺畅流入储液器，应把蒸发式冷凝器布置在高于储液器1.2~1.5m处。两台蒸发式冷凝器的布置如图5-6所示。

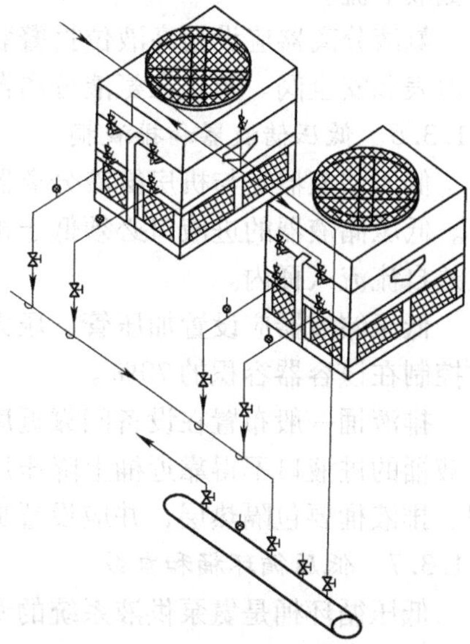

图5-6　两台蒸发式冷凝器的布置

5.1.3.4　高压储液器

高压储液器一般布置在设备间内，若设置在室外，应有遮阳设施。储液器应靠近冷凝器，其安装高度应与冷凝器配合，以保证液体自流进入。冷凝器的出液口距储液器进液阀中心应大于500mm。布置时也要考虑方便放油操作。对于两个或两个以上储液器的连接，除上部设置的气体均压管外，在其底部应设置液体均压管将储液器连接，并在均压管道上设截止阀。多台储液器的桶径最好相等，如两桶直径不等，则应将小桶的基础抬高，使两个桶的顶部标高相同。储液器上必须设置压力表、安全阀，并应在显著位置装设液面指示器。储液器的布置如图5-7所示。

图5-7　储液器的布置

5.1.3.5　氨液分离器

氨液分离器用于重力供液系统。库房氨液分离器应设在靠近蒸发器的地方。对于单层冷库，一般设在设备间阁楼上或库房穿堂的阁楼上，保证库房氨液分离器液面高于最高一层蒸发器排管0.5~2m。对于多层冷库，则分层设置氨液分离器，将本层库房的氨液分离器设在上面一层，顶层库房的氨液分离器设在加建的阁楼上。氨液分离器的作用半径以不大于30m为宜。

当库房氨液分离器距机房的距离超过50m，或库房蒸发器为直接膨胀供液时，机房内应设置氨液分离器。机房氨液分离器布置在设备间内，其高度应使分离下来的氨液能自流到下方的低压储液器或排液桶。氨液分离器与低压储液器之间应设气体均压管，以便于分离下来的氨液下流。

氨液分离器应设超高液位报警装置，最高液位控制在高度的2/3处。氨液分离器上设置压力表和安全阀。禁止在氨液分离器的气体进出管之间设旁通阀。

5.1.3.6　低压储液器和排液桶

低压储液器是与机房氨液分离器配套使用的。低压储液器应设置在机房氨液分离器的下面。低压储液器的进液口必须低于机房氨液分离器的排液口，以保证氨液分离器的液体借液位差自流流入桶内。

低压储液器应设置加压管、压力表、安全阀、液位指示器及超高液位报警装置。超高液位控制在该容器容积的70%。

排液桶一般布置在设备间靠近库房的一侧。如果设备间分为两层，排液桶则设在底层。排液桶的进液口不得靠近桶上降压用的抽气管，以免液体进入降压管，易造成压缩机的湿行程。排液桶要包隔热层，并应设置加压管、压力表、安全阀、液位指示器。

5.1.3.7　低压循环桶和氨泵

低压循环桶是氨泵供液系统的专用设备，一般布置在设备间。应按不同蒸发温度分别设置。低压循环桶的安装高度要适应氨泵正常运转的要求。低压循环桶的最低液位与氨泵中心轴线之间的高度差应满足氨泵防止气蚀所要求的高度。采用离心泵时，泵中心与低压循环桶正常液面之间的距离不得小于泵的NPSH（净正吸入压头）+0.5m；采用齿轮泵时，低压循环桶出液口至泵中心距离在氨泵进出口两侧压差小于1000kPa时，应等于或大于600mm。

为了便于观察、操作、维护，一般要设标高高于2.4m的操作平台，平台上面还可布置分调节站，下面则可布置氨泵、排液桶、集油器等设备。低压循环桶应设液位自动控制装置和超高液位报警装置。正常液位控制在距桶底1/3处，最高液位控制在距桶顶1/3处。低压循环桶必须设置压力表、安全阀和液位指示器。

氨泵一般布置在低压循环桶的下面近处，基础稍高于地坪。安装场所要求通风明亮，排水顺畅，有足够的操作管理和维护保养的空间。多台氨泵布置时，两泵之间应留有约0.5m的间距，以便操作和检修。为保护压缩机和氨泵，应设氨泵自控回路。氨泵四周应有排水明沟，使得氨泵在停止运行后，泵体霜层的融化水便于排走。

为了防止氨泵气蚀，在低压循环桶至氨泵的管道配置方面，要尽量减少液体制冷剂进泵时产生涡流现象，合理设置出液管，尽量减少阻力损失。通常采用桶侧出液，一桶两泵，一根出液管单独连接一台氨泵。出液管与桶壁交角为20°左右。氨泵的进、出液管和过滤器都应包保温层，以防止冷损失及其引起的氨泵气蚀。

低压循环桶、氨泵固定点均应有防“冷桥”的措施。

5.1.3.8　空气分离器

空气分离器应靠近冷凝器和储液器布置。卧式空气分离器通常设于设备间的墙上，安装高度距地坪1.2m左右，进液端稍高。立式空气分离器可支撑在储液器或排液桶上，以节省占地面积。

5.1.3.9 集油器

集油器可设在室内，也可设在室外，靠近油多、放油频繁的设备。高、低压共用一台集油器时，应靠近低压设备设置。集油器的基础标高在200mm以上，以便于放油操作。设在室内时，可将放油管引至室外。集油器四周应设排水明沟。

5.1.3.10 调节站

总调节站应设在机房内的压缩机间或设备间内，应能使各操作地点都能看到其上面的信号装置、仪表。总调节站前是主要通道，并应留有足够的操作空间。其横主管中心线与墙面的间距不应小于0.8m，以便安装和检修。总调节站阀门布置要合理，为便于操作，阀门中心离地标高以1.2~1.5m为宜，手轮间的距离不小于100mm，以利于安装、操作、检修。

液体气体调节站可以集中设置在机房设备间操作平台上，也可以分散设置在库房穿堂处，应根据冷库的规模大小、冷间的多少、冷间距机房的远近，以及系统操作方便、经济合理来确定。

重力供液系统的液体气体调节站则需与氨液分离器集中设置在一起，对应布置。氨液分离器在上，液体气体调节站在下。

5.1.3.11 机房机器、设备布置示例

机器间和设备间内机器、设备的布置形式较多。机器、设备台数较多时，常将机器间、设备间分别设置，机器间主要布置制冷压缩机和中间冷却器等，设备间则主要布置其他辅助设备。对于小型制冷装置，也可将机器、辅助设备合在一起布置。图5-8所示为机器间、设备间分别设置的机房平面布置图。

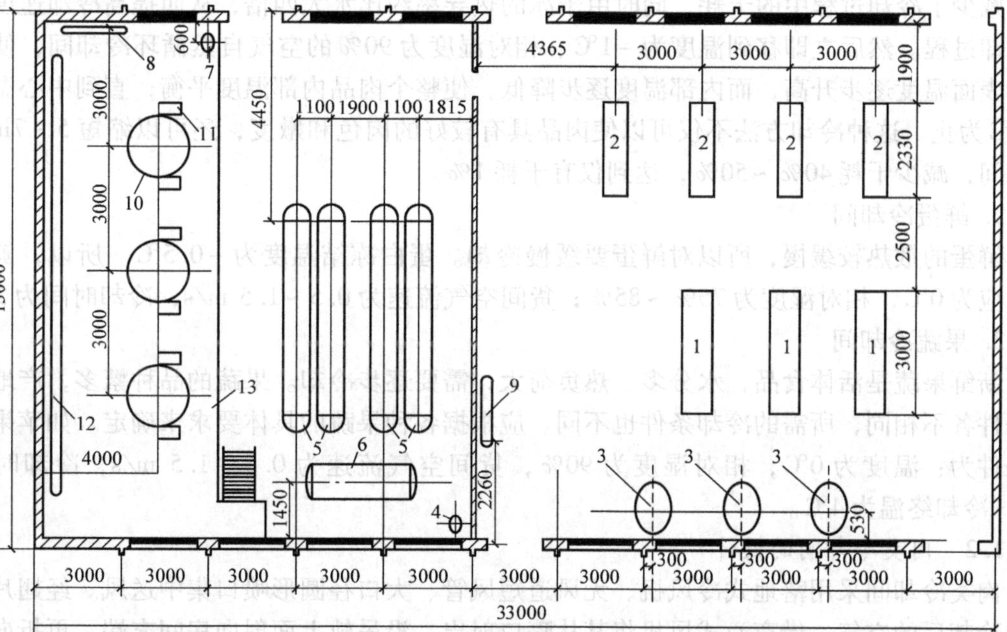

图5-8 机房平面布置图

1—单机双级制冷压缩机 2—单级制冷压缩机 3—中间冷却器 4—油分离器 5—储液器 6—冷凝器 7—集油器 8、12—分调节站 9—总调节站 10—低压循环桶 11—氨泵 13—操作平台

5.2 冷却间和冻结间

屠宰后的牛、羊、猪白条肉，胴体温度一般为35～37℃，在这样的温度下，微生物极易繁殖，从而使肉食品迅速腐败变质。为了抑制微生物的活动，保持新鲜肉食品的质量，就必须在冷却间内将食品温度降至0～5℃，这样才能便于短期储存和运销市场。

5.2.1 冷却间

冷却间是食品进行冻结前或冷藏前预先冷却的冷间。其特点是进入冷却间的食品热负荷较大，既要迅速降温，温度又不能低于其冻结点，因此冷却间要严格控制温度的下限值。

5.2.1.1 冷却间设计参数

对于不同种类食品的冷却间，冷却间的设计参数要根据食品冷却工艺要求合理确定。

1. 肉类冷却间

肉类冷却间设计室温为0～2℃，相对湿度为90%。屠宰后胴体温度一般为35～37℃的牛、羊、猪白条肉，进入冷却间冷却后的终温为4℃。而肉类汁液冻结温度为－0.6～－1.2℃。进货前可先将冷却间降温至－2～－3℃，然后进货。冷却间冷风机的喷口气流速度一般采用15～25m/s，肉胴体间风速为1～2m/s，冷却间内的空气循环次数一般为50～60次/h，冷却时间为20～24h。加大肉间风速，虽能稍提高冷却速度，但干耗会相应增加。

还可以采用两种温区的方法实现快速冷却。首先在温度为－10～－19℃、相对湿度90%的通风冷却间内将肉快速冷却，白条肉在低温下冷却时，胴体表面很快形成一个冰壳，大大减少了冷却过程中的干耗，同时由于冰的热导率约比水大四倍，从而提高冷却速度，加速冷却过程。然后立即移到温度为－1℃、相对湿度为90%的空气自然循环冷却间，使整个肉品表面温度逐步升高，而内部温度逐步降低，使整个肉品内部温度平衡，直到中心温度达到4℃为止。这种冷却方法不仅可以使肉品具有较好的肉色和嫩度，还可以缩短5～7h的冷却时间，减少干耗40%～50%，达到仅有干耗1%。

2. 鲜蛋冷却间

鲜蛋的散热较缓慢，所以对鲜蛋要缓慢冷却。蛋白冻结温度为－0.5℃。所以，鲜蛋冷却间应为0℃，相对湿度为75%～85%；货间空气流速为0.5～1.5 m/s，冷却时间为24h。

3. 果蔬冷却间

新鲜果蔬是活体食品，水分多、热负荷大，需要逐步冷却。果蔬的品种繁多，产地和生长条件各不相同，所需的冷却条件也不同。应根据各种果蔬的具体要求来确定。如苹果的冷却条件为：温度为0℃，相对湿度为90%，货间空气流速为0.5～1.5 m/s，冷却时间为24h，冷却终温为4℃。

5.2.1.2 肉类冷却间的设计

肉类冷却间采用落地式冷风机、无风道短风管、大口径圆形喷口集中送风。经翅片管蒸发器冷却后的空气，借离心式风机将其从喷口射出，沿吊轨上面射向房间末端，再折向导轨下面，从悬挂白条肉间流过，以冷却白条肉。经热交换后的空气又回至冷风机下面的进风口，这样来完成空气的循环。由于喷口气流的引射作用，加剧了冷风机侧的空气循环，使冷却间内空气温度比较均匀，减少冷却时间，保证肉品快速冷却。

根据冷风机的布置方式不同，肉类冷却间可以分为纵向吹风式、横向吹风式和吊顶式。

1. 纵向吹风式

冷风机设置在冷却间一端为纵向吹风式，如图5-9所示。纵向吹风式冷却间的射程不宜大于12m。肉类冷却间一般为6m宽，12~18m长，4.5~5m高，每间可以容纳15~20t食品。室内设有65mm×12mm扁钢吊轨，每米吊轨平均荷载约为200~250kg。每米吊轨可悬挂3~4头猪，或3~4片半白条牛，或10~15只羊。手工传送的冷间吊轨间距为700~850mm，机械传送的吊轨间距为900~1000mm。吊轨边缘距墙或柱500mm。

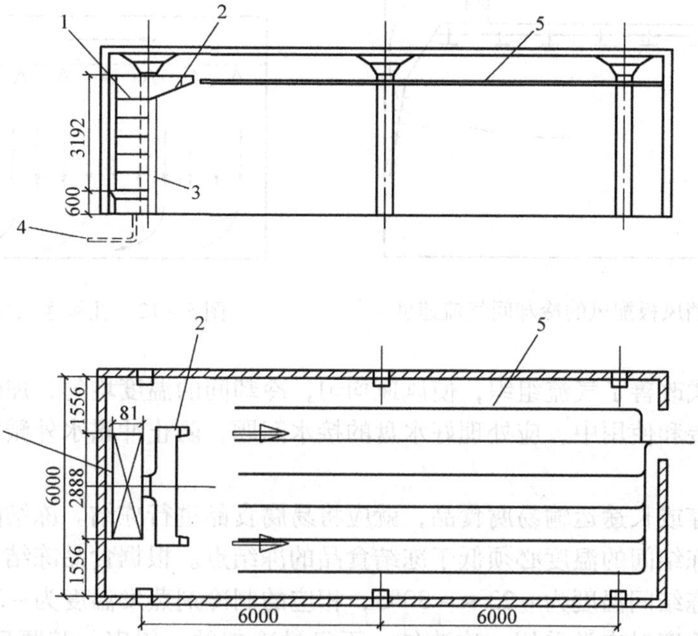

图5-9 纵向吹风肉类冷却间

1—冷风机 2—出风口 3—接水盘 4—排水管 5—吊轨

2. 横向吹风式

冷风机布置在冷却间一侧的是横向吹风式冷却间，如图5-10所示。冷风机与最近的一根吊轨距离为1.2~1.5m。冷风机四周距墙、柱的距离应不小于400mm，以便于安装检修。冷风机水盘不要直接坐于地坪上，应架高，以利于排水。冷风机设置高度应尽量利用冷间净高。

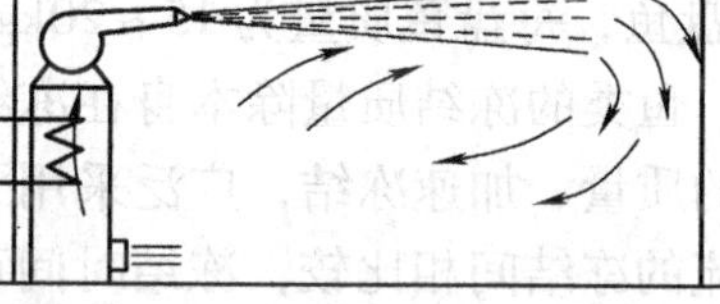

图5-10 横向吹风式冷却间

冷风机喷口直径一般为200~300mm，喷口长度与喷口直径的比取决于冷间长度。当冷间长≤12m时，取3∶2；当冷间长12~15m时，取4∶3；当冷间长15~20m时，取1∶1。喷口减缩角度应不大于30°，喷口阻力系数为0.93~0.97。当采用两个以上喷口时，总风道应设调节阀，以调节喷口风量。

采用横向吹风式送风方式，空气射流在喷射过程中递减很快。当出口速度为20m/s时，到冷间末端已降至0~1m/s，影响整个冷间气流组织的均匀和温度的均匀。

3. 吊顶式

为了克服气流不均匀和节省占地面积，采用吊顶式冷风机配挡风板的冷却间送风方式。

其冷间的气流速度如图 5－11 所示。

冷风机由挡风板的一端吸风，冷风由另一端吹出，沿墙面、地面有组织地流动，同时冷却肉类食品。也可以在挡风板上开孔，冷风由孔口有规律地吹出，使冷间内的每个肉胴体均匀受风，如图 5－12 所示。

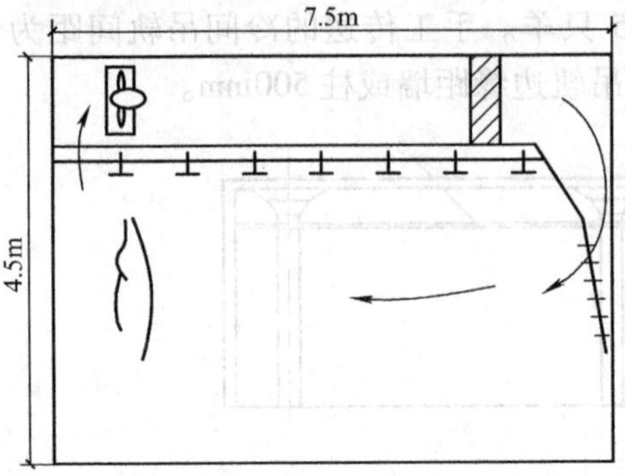

图 5－11　挡风板配风的冷却间气流速度

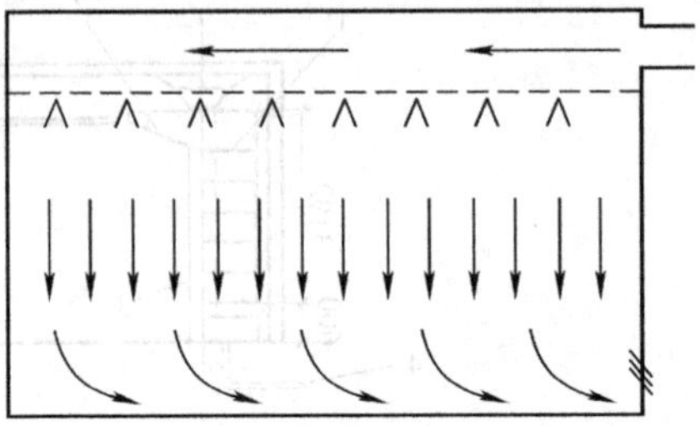

图 5－12　孔板送风气流组织图

这种送风方式改善了气流组织，使风速均匀，冷却间的温度均匀，加强了冷却效果。在吊顶冷风机的安装和使用中，应处理好水盘的接水问题，防止冲霜水外溅。

5.2.2　冻结间

为了长期储存或长途运输易腐食品，就应将易腐食品进行冻结。冻结间是对食品进行冻结加工的冷间。冻结间的温度必须低于冻结食品的冻结点。根据食品冻结工艺的要求，并考虑到经济合理，冻结间温度为－23～－30℃，相应的制冷剂蒸发温度为－33～－40℃。

一些生产性冷库对肉类采用一次冻结，不经过冷却的、屠宰、晾晒后 30～35℃的肉品进入冻结间，经过 16～20h，冻结至肉品的中心温度达到－15℃，再送入冻结物冷藏间。

肉类在冻结时，牛、羊、猪的白条肉（屠宰后的带骨肉）是悬挂在吊轨上进行的，吊挂方法同冷却间。鱼装盘后放在鱼笼上，鱼笼分吊挂式和手推式两种，每只鱼笼分九层装 18 盘鱼，每盘鱼质量为 15～20kg。

鱼类的冻结质量除本身在冻结前的新鲜度外，与冻结时间的快慢有很大关系。为了保证肉的质量、加速冻结，广泛采用了强制空气循环冻结间，强制空气循环的冻结间与自然空气对流的冻结间相比较，冻结时间可以大大地缩短。如加强冻结间中空气的循环速度到 1m/s 时，冻结时间约可以缩短到原来的 1/2；速度到 2m/s 时，冻结时间约可缩短到原来的 1/2.4；速度到 10m/s 时，冻结时间约可缩短到原来的 1/3.6。

国际上对冻结间工艺的要求向低温快速方向发展，冻结温度采用－35～－40℃，空气的速度采用 2～4m/s，有的甚至采用更大的气流速度。但流速过大，会加大干耗和电耗。

冻结间设计应符合下列要求：

1）应能生产高品质的食品，在食品整个表面上温度分布力求均匀，而且冻结过程应以高速度来实现。

2）冻结间装置应力求简单，使用方便，便于维修，以及最好能用于多品种的生产。

3）在有条件的时候，应采用机械传送和操作自动化，减轻劳动强度和改善劳动条件。

冻结间的形式：

1）强制空气循环冻结间。此种冻结间在冻结间的一端或一侧安装冷风机，也有在顶部安装冷风机，目前在冷藏库中已广泛采用。

2）半接触式冻结间。此种冻结间在冻结间内安装搁架式排管和顶排管，肉类装在铁盘内，直接放在搁架式排管上冻结。此种方法由于搬运劳动强度大，一般在冻结能力小于4t/天的冷库内使用。

冻结间或冻结装置有很多种不同的形式。按食品与制冷剂或载冷剂接触与否分为直接冻结和间接冻结。直接冻结装置是用氯化钠盐水、乙二醇、丙三醇等不冻液和液氮、氟利昂等液化气体作为冻结食品的介质的冻结装置，又可分为沉浸式和喷淋式两种冻结装置。按食品与冻结设备接触与否分为接触式冻结（如平板冻结器）、半接触式冻结（如搁架式排管）、非接触式冻结（如强烈吹风吊轨式冻结）。近年来，更涌现出很多快速食品冻结装置，如流态床式、隧道式、螺旋式、网带式等。这些冻结装置冻结温度低，速度快，质量好；可以连续生产；工人在常温下操作，减低劳动强度。

间接冻结装置即为食品与制冷剂或载冷剂不直接接触，例如强烈吹风型吊轨冻结间和半接触型搁架排管冻结间。

5.2.2.1　强制空气循环冻结间

这种冻结间按照空气流向和冷风机形式分为纵向吹风冻结间、横向吹风冻结间和吊顶式冷风机冻结间三种。

1. 纵向吹风冻结间

在冻结间一端装置冷风机，吊轨上面铺设吊顶，吊顶与平顶间形成风道供空气流通。吊顶有两种不同的开孔形式：一种是在端头留孔，空气沿吊顶吹到房间的另一端，如图5－13a所示，这种形式空气流通距离长，前后食品冻结时间不均匀，所以房间长度不能太长，一般为12～15m；另一种是在吊顶上沿吊轨方向开长孔，如图5－13b所示，这种形式被冻食品都能吹到冷风，出风孔的宽度一般为30～50mm，靠近冷风机的孔要大一些，为60～70mm。

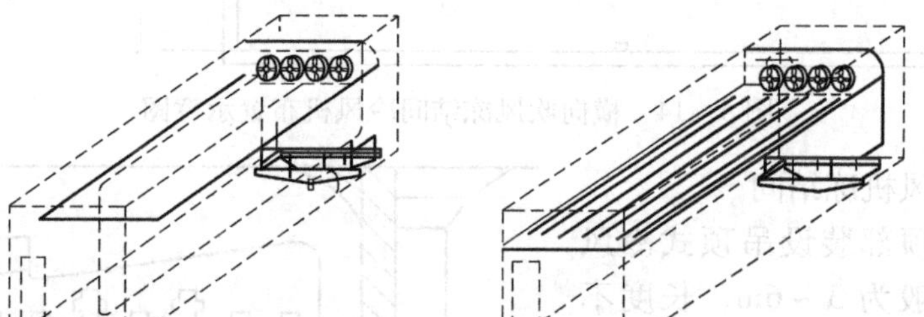

图5－13　纵向吹风冻结间
a）端头出风　b）沿吊轨方向出风

吊顶和平顶之间的高度不小于800mm，以便维修鼓风机和电动机，吊顶上应留1m×1m的人孔。

这种冻结间的房间高度一般为6m，长度为12～18m，冻结能力为15～20t/昼夜，室温为－23℃，冻结时间为20h。

这种冻结间的优点：冷风机台数少，耗电少，系统简单，投资少。缺点：空气流通距离长，室内温度不匀。

2. 横向吹风冻结间

在冻结间一侧装置冷风机，使冷风在冻结间横断面内循环吹送，这种冻结间大多用于冻结量较大的生产性冷库。冷风直接吹到吊挂白条肉的后腿，低温空气先接触最难冻的部位，均匀下吹，肉品间平均风速为1.5～2m/s，气流方向与胴体长度方向平行，阻力小；冷空气与冻品有最大的热交换面积，换热充分。

这种冻结间房间宽度为3～7m，长度不受限制，长度越长，冷风机台数越多。室温为－23～－30℃，冻结时间为10～20h。房间宽度3m适合冻鱼及家禽，房间宽度6～7m适合冻猪、羊、牛白条肉。

这种冻结间的优点：空气流通距离短，库内温度均匀，冻结速度快。缺点：冷风机台数多，耗电量较大，系统较复杂，投资增加。

横向吹风冻结间冷风机布置示意图如图5－14所示。

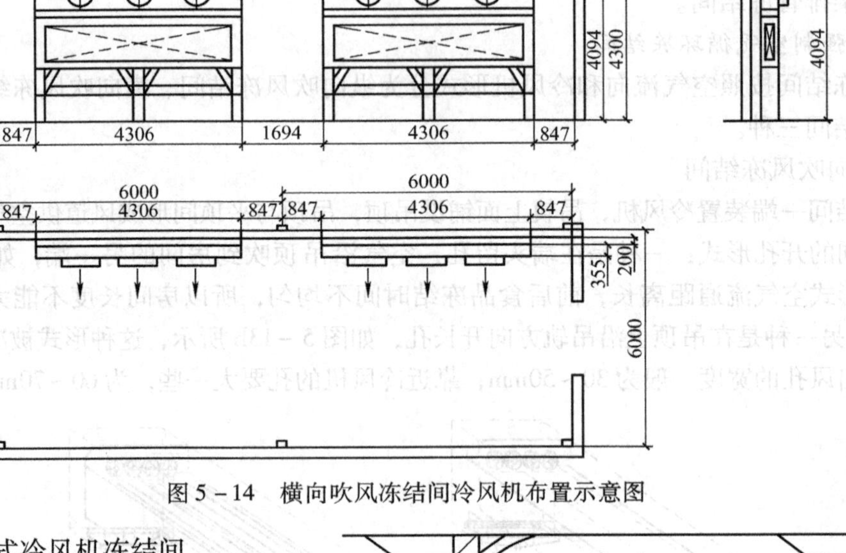

图5－14　横向吹风冻结间冷风机布置示意图

3. 吊顶式冷风机冻结间

在冻结间的顶部装设吊顶式冷风机，房间宽度一般为3～6m，长度不受限制，适用于冻盘装鱼、家禽等块状食品，也适用于冻白条肉。室温为－23～－30℃，冻结时间为10～20h。

对吊笼盘装食品的冻结间，冷间布置示意图如图5－15所示。

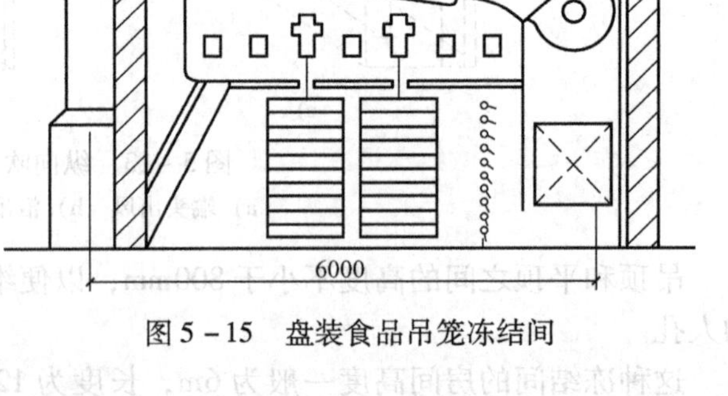

图5－15　盘装食品吊笼冻结间

1）冻结间采用吊顶式冷风机。每吨货物的冷却设备面积增大到120m^2/t，迎风面积增大到1.80m^2/t。采用16台LTFB型轴流风机，其每台风量$V=21000m^3/h$。每台风机都独立与一个“人”字形风道连接，并通过12列喷风口垂直下吹。这种送风方式使空气流动阻力损失小，风速均匀，消除了“死角”。同时，温度均匀，冻结时间短，耗电减少。由于迎风面积加大，使融霜周期增长，可以冻结3~4次融霜一次。

2）对小包装分割肉、禽类、水产品等盘装食品，采用上吹式。蒸发器安装位置较高，风机安装在顶部。经冷却的空气通过吊笼上部挡风板与顶棚之间的空间向侧面吹出，经过导风板均匀吹过盘间。吊笼进、出风两侧均设置导风板。蒸发器回风口的高度要在地面以上0.6~1.0m。盘间气流均匀，温度均匀，冻结效果好。

这种冻结间的优点：节省建筑面积，库温均匀。缺点：冷风机台数多，系统复杂，维修不方便。

吊顶式冷风机可以吊装在平顶上，也可以加固在吊轨的钢梁上。吊顶式冷风机的配水装置如系水盘配水，应严格要求保持水盘的水平度。

为便于冷风机安装和检修，落地式冷风机最好离墙300~400mm，吊顶式冷风机离平顶不小于500mm。冷风机采用水冲霜，水量一般按每平方米翅片管面积35~40kg/h计算，水温不宜过高，以15~20℃为宜。水质要求干净，以免在翅片管上结垢。下水道坡度要大，管径不小于ϕ150mm。上水管的阀门应设在正温区，上水管内的水在停止使用时要排净。为了加速冲霜过程和排除冷风机管内的润滑油，要接有热氨融霜系统，热氨管径不小于ϕ57mm，并用石棉保温，排液管应自冷风机排管最低处接出，冷风机水盘应大于冷风机外壳，以防水外溅，冷风机吸风口的断面不小于冷风机排管间的净断面。

强制空气循环冻结间的风量根据经验数字，每平方米冷风机冷却面积约配100~120m^{3}风量。吊顶式冷风机无论是单向或双向，无论横向或纵向布置，空气出口处均应设置导风板。

5.2.2.2 半接触式冻结间

这种冻结间有普通搁架式排管冻结间和吹风式搁架排管冻结间两种。下面以氨系统为例说明。

蒸发器排管兼作货物搁架的冻结间为搁架式排管冻结间，装在铁盘内的食品在搁架式排管上冻结。由于食品与排管接触，传热效果好，适用于分割肉、禽类、水产品等块状食品的冻结。搁架式排管采用ϕ57mm×3.5mm无缝钢管制作，也有用矩形无缝钢管制作的，在冻结效果上二者差不多，但价格相差较大。单位面积产冷量q_f值一般采用628kW/（m^2·h）。排管水平间距100~200mm，最低一层排管离地面不小于250mm，搁架式排管宽度为800~1200mm，每平方米搁架式排管面积载重量为60~80kg（以冻盘规格600mm×400mm×120mm，装货20kg计算）。

吹风式搁架排管q_f值可以增加，目前采用837kW/（m^2·h），风量每吨食品约配10000m^3/h。

搁架式排管冻结间库温为-18~-23℃，冻结时间视冻品的厚度和包装形式而变化，冻结时间一般为36~72h，吹风式搁架排管冻结间冻结时间一般为20~48h。

搁架式排管采用人工扫霜，定期采用热氨融霜，使管内积油排出。

搁架式排管冻结间的优点：容易制作，节省用电，不需要维修。缺点：劳动强度大。

1. 冻结能力计算

搁架式排管冻结间的冻结能力按式（5-1）计算，即

$$G = \frac{nA}{f}\frac{m}{1000}\frac{24}{\tau} \qquad (5-1)$$

式中，G为冻结间每日冻结能力（t）；n为搁架利用系数，冻盘装食品（分割肉、禽、水

产）$n=0.85\sim0.90$，冻听装食品（蛋）$n=0.70\sim0.75$，冻箱装食品（猪、牛、羊副产品）$n=0.70\sim0.85$；A 为搁架各层水平面积之和（不包括弯头）（m^2）；f 为每件冻结食品容器（盘、听、箱）所占面积（m^2）；m 为每件冻结食品净重（kg）；τ 为冻品所需冻结时间（h）；24 为每日小时数；1000 为 1t 换算成 1kg 的系数。

2. 搁架尺寸的确定

搁架尺寸的确定要考虑充分利用排管的面积，提高搁架利用系数。搁架式排管采用 $\phi38mm\times2.5mm$ 或 $\phi57mm\times3.5mm$ 无缝钢管制作，也可采用 $40mm\times25mm$、$\delta=3mm$ 的矩形无缝钢管制作。排管水平间距为 80～120mm。

根据食品容器的尺寸，搁架的宽度可采用 740mm 或 1300mm。搁架的高度为 1.8～2.0mm。每层高度，对盘装食品为 250～400mm；对听装食品为 400mm；一般可设 6～8 层，最底层排管距地坪 300～400mm 为宜。搁架的长度视冷加工能力与冻结间大小而定。

3. 搁架式排管的布置

搁架式排管在冻结间的布置应利于提高冷间容积利用系数。同时，又要考虑操作、装卸运输的方便。走道应考虑手推车的进出，净宽不小于 1m，保证手推车单向通行。对冻结能力大于 5t/日的冻结间，应设计有手推车空载与满载双行的路线，以提高装卸效率。

4. 搁架式排管的供液方式

搁架式排管的供液，最简单的是采用一通路供液。对重力供液系统，每通路管长不超过 120m；对氨泵供液系统，每通路管长不超过 300m。当管长超过允许长度时，可采用分层供液，如图 15－16 所示。这种连接方法可以减少底部排管中由于静液柱作用对蒸发温度的影响；同时便于排管的排列、安装制作，满足蒸发面积的需要。为了确保所需冷却面积，除搁架式排管外，还可增设顶排管。

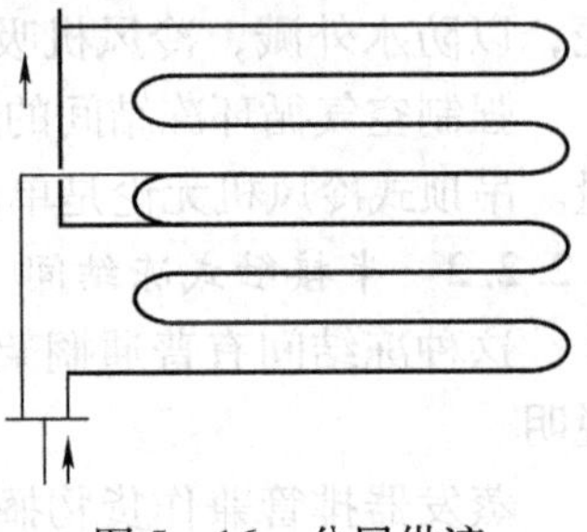

图 5－16　分层供液

5. 搁架式排管的吹风方式

为了加强冻结效果，对搁架式排管冻结间也要采用轴流风机，强烈通风。每吨食品可配风 $10000m^3$。为了使冷空气形成均匀的水平气流通过被冻食品，应设有导流装置。搁架每层喷风口的风速采用 4m/s，货间风速为 1～2m/s。

（1）顺流吹风型　如图 5－17 所示，轴流风机设于排管的一端或两端，气流有组织地平行吹过排管。这种吹风方式适用于小型搁架式排管冻结间。

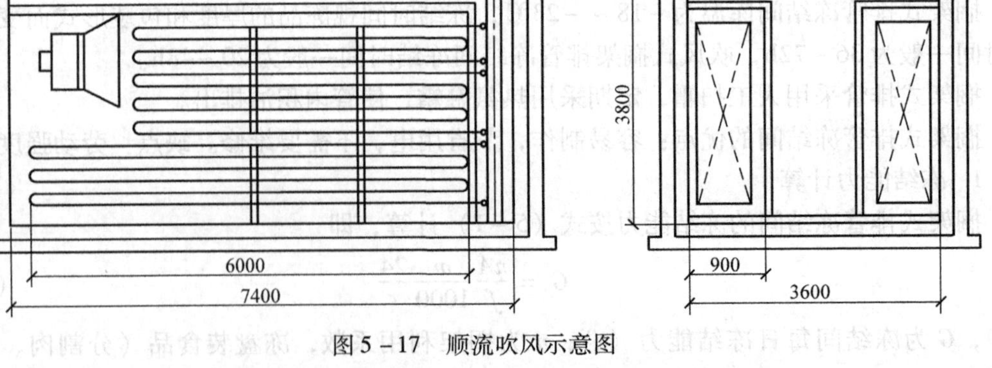

图 5－17　顺流吹风示意图

(2) 直角吹风型 如图5－18所示，轴流风机设于中间操作走道上方，冷风沿挡风板下吹，侧面导风板上开孔，气流垂直吹过排管，回风沿对面墙回到风机。气流组织合理，冷风分布均匀，冻结速度快，冻结时间一致，保证冻品质量。这种吹风方式适用于冻结能力较大的搁架式排管冻结间。

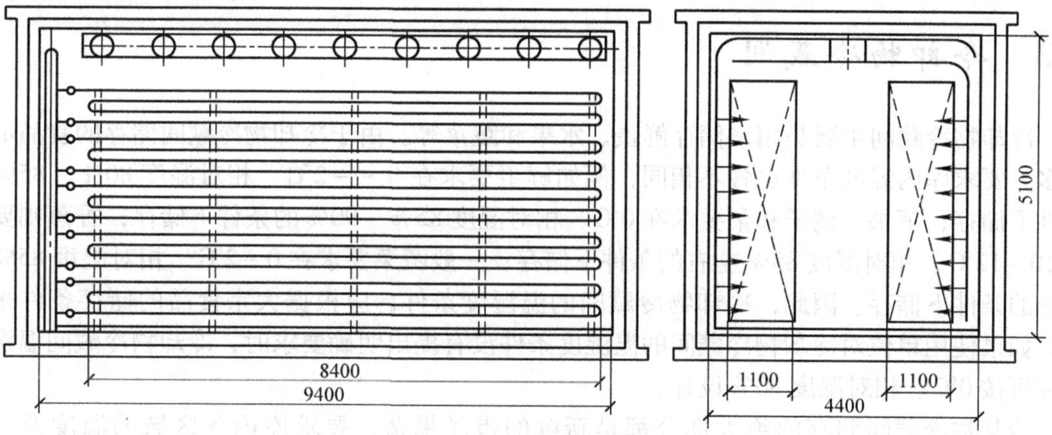

图5－18 直角吹风示意图

(3) 混流吹风型 如图5－19所示，轴流风机装设在中间走道上方，冷风沿挡风板与屋顶、墙壁的空间下吹，管架和被冻食品处于冷风的回流区内。这种形式设计安装比较简单方便，适用于冷间改建。

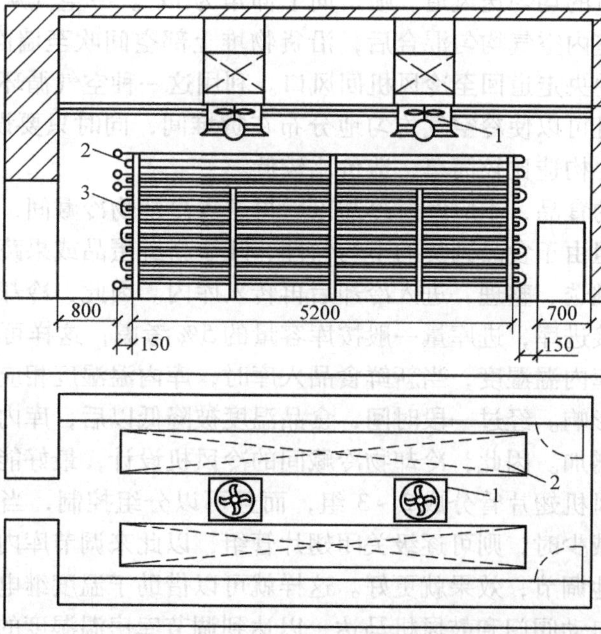

图5－19 混流吹风型搁架式排管冻结间

1—轴流风机 2—顶排管 3—搁架式排管

搁架式排管冻结间的设备构造简单，制作方便，操作容易，也不必常维修；作为半接触冻结，传热效果较好，用电省；管架又是货架，装载量大；为保护排管，避免磨损，可在管架上铺设0.6mm厚的镀锌钢板。搁架式排管冻结间难于使用快速的水冲霜，只能人工扫霜辅以定期热氨融霜，要特别注意接水。排管的液柱作用对蒸发温度的影响较大。搁架式排管冻结间只适用于盘装食品，不适用于吊挂食品的冻结。手工搬运的劳动强度大而又不能连续生产，有必要对货物的搬运装卸加以改进，实现机械化、自动化。

5.3 冷却物冷藏间

冷却物冷藏间主要是用来储存鲜蛋、水果和蔬菜等。由于冷却物冷藏间储存的食品品种繁多，要求库内温度条件也各不相同，例如鲜蛋要求在0～－2℃、相对湿度80%～85%的条件下储存；苹果、橘子和梨要求在0℃、相对湿度85%～90%的条件下储存；香蕉则要求在10～12℃、相对湿度85%左右的条件下储存；一般蔬菜要求在0～2℃、相对湿度85%～90%的条件下储存。因此，冷却物冷藏间的温湿度条件，应根据大宗食品的储存条件来确定。如果使用单位对冷却物冷藏间的温湿度条件没有提出明确要求时，冷却物冷藏间温湿度条件可按0℃、相对湿度90%设计。

冷却物冷藏间储存的绝大部分都是新鲜的蛋品果蔬，要求库内各区域的温度差小于0.5℃，以免食品冻坏；同时由于食品在冻结点以上，呼吸过程并未停止，热湿交换比低温状态大，因此必须采用强制空气循环才能使冷空气比较均匀地分布于食品货堆之间。同时要求货堆间的气流速度不宜过大，过大的风速将增加食品的干耗。对大多数货物，货间风速宜采用0.25m/s。因此，在冷却物冷藏间内，一般采用干式翅片管冷风机，在库房中央走道的顶部设置一根带许多喷口的均匀送风道。喷口向上仰角为17°。冷空气从喷口喷出以后，首先射向库房平顶，再与室内空气均匀混合后，沿货物堆上部空间吹至墙面，然后流过货堆，经热交换后的空气，从中央走道回至冷风机回风口。利用这一种空气循环方式，可以防止喷口附近的食品冻坏，而且可以使冷空气均匀地分布在货堆间，同时只要设一根均匀送风道，不需再设回风道，因此，构造比较简单，造价比较低。

冷却物冷藏间储存的食品，本应经过冷却以后再送入冷却物冷藏间，这样可以减少库温波动，降低食品损耗。但由于食品到货的不均匀性，旺季新鲜蛋品或果蔬大量上市期间，就不可能将全部食品进行挑选、整理，进入冷却后再转入库内。因此，冷却物冷藏间设计时要考虑经挑选过的鲜货直接进库，进库量一般按库容量的5%考虑，这样可以防止影响库温过大。但不可避免地影响库内温湿度，当新鲜食品入库时，库内温湿度相应升高，特别是湿度的增大对食品质量很有影响。经过一段时间，食品温度被降低以后，库内相对湿度又显得太小，容易造成食品干耗增加。因此，冷却物冷藏间的冷风机设计，最好能考虑产冷量有调节的可能性。例如，将冷风机翅片管分成2～3组，而且可以分组控制，当热负荷大时，就全部投入运行，当热负荷减少时，则可逐级关闭翅片管组，以此来调节库内温度。当然有条件时，如果风量能够相应地调节，效果就更好。这样就可以借助于温度继电器和湿度控制器来控制供液和吸气管上的自动阀门和鼓风机马达，以达到调节库房温湿度的目的。

冷却物冷藏间储存水果或蔬菜时，需考虑新鲜空气换气，以排除库内的CO_2气体。每昼夜的换气量按空库容积的3倍计算。

5.3.1 均匀送风道的设计计算

均匀送风道，无论其喷嘴形式如何，为使送风均匀，必须使通过每节风道侧面喷嘴的风量相等，风向相同，送风方向垂直于送风道的轴线。为此，要求送风道多截面的静压相等，并且静压大、动压小。近年来，均匀送风道的设计计算已编制成计算程序，采用计算机进行。计算时，均匀送风道内空气流速，首段采用8～12m/s，末段采用1～2m/s。计算方法分述如下：

5.3.1.1　带圆形喷风口的均匀送风道

1）风道高度采用450～500mm；风道宽度根据风量和空气流速选定。

2）每个圆形喷风口的风量采用400m^3/h。每个圆形喷风口的风速采用12～19m/s。

3）喷风口的轴心线与无梁楼板水平成17°交角，如图5－20所示。

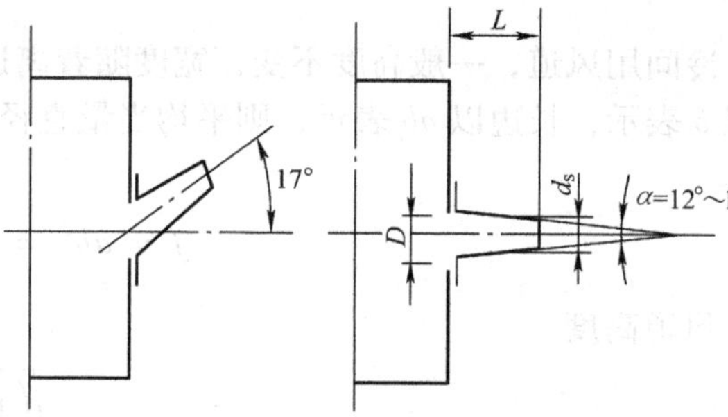

图5－20　送风道炮筒形喷风口

4）经过喷风口的空气阻力损失为

$$\Delta p_c = \frac{9.807\omega^2\rho}{2g\xi} \qquad (5-2)$$

式中，Δp_c为喷风口的空气阻力损失（Pa）；ω为喷风口的空气流速（m/s）；ρ为空气密度（kg/m^3）；g为重力加速度，$g=9.81m/s^2$；ξ为喷风的有效系数，$\xi=0.95$。

5）喷风口至射流终端的距离为

$$y = \frac{d_s}{a_1}\left(\frac{0.226\omega}{\omega_m} - 0.145\right) \qquad (5-3)$$

式中，y为喷口至射流终端的距离（m）；d_s为喷口直径（m）；a_1为喷口湍流系数，圆柱形为0.076；ω_m射流平均速度（m/s），即回流平均风速。

5.3.1.2　带条缝送风口的均匀送风道

1）出风口设在均匀送风道两侧，形成两条高度不变的条缝。出风口不设导流板，出口风速视射程而定，可采用2～6m/s。

2）风道内空气流速为

$$\frac{d\omega}{dx} = -\frac{\lambda\omega}{2y_p}D \qquad (5-4)$$

式中，ω为风道内空气流速（m/s）；x距离风道开始端的距离（m）；λ为风道摩擦系数，取决于冷空气的雷诺数和风道材料的粗糙度，如图5－21所示；y_p为补偿压力系数，采用0.75；D为风道平均当量直径（m）：

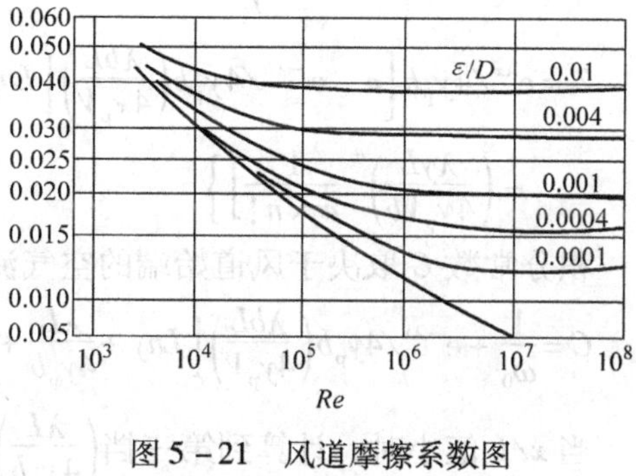

图5－21　风道摩擦系数图

$$D = 4\frac{f}{u}$$

式中，f为风道截面（m^2）；u为风道周边长（m）。

3）空气流量为

$$V_x = \left(V - \frac{Vx}{L}\right) \qquad (5-5)$$

式中，V_x为距送风道进风口x处的空气流量（m^3/h）；V为送风道进风口处的空气流量（m^3/h）；x为距离风道开始端的距离（m）；L为风道长度（m）。

4）风道截面为

$$f=\frac{\left(V-\frac{Vx}{L}\right)}{\omega} \tag{5-6}$$

冷间用风道，一般高度不变，宽度随着离进风口的距离增大而逐渐缩小。矩形风道的短边以 b 表示，长边以 ab 表示，则平均当量直径 $D=4ab^2/(2ab+2b)$，则风道截面为

$$f=ab^2=\frac{\left(V-\frac{Vx}{L}\right)}{\omega} \tag{5-7}$$

风道高度

$$b=\sqrt{\frac{\left(V-\frac{Vx}{L}\right)}{a\omega}}$$

风道周边长度

$$u=2b+\frac{2\left(V-\frac{Vx}{L}\right)}{\omega b}$$

则

$$D=\frac{\frac{4\left(V-\frac{Vx}{L}\right)}{\omega}}{\left[2b+\frac{2\left(V-\frac{Vx}{L}\right)}{\omega b}\right]}$$

将 D 代入式（5－4），得

$$\frac{\mathrm{d}\omega}{\mathrm{d}x}=-\frac{\lambda}{y_{\mathrm{p}}}\left[\frac{1}{4b}\omega+\frac{b\omega^2}{4\left(V-\frac{Vx}{L}\right)}\right]$$

令 $Z=1/\omega$，$y=V-\frac{Vx}{L}$，则

$$Z=\mathrm{e}^{\lambda x}/4y_{\mathrm{p}}b\left\{c-\mathrm{e}^{-\lambda L}/4y_{\mathrm{p}}b\left(\frac{\lambda bL}{4y_{\mathrm{p}}V}\right)\left[Lny+\frac{\lambda yL}{4y_{\mathrm{p}}Vb}+\left(\frac{\lambda yL}{4y_{\mathrm{p}}Vb}\right)^2\frac{1}{2\times2!}+\left(\frac{\lambda yL}{4y_{\mathrm{p}}Vb}\right)^3\frac{1}{3\times3!}+\cdots+\left(\frac{\lambda yL}{4y_{\mathrm{p}}Vb}\right)^n\frac{1}{n\times n!}\right]\right\}$$

积分常数 C 取决于风道始端的空气流速 ω。可由下式求得，即

$$C=\frac{1}{\omega_0}+\mathrm{e}^{-\lambda x}/4y_{\mathrm{p}}b\left(\frac{\lambda bL}{4y_{\mathrm{p}}V}\right)\left[Lny+\frac{\lambda L}{4y_{\mathrm{p}}b}+\left(\frac{\lambda L}{4y_{\mathrm{p}}b}\right)^2\frac{1}{2\times2!}+\left(\frac{\lambda L}{4y_{\mathrm{p}}b}\right)^3\frac{1}{3\times3!}+\cdots+\left(\frac{yL}{4y_{\mathrm{p}}b}\right)^n\frac{1}{n\times n!}\right]$$

当 x/L 值小时，计算到第三挡 $\left(\frac{\lambda L}{4y_{\mathrm{p}}b}\right)^3\frac{1}{3\times3!}$ 可满足精确度要求。

当 x/L 值大时，计算到第二挡 $\left(\frac{\lambda L}{4y_{\mathrm{p}}b}\right)^2\frac{1}{2\times2!}$ 可满足精确度要求。

5.3.1.3 带百叶窗送风口的均匀送风道

1. 计算送风口个数 n

$$n=\frac{BH}{\left(\frac{ax}{x}\right)^2} \tag{5-8}$$

式中，B 为送风侧房间宽度（m）；H 为房间高度（m）；a 为送风口湍流系数，$a=0.14$；x 为射程，等于沿送风方向的房间深度减去1m；$\bar{x}$ 为射流相对射程。

$$\bar{x}=\frac{ax}{\sqrt{A}}$$

式中，A 为每个送风口所管辖的房间的横截面面积（m^2），$A=BH/n$。

$\bar{x}$ 可根据 $\Delta t_x/\Delta t_s$ 乘以 $\sqrt{A}/d_s$ 的积查图5-22。

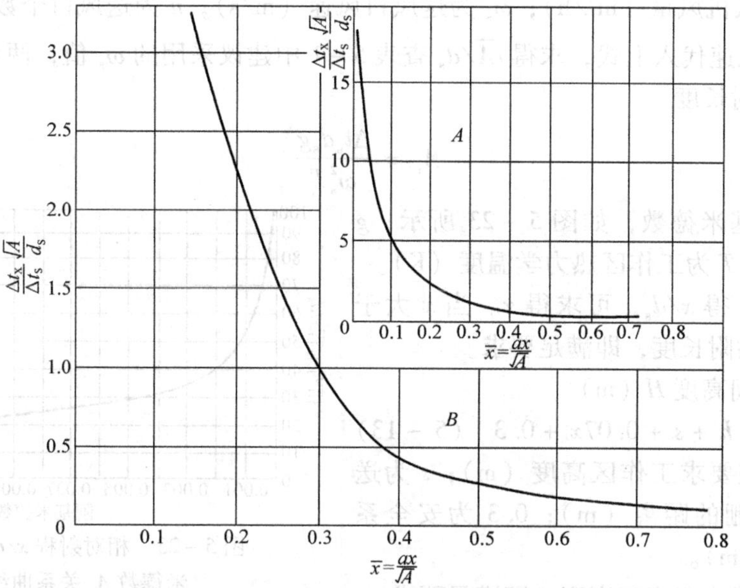

图5-22 非等温受限射流轴心温差衰减曲线图

A—曲线 B—曲线常用部分的放大

Δt_x 为射流进入工作区前，轴心与室内温度之差。当允许温度波动范围 $\Delta t_j \leqslant 0.5$℃时，$\Delta t_x=(0.4\sim0.5)\Delta t_j$；当允许温度波动范围 $\Delta t_j>0.5$℃时，$\Delta t_x=(0.5\sim0.9)\Delta t_j$；当设计工艺对区域温度无要求时，$\Delta t_x=\Delta t_j$。

d_s 为送风口的当量直径（m）。

2. 计算送风口的面积 f_s 及送风口当量直径 d_s

$$f_s=\frac{q_V}{3600}\times0.95w_sn \tag{5-9}$$

$$d_s=1.128\sqrt{f_s} \tag{5-10}$$

式中，q_V 为冷风机风量（m^3/h）。

3. 计算送风口风速

表5-1 ω_s 的建议值

射流自由度 $\sqrt{A}/d_s$	5	6	7	8	9	10	11	12	13	15	20	25	30
最大允许送风速度 ω_s/(m/s)	1.81	2.17	2.54	2.83	3.3	3.6	4.0	4.4	4.7	5.1	7.2	9.8	10.8
建议采用的送风速度 ω_s/(m/s)	2.0					3.6				5.0			

先假定一个风速，然后用射流自由度来校核该风速是否合适。

$$射流自由度 = \frac{\sqrt{A}}{d_s} \quad (5-11)$$

式中，d_s 为送风口的当量直径（m）。

$$d_s = 1.128\sqrt{\frac{q_V}{\omega_s n 3600 \times 0.95}} = 0.0193\sqrt{q_V/\omega_s n}$$

式中，q_V 为冷风机风量（m^3/h）；ω_s 为送风口风速（m/s）；n 为送风口个数。

把假定的风速代入上式，求得 $\sqrt{A}/d_s$ 查表 5－1 中建议采用的 ω_s 值，两者一致即可。

4. 校核贴附长度

$$A_r = \frac{\Delta t_s d_s g}{\omega_s^2 T} \quad (5-12)$$

式中，A_r 为阿基米德数，如图 5－23 所示；g 为重力加速度；T 为工作区热力学温度（K）。

查图 5－23 得 x/d_s，可求得 x。当 x 大于或等于要求的贴附长度，即满足要求。

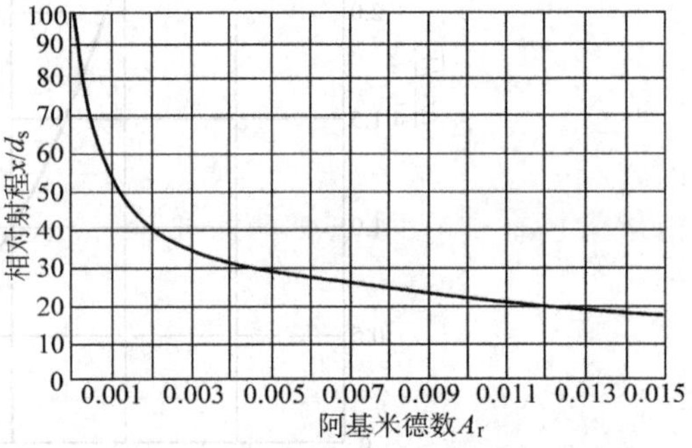

图 5－23　相对射程 x/d_s 和阿基米德数 A_r 关系曲线图

5. 校核房间高度 H（m）

$$H = h + s + 0.07x + 0.3 \quad (5-13)$$

式中，h 为工艺要求工作区高度（m）；s 为送风口下缘到顶棚的距离（m）；0.3 为安全系数；x 为射程（m）。

当 H 等于或小于房间高度，即满足要求。

5.3.2　均匀送风道的布置

冷间内均匀送风道的布置如图 5－24 所示。

冷风机布置在冷间走道的一端，距墙不小于 400mm。均匀送风道应布置在冷间走道的上方，风道离顶不小于 50mm。当冷间宽度大于 12m 时，走道设在冷间中央，当冷间宽度小于 12m 时，走道宜设在冷间一侧，走道宽度宜大于 1.2m。走道既为通道，又作为回风道。货堆布置在走道两侧（或一侧），处于回流区。如货堆处于射流区，由于送风口风速较高，空气温度较低，货物容易冻伤。为了扩大适宜商品储存的回流区，应尽量压缩射流区，在冷间顶部形成水平的均匀射流，最好形成贴附射流。送风口的送风速度应能满足射程的要求。要求到达墙面时，射流速度接近零，气流从这点开始

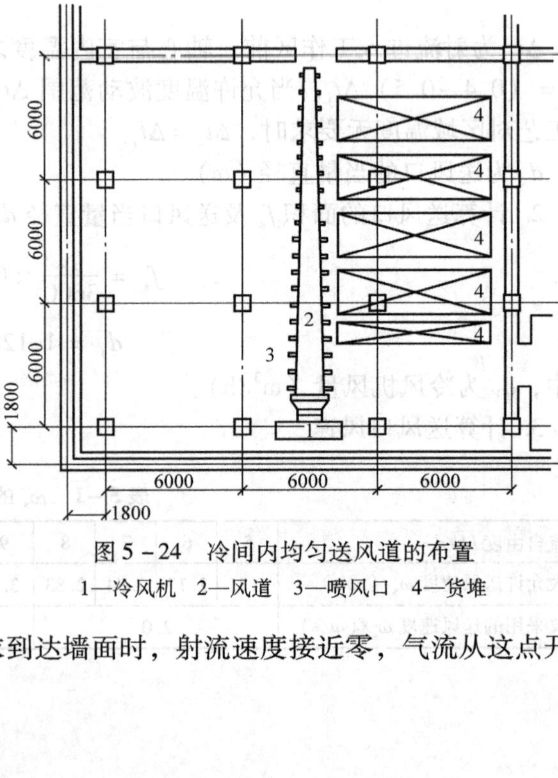

图 5－24　冷间内均匀送风道的布置

1—冷风机　2—风道　3—喷风口　4—货堆

进入回流区。为使气流通畅，货堆与地坪之间应垫木条，货堆距墙、顶均要有300～400mm的空隙，货堆间也需设置通道。

冷间采用轴流通风机和均匀送风道，构造简单，制作方便，风量大，空气阻力小，效率高，满足食品冷藏需要。冷风机采用水冲霜辅以定期热氨融霜。

5.3.3 冷却物冷藏间的通风与加湿

专门储存水果、蔬菜的冷却物冷藏间应考虑新鲜空气换气。根据所储食品品种及冷间内有害气体的允许浓度设置通风换气装置。新鲜空气用风管引至风机吸风口处，如图5－25所示。新风经冷却、去湿，由均匀送风道送至室内，避免冷间内温度波动及产生雾气。新风需克服新风管、弯头和各种管件的阻力才能被吸入。所以，设计新风管时，要合理地减少弯头、阀门，尽量缩短新风管的长度，以及在冷风机蒸发器的吸风口处设调节阀门，以平衡新风管的阻力，便于新风吸入。

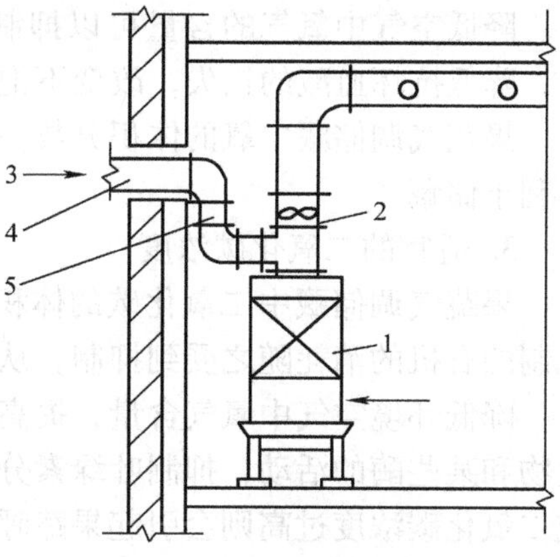

图5－25 新风管布置方式

1—冷风机 2—轴流风机 3—新风入口 4—新风管 5—插板阀

冷间废气应直接排至库外，排风道可分散或集中设置。每间换气的进、排风管应分别装设保温门或保温阀，防止排风口发生堵冻现象，排风口不宜与新风入口在同侧开设。如必须同侧开设，排风口应设在进风口下方，两者垂直距离不宜小于2m，水平距离不宜小于4m。冷间内的通风换气管道穿越围护结构处及其外侧1.5～2.0m长的管段、常温穿堂内的排风管均需保温。新风管在冷库内的管段应坡向冷风机，排风管应坡向库外，风管最低点应设有排水装置。

为有效地减少干耗，保证果蔬食品对湿度的要求，可采用水加湿或蒸气加湿系统，如图5－26所示。

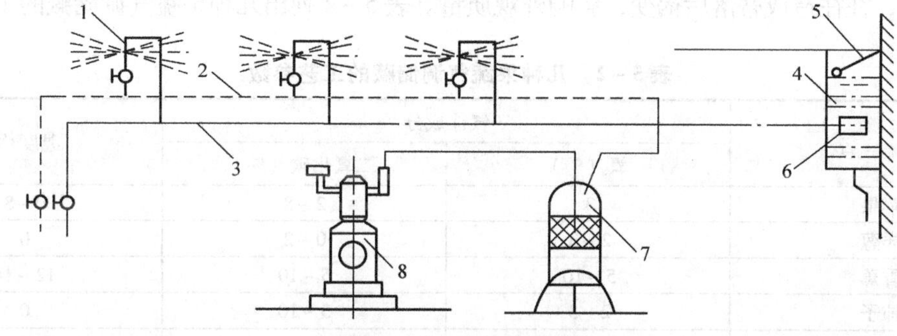

图5－26 水加湿装置

1—喷嘴 2—压缩空气管 3—水管 4—水箱 5—球阀 6—过滤器 7—油分离器 8—空气压缩机

5.3.4 气调库设计

气调库是近年来发展起来的冷却物冷藏间。它利用气体发生器、洗涤器、扩散器等设备，通过控制水果和蔬菜储藏环境的氧气浓度和二氧化碳浓度，同时降低乙烯和其他挥发性气体浓度，并适当控制储藏温度和相对湿度，把果蔬的呼吸及新陈代谢作用抑制到最低限度，使之处于“冬眠”状态，以达到果蔬长期储藏，又不失其鲜美可口风味和营养的目的。

5.3.4.1 气调库储藏的特点

1. 低温

实践证明，低温对抑制果蔬呼吸、抑制微生物生长和繁殖、延长果蔬保鲜期十分有效。

2. 低氧

降低空气中氧气的含量可以抑制果蔬呼吸，推迟后熟，抑制叶绿素降低，减少乙烯产生，降低抗坏血酸的损失，改变不饱和脂肪酸的比例，降低不溶性果胶的变化等。

果蔬气调储藏中氧的体积分数一般为2%～5%。氧含量过低时会产生厌氧性呼吸障碍，不利于储藏。

3. 适宜的二氧化碳浓度

果蔬气调储藏中二氧化碳的体积分数高达2%～10%，随着呼吸速度减慢，其作为呼吸机制的有机的消耗随之受到抑制，从而延缓后熟、延长储藏时间。

降低环境空气中氧气含量，提高二氧化碳含量，还可以降低果蔬成熟反应速度，抑制微生物和某些酶的活动，抑制叶绿素分解，改变各种糖的比例，保持其良好品质。氧浓度过低或二氧化碳浓度过高则会引起果蔬呼吸的正常生理障碍，产生异常代谢，使其品质劣变。

4. 较高的相对湿度

库内空气相对湿度是果蔬气调储藏的重要影响因素之一。

相对湿度较高时，果蔬干耗减少，气调库的相对湿度一般保持在90%～93%之间，比普通高温库（如用于储藏水果）略高。

果蔬在气调储藏过程中所产生的吸水或失水现象与环境空气的相对湿度及自身所具有的渗透压值有关。因此，保持适宜的相对湿度值十分必要，必要时需加设加湿设备。

5. 控制乙烯含量

乙烯具有催熟作用，与气调储藏的目的相悖，因此必须严格控制其含量。例如储藏苹果时，乙烯含量最高允许值为0.3%。研究表明，乙烯还会促进叶绿素的分解，对果实蒂部分有分离促进作用，往往造成蒂落后褐变，影响外观质量。表5－2列出几种果蔬气调储藏的工艺参数。

表5－2 几种果蔬气调储藏的工艺参数

品　名	气体成分		温度/℃
	氧（%）	二氧化碳（%）	
苹果	3	2～8	0～8
洋葱	2～3	0～2	0
香蕉	5～10	5～10	12～14
柿子	2～3	5～10	0
草莓	3～5	5～10	0
桃子	2	4～5	0
葡萄	0.5～1	1～2	0
柠檬	5～10	5～10	12～14
橘子	3～5	2～4	4～6
龙须菜	2～5	3～10	0～1
胡萝卜	2～5	5～10	0
番茄	3～10	5～10	6.5～9.0
青豌豆	0～10	0～10	8

5.3.4.2 气调库的主要组成

气调库主要由气调库体、制冷系统、气体发生系统（制氮机）、气体净化系统（二氧化碳脱除机和乙烯脱除机）、温湿度调节系统、气体循环系统、气体成分测量系统（CO_2、O_2 及乙烯检测）及压力平衡系统等组成，如图5－27所示。

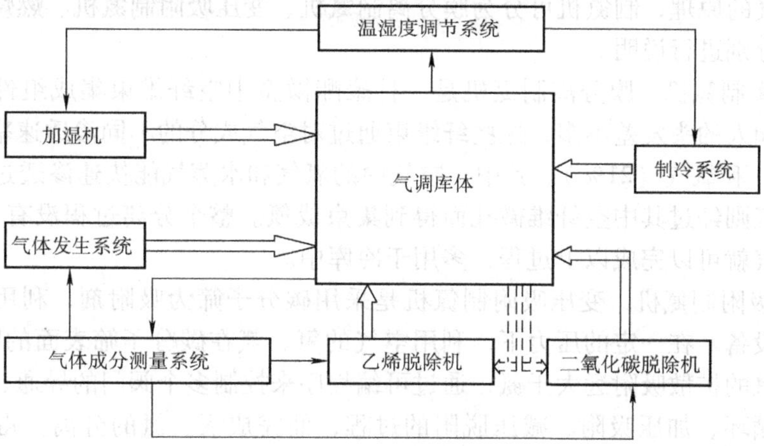

图5－27 气调库系统组成图

1. 制冷系统热负荷

气调库的日进货量较大，一般为库容量的10%～20%，且降温时间不超过24h，因此，制冷压缩机的冷量选择比普通高温库要大，一般按116～175W/t（标准工况下）选择。对于2000t以上的气调库一般应设预冷间，以减轻气调库的负荷。为了防止库内储藏果蔬在储藏期的干耗，气调库内传热温差要小（一般为6～8℃，或2～4℃），才能减少在蒸发器上的凝霜、凝露，从而保证较高的稳定相对湿度。冷风机的热交换面积都比通常的冷库大，一般按库房面积与冷风机热交换面积之比为1∶3～1∶3.5选配冷风机，库内空气循环次数控制在20～60次/h。冷风机安装的高度距库顶留有200～300mm的空间，宜采用上进下出的供液方式。

2. 气调库体

一个良好的库体结构主要是用于保证气密性要求，具体包括以下几个部分：

（1）气密层的施工 气密层的施工方法有整体式隔气与局部贴缝式隔气。整体式隔气主要用于土建气调库，用连续的气密层覆盖围护结构所有内表面；局部贴缝式隔气主要用于装配式气调库，是在夹心彩钢板拼装的接缝处涂密封胶并在外粘贴隔气材料。

（2）气密层施工前预处理 在气调库气密层施工前的预处理工作主要包括：清除表面的不平整、凹坑、裂缝；清除表面污物、灰尘。

（3）进出管线的处理 库房进行气密层施工时，把气密材料直接敷设在管路连接件在库内侧的金属板上，即可保证库房的气密。而对于装配式气调库，可将管线通过库板处设计成弹性密封，如用国产硅胶填实，以免管线过墙时造成气密层破坏。

（4）气调库围护结构的气密材料要求 气密材料应符合下列要求：气密性好，材质均匀密实，有足够的机械强度和韧性，可连续施工，易粘结，易检查，易修复，抗老化，耐腐蚀，抗微生物，无异味等。可用作墙、顶板气密层的材料有钢板、铝合金板、铝箔沥青纤维板、铝箔沥青胶合板、玻璃钢、塑料薄膜、塑料板等，目前应用比较广泛的办法是在防潮层外用聚氨酯现场发泡。聚氨酯既能隔热又有气密作用，并且施工、补漏都很方便。

3. 气体发生系统（制氮机）

制氮机是气调库中最主要的气调设备。它对于维持库内压力平衡、气体组成有重要作用。按产生氮气的原理，制氮机可分为膜分离制氮机、变压吸附制氮机、燃烧式制氮机。下面就不同原理分别进行说明。

（1）膜分离制氮机　膜分离制氮机是一种聚酯微型中空纤维束集成组件，其每根微型中空纤维粗细和人的头发差不多，这些纤维束通过对空气成分的不同渗透速率来分离空气中的氮气（78%）和氧气（21%）。其中，空气中的氧气和水蒸气能快速渗透过膜纤维从而被脱附掉，而氮气则经过其中空纤维微孔而得到集束成氮。整个分离过程没有任何运动部件，而依靠压缩空气就可以完成以上过程，多用于冷库中。

（2）变压吸附制氮机　变压吸附制氮机是采用碳分子筛为吸附剂，利用变压吸附原理来获取氮气的设备。在一定的压力下，利用空气的氧、氮在碳分子筛表面的吸附量的差异，即碳分子筛对氧的扩散吸附远大于氮，通过可编程序来控制多个阀门的导通、关闭，达到两吸附罐的交替循环、加压吸附、减压脱附的过程，而完成氧、氮的分离，得到所需纯度的氮。它是国内目前制氮的主要设备，但较少用于气调库中。

（3）燃烧式制氮机　燃烧式制氮机利用专门的燃烧器，将库内的气体抽入并与其他可燃性气体混合后燃烧，这样把库内气体中所含的氧气去除。燃烧式制氮机分为有焰直接燃烧装置和无焰催化燃烧装置。

4. 气体净化系统

气体净化系统主要包括二氧化碳脱除机和乙烯脱除机。

（1）二氧化碳脱除　二氧化碳脱除主要有以下几种方法，即溶剂法、膜法、碱洗法、低温法、固定床吸收法及联合法。在气调库能推广的方法主要有吸附法和吸收法。

1）吸附式二氧化碳脱除。它的原理是将含有较高浓度二氧化碳的空气抽到脱除机中，活性炭吸附二氧化碳后，再将吸附后的低浓度的二氧化碳气体送回原处，而达到吸附二氧化碳的目的。一段时间后活性炭即达到饱和，再也不能吸附二氧化碳。此刻，另一套循环系统启动，将新鲜空气吸入，使被吸附的二氧化碳脱除，排入大气。如此吸附、脱附交替运行，从而脱除库内多余的二氧化碳。

2）液体二氧化碳脱除。它的原理是在反应罐内装有氢氧化钠溶液，当库房内二氧化碳百分率含量较高的气体，由风机抽取并通过氢氧化钠溶液时，二者进行充分化学反应而将二氧化碳脱除。

（2）乙烯脱除　乙烯是果蔬在储藏过程中产生的一种催熟剂，如果不能及时地把库内的乙烯脱除，当积累到一定浓度时（一般大于0.1μL/L），会促进果蔬的衰老和成熟，不利于果蔬的储藏。因此要及时脱除库的乙烯量。在气调库中，乙烯脱除一般有两种方法，即高锰酸钾氧化法和高温催化分解法。

1）高锰酸钾氧化法。它的原理是用饱和高锰酸钾水溶液（通常质量分数为5%～8%）浸湿多孔材料（如膨胀珍珠岩、膨胀蛭石、氧化铝、分子筛、碎砖块、泡沫混凝土等），然后将此载体放入库内、包装箱内或闭路循环系统中，利用高锰酸钾的强氧化性将乙烯氧化脱除。该方法脱除效率低，一般用于小型或简易储藏。

2）高温催化分解法。它核心部分是特殊催化剂和变温场电热装置。所用的催化剂为含有氧化钙、氧化钡、氧化锶的特殊活性银。变温场电热装置可以产生一个从外向内温度逐渐升高的变温度场：即由15℃→80℃→150℃→250℃，从而使除乙烯装置的气体进出口温度不高于15℃，但是反应中心的氧化温度可达250℃，这样既能达到较理想的反应效果，又不给库房增加明显的热负荷，一般采用闭环系统。

5.3.4.3 气调库设计的一些要求

1. 气调库设计注意事项

（1）制冷负荷计算 计算货物热量时，食品入库温度应为出冷却间的温度再加上4℃。如未设冷却间，则应严格控制进货量，以免带入过多的热量和水分。

（2）关于制冷压缩机的选型 应使制冷压缩机的制冷量随热负荷的变化而变化，具有能量调节装置或使用变速电动机，运行的台数也要能够控制。特别是未设冷却间时，应使制冷压缩机适应冷却、冷藏两种不同过程的不同热负荷的需要。

（3）关于蒸发器的选型 如采用光滑顶排管应设置接水盘和排水系统。空库时，采用人工除霜，最好采用吊顶式或落地式冷风机，采用快而方便的水冲霜。冷风机可放库内或库外，当冷风机放冷间外时，排除了电动机运转热量，又可以充分利用冷间容积。

气调库冷间要求有足够大的相对湿度（$\varphi=90\%\sim95\%$，允许波动±5%）。所以，要配置足够大的蒸发器。据苏联资料，对光滑排管要均匀满布，每吨水果需1.16m^2冷却排管面积。据澳大利亚相关资料，冷间净面积与冷风机蒸发器面积之比为1∶2.1。使冷间空气温度与蒸发器表面温度之差小于3℃。

（4）建筑方面 气调库要具有气密性，地坪、顶棚处要密封不透气。门窗及管道电路穿过处也要求密封不透气。据英国相关资料，60m^2面积上不允许有1cm^2处漏气。可采用镀锌铁皮、焊接薄钢板、铝箔、高密度胶合板、聚酯树脂、环氧树脂作密封材料。国外多用铝合金板，该材料气密性及机械强度高，成本也高。气调库要设两道门，外部保温门内设密封门，门四周及管道穿墙处四周要用防凝固密封胶密封。为防止冷间内外由于冷间空气温度、成分变化形成过大压力差，气调库应设带水封的安全阀等泄压装置，以保护建筑。

2. 其他要求

（1）气体平衡袋 气调库是一种密闭式冷库，当库内温度升降时，其气体压力也随之变化，常使库内外形成气压差。据资料介绍，当库外温度高于库内温度1℃时，外界大气将对维护库板产生40Pa的压力，温差越大，压力差越大。为消除压力差，通常在气调库上装置有平衡袋和安全阀，以使压力限制在设计的安全范围内。国外推荐的安全压力数值为±190Pa，在库内外压差大于190Pa时，库内外的气体将发生交换，防止库体结构发生破坏，平衡袋能起调节作用，平衡库内外压力。

（2）测量控制系统 采用各种测量仪器随时检测库内温度、湿度及各种气体成分，然后输入到计算机处理系统进行有效分析，并指令各系统运行。自动化控制是目前气调库标准化的实现目标。采用完全自动化控制系统对果蔬气调冷藏具有重要意义。

控制系统主要包括氧气测量、二氧化碳测量、多头温度测量、相对湿度测量、氨气泄漏报警、检测参数误差报警、库门开启报警、分析仪器标准、数据打印机储存、通风换气控制、充氮控制、净化二氧化碳控制等。

（3）温湿度控制 由于果蔬气调储藏期限较长（通常为普通储藏时间的1.5~2倍），

果蔬水分蒸发较高。为了抑制果蔬水分蒸发，要求气调库中介质相对湿度高于普通冷库的相对湿度。对气调库的加湿可采用如下三个方案：

1）采用加湿器循环加湿方法。在玻璃钢水箱内安装一台高压潜水泵，水泵由高压软塑料管与各库加湿器连接，加湿器溢流回水管到水箱循环系统。各库的加湿通过电磁阀根据库内湿度传感器来自动控制加湿器的开关。玻璃钢补水管前安装一台电子水处理仪，为了充分保证加湿水的水质，水箱内加一定量的软化水剂及稳定剂。

2）库内冷风机回水箱内常年维持 10～20mm 的水位，通过冷风机的送风系统，增加库内湿度。

3）地面设计均匀自动加水系统，使地面常年维持一定的水位，减少湿度的损耗。

将以上三个方案综合设计及应用，能充分保证库内相对湿度在 90% 以上。

5.3.4.4 气调库的管理及使用

由于气调冷库与常规冷库的不同，它的管理和使用也有一定的要求。

1. 合理有效地利用空间

气调库的容积利用系数要比普通冷库高，有人将其描述为“高装满堆”，这是气调库建筑设计和运行管理上的一个特点。所谓“高装满堆”是指装入气调库的果蔬应具有较大的装货密度，除留出必要的通风和检查通道外，尽量减少气调库的自由空间。因为，气调库内的自由空间越小，意味着库内的气体存量越少，这样一方面可以适当减小气调设备；另一方面可以加快气调速度，缩短气调时间，减少能耗，并使果蔬尽早进入气调储藏状态。

2. 快进整出

气调储藏要求果蔬入库速度快，尽快装满、封库并及时调气，让果蔬在尽可能短的时间内进入气调状态。平时管理中也不能像普通冷库那样随便进出货物，否则库内的气体成分就会经常变动，从而减弱或失去气调储藏的作用。果蔬出库时，最好一次出完或在短期内分批出完。

3. 良好的空气循环

气调库在降温过程中，英国推荐的循环速率范围为：在果蔬入库初期，每小时空气交换量为 30～50 倍空库容积，所以常选用双速风机或多个轴流风机可以独立控制的方案。在冷却阶段，风量大一些，冷却速度快。当温度下降到初值的一半或更小后，空气交换次数可控制在每小时 15～20 次。

5.4 冻结物冷藏间

冻结物冷藏间是储存冻肉、禽、水产、冻蛋、冻蔬菜、冰激凌等冻结食品的冷间，设计室温为 $t_n = -18 \sim -20℃$，相对湿度为 $\varphi_n = 85\% \sim 90\%$；$t_n = -18 \sim -23℃$，$\varphi_n = 90\% \sim 95\%$。允许温度波动 $\Delta t = \pm 1℃$，$\Delta\varphi = \pm 5\%$（用于冻水产品）。

冻结物冷藏间具有风冷式、空气自然循环对流式和夹套式三种形式。

5.4.1 风冷式冻结物冷藏间

风冷式冻结物冷藏间的设计布置与冷却物冷藏间相同。只需采用冻结物冷藏间用冷风机配以均匀送风道。冷风机应尽量不设在靠门口处。如设置在门口附近，应采用门斗或挡板等措施，尽量使冷风机与门口隔开，以免过多地吸入室外的热湿空气。

为减少冻结食品的干耗，可在冷藏工艺方面改进：采用包装、覆盖、镀冰衣等，在制冷工艺方面合理确定冷风机的运行参数。例如，使冷风机制冷剂蒸发温度与冷风机进出风平均温度差控制在6～8℃，冷风机进出风温度差控制在2～4℃。风冷式冷藏间设计施工、安装操作简单；耗钢材少，冲霜方便，易于实现操作管理自动化。

5.4.2 空气自然循环式冻结物冷藏间

空气自然循环式冻结物冷藏间采用U形或蛇形顶排管作为冷却设备，根据所需的排管冷却面积及冷间的大小形状，确定排管的长度、组数，将排管布置在热湿空气进入的主要方位，以便有效地阻止外界热负荷的传入。对单层或顶层冷间，顶排管宜均匀布置。对多层库的中间层冷间，顶排管宜集中布置在中间走道上方。顶排管上层管中心线离平顶的间距不小于250mm。墙排管的管中心线与墙壁的间距不小于150mm。墙排管应布置在靠外墙，特别是西晒外墙一边。排管的设置应有利于提高库房容积利用率，便于管道的连接、维护检修、安全生产和扫霜。排管的形式、规格要尽量一致，以简化设计施工，便于安装及加工制作。管架的形式也要一致，使吊、支点位置规律，便于预埋施工。

对多组并联使用的排管应合理连接、合理供液，保证各组排管供液均匀。对顶排管组数较少的冷间，可采用一个或两个进液口，羊角弯式管道连接如图5－28所示。当顶排管为三组或多于四组时，采用同程式连接，保证各组排管的通路当量长度相等，制冷剂流动阻力相同，从而保证均匀供液，如图5－29所示。为减少制冷剂流动阻力，可以加大供液管径。对墙排管，除了以上原则外，要控制每组墙排管的通路长度不大于50m。如果冷间兼有顶、墙排管，最好由液体分配站单独接出供液管。只有面积小于200m^{2}的冷间才可以用一根管供液，也要先供顶管再供墙管。

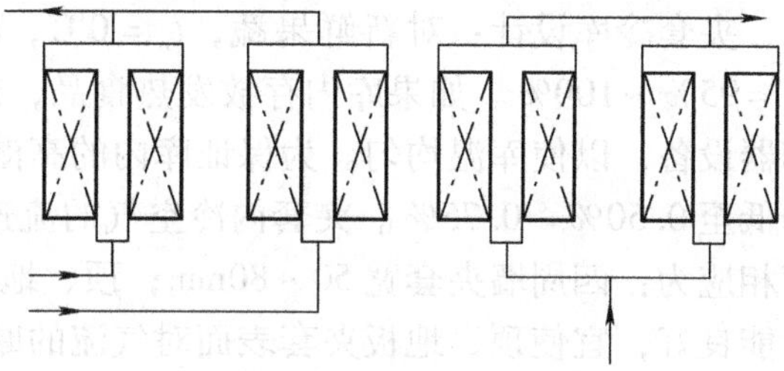

图5－28 羊角弯式管道连接

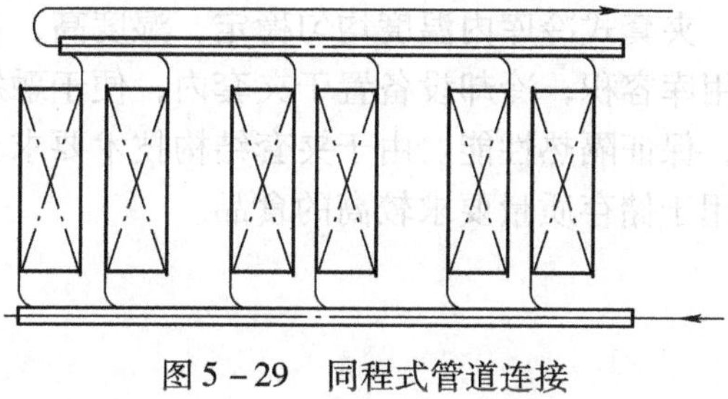

图5－29 同程式管道连接

空气自然循环式冻结物冷藏间设计制作简单，排管可以现场加工，也可以工厂预制，食品储存干耗较小；但是钢材消耗量大，现场安装工作量大，库内温度不十分均匀，不便除霜，只能人工扫霜，空库时采用热氨融霜。

5.4.3 夹套式冷库

夹套式冷库是在冷库的外围护结构内加设一个内衬套，使外围护结构与内衬套之间形成一个夹套，冷风在夹套内循环，吸收外围护结构传入的热量，防止热量侵入库内，使库内温度均匀、稳定，减少食品干耗。夹套式冷库适用于－18℃以下储存非包装肉、禽、水产品类食品，也适用于库温0℃、相对湿度95%～100%、储存水果蔬菜等。

夹套内冷空气吸收热量与冷空气的循环量及温度有关，计算式为

$$Q = Gc(t_2 - t_1) \tag{5-14}$$

式中，Q为单位时间内冷空气吸收的热量（kW）；G为单位时间内冷空气的循环量（kg/s）；

c为空气的比热容［kJ/（kg·℃）］；t_1为离开冷却设备进入夹套的空气温度（℃）；t_2为返回冷却设备的空气温度（℃）。

夹套式冷库内温度近似等于$(t_1+t_2)/2$，相对湿度是t_1、t_2的函数，也与冷空气的循环量有关。库内空气的温湿度也受库内气流组织、夹套温度、库内食品发热的变化、库门开启、库内照明及夹套支撑部件传入热量等因素影响，使库内实际平均温度略高于$(t_1+t_2)/2$。

夹套式冷库的类型，按夹套的结构形式分为全夹套式和半夹套式。半夹套式冷库采用部分夹套结构，只在墙四周设250mm宽的夹套，顶、地坪不设夹套；或者两端墙、顶、地坪设夹套，而两侧墙不设夹套；或者顶、地坪设夹套，而四周墙不设夹套等。半夹套式冷库多用于储存果蔬食品。空气循环方式分为空气强制循环式和空气自然对流循环式。小型夹套式冷间，夹套窄，采用空气强制循环式，借助通风机使冷风循环，夹套内温度均匀，库温稳定；大型夹套冷库，夹套宽，可采用空气自然对流循环式，夹套内只设冷却排管，维持夹套与库房内0.5℃左右的温差。

夹套冷库设计：对新鲜果蔬，$t_n=0℃$，$\varphi_n=95\%\sim100\%$；对冻结食品，$t_n=-18℃$，$\varphi_n=95\%\sim100\%$。如果库内存放发热食品，或者热负荷分布不均匀，应在库内增设空气冷却器设备，以使库温均匀。为保证库内的高湿度，换气次数采用5～10次/h，食品的干耗可降低至0.50%～0.75%。夹套内冷空气的流速要足够大，可采用50～200m/min。夹套的宽度相应为：四周墙夹套宽50～80mm；顶、地板夹套宽200mm。为保证气流分布均匀和工作性能良好，宜使顶、地板夹套表面对气流的摩擦阻力小于墙面部位的摩擦阻力。夹套内冷空气的风量要足够大，风压为295Pa，冷风进出冷风机的温差为1～2℃。夹套壁应具有一定的热阻、热惰性和隔气防潮性能。夹套壁宜使用沥青粘合的胶合板或软木。

夹套式冷库内温度均匀稳定，湿度高，食品干耗小；库内不设或少设冷却设备，可充分利用库容积；冷却设备置于夹套内，便于融霜排水，简化除霜系统，避免水分在隔热层中凝结，保证隔热性能。由于夹套结构技术要求较高，因此夹套式冷库造价比普通冷库高10%，适用于储存质量要求较高的食品。

第6章　制冰与冰库

在食品、医疗、纺织、玻璃和橡胶等工业中使用的主要是机制冰。机制冰的生产有盐水制冰和快速制冰两种方法。盐水制冰大体上可分为吹风桶式制冰和无风桶式制冰，从而使产品有白冰和透明冰之分。快速制冰的方法很多，冰的形状也多种多样，有片冰、板冰、管冰、块冰等，产品大多都是透明冰。透明冰内部的空气少，质地较硬，不易融化，好储存。但是，透明冰生产工艺较复杂。目前，我国以生产白冰为主。

6.1　盐水制冰

6.1.1　制冰装置

盐水制冰是使用较早的制冰方式，制出的冰坚实，不易融化，便于储藏和搬运，应用比较普遍。以盐水作为冷媒使水结冰的装置称盐水制冰装置。盐水制冰所用的制冷装置属于间接冷却系统，其中的载冷剂系统采用敞开式。虽然这种系统中盐水与空气接触易被稀释，但是检查水浓度方便，并可及时加盐，避免盐水冻结。

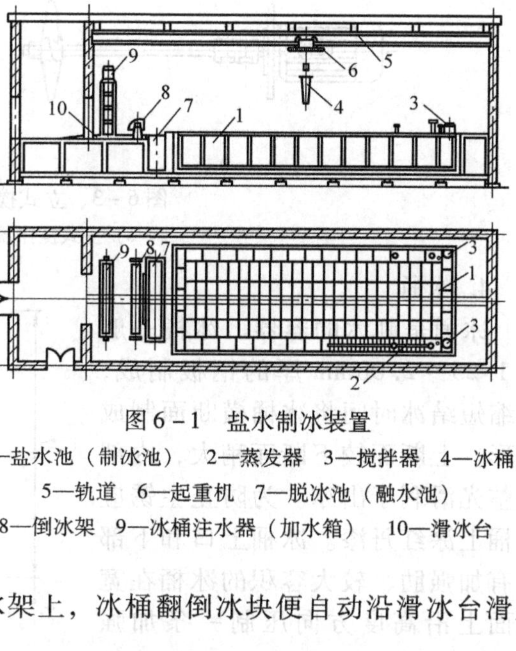

图6－1　盐水制冰装置

1—盐水池（制冰池）　2—蒸发器　3—搅拌器　4—冰桶　5—轨道　6—起重机　7—脱冰池（融水池）　8—倒冰架　9—冰桶注水器（加水箱）　10—滑冰台

盐水制冰装置如图6－1所示。制冰池内被蒸发器冷却的盐水由搅拌器驱动，以一定的速度流动。置于冰桶架上整排注满水的冰桶用起重机放入盐水池内，盐水在冰桶间流过，吸收热量使桶内的水结冰，再由起重机吊出放入脱冰池，待冰块受热与冰桶脱开浮于水面时，将冰桶吊起放于倒冰架上，冰桶翻倒冰块便自动沿滑冰台滑入冰库。

1. 盐水池

盐水池用钢板焊接而成。钢板的厚度为6mm，底板的厚度为8mm。盐水池内装有导流隔板，促使盐水循环流动，避免短路。盐水池的四壁及底部需隔热，视隔热材料种类不同厚度在150～200mm之间。盐水池顶部不做隔热，使用厚度为50～60mm的木盖板。整个盐水池应放置于有通风设施的地板上。制冰池（盐水池）如图6－2所示。

2. 蒸发器

蒸发器多采用立管式、V形管式和螺旋管式。蒸发器放置在盐水池内隔板的一侧，被盐水全部浸没。隔板迫使池内盐水循环时都经过蒸发器。

3. 搅拌器

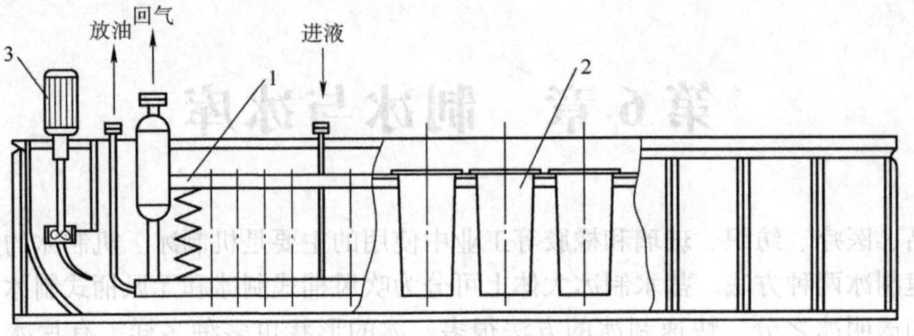

图 6-2 制冰池（盐水池）

1—蒸发器 2—冰桶 3—搅拌器

搅拌器是加速盐水循环提高换热效率的设备。搅拌器有立式和卧式两种，如图 6-3 所示。立式搅拌器通常为电动机直接驱动，便于维修，安装简便，流动阻力稍大。卧式搅拌器为带传动，安装在盐水液面以下，不便于维修，而且搅拌器传动轴和盐水池间容易发生泄漏。

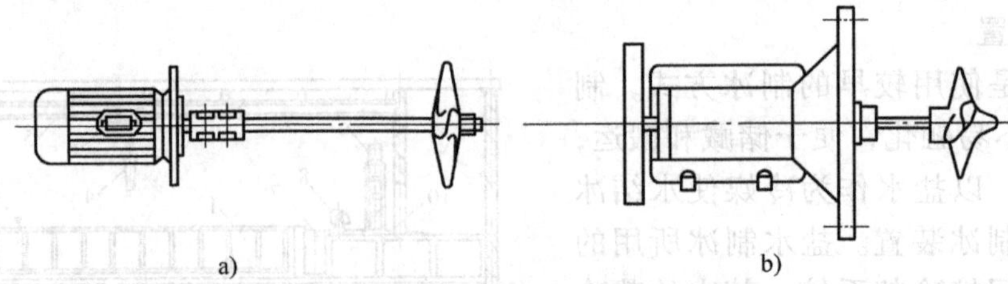

图 6-3 立式搅拌器和卧式搅拌器

a）立式搅拌器 b）卧式搅拌器

4. 冰桶

冰桶是制冰的容器。冰桶一般用 1.25～2.00mm 厚的钢板制成，为缩短结冰时间将冰桶横断面制成矩形。上断面较下断面稍大，内部平整光滑利于出冰。为防止生锈应在桶上涂红丹漆。冰桶上口和下部设有加强肋，较大容积的冰桶在宽壁面上沿高度方向压制一条加强槽。根据水产行业有关标准，冰桶按冰块的质量定为 125kg、100kg、50kg 三种规格。其中尺寸和形状见图 6-4 和表 6-1。

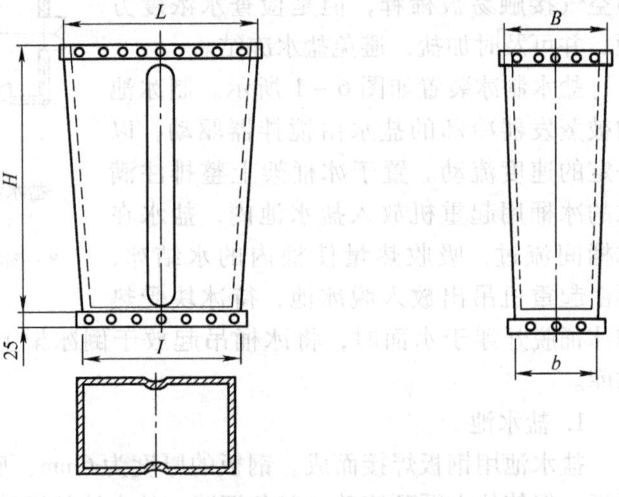

图 6-4 冰桶三视图

表 6-1 冰桶尺寸 （单位：mm）

尺寸 / 型号	L	B	l	b	H
ZBT125	550	275	325	250	1190
ZBT100	500	250	475	225	1180
ZBT50	400	200	375	175	985

5. 冰桶架

冰桶架是冰桶放置在制冰池中所用的支架。每个冰桶架所容纳的冰桶数一般在10～20个。冰桶架用厚度为75～100mm的扁钢和钢板制成。冰桶架的尺寸根据实际情况而定，如图6－5所示。

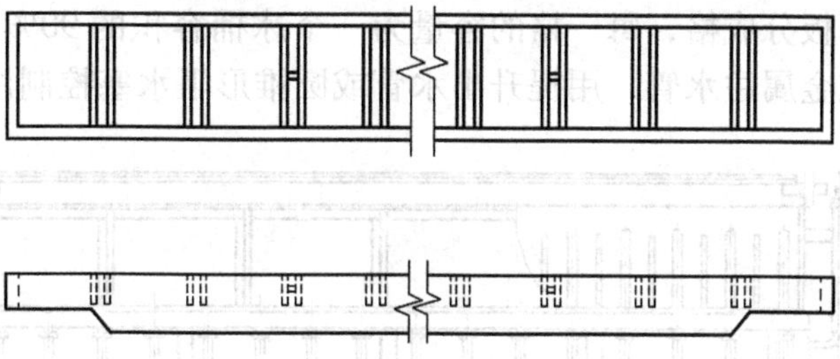

图6－5 冰桶架

6. 起重机

起重机也称吊冰行车，是用来吊冰的装置，大部分采用电动单吊梁式起重机。它利用涡轮箱实现上下运动，利用电动葫芦实现左右运动，另外还可前后行走，其外形如图6－6所示。

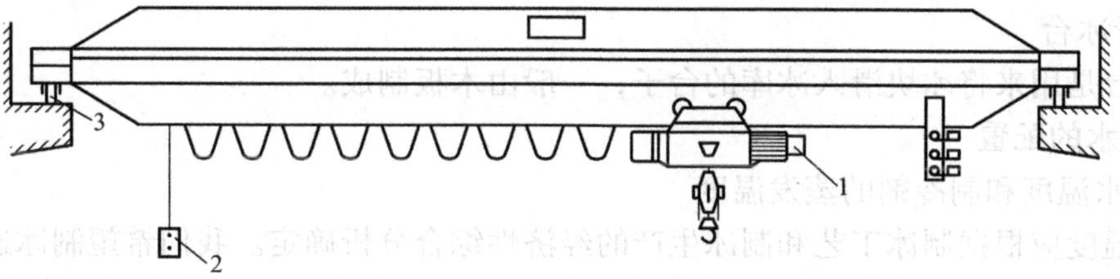

图6－6 电动单梁起重机

1—电动葫芦 2—操纵机 3—轨道

它是只有一个盐水池的制冰装置，无需起重机前后运动，因此可以只采用电动葫芦安装于设置在制冰间屋顶下面的单根工字钢轨道上。

7. 脱冰池

脱冰池是用来将冰桶和冰脱开的装置。脱冰池可以用钢板或混凝土制成，脱冰池内的水应有较高的温度，一般可用冷凝器的冷凝水。脱冰池底部垫有两条防止冰桶与池底发生撞击的木条及进水和放水管口。

8. 倒冰架

倒冰架是用来将冰从冰桶里倒出来的装置。它是用木材或钢板制成的，为L形。倒冰架用两个固定在脱冰池或地面上的基架支撑，倒冰架和基架间装有滑动轴承，倒冰架两侧或下部装有平衡铁以便扳动灵活，其结构如图6－7所示。

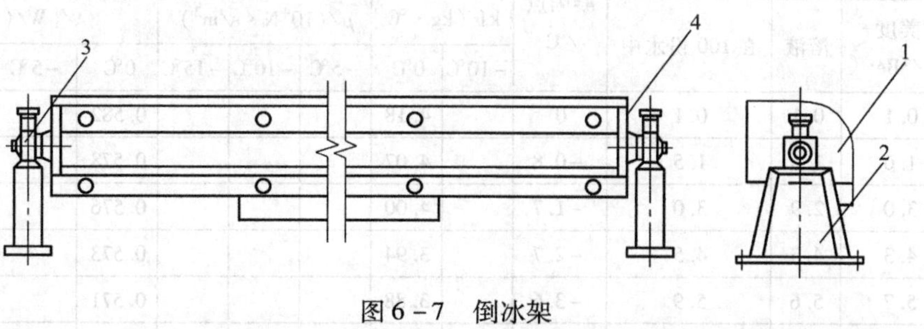

图6－7 倒冰架

1—冰桶 2—基架 3—滑动轴承 4—倒冰架

9. 注水器

注水器是给冰桶加水的装置。它是一个长方形容器，容器内根据冰桶架上的冰桶数目用隔板分成格，每一格的容量为一个冰桶容积的90%，每一小的注水箱配有一胶制的注水管或金属注水管，用提升出水管或圆锥形阻水塞控制注水，如图6－8所示。

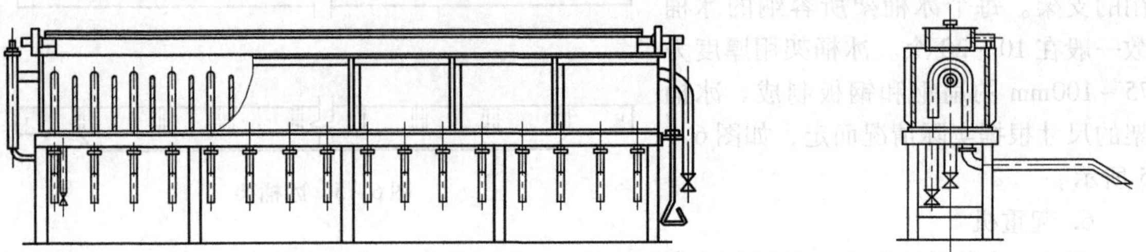

图6－8　注水器

10. 滑冰台

滑冰台是用来将冰块滑入冰库的台子，一般由木板制成。

6.1.2　盐水的配置

1. 盐水温度和制冷剂的蒸发温度

盐水温度应根据制冰工艺和制冰生产的经济性综合分析确定。我们希望制冰速度快，冰的质地密实，容易搬运和保存。这些与盐水的温度密切相关。盐水温度低可使制冰速度加快，可是在脱冰过程中冰块接触到脱冰水后表面会急剧收缩引起冰块爆裂，对淡水冰来说，当盐水温度低于－12℃时就会产生爆裂现象。降低盐水温度还会增加制冰池的冷量损失，制冷装置在更低的蒸发温度下工作，制冷压缩机的运转效率会下降，能耗增加，甚至造成压缩机排气温度升高等问题。因此，盐水温度应保持在－10～－12℃较为合适。

制冷剂的蒸发温度不仅与盐水温度有关，而且还会影响到所采用盐的种类和所需的盐水浓度，以及制冷装置运转的经济性，一般可采用蒸发温度比盐水温度低5℃左右。当盐水温度为－10～－12℃时，蒸发温度为－15～－17℃。

2. 盐水的浓度和防腐

盐水制冰中所采用的载冷剂主要有氯化钠和氯化钙，其特性见表6－2、表6－3。

表6－2　氯化钠溶液特性

15℃		盐的含量(%)		凝固点/℃	比热容[kJ/(kg·℃)]		动力粘度系数 $\mu/(10^4 N\cdot s/m^2)$			热导率 λ/[W/(m·℃)]			
质量浓度/(kg/L)	波美度①/°Bé	溶液	在100份水中		－10℃	0℃	－5℃	－10℃	－15℃	0℃	－5℃	－10℃	－15℃
1.00	0.1	0.1	0.1	0		4.18				0.582			
1.01	1.6	1.5	1.5	－0.8		4.07				0.578			
1.02	3.0	2.9	3.0	－1.7		4.00				0.576			
1.03	4.3	4.3	4.5	－2.7		3.94				0.573			
1.04	5.7	5.6	5.9	－3.6		3.88				0.571			
1.05	7.0	7.5	7.5	－4.6		3.83				0.569			
1.06	8.3	8.3	9.0	－5.5		3.77	23.03			0.566	0.547		
1.07	9.6	9.6	10.6	－6.6		3.72	23.72		0.564	0.544			

（续）

15℃		盐的含量(%)		凝固点 /℃	比热容 [kJ/(kg·℃)]		动力粘度系数 μ/(10^4N·s/m^2)			热导率 λ/[W/(m·℃)]			
质量浓度 /(kg/L)	波美度① /°Bé	溶液	在 100 份水中		-10℃	0℃	-5℃	-10℃	-15℃	0℃	-5℃	-10℃	-15℃
1.08	10.8	11.0	12.3	-7.8		3.68	24.40		0.561	0.542			
1.09	12.0	12.3	14.0	-9.1		3.63	25.19			0.537	0.540		
1.10	13.2	13.6	15.7	-10.4	3.58	3.59	26.07			0.556	0.537		
1.11	14.4	14.9	17.5	-11.8	3.54	3.55	27.15	33.42		0.554	0.535	0.519	
1.12	15.6	16.2	19.3	-13.2	3.50	3.51	28.32	34.89		0.551	0.531	0.516	
1.13	16.7	17.5	21.2	-14.6	3.47	3.48	29.69	36.75		0.549	0.529	0.514	
1.14	17.8	18.8	23.1	-16.2	3.43	3.44	31.16	38.71	47.73	0.545	0.527	0.512	0.497
1.15	18.9	20.0	25.0	-17.8	3.40	3.41	32.73	40.77	50.08	0.544	0.525	0.509	0.495
1.16	20.0	21.2	26.9	-19.4	3.36	3.37	34.40	43.02	52.72	0.542	0.522	0.507	0.493
1.17	21.1	22.4	29.0	-21.2	3.33	3.34	36.36	45.57	55.76	0.541	0.520	0.506	0.491
1.18	22.1	23.7	31.1	-17.3	3.30	3.31	38.51	48.61	59.29	0.538	0.519	0.504	0.489
1.19	23.1	24.9	33.1	-11.1	3.27	3.28	40.67			0.536			
1.20	24.2	26.1	35.3	-2.7		3.26				0.534			

① 波美度是表示溶液浓度的一种方法。把波美密度计浸入所测溶液中，得到的度数就称为波度。

表 6-3　氯化钙溶液特性

15℃		质量分数 (%)	结晶温度 /℃	比热容(0℃时) /[kJ/(kg·℃)]	动力粘度系数 μ/[10^4N·s/m^2]			热导率 λ/[W/(m·℃)]			
质量浓度 /(kg/L)	波美度 /°Bé				0℃	-15℃	-25℃	0℃	-10℃	-20℃	-30℃
1.00	0.1	0.1	0.0	1.166	17.74			0.566			
1.01	1.6	1.3	-0.6	1.147	18.03			0.565			
1.02	3.0	2.5	-1.2	1.126	18.33			0.563			
1.03	4.3	3.6	-1.8	1.105	18.62			0.562			
1.04	5.7	4.8	-2.4	1.084	19.21			0.561			
1.05	7.0	5.9	-3.0	1.046	19.8			0.559			
1.06	8.3	7.1	-3.7	1.046	20.29			0.558			
1.07	9.6	8.3	-4.4	1.026	20.87			0.557			
1.08	10.8	9.4	-5.2	1.007	21.56			0.556			
1.09	12.0	10.5	-6.1	0.990	22.25			0.555			
1.10	13.2	11.5	-7.1	0.972	22.93			0.553			
1.11	14.4	12.6	-8.1	0.956	23.81			0.551			
1.12	15.6	13.7	-9.1	0.940	24.7			0.550			
1.13	16.7	14.7	-10.2	0.925	25.58			0.549	0.534		
1.14	17.8	15.8	-11.4	0.909	26.56			0.548	0.533		

（续）

15℃		质量分数（%）	结晶温度/℃	比热容（0℃时）/[kJ/(kg·℃)]	动力粘度系数 μ/[10^4N·s/m^2]			热导率 λ/[W/(m·℃)]			
质量浓度/(kg/L)	波美度/°Bé				0℃	-15℃	-25℃	0℃	-10℃	-20℃	-30℃
1.15	18.9	16.8	-12.7	0.896	27.64			0.547	0.532		
1.16	20.0	17.8	-14.2	0.882	28.71			0.545	0.531		
1.17	21.1	18.9	-15.7	0.869	29.89	61.45		0.544	0.530		
1.18	22.1	19.9	-17.4	0.857	31.16	63.11		0.543	0.528		
1.19	23.1	20.9	-19.2	0.846	32.73	65.86		0.542	0.527		
1.20	24.1	21.9	-21.2	0.834	34.40	68.80		0.542	0.526	0.513	
1.21	25.1	22.8	-23.3	0.823	36.16	71.93		0.541	0.525	0.512	
1.22	26.1	23.8	-25.7	0.814	38.12	75.46	115.54	0.540	0.523	0.511	
1.23	27.1	24.7	-28.3	0.805	40.10	79.28	121.52	0.537	0.522	0.509	
1.24	28.0	25.7	-31.2	0.797	42.53	83.59	128.97	0.535	0.521	0.508	0.494
1.25	28.9	26.6	-34.6	0.789	45.18	88.59	137.00	0.533	0.520	0.507	0.493
1.26	29.8	27.5	-38.6	0.780	48.02	94.37	147.00	0.531	0.518	0.506	0.492
1.27	30.7	28.4	-43.6	0.772	51.16	100.74	159.25	0.530	0.517	0.505	0.491
1.28	31.6	29.4	-50.1	0.765	54.88	107.80	175.13	0.528	0.516	0.504	0.490
1.29	32.5	30.3	-50.6	0.757	58.80	116.13	190.90	0.527	0.515	0.503	0.487
1.30	33.4	31.2	-41.6	0.750	63.31	125.83	210.70	0.526	0.514	0.501	0.486
1.31	34.2	32.1	-33.9	0.743	68.21	137.30	229.32	0.526	0.513	0.498	0.485
1.32	35.1	33.0	-27.1	0.736	73.79	150.33	248.92	0.525	0.512	0.498	
1.33	35.9	33.9	-21.2	0.729	80.07	164.93		0.525	0.511	0.495	
1.34	36.7	34.7	-15.6	0.722	86.44	181.10		0.523	0.510		
1.35	37.5	35.6	-10.2	0.716	93.10			0.523	0.508		
1.36	38.3	36.4	-5.1	0.709	100.25			0.521	0.507		
1.37	39.1	37.3	0.0	0.702	109.07			0.521			

氯化钠溶液最低凝固温度是-21.2℃，氯化钙溶液最低凝固温度为-55℃。由于氯化钠溶液的凝固温度较高，在较低的蒸发温度下，蒸发器周围盐水流速较低的部位很可能发生盐水冻结，为防止这一现象的发生，一般要求盐水温度不宜低于-12.1℃。如果没有条件从操作的角度保证，则应采用凝固点较低的氯化钙溶液。

盐水的凝固温度一般比制冷剂的蒸发温度低5℃左右，即盐水的凝固温度为-20～-22℃。氯化钠溶液仅适用于凝固温度为-20℃的情况，其密度为1169kg/m^3（15℃时），质量分数为22.4%；氯化钙溶液的密度为1194～1202kg/m^3（15℃时），质量分数为21.3%～22.1%。

配置盐水时加盐量可按式（6-1）计算，即

$$G_s = V_s \rho_s \xi_s \tag{6-1}$$

式中，G_s 为总加盐量（kg）；V_s 为盐水的容积（m^3）；ρ_s 为盐水的密度（kg/m^3）；ξ_s 为要求达到的盐水质量分数（%）。

$$V_s = V - (V_1 + V_2)$$

式中，V 为冰池容积（m^3）；V_1 为冰桶容积（m^3）；V_2 为冰池内蒸发器容积（m^3）。

氯化钠和氯化钙的腐蚀性与它们的纯净度、溶液的密度、含氧量、pH值有关。盐的纯净度越高，腐蚀性越小，15℃时氯化钠溶液密度在1150~1180kg/m^3之间，氯化钙溶液密度在1120~1240kg/m^3之间腐蚀性较弱。含氧量越高，腐蚀性越大，含氧量与盐水浓度有关，浓度高时氧含量少，所以提高盐水浓度可降低腐蚀。酸性和碱性盐水对金属都能产生腐蚀，而且酸性盐水腐蚀性更强。盐水呈酸性是因为吸收了空气中的二氧化碳；显碱性一方面是因为氯化钙水解为碱性，另一方面是因为有氨漏入盐水中。

为了降低盐水对金属的腐蚀作用，可向盐水中掺入防腐剂。一般采用重铬酸钠（$Na_2Cr_2O_7$）和氢氧化钠（NaOH）。重铬酸钠和氢氧化钠的质量比为100：27。防腐剂的加入量还与盐的种类有关，一般每1m^3氯化钠盐水中加入重铬酸钠3.2kg，氢氧化钠0.86kg；每1m^3氯化钙盐水中加入重铬酸钠1.6kg，氢氧化钠0.43kg，盐水的pH值在7~9之间。

6.1.3 制冰负荷及设备的选型计算

1. 制冰负荷计算

（1）水在冰桶中的冻结时间

$$\tau = \frac{-A\delta(\delta + B)}{t_y} \tag{6-2}$$

式中，τ为水在冰桶中的冻结时间（h）；δ 为冰块上端厚度（m）；A、B 为系数，与冰块横断面长边与短边之比有关，见表6-4；t_y 为制冰池内盐水温度（℃）。

表6-4 系数 *A*、*B* 的值

与冰块横断面长边与短边之比有关的系数	1	1.5	2	2.5	4
A	3120	4060	4540	4830	5320
B	0.036	0.030	0.026	0.024	0.023

（2）冰桶数量

$$n = \frac{1000G(\tau + t_g)}{24m} = \frac{41.7G(\tau + t_g)}{m} \tag{6-3}$$

式中，n 为冰桶数量（只）；G 为冰的生产能力（t/24h）；m 为每块冰的质量（kg）；t_g 为由制冰池提冰、脱冰、加水、再放入制冰池，这些作业所需时间（h），一般可取0.1~0.15h。

（3）盐水制冰冷负荷

$$\sum Q = 1.15(Q_1 + Q_2 + Q_3 + Q_4 + Q_5) \tag{6-4}$$

式中，$\sum Q$ 为制冰冷负荷（W）；Q_1 为制冰池传热量（W）；Q_2 为水冷却和冻结的热量（W）；Q_3 为冰桶的热量（W）；Q_4 为脱冰时的融化损失（W）；Q_5 为盐水搅拌器的热量（W）；1.15为冷桥及其他冷损失系数。

1）制冰池传热量

$$Q_1 = \sum AK(t - t_y) \tag{6-5}$$

式中，A 为制冰池底、壁、顶的面积（m^2）；K 为制冰池的传热系数 [$W/(m^2 \cdot ℃)$]；t 为制冰间空气温度（℃），一般取 15～20℃。

2）水冷却和冻结的热量

$$Q_2 = \frac{1000G[c_1(t_s - 0) + L + c_2(0 - t_b)] \times 0.2778}{24} = \frac{277.8G(c_1 t_s + L - c_2 t_b)}{24} \qquad (6-6)$$

式中，c_1、c_2 为水和冰的比热容 [$kJ/(kg \cdot ℃)$]；L 为水的凝固潜热（kJ/kg）；t_s 为制冰用水温度（℃）；t_b 为冰的终温（℃），一般比盐水高 2℃；0.2778 为 1kJ/h 换算成 1W 的系数。

3）冰桶的热量

$$Q_3 = \frac{1000Gg_d(t_s - t_y)c \times 0.2778(\tau + t_g)}{24m} = \frac{277.8Gg_d(t_s - t_y)c(\tau + t_g)}{24m} \qquad (6-7)$$

式中，g_d 为每个冰桶的重量（kg）；c 为钢的比热容 [$kJ/(kg \cdot ℃)$]。

4）脱冰时的融化损失

$$Q_4 = \frac{900A_b\delta Q_2}{m} \qquad (6-8)$$

式中，A_b 为每块冰的表面积（m^2）；δ 为冰块融化层厚度（m），一般 $\delta = 0.02m$；900 为冰的密度（kg/m^3）。

5）盐水搅拌器的热量

$$Q_5 = 1000P \qquad (6-9)$$

式中，P 为搅拌器的功率（kW）。

2. 设备选型计算

（1）盐水蒸发器的传热面积

$$A = \frac{Q}{K\Delta t_m} = \frac{Q}{q_A} \qquad (6-10)$$

式中，A 为盐水蒸发器的传热面积（m^2）；Q 为蒸发器负荷（W）；K 为蒸发器传热系数 [$W/(m^2 \cdot ℃)$]；q_A 为蒸发器单位面积负荷（W/m^2）；Δt_m 为制冷剂与盐水之间的对数平均温差（℃）。

（2）搅拌器

1）搅拌器流量

$$q_V = w_y f \qquad (6-11)$$

式中，q_V 为搅拌器流量（m^3/s）；w_y 为盐水流速（m/s），蒸发器管间不小于 0.7m/s，冰桶之间取 0.5m/s；f 为蒸发器部分或冰桶之间盐水流经的净面积（m^2）。

2）搅拌器轴功率

$$P_z = \frac{q_V \Delta P}{\eta} \times 10^3 \qquad (6-12)$$

式中，P_z 为搅拌器轴功率（kW）；ΔP 为蒸发器侧与冰桶侧对盐水的流动阻力（Pa）；η 为搅拌器效率，一般为0.5~0.6。

6.1.4 制冰间设计

制冰设备在制冰间的布置如图6－9所示。

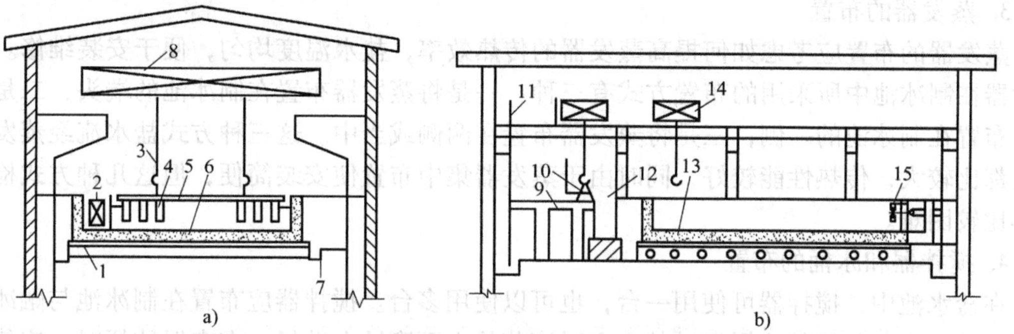

图6－9 制冰设备在制冰间的布置情况

a）制冰间横断面 b）制冰间纵剖图

1—通风管 2—蒸发器 3—起吊钩 4—冰桶 5—冰桶架 6、13—制冰池 7—排水沟 8、14—吊车 9—滑冰台 10—倒冰台 11—加水器 12—融冰池 15—搅拌器

在进行制冰间设计时，应考虑使制冷管线较短，安装、操作、维修方便，并且使制冰间靠近水源及冰库，保证制冰流程较短，冰的运输方便，制冰间应具有良好的采光和通风，以便于操作和排除室内过大的湿气。

1. 制冰间尺寸的确定

（1）制冰间的长度

$$L = l_1 + l_2 + l_3 + l_4 + l_5 \tag{6-13}$$

式中，L为制冰间的长度（m）；l_1为盐水池的长度（m）；l_2为脱冰池的宽度（m）；l_3为倒冰架的宽度（m）；l_4为滑冰道的长度（m），约为冰桶高的3倍；l_5为盐水池距墙的距离（m），大于1m。

（2）制冰间的宽度

$$B = nb + (n-1)b_1 + 2b_2 \tag{6-14}$$

式中，B为制冰间的宽度（m）；n为横向盐水池的数目（个）；b为一个盐水池的宽度（m）；b_1为相邻盐水池间的距离（m）；b_2为盐水池距墙的距离（m）。

（3）制冰间的高度

$$H = h_1 + h_2 + h_3 \tag{6-15}$$

式中，H为制冰间的高度（m）；h_1为盐水池的高度（m）；h_2为由盐水池提取冰桶的必需高度（m），一般可取冰桶高度的1.5倍；h_3为制冰间起重机所需要的高度（m）。

2. 盐水池设计

盐水池容积应根据池内各设备规格和设备布置方式确定。蒸发器沿制冰池长度方向布置的盐水池，宽度应根据蒸发器组数及冰桶数目、冰桶之间盐水通道的宽度而定，通常不要太宽，以保证其间的盐水流速。池子的长度可根据蒸发器和吸入管的实际长度与搅拌器所占位置之和确定，也可根据冰桶排数确定。盐水池的高度应保证将蒸发器浸没于盐水中，盐水池最高液位应保持和木盖板有20~30mm的距离。

盐水池四壁和底部所做保温层绝缘系数 M 应大于 $2.8\ (m^2 \cdot K)/W$。四壁的顶部必须能防止生产用水渗入到保温层，池底保温层下应采取防止地坪冻裂的措施，实践证明，架空的方法效果较好。

3. 蒸发器的布置

蒸发器的布置应考虑如何提高蒸发器的传热效率，盐水温度均匀，便于安装维修。目前蒸发器在制冰池中所采用的布置方式有三种：一是将蒸发器布置在制冰池的端头；二是将蒸发器布置在制冰池的一侧；三是将蒸发器布置在两侧或当中。这三种方式盐水流经蒸发器的速度都比较大，传热性能较好，同时由于蒸发器集中布置使安装简便，但这几种方式检查维修都比较困难。

4. 搅拌器和冰桶的布置

在盐水池中，搅拌器可使用一台，也可以使用多台。搅拌器应布置在制冰池与融冰池相对的一端，避免起吊的冰桶经过其上空时滴落盐水而腐蚀电动机。在布置冰桶时，应使流动的盐水与冰桶的桶面接触，以提高换热效率。还要注意在盐水循环回路中减少局部阻力、涡流损失，避免发生盐水走短路等现象。

5. 滑冰台

滑冰台应带有2%～4%的坡度，宽度应根据冰块的大小和倒冰架宽度确定，一般不应小于3m。

6.2 快速制冰

不同于盐水制冰，快速制冰一般采用制冷剂直接蒸发制冷。其特点是设备体积小，制冰速度快，自动化程度高。根据制冰的方法和冰块的形状，快速制冰机可分为片冰机、块冰机和管冰机等。

6.2.1 片冰机

片冰机是一种连续式制冰机，制冰过程与出冰过程同时进行。其优点是冰的冷却面积大，冷却效果好；不足之处是片冰融化速度快，不易储存。片冰的厚度一般在1～3mm之间，多应用于超级市场鲜活商品及远洋渔船作业的冰鲜储存。

片冰机的种类很多，大体上可分为立式和卧式。立式又可分为夹层内部制冰和外部制冰，又有刮刀转动而圆筒不动和圆筒转动而刮刀不动之分。片冰机的制冰原理为制冷剂在设有导流板的夹套圆筒的环形空间内蒸发吸热，蒸发后的制冷剂蒸气由夹层的上部排出。制冰原料水从圆桶内壁或外壁喷淋而下并冻结成冰，再由刮刀将壁面结成的冰刮下，落在片冰机下面的环形冰槽内，然后通过滑冰槽出冰。桶内多余的未结冰的水沿桶壁流入下部的集水槽中由水泵循环使用。

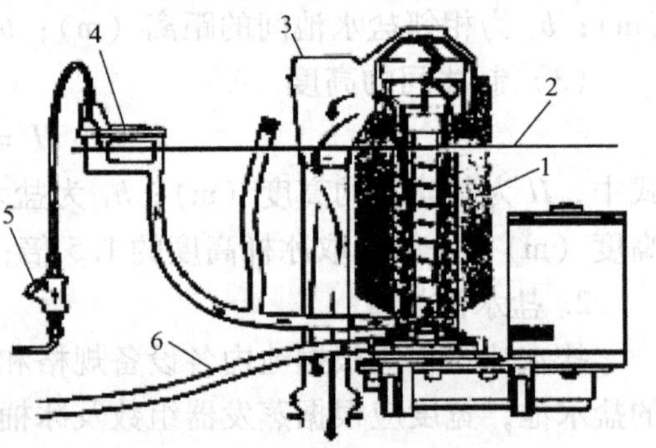

图6－10 螺旋剥离式片冰机

1—蒸发器 2—供水线 3—出冰槽 4—水箱 5—过滤器 6—排污管

1. 螺旋剥离式片冰机

螺旋剥离式片冰机如图6－10所示。这种片冰机的制冰部分由以下几部分组成，即蒸发器盘管、不锈钢制冰桶、螺旋剥削刀、剥削刀驱动电动机以及出冰口。根据蒸发器制冰桶和螺旋剥削刀杆的组装形式，片冰机可做成立式和卧式两种。

螺旋剥离式片冰机是一种连续制冰的制冰装置。通过水位开关的控制，制冰桶内始终保持一定的水位，制冷机一直在制冷，冰不断地在制冰桶内表面形成，而旋转的螺旋剥削刀随时将冻成的薄冰片剥离，剥离后的冰片被送到上部箱体，在箱体内被挤压成形，制成冰块，也可直接输出碎冰片。在整个制冰过程中，没有停止供冷脱冰的阶段，也不靠使用高温制冷剂蒸气脱冰，更没有制冰剩水。因此，它是节水型片冰机。这种片冰机也可安置在自动饮料售货机上，此时它不设置储冰槽。

2. 鼓式片冰机

鼓式片冰机的结构如图6－11所示。这种制冰机的基本结构与螺旋剥离式片冰机类似，它的主要部件为制冰桶、散水器、剥削刀、剥削刀传动电动机、储冰槽和水泵。

在鼓式片冰机的制冰桶中，水从铸铝水盘的小孔流出，均匀地撒在温度低于0℃的垂直制冰板上。水盘的下部是橡胶擦和刮刀。橡胶擦用于清脱冰面上的水分，使制出的冰片100%过冷，清除掉的水用于再循环制冰。不锈钢刮刀用于拨除制冰板上的冰片。刮刀轴以2r/min的速度旋转，用两个青铜滑动轴承支撑。

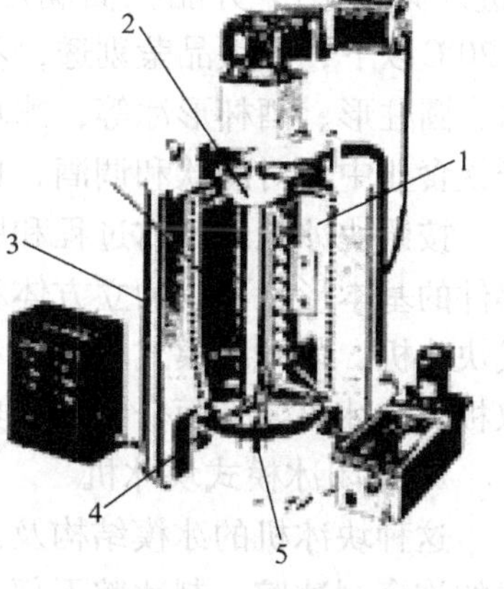

图6－11 鼓式片冰机

1—橡皮刮板 2—水分配器 3—蒸发器 4—冰刮刀 5—套筒轴承

鼓式片冰机的特点是，制冰系统蒸发温度较低，能使制冰桶内壁维持在－20℃左右，当水从散水器落到制冰桶内壁时能立即结成冰片，沿内壁旋转的剥离刀一次次将冰剥离下来。由于没有加热脱冰过程，整个制冰过程为连续过程，因此，这种片冰机的制冰效率较高。

鼓式片冰机与前述片冰机相比，由于制冰面温度较低，成冰快，冰质硬，冰的质量高。同时由于薄冰片的质量轻，且不会损伤食品表面，常用于鱼和肉的冷却保存，而且还是冷藏陈列柜冰床上最适宜的冰。

3. 卧式片冰机

图6－12所示是一种不用刮刀而采用变形轮结构的卧式片冰机。它由外壳、旋转缸、空心轴及变形轮等组成，制冰用的水盛于外壳与旋转缸之间，旋转缸内部可用载冷剂冷却，也可用制冷剂直接蒸发冷却。冰层沿着旋转缸的外表面冻结，旋转缸转速很慢，旋转一周时，冻结冰层的厚度可达1～3mm，旋转缸与空心轴一起旋转。在旋转缸的上部内侧装有一个变形轮，它使旋转缸产生局部变形（突起），当旋转缸上部发生变形时，冰层立即与圆筒表面脱离而折断，形成片状冰，沿滑冰道进入冰库。在旋转的外表面上，横向每隔一定距离固定有橡皮条，水在橡皮条上不冻结，因

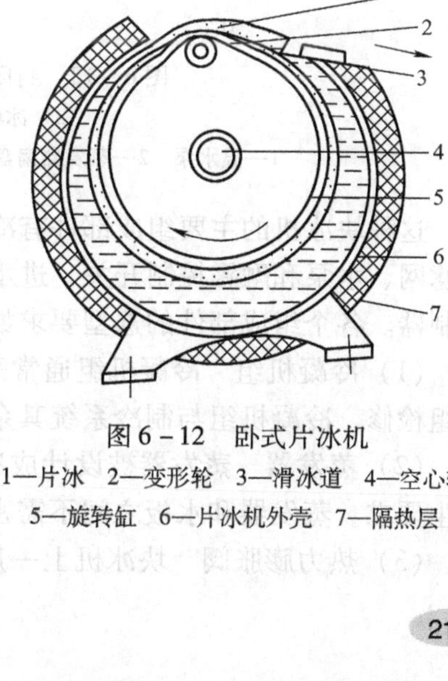

图6－12 卧式片冰机

1—片冰 2—变形轮 3—滑冰道 4—空心轴 5—旋转缸 6—片冰机外壳 7—隔热层

而结成的片冰便有一定的宽度。旋转缸采用铜镍合金（质量分数：镍68%，铜28%，锰及铁各2%）薄板焊成，具有良好的弹性，不致因多次变形而损坏。这种结构的片冰机特点是生产过程连续，结构紧凑，占地面积小，一般适于船用。

这种片冰机也可设计成立式，可船用或陆用，广泛用于食品和建筑行业；片冰机组24h的制冰能力为0.2～27t。例如，对于24h制冰能力为0.96t的片冰机，配用全封闭压缩机功率为4.2kW，每吨冰耗电量为90kW·h，采用R22为制冷剂，充注量5kg，水温5℃，蒸发温度为－21℃，冰厚度为1.8mm。

6.2.2 块冰机

块冰机是一种间歇式的全自动制冰机，能自动控制水的供给、水的冻结、冰的剥离（进入储冰仓），并能在储满冰时自动关闭制冷循环。其特点是：冰块硬度高，冰点可达－20℃以下，冰块晶莹剔透，不易融化，冷却食品速度快；根据不同冰模形状，可制出方块冰、圆柱形、酒杯形冰等，冰块外形美观，不易粘连成团，使用起来方便卫生。块冰一般用于饮食业中勾对冷饮和调酒，也可作为宾馆、医院、学校、企事业等单位的食用冰。

按照块冰机的制冰过程和脱冰过程，块冰机可分成冰模式和平板式，冰模式块冰机制冰部件的基本形状可以为立方体和圆柱体；按脱冰方式和脱冰方向，块冰机又可分为封闭冰模式块冰机、敞开冰模式块冰机和垂直冰模式块冰机。平板式块冰机又可分为热切式块冰机和双板式块冰机。下面介绍几种典型的块冰机。

1. 封闭冰模式块冰机

这种块冰机的冰模结构及制冰过程如图6－13所示。最上部是由蒸发器盘管和冰模板组成的许多制冰腔，制冰腔下部为供水水板，水板上对应每个制冰腔有一个喷水小孔，还设有回水孔，使未冻结的水返回水盘下部的水槽，使水循环的动力是水泵。

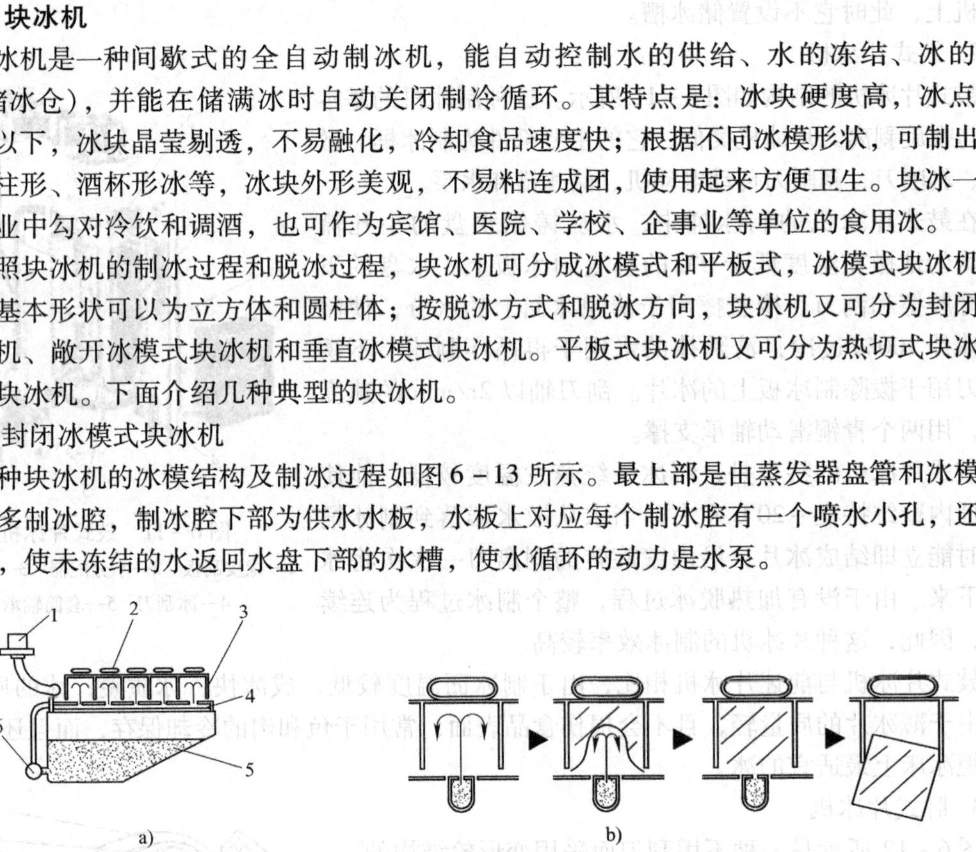

图6－13 封闭冰模式块冰机的冰模结构及制冰过程

a）冰模结构简图 b）制冰过程示意图

1—温水泵 2—蒸发器扁盘管 3—制冰部件 4—水盘 5—水槽 6—循环水泵

这种块冰机的主要组成部件有冷凝机组、蒸发器、热力膨胀阀、水板、水箱水位探头、过滤网、水泵和融霜控制开关、进水阀、伺服电动机及控制器、循环水温度控制器和储冰仓控制器。各个组成部件的选型要求如下：

（1）冷凝机组 冷凝机组通常采用全封闭式制冷压缩机和风冷冷凝器。为了便于冷凝机组检修，冷凝机组与制冷系统其余部件之间做成可拆卸的。

（2）蒸发器 蒸发器被设计成冰模网格式，用铜材制成并全部镀锡，以防腐蚀并满足卫生要求。蒸发器和水板之间不需密封，通常在它们之间大约有0.8mm的间隙。

（3）热力膨胀阀 块冰机上一般采用热力膨胀阀，以适应结冰、采冰过程中制冷系统负荷的变化。

（4）水板和水箱　水板通常用塑料制成，用来分配水，使水通过散水孔流到冻结栅格。同时回水通过水板中的孔口到循环水箱，水箱固定在水板底部。

（5）过滤网　在水箱的出口处装有过滤网，以防沉积的矿物质微粒和污物堵塞散水孔，同时也可保护水泵的叶轮，滤网应定期用清洁剂清洗。

（6）水箱水位探头　水箱水位探头由热敏电阻制成，安置在水箱中感受水位高度并控制水阀开度。

（7）水泵和融霜控制开关　位于控制箱中的弹簧负载开关依靠装在水板上的提升调节杆来控制融霜循环和水泵运行，由于在融霜之后水板闭合，提升调节杆顶开水板开关切断融霜循环并起动水泵。

（8）进水阀　进水阀在制冰循环时控制进入水箱的水流量。它能使水恒定流动，不论水压力如何变化，流量大约维持在0.6～1L/min（取决于制冰机的形式），最低水压力为103kPa。阀中装有Y形滤网。水压力超过686kPa以上时，安装压力调节器。

（9）伺服电动机和凸轮机构　该机构位于蒸发器的右前方，伺服电动机直接带动凸轮轴，并可逆转。轴上的凸轮可强制制冰板朝下以便蒸发器中的冰块脱离冰板，和伺服电动机一起反向转动的凸轮轴上的两个弹簧在融霜循环结束时提升冰板，并在冻结期间朝着凸轮底部拖住水板。为了防止伺服电动机断电后水板打开，一个带塑料棘爪的弹簧压向伺服电动机前端轴上，使电动机不能转动。

（10）伺服控制器　伺服控制器由安装在蒸发器上的热敏探头或控制箱手柄来控制，并通过伺服电动机执行要求动作。

（11）循环水温控制器　循环水温控制器的信号也来自蒸发器上的热敏电阻，它的作用是在水位控制器关闭水阀之前防止由于水温过低引起伺服器动作过早地打开水板；同时在充水期间，保持循环水温度足以融化由于在上一冻结周期终了被冻结的水板中的散水孔。当进来的水温在10℃以下、循环水温降到4.4℃时，循环水温度控制器动作，打开融霜阀，蒸发器通入过热制冷剂蒸气，加热循环水，防止伺服控制器动作，直到充水周期完成。

（12）储冰仓控制器。储冰仓控制器信号来自储冰仓中的热敏探头，它的作用是在储冰仓装满冰时切断进入仓中的冰块。仓中的热敏探头在仓内大约100mm高处，可固定在塑料滑槽的支架上或仓内其他支架上。

下面介绍块冰机的制冰过程。

当块冰机安装好后，接通水、电源，水电磁阀通电，水流过水阀，水板处于向上的位置，水板上的提升杆顶起泵和融霜连动开关，使水泵运行，融霜电磁阀关闭，水进入水箱。当热敏探头接触水面时，水阀关闭，水由循环水箱底部泵入水板左侧的集水管，通过侧面小孔和朝上的喷嘴孔口流入每个蒸发器网格的中心，由于蒸发器温度低，水被冷却，经过5～10min，循环水开始在蒸发器上结冰，同时循环水箱的水位逐渐下降。

水继续冻结直到每个网格全部充满冰，由于冰阻碍喷嘴口的水的流动，使水循环系统水压增加到某一设定值时，流动控制器则将水引入排出槽，使循环水箱的水位下降。随着水位下降，水箱底部的热敏探头暴露于空气中时，伺服控制器接通伺服电动机，使伺服电动机逆时针旋转，使水板脱离蒸发器。

由于水板下落到收冰位置，泵和融霜连动开关杠杆落下使水泵停止运转，同时接通融霜电磁阀。来自压缩机的热蒸气通过蒸发器盘管，加热蒸发器使冰块落到水板上（此时水板当挡板用），再滑入储冰仓。只要冰块在蒸发器中，蒸发器温度在0～1.7℃时，伺服控制器始终维持融霜状态。

冰块从蒸发器中落下后，蒸发器和蒸发器上的热敏探头急速地加热4～7℃，伺服控制器使伺服电动机顺时针转动并使水板提升到上面位置，同时使水泵起动，停止融霜，重新开始制冰循环，直到储冰仓充满冰块。当冰块被取出储冰仓时，制冰机才自动起动，并重新装满储冰仓。

制冰室的尺寸决定了冰块的大小。例如在汉堡包店，通常使用的冰块尺寸为14mm×14mm×28mm和14mm×14mm×21mm，而调酒所用的冰块尺寸为28mm×28mm×32mm，保存蔬菜则使用85mm×150mm×50mm的冰块。美国斯科茨曼公司生产的块冰机可生产35g、20g、8g系列规格的圆形块冰，可供选用。

2. 敞开冰模式块冰机

敞开冰模式块冰机如图6－14所示。制冰室的上部和两侧均设置蒸发器盘管，其下部为开放式的；另外，还设有水盘、给水泵以及喷水管。

（1）敞开冰模式块冰机的蒸发器　其结构如图6－15所示，由纯铜盘管和盘管下方近百个倒扣着的柱状容器组成。容器的上壁、侧壁与蒸发器盘管焊接成一个整体，构成一个形状奇特的蒸发器。蒸发器盘管内制冷剂的蒸发温度通常为－7～－5℃。在制冰循环时，供水系统与外部水源隔断，循环水泵处于工作状态，储水槽中的水由水泵打入被电动机驱动的旋转喷水管中。喷水管上设有一排喷嘴，水由喷嘴喷出，通过喷水管的旋转，水被均匀地喷射到蒸发器的各个柱状容器内壁上。水被冷却冻结在容器壁上，为冻结的部分落入储水槽中循环使用。当柱状容器内的冰结到一定厚度时，插入结冰容器中的“冰块大小”温度控制器的触点即被接通，脱冰循环开始。此时，热气电磁阀通电打开。由制冷压缩机排出的高温高压制冷剂蒸气不再经过冷凝器、毛细管回路，而是直接进入蒸发器中，从而使其壁温上升，与其接触的冰面部分融化，柱状冰块便从容器中脱落下来。落在托盘中的冰块，由于喷水管的转动而被扫入储冰室中，采冰过程结束。此时，热气电磁阀关闭，“冰块大小”温度控器由于蒸发器温度上升而重新断开，又开始一个新的制冰循环。

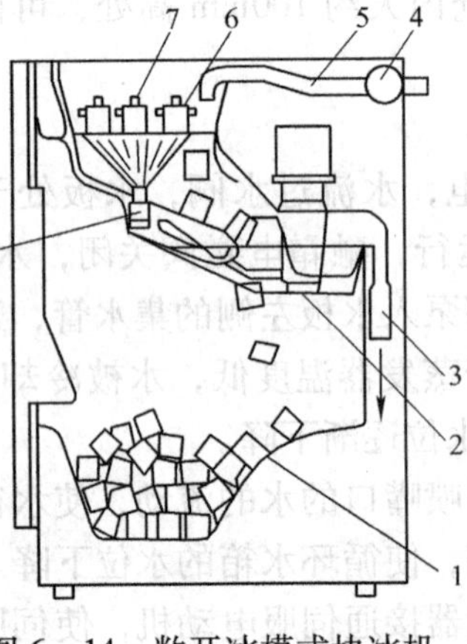

图6－14　敞开冰模式块冰机

1—储冰室　2—水盘　3—排水管　4—水泵　5—进水管　6—冰模　7—蒸发器　8—喷嘴

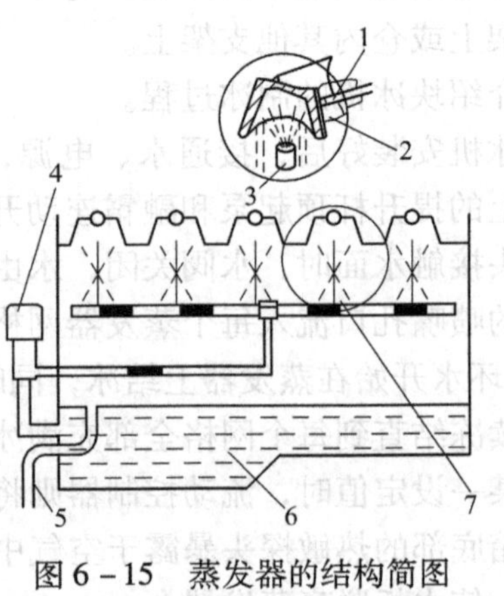

图6－15　蒸发器的结构简图

1—蒸发器盘管　2—冰块容器　3—喷嘴　4—水泵　5—溢水管　6—储水槽　7—旋转喷水管

(2) 块冰机的制冷系统及设备　块冰机的制冷系统及设备如图6－16所示。块冰机制冷系统的工作过程如下：

1) 起动。制冷系统开机之前，水泵和排水阀通电，清洗水路系统45s，之后开启制冷系统。

2) 制冰循环。每次脱冰30s之后，水泵重新起动，向冰模供水。当制冰达到要求后，冰厚度探头与冰面接触，7s后脱冰循环开始。

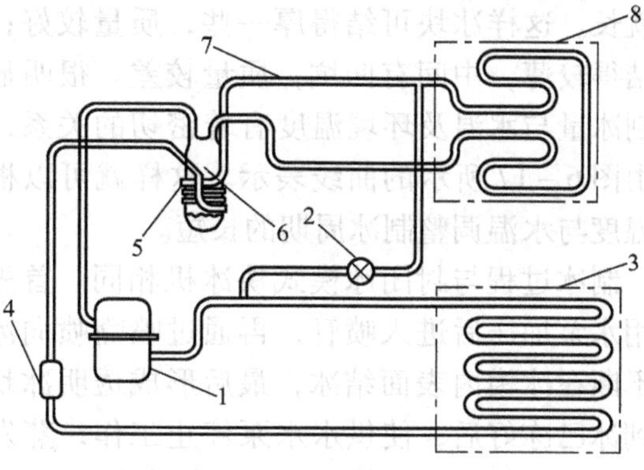

图6－16　块冰机的制冷系统及设备

1—制冷压缩机　2—热气电磁阀　3—冷凝器　4—干燥器　5—热交换器　6—气液分离器　7—毛细管　8—蒸发器

3) 采冰循环。热气电磁阀打开，热气进入蒸发器，使冰块松动。泄水阀打开45s，使多余的水排入水槽。水泵和泄水阀之后断电关闭。冰块滑入储冰槽，滑落的冰块使水幕关闭，进而关闭储冰槽入口。采冰循环结束后，制冰循环重新开始。

4) 自动关机。当储冰槽满冰后，水幕（阀）保持打开状态。如果持续7s，机器自动关闭。当冰块被取出后，水幕（阀）滑回运转位置，机器重新起动。

通过上面工作过程可以看出，在制冰循环和采冰循环时，压缩机均处于运转状态。在采冰循环开始，即热气电磁阀打开时，进水电磁阀也同时打开，外部水便通过进水阀流入蒸发器下部的水槽中，以补充由于结冰而造成的水量减少，使下一轮制冰循环有足够的水。进水阀打开的时间为2min，与热气电磁阀的打开时间同步。补充水的多余部分通过储水槽内控制液面的溢水管流出机外。

(3) 块冰机的其他辅助设备

1) 气液分离器。在采冰循环时，制冷压缩机排出的高温高压蒸气直接进入蒸发器而将使部分蒸气液化。为此，在制冷压缩机的回气管路上设置了气液分离器，其作用是将制冷剂的蒸气与液体分离，防止液态制冷剂进入制冷压缩机而产生“液击”故障。

2) 热交换器。为了提高块冰机的制冷能力，系统中除了毛细管与低压回气管构成气—液热交换器以外，毛细管还缠绕在气液分离器的下部也构成热交换器，这样可以减少节流过程中制冷剂的汽化，使毛细管中出口处制冷剂的干度下降，增加了流入蒸发器的可供汽化吸热的液态制冷剂量，故可起到提高制冷系数的作用。

另外，在制冷系统中还设置了压力控制开关。当环境温度较低时，将使高压侧的压力低于785kPa。此时，压力控制开关的常闭触点断开，风扇电动机停止转动而使冷凝器处于自然通风状态，这样既保证了足够的冷凝压力，又提高了块冰机的经济性。

在一般情况下，制冷压缩机一经起动便自动连续运转，进行制冰。若储冰室内的冰块增加到设定高度时，温度传感器使冰面温度控制器动作，切断整个电路，制冷压缩机停止工作。直到储冰室中冰块高度降低，制冷压缩机才重新运转制冰。

从上面对制冰循环和采冰循环的说明可以看出，整个制冰循环过程可分为两段，前半段时间为10～20min，而后半段时间由定时器定好为12min。前半段时间的长短由插入蒸发器制冰容器中的“冰块大小”温度控制器控制，若将其调在温度较低的位置，则总的制冰周期就长。这样冰块可结得厚一些，质量较好；反之，冰块就结得较薄，中间有凹坑，质量较差。很明显，机器一天的制冰量与水温及环境温度有着密切的关系，这种关系可以由图 6－17 所示的曲线表示。这样就可以根据不同的环境温度与水温调整制冰周期的长短。

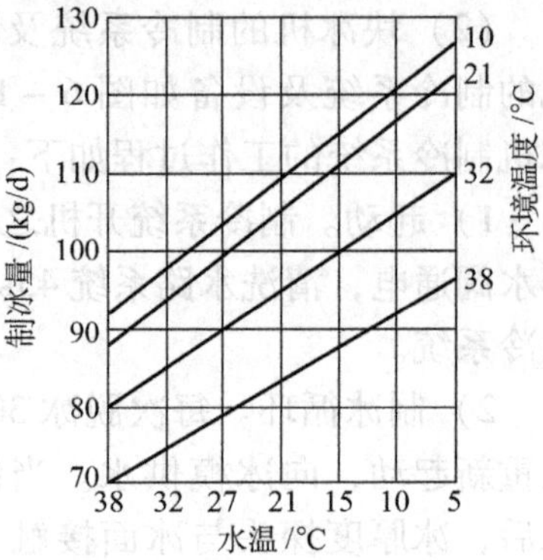

图 6－17　制冰量与水温和环境温度关系曲线

制冰过程与封闭冰模式块冰机相同。首先，水槽中的水用水泵加压后进入喷管，再通过喷嘴喷向冰模，喷出的水不断在冰模内表面结冰，最后形成透明冰块。传感器检测到冰已冻好后，使供水水泵停止工作，蒸发器内通入高温制冷剂气体加热，使冰块脱离制冰室，再打开冷开水阀，向制冰室供水，以加速脱冰过程。

与封闭式冰模块冰机相比较，由于制冰室下方为开放式的，制冰室间相互分离，制成的冰块不会粘连。冰块的下面无尖角，比较美观。这种冰最适宜于饮酒。

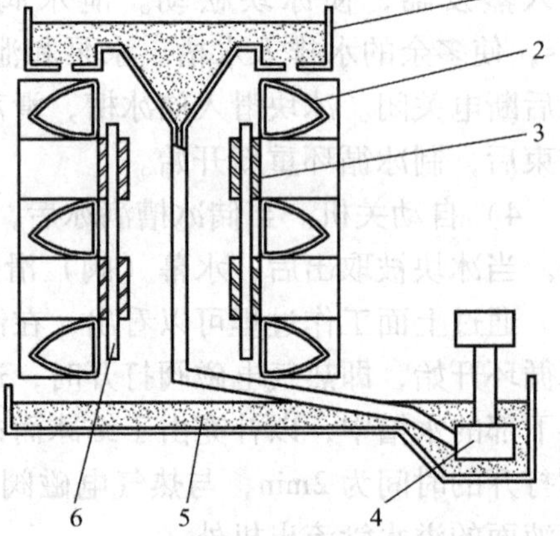

图 6－18　垂直冰模式块冰机制冰室结构 1

1—散水盘　2—横向隔离块　3—纵向隔离板　4—水泵　5—水槽　6—蒸发器盘管

3. 垂直冰模式块冰机

前述两种块冰机的制冰室出冰口皆向下，结冰水向上喷，由于使用了喷嘴，使供水管路的阻力损失增大，供水泵的耗能较大。而垂直冰模式块冰机（见图 6－18）的块冰室出冰口朝向侧面，水从顶部散水孔靠重力向下流动，在制冰室内表面逐渐冻结，最后形成冰块。冰块制成后停止散水，蒸发器内通入高温制冷剂气体，进行融冰过程。由于制冰室面是向下倾斜的，冰块与制冰室脱离后，靠重力自动落入储冰槽。制冰室内表面也有不倾斜的，这时冰块不能自动脱落，用小棒从制冰室侧面小孔把冰块推出。

为了使冰块更容易自动脱落，可采用如图 6－19 所示的制冰室结构。它是用绝热材料制成的空心圆环与横断隔板相互交叉形成排列整齐的制冰室。水被水泵打入制冰室顶部水盘，再从水盘底部的小孔靠重力流下，沿制冰室内部表面流动而逐渐被冻结，最后形成冰块，融冰过程与其他块冰机类似。

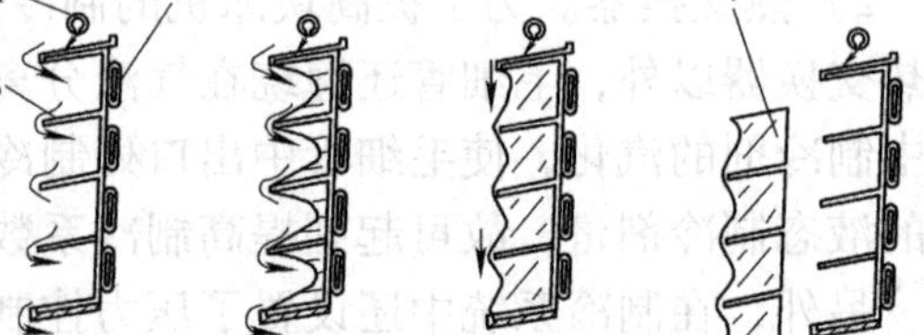

图 6－19　垂直冰模式块冰机制冰室结构 2

1—散水管　2—蒸发器扁盘管　3—制冰部件　4—冰块

4. 热切式块冰机

如图 6－20 所示，热切式块冰机是一种平板式块冰机，其制冰部件为一板状结构。制冰板为一表面镀锡的铜板，其背面焊接蒸发器盘管，并且倾斜放置。制冰时，水泵向散水软管供水，散水软管向制冰板均匀散水制冰。当达到设定的结冰厚度时，水泵停止供水，向蒸发器通入高温制冷剂蒸气，进行脱冰过程。冰板脱落到下部的电热丝格栅上，冰板被通电的电热丝切割成立方体块冰之后落入储冰槽。

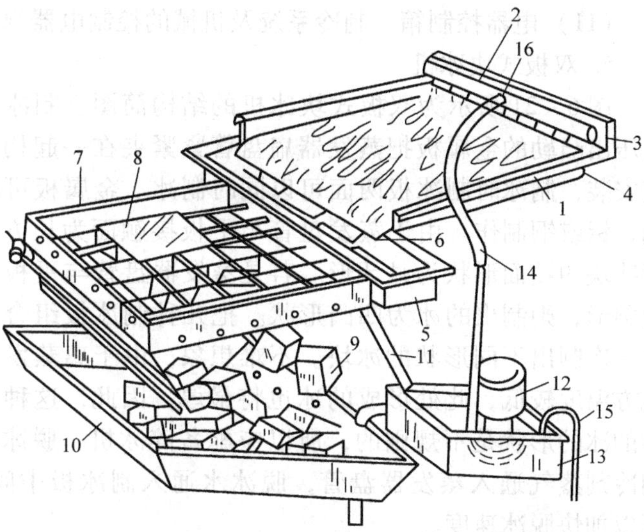

图6-20 热切式块冰机的结构及制冰过程

1—板式蒸发器 2—水分配器 3—立式法兰 4—蒸发器后墙 5—回水槽 6—蒸发器前墙 7—格栅 8—大冰板 9—小冰板 10—储冰仓 11—回水管 12—循环水泵 13—循环水池 14—水管 15—排水口 16—进水管

热切式块冰机结构比较简单，制造成本低廉，使用和维修方便，而且外形较小（其原因是电热丝平面格栅位于制冰板的正下方，且宽度较小）。但冰块形状不如冰模式制冰机制出的冰块规则，而且制冰过程中水容易流进储冰槽。

热切式块冰机由板式蒸发器、切冰格栅、结冰厚度控制继电器、冰仓储冰量控制继电器、化霜控制继电器、水分配器、储水器、虹吸管、水泵、制冷系统、储冰仓、电器控制箱、进排水管等部件组成。

（1）板式蒸发器　板式蒸发器为一表面镀锡的铜板，其背面焊接蒸发器盘管，水流经其上就逐层结成大冰块。板式蒸发器倾斜安装，冻成的冰板在采冰时靠重力滑离蒸发器。

（2）切冰格栅　切冰格栅的功能是把冰板切成特定规格的冰块。它的主要构成部分是由两层相互垂直的电阻丝构成的网格，上层电阻丝的方向与冰板下滑的方向一致。电流通过电阻丝时电阻丝发热，在滑落的冰板上融出道道细缝，将冰板切成小冰块。

（3）结冰厚度控制继电器　结冰循环期间，触头断开。冰板厚度达到预定要求时，触头闭合，制冰机开始采冰。要改变冰板厚度，需调整感应元件顶部的蝶形螺钉，降低感应元件高度，就可以减小冰板厚度；反之，提高感应元件高度，就能增大冰板厚度。

（4）冰仓储冰量控制继电器　其用途是使冰仓储冰量保持在预定的水平上，通常该元件固定在支架上，其位置代表所要求的储冰冰面。

（5）化霜控制继电器　其功能有两个：在化霜和冰板滑出期间，使冷凝器风扇电动机断电，并使热蒸气电磁阀通电；在滑冰板滑出动作结束的同时，使冷凝器风扇电动机通电，并使热蒸气电磁阀断电。

（6）水分配器　水分配器的用途是把水洒在蒸发器上，使它结出厚度均匀的冰板。水泵把水从水储存器中泵至水分配器。

（7）储水器　储水器用不锈钢制作，安装在储冰仓箱后上角的箱壁上。

（8）虹吸管　它的用途是，当停机或化霜时，把储水器中的水排除干净。因为当水结冰时，水池中的矿物质积聚到结冰余水中，使下次制出的冰含有杂质，不透明。每次结冰循环后，必须利用虹吸管排净储水器余水，下次制冰时再补充新水。

（9）制冷系统　制冷系统由制冷压缩机、空冷冷凝器、立式储液器、热力膨胀阀、热蒸气旁通电磁阀、截止阀等部件构成。内藏式冷凝机组位于制冰机下部。

（10）储冰仓　为便于冰块移出，储冰仓设计成打开式的，仓门安在斜面上使其充分打开和关闭时不必使用插销固定。

（11）电器控制箱　制冷系统及机械的控制电器都集中在电器控制箱中。

5. 双板式块冰机

图6-21所示为双板式块冰机的结构简图。制冰板是由两块压出凸勒的金属板把蒸发器扁盘管紧紧夹在一起构成的，垂直安装，制冰时制冰板两面可以同时制冰。金属板可以用不锈钢、铝或铜制作。由于蒸发盘管与平板接触面为长方形，所制得冰块的端面形状为月牙形。若是蒸发器盘管与平板的接触面为圆形，则制出的冰为凹凸形状。把几种制冰板组合配置就可以一次制出不同形状的冰块。不难想象，由于离蒸发盘管近的地方温度较低，此处形成的冰也将最厚，因此，这种块冰机制出的冰的形状是不规则的，所以应配备碎冰机。脱冰时，高温制冷剂蒸气通入蒸发器盘管，脱冰水通入制冰板中间的空隙，可以加快脱冰速度。

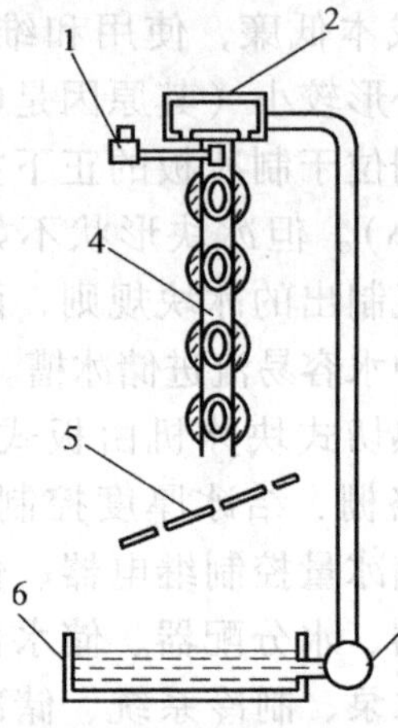

图6-21　双板式块冰机的结构简图

1—循环水泵　2—散水盘　3—脱冰热水泵　4—制冰板　5—滑道　6—水槽

双板式块冰机的制冰量可为10～20000kg/d，使用非常广泛，大多生产工业用冰；由于有碎冰过程，产生的冰粉使碎冰不会挤伤食品，又能与食品充分接触，保鲜效果很好；还可用于饮料的冷却过程。

图6-22所示为双板式块冰机制冷系统（美国Scotsman公司）。该块冰机采用热气脱冰方法脱冰。

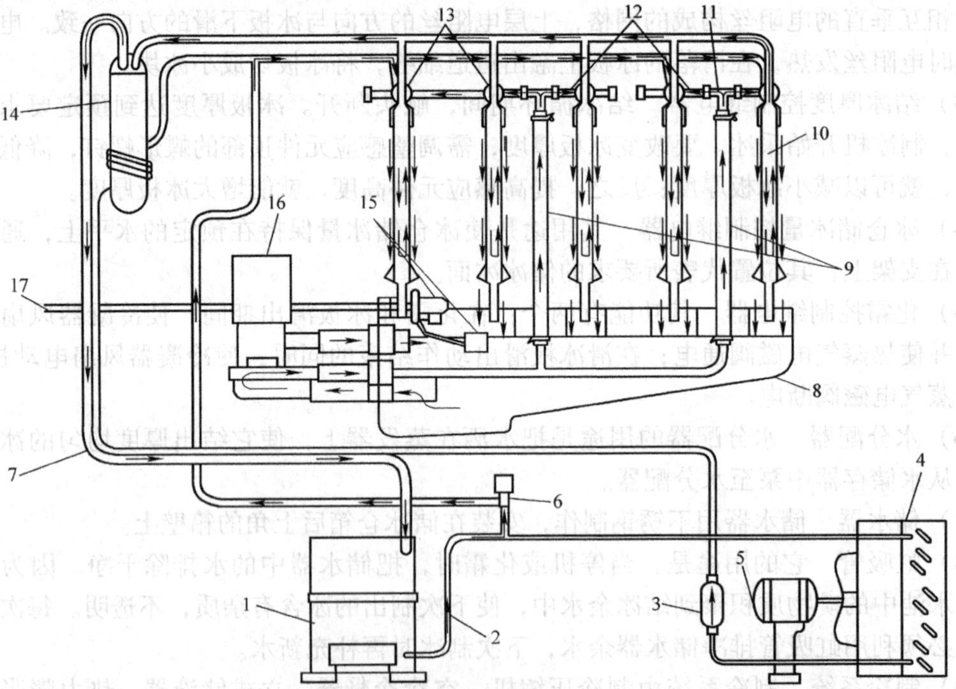

图6-22　双板式块冰机制冷系统（美国Scotsman公司）

1—制冷压缩机　2—排气管　3—干燥器　4—冷凝器　5—风机电扇　6—热气电磁阀　7—回气管　8—水池　9—供水管　10—蒸发器板　11—三通阀　12—集水管　13—散水器　14—气液分离器　15—水浮球阀　16—水泵　17—水入口

图6－23所示为另一种小型自动块冰机的结构示意图。该块冰机水槽内的水位由浮子阀13控制，而冰块的脱模则由时间继电器控制，接通电加热丝的电源，使冰块表面被加热融化而掉在接冰搁架12上，并滑向储冰槽10内。一旦储冰槽内冰量达到所控制的定量时（可根据重量或高度），压动触动开关17，使整机都停止工作。如果冰块被取用而减少时，该块冰机又自动恢复制冰。

6.2.3 管状制冰机与冰晶制冰机

1. 管状制冰机

管状制冰机（管冰机）如图6－24所示。其制冰原理为：冰的发生器（制冰管）是一个立式壳管式热交换器，水在管子内流动，管子直径一般为50mm，管子外面为氨液吸热蒸发，冰层在管子内壁形成，厚度5～13mm，结冰时间为13～26min。在冻结过程中，由于水在水泵的作用下不断循环（由上而下），将析出的空气带走，因而生产的冰为透明冰。结冰过程完成之后，停止向制冰管供水供氨液，脱冰是由压缩机排出的热氨气体来进行的，脱冰时间约为30s，结成的管冰向下滑动。制冰管下面的机械刀旋转时将管冰削成一定的长度，沿着滑冰台的斜面，由传送机将管冰送入冰库。管冰机的生产能力为10～350t/d，对于生产能力10t/d冰的管冰机外形尺寸（长×宽×高）约为2900mm×1900mm×3900mm。由于管冰的外形是圆柱形，用于冰藏鱼类不会损坏鱼体，是较理想的冷冻用冰。管冰生产时的蒸发温度比片冰生产时的蒸发温度要高，例如要获得2mm厚的冰，当水温为15℃，冷凝温度为30℃时，管冰机比片冰机要节电40%。管冰生产时的蒸发温度约为－8℃，每吨冰耗电量约为54kW·h。

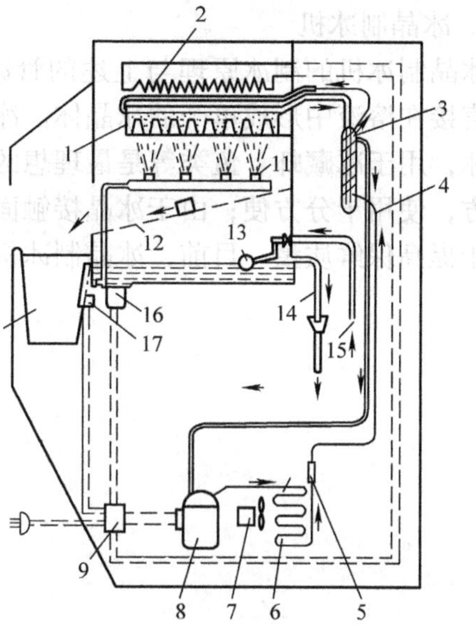

图6－23 小型自动块冰机的结构示意图

1—冰模(蒸发器) 2—脱模加热电热丝 3—气液分离器(兼热交换器) 4—毛细管 5—干燥过滤器 6—翅片盘管冷凝器 7—风扇电动机 8—全封闭制冷压缩机 9—电器控制阀 10—储冰槽 11—喷嘴 12—接冰搁架 13—浮子阀 14—溢水管 15—供水阀(接滤水器出口) 16—水泵 17—触动开关

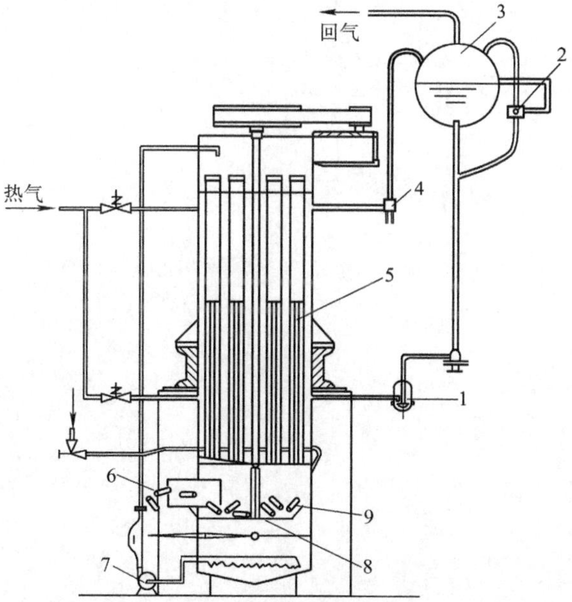

图6－24 管冰机

1—疏液阀 2—浮球阀 3—气液分离器 4—回气电磁阀 5—制冰筒 6—出冰口 7—水泵 8—冰篮子 9—管冰

2. 冰晶制冰机

冰晶制冰机的制冰原理与上述的管冰机、片冰机等不同，制冰过程是使溶液温度降低后，直接在溶液中形成单个的冰晶体。冰晶直径约2~3mm，不需周期脱冰，也可用海水直接制冰，用于冰藏虾、鱼类等是最理想的。冰晶具有好的流动性，可以用泵将冰输送到用冰的地方，使用十分方便；由于冰晶接触面积大，用于冰藏鱼虾时空隙小，故冷却速度很快，有利于提高保鲜质量。目前，冰晶制冰机已逐渐用于冰蓄冷空调系统。

第7章 冷藏陈列柜

作为食品冷藏链最后一个环节的制冷装置——冷藏陈列柜，具有低温保存易腐败商品或食品的功能和展示与销售商品或食品的功能。在易腐败商品或食品的销售环节中，使其始终处于规定的低温环境下，最大限度地保证食品质量、减少食品损耗。冷藏陈列柜通常用于商店和超市的生鲜食品销售，根据其用途、使用温度、使用场所等具有各种不同的构造和形状；其目的是在陈列柜内维持适当的温度和湿度，以保证食品的鲜度和品质，为消费者提供良好的购物环境和可靠的食品品质保障。

7.1 冷藏陈列柜的结构

7.1.1 冷藏陈列柜的分类

在零售商店和超市内，为了提高商品的展示效果和品质保证，冷藏陈列柜应用于各种生鲜食品，包括蔬菜、水果、精肉、鲜鱼、乳制品、各种熟食品和半熟食品等的低温保鲜与销售。由于储存与展示的商品种类繁多，冷藏陈列柜的结构形状亦多种多样，准确地进行分类通常是困难的。下面按照陈列柜的使用温度、制冷机组布置、外形结构等，对其分类方法分别进行介绍。

1. 根据冷藏陈列柜的使用温度分类

根据冷藏陈列柜的使用温度分类，冷藏陈列柜可大体上分为冷却型、冷冻型、冷却冷冻型及温热型等。

（1）冷却型陈列柜　柜内空气温度为 -6℃以上，主要用于储藏陈列水果、蔬菜、肉制品、鲜鱼、猪肉、饮料等。

（2）冷冻型陈列柜　柜内空气温度为 -6℃以下，主要用于储藏陈列冰淇淋、冻鱼、冻肉等冷冻食品。

（3）冷却冷冻型（也称双温型）陈列柜　兼有冷藏柜、冷冻柜的功能，同时储藏不同的食品。

（4）温热型陈列柜　柜内空气温度为35℃以上，用于储藏陈列各种熟食，如用于快餐店。

为了保证陈列食品的最佳储存温度，陈列柜要根据陈列食品的种类提供各种适用的陈列温度。陈列柜中各种食品适宜的使用温度见表7-1。表7-2是美国采暖制冷空调工程师协会（ASHREA）1994年推荐的常见食品的推荐陈列温度。

表7-1　陈列柜中各种食品适宜的使用温度

分类	柜内空气温度/℃	收容商品
1	10～15	蔬菜
2	5～10	水果
3	2～8	奶酪制品、肉制品、腌干物、饮料

（续）

分类	柜内空气温度/℃	收容商品
4	-2~2	肉、鲜鱼
5	-5~-10	冰激凌
6	-18 以下	冷冻食品
7	-23 以下	冰激凌

表7-2　常见食品的推荐陈列温度

食品种类	陈列方式	温　度	
		最低①/℃（°F）	最高②/℃（°F）
乳制品	多层	2（36）	3.5（38）
带包装农产品（果蔬）	单层 多层	1.5（35） 1.5（35）	3.5（38） 3.5（38）
无包装肉（密闭陈列）	陈列区②	2（36）	—
熏肉	多层	0（32）	1（34）
带包装肉（敞开陈列）	单层 多层	-4.5（24） -4.5（24）	-3.5（26） -3.5（26）
冻结食品③	单层 多层（敞开陈列） 玻璃门冷柜	— — —	-25（-13）④ -23.5（-10）④ -21（-5）④
冰激凌③	单层 玻璃门冷柜	— —	-31（-24）④ -24.5（-12）④

① 表示所示温度为在送风口测得的空气温度，温度计不与陈列食品接触。

② 无包装的新鲜肉只陈列在密闭接待型陈列柜中。放入陈列柜前需预先预冷到2℃（36°F），且柜内温度维持在此温度下，使肉失水少、保质期长。依生产厂家不同，陈列柜内温度稍有变化。

③ 对冻结食品和冰激凌来说，最低温度不是关键，最高温度对食品品质的影响才是最重要的。

④ 表中冻结食品和冰激凌在不同陈列柜中的温度有差异，是由冷风幕的送风方向及敞开口的尺寸和形式的不同而产生的结果。

2. 按制冷机组的布置方式分类

陈列柜的制冷机组可分为内置式和分离式两种形式。由于大型陈列柜所用制冷机组外形尺寸较大，在柜内安装时会占据较大的商品陈列和收藏容积；同时制冷机组运行时还会产生废热、振动和噪声，直接影响购物环境并增加购物空间的空调负荷。为了消除这些不良影响，大型陈列柜通常将制冷机组设置在专设的机房内，称为分离式机组陈列柜。

分离式机组陈列柜的制冷压缩机、冷凝器和电控柜与柜体分开设置，即将制冷压缩机、电控柜放在机房内，冷凝器放在室外通风良好的地方。其特点是噪声低，购物环境好；易于实现多压缩机、多蒸发器的组合式制冷系统，有助于降低设备费用和运行费用。但其性能好坏与施工质量密切相关，需要有专业施工队安装方能使用，而且一旦定位，再要移动就很困难。所以，它特别适合于大型超市使用。

内置式制冷机组与陈列柜柜体做成一体（一般置于柜体底部），其特点是：结构紧凑，安装方便，布置灵活；不足之处是制冷机组的冷凝器靠店内空气冷却，增大了店内空调系统的冷负荷，且噪声较大，适合于中、小型便利店和小规模改建或扩建的店铺使用。

3. 按冷藏陈列柜的外形结构分类

按冷藏陈列柜的外形结构分类，有封闭型陈列柜和敞开型陈列柜。

（1）封闭型陈列柜　该陈列柜四周柜体封闭，并装有多层玻璃做成门或盖，供展示食品或顾客拿取食品之用，如图7－1所示。其特点是柜内温度波动小，冷藏条件好，能耗低，制造成本低，对环境要求不敏感。该陈列柜适合于陈列对存放环境的储藏温度条件和卫生要求比较高、对温度波动较敏感的食品或商品，如冰激凌、奶油蛋糕、医药品等；当其用于客流量较小的店铺时，还可起到陈列和储藏的双重作用。但从商品销售角度来说，敞开型陈列柜效果更好。

图7－1　封闭型陈列柜

（2）敞开型陈列柜　该陈列柜存取货物部位是敞开的，顾客能够自由接触或拿取货物，既为消费者营造一个随意、轻松的购物环境，又促进了商品销售。所以，它特别适合于客流量较大、顾客频繁取用商品的大型超市，如图7－2所示。敞开型陈列柜的敞开部位通常依照柜内的温度高低而设置单层或多层风幕将柜内食品与外界隔开，以减少冷量损失。由于风幕处外界环境空气不断地渗入陈列柜内带进热量，与封闭型陈列柜相比，敞开型陈列柜的能耗较大。

a)　　b)

图7－2　敞开型陈列柜

a）岛式陈列柜　b）立式陈列柜

此外，陈列柜按其结构形式又可分为立式陈列柜和卧式陈列柜。立式陈列柜和卧式陈列柜不但在结构形式上差别较大，而且在功能种类上也不同。立式陈列柜的柜内温度一般为－10℃左右，多用于蔬菜、水果、奶制品、冰鲜食品及熟食品的冷藏与保鲜，属于中、高温类冷藏陈列柜；而卧式陈列柜的柜内温度一般在－15℃以下，因其外形多为箱式结构，对于双面卧式陈列柜又可称为岛式陈列柜（见图7－2a）。卧式陈列柜用于存储食品时食品易堆积，不如立式陈列柜存取方便；但卧式陈列柜的上开门方式使冷量损失较少，结构比立式陈列柜简单，价格便宜。卧式陈列柜多用于周转量比较大的冻结食品、冰激凌等食品的冻藏。

7.1.2　陈列柜的总体结构

由于陈列柜种类很多，所以其结构也是多样化的。下面对其结构的主要部分加以简述。

1. 陈列柜断面结构和柜内冷空气循环方法

陈列柜典型的断面结构和柜内冷空气循环方法，如图7－3所示。陈列柜的断面结构不同，其柜内空气循环的方式也有不同。在实际应用中，应以能保证柜内陈列食品有适用的储存温度为主，选择柜内空气的循环方式。

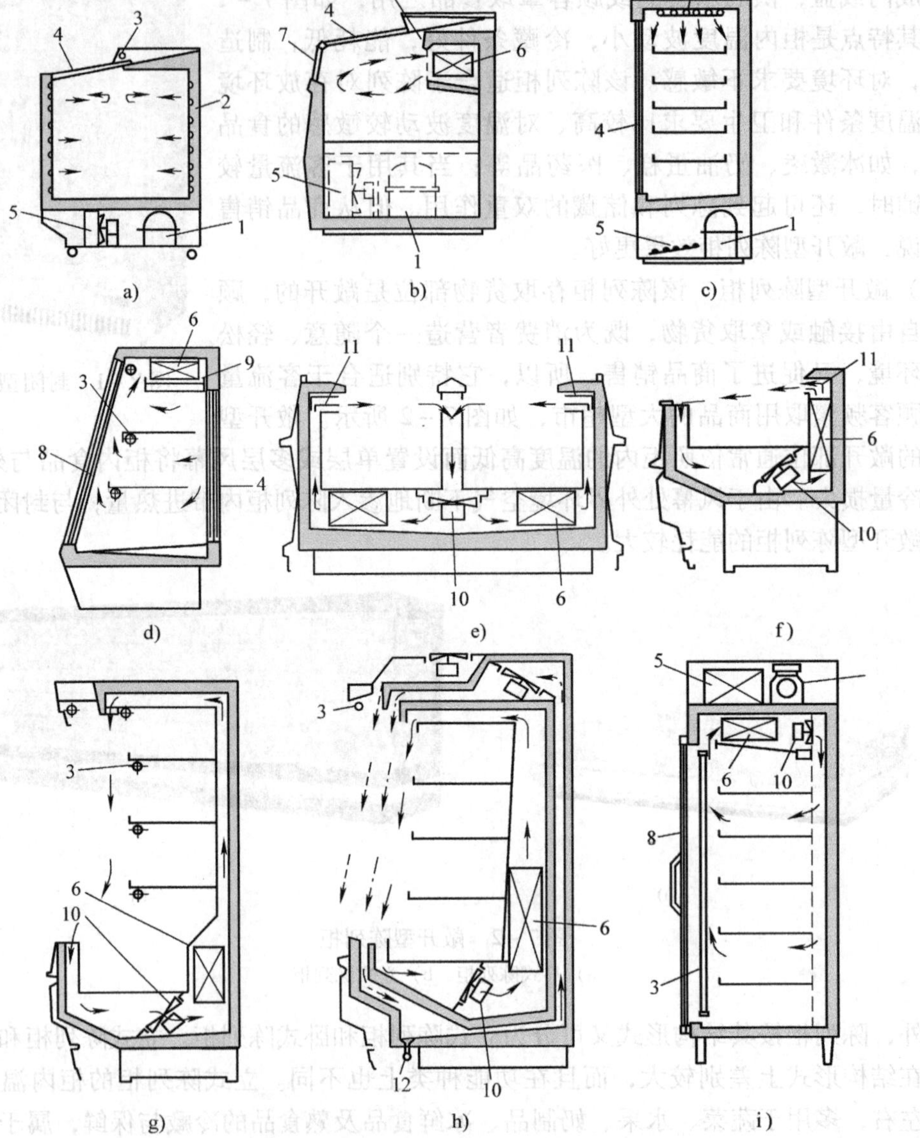

图 7-3　陈列柜典型的断面结构和柜内冷空气循环方法

a）卧式封闭型冷藏陈列柜　b）卧式封闭型冷冻陈列柜　c）立式封闭型冷冻陈列柜　d）接待型陈列柜　e）双面敞开型陈列柜　f）卧式敞开型陈列柜　g）多层冷藏敞开型陈列柜　h）多层冷冻敞开型陈列柜　i）冷柜型陈列柜

1—制冷压缩机　2—冷却盘管　3—日光灯　4—滑动门　5—冷凝器　6—冷却器　7—双层玻璃　8—玻璃门　9—接水盘　10—风机　11—送风口　12—泄水管

陈列柜的柜内冷却方式，有自然对流式、强制对流式和冷水式三种。自然对流式多用在比较小型的陈列柜和封闭型陈列柜中；大型陈列柜和敞开型陈列柜多用强制对流式；销售瓶装果汁、啤酒、豆腐等售货用陈列柜使用冷水式。

2. 陈列柜的柜体结构

陈列柜内外壁面多用彩色铝板、不锈钢板、彩色钢板、镀锌钢板，也可用FRP、ABS塑料及高强度纤维板。在外壁面主要的凸起部位采用不锈钢板包装（兼装饰及作防撞击装置）以对外力损伤加以保护。

隔热材料可使用玻璃棉、聚苯乙烯、硬质聚氨酯。在内外壁面中间用聚氨酯直接发泡的结构较多，它具有隔热性能好、耐久性强的特点。

柜体隔热层厚度确定将直接影响其耗电量和柜体的外形尺寸。因此，在进行陈列柜隔热层设计时，要同时兼顾其制冷效果、保温性能、耗电量大小、外形尺寸和销售价格等方面的要求。在满足陈列柜性能指标的基础上，既要减少隔热层的厚度，又要降低能耗。

陈列柜柜体隔热层厚度计算通常采用两种方法，一种方法是限定隔热层结构的传热系数；另一种方法是限定隔热层结构的外表面温度，即限定外表面温度不得低于环境空气的露点温度，以防止柜体表面发生凝露现象。另外，还可以参照国内外陈列柜的有关资料预先设定隔热层厚度，然后对陈列柜柜体表面温度校核。如果低于环境空气的露点温度，则需适当增大隔热层厚度直至满足其外表面温度的要求。一般柜体外表面的温度应高于环境空气的露点温度，即

$$t_w > 0.2 + t_d$$

式中，t_w 为柜体外表面的温度（℃）；t_d 为环境空气的露点温度（℃）。

当柜体传热系数给定时，其隔热层的厚度可用式（7－1）计算，而后校核柜体外表面温度，即

$$\delta = \lambda\left(\frac{1}{K} - \frac{1}{\alpha_n} - \frac{1}{\alpha_w}\right) \tag{7-1}$$

式中，δ 为隔热层厚度（m）；λ 为隔热层材料的热导率［W/（m·K）］；K 为传热系数［W/（m^2·K）］；α_n 为柜内壁表面对箱内空气的表面传热系数［W/（m^2·K）］；α_w 为柜外空气对箱体外表面的表面传热系数［W/（m^2·K）］。

当柜体的外表面温度给定时，其隔热层的厚度可用式（7－2）计算，即

$$\delta = \frac{\lambda(t_{w1} - t_{w2})}{q} \tag{7-2}$$

式中，t_{w1} 为柜体外表面的温度（℃）；t_{w2} 为柜体内表面的温度（℃）；q 为柜体单位面积的漏热量（W/m^2）；

7.1.3 陈列柜的使用要求

1. 防止柜体外表面结露的方法

由于柜内温度较低，柜外壁面各部位温度有可能低于周围空气的温度，因此要防止陈列柜壁面温度低于店内空气的露点温度，以免结露。

陈列柜外壁面容易结露的部位有：机组分离型陈列柜的底部和背部，封闭型陈列柜的玻璃面、门面、门框，强制对流式陈列柜的冷气吹出、吸入口的附近等处。图7－4所示为一些防止结露的方法，其中防止结露的加热器用软电线加热器，每米耗电10W左右，但必须经实验来决定其实际功率。冷柜式陈列柜的门、玻璃面等处也使用加热器防止结露；冰激凌用陈列柜的柜门为三层玻璃门面，每平方米耗电150W左右。

2. 除霜水和清洗水的排放

陈列柜必须有引导除霜水和清洗水的排出管，排出管经常易堵塞，所以排出管的管径应尽量大些。同时，在管口可安装滤网以防管道堵塞。

内藏机组的陈列柜为了便于移动，通常陈列柜有良好的处理除霜水的结构。可采用接水器皿一天放一回，定期排水；或者采用蒸发接水盘，利用冷凝器排出的热、压缩机排气管的散热和电加热器来加热蒸发接到的水。

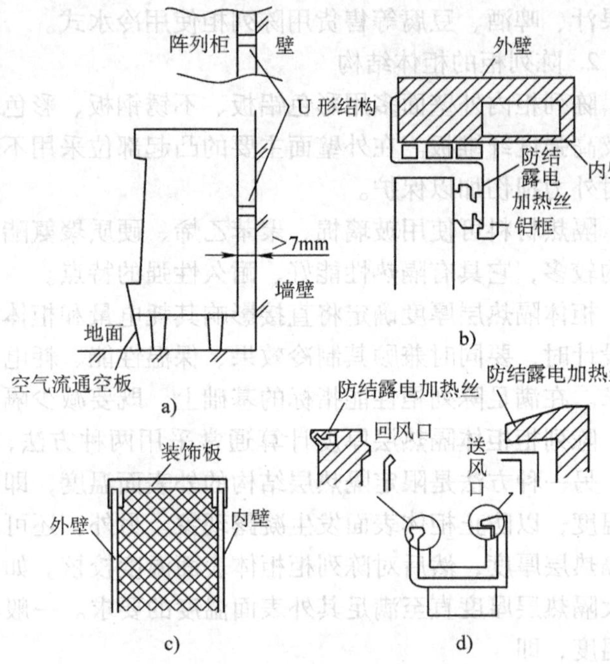

图 7-4　防止结露的方法

a）陈列柜的安装　b）陈列柜的柜门结构

c）内、外壁面过渡结构　d）送、回风口结构

3. 风机的配置

用强制对流冷却的陈列柜，柜内冷空气循环一般使用功率4~30W 的小型轴流风机。在小型陈列柜中一般使用 1 台风机，而在机组分离式的多层敞开型陈列柜中风机数量可多达 7~9 台。

卧式陈列柜的风幕基本上是水平的，立式多层陈列柜风幕是近似垂直的。风幕的厚度、吹出口风速必须根据实验得出适当的数值。吹风口多采用百叶式或蜂巢式。

4. 玻璃门面的要求

为了提高陈列柜的展示效果，多在展示部位或在门上装设玻璃门面。根据柜内温度的不同，玻璃门面分为单层、两层和三层，以保证陈列柜重要的展示面不结露。一般高温陈列柜使用单层玻璃，低温陈列柜则需要安装两层或三层玻璃，并在玻璃之间抽真空或充填惰性气体。除玻璃以外，也可以使用丙烯树脂等透明的塑料，由于塑料随温度变化的膨胀系数大，要特别注意防止其变形。

5. 柜内照明要求

陈列柜的功能之一是用于展示和销售商品，只有看得清陈列商品，销售效果才好，因此陈列柜照明很重要。由于照明放热使物品温度上升相当大，陈列柜照明使用荧光灯比较合适。图 7-5 所示为各种照明灯的照度和品温上升（包装肉）的关系。对同一照度来说，用荧光灯温度上升最少。对保持商品的质量来说，没有照明是最好的，但光线太暗销售效果差。用荧光灯照明，商品表面照

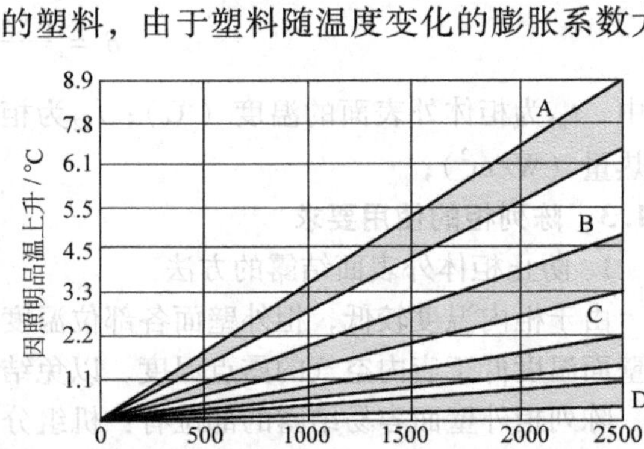

图 7-5　照度和品温上升（包装肉）的关系

A—白炽灯　B—除热白炽灯　C—水银灯　D—荧光灯

度可以高达 1500lx。一般的陈列架每层配装 1 列荧光灯。

另外，美国商业制冷机制造厂家协会（CRMA）对陈列柜结构还做了许多有关的规定，如在柜内安装温度计；陈列部分不得有尖锐的金属端面，否则容易碰伤手指并给清扫增加困难；内部弯曲部分内半径最好在 3mm 以上；滑动门的下框要容易擦拭清扫；装载界限有明确的表示等。

7.1.4 冷藏陈列柜的制冷系统

1. 制冷机组形式

冷藏陈列柜的制冷机组可以分为内置式机组和分离式机组。内置式机组多数采用空冷式全封闭压缩冷凝机组或半封闭压缩冷凝机组；分离式机组多采用风冷式或水冷式半封闭压缩冷凝机组。

一般来说，小型冷藏陈列柜通常采用独立的制冷机组，使其安装方便、使用灵活。要扩大冷藏陈列柜商品的存放和展示容积，必然要减小制冷机组的安置空间。因此，要十分注意确保冷凝器的散热效果及其排热的处理。图 7－6 所示为内置式机组冷凝器冷却空气的处理。为确保冷凝器冷却空气的通路畅通，陈列柜与周围壁面之间应留有一段距离。陈列柜采用强制对流翅片盘管式冷凝器时，冷凝器上的积尘要降低散热性能，为此大多数陈列柜在冷凝器前使用过滤器以清洁冷却空气。另外，由于内置式机组安置在较小的空间内，还需要考虑制冷机组发生故障时能够易于维修，最好采用可移动的安装结构。

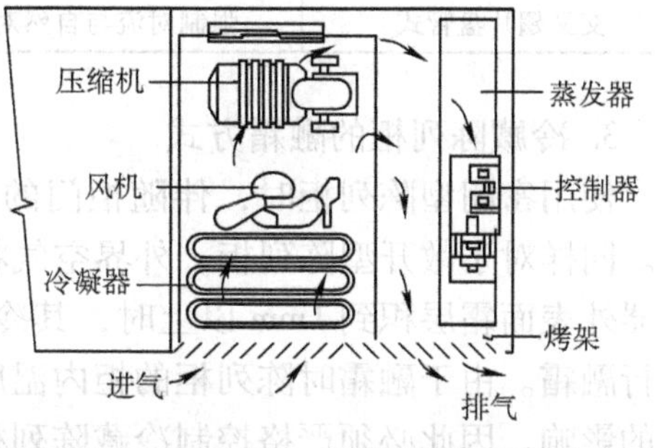

图 7－6 内置式机组冷凝器冷却空气的处理

在超市等大商店使用的大型陈列柜，另外设置机房安置制冷机组，机组的功率在 1.5～30kW，分离设置机组的陈列柜一般长度为 1800mm、2400mm、3600mm。陈列柜可以从几台到十几台共用一套制冷机组供冷，而制冷压缩机主要采用半封闭式机组（一般选 2～4 台压缩机组并联使用）。分离设置机组的优势之一是可以实现制冷能力的合理调配和减少耗能，依据店内环境温度的变化相应地控制调节陈列柜的冷负荷；在保证商品质量的同时，使制冷机组的经济性和可靠性及耐久性显著提高。另外，分离式机组的安装要求较高，要选择专业工程队施工，以免对陈列柜的性能产生大的影响。

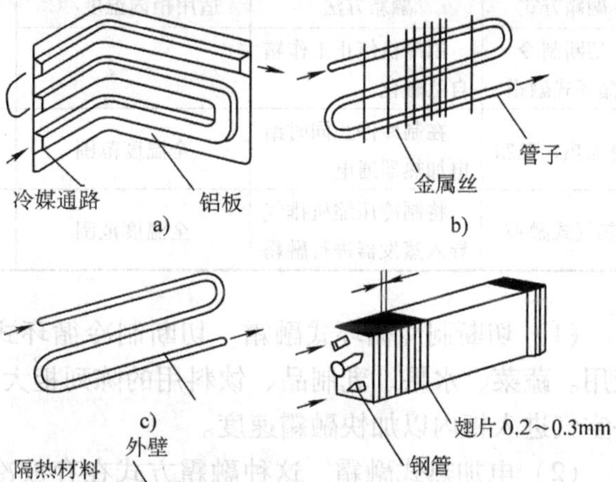

图 7－7 陈列柜用的各种蒸发器

a）铝制平板式 b）金属丝翅蛇排管式 c）光蛇排管式 d）交叉翅片盘管式 e）管板式

2. 蒸发器的选择

如图 7－7 所示，在陈列柜中使用的蒸发器有铝制平板式、金属丝翅蛇排管式、光蛇排管式、交叉翅片盘管式和管板式等，这些蒸发器一般适用情况见表 7-3。交叉翅片盘管式蒸发器的翅间距通常在温度较低的陈列柜中较大，冷却面积在柜内温度和蒸发温度差 10℃左右时计算得出。

表 7-3 陈列柜适用的蒸发器

蒸发器种类	适用冷却方式	适用陈列柜	备注
铝制平板式	自然对流	小型冰激凌陈列柜	蒸发器本身和柜内壁兼用
管板式	自然对流	小型冰激凌陈列柜	作柜内壁用的任意蒸发器
金属丝翅蛇排管式	自然对流	小型台式陈列柜	安装在壁面顶面、冷藏专用
光蛇排管式	自然对流	接待型柜的架下辅助用	应用不多
交叉翅片盘管式	强制对流与自然对流	适用多种类型陈列柜	多用于分离式机组的陈列柜

3. 冷藏陈列柜的融霜方式

使用密闭型陈列柜时，伴随柜门的开关，外界空气将侵入柜内，引起柜内空气湿度增大。同样对于敞开型陈列柜，外界空气将带入柜内更多的水分，使蒸发器结霜较严重。当蒸发器外表面霜层积到 1mm 以上时，其冷却效果则开始下降，柜内温度不易保持，因此必须进行融霜。由于融霜时陈列柜的柜内温度会上升到 0℃以上，所以陈列柜内商品质量将受一定的影响。因此必须严格控制冷藏陈列柜融霜时的柜内空气温度，通常以不大于 10℃为宜。常用的冷藏陈列柜的融霜方式见表 7-4。

表 7-4 常用的冷藏陈列柜的融霜方式

融霜方式	融霜方法	适用柜内温度/℃	融霜时间/min	说明
切断制冷循环式融霜	制冷机停止工作霜自然融化	> -2	30~50	融霜时霜层需要吸收融解热，融霜时间长
电加热式融霜	在制冷停止同时给电加热器通电	全温度范围	冷藏：15~30 冷冻：20~40	融霜时间较短，要增加加热器费用和融霜电费
热气式融霜	将制冷压缩机排气导入蒸发器进行融霜	全温度范围	冷藏：5~15 冷冻：15~25	融霜时间短，冷冻陈列柜要用小功率的加热器作辅助

（1）切断制冷循环式融霜　切断制冷循环式融霜是最简单的融霜方法，因而被广泛地使用。蔬菜、水果、乳制品、饮料用的陈列柜大部分采用这种融霜方式。融霜时，可以让柜外空气进入柜内以加快融霜速度。

（2）电加热式融霜　这种融霜方式在存放冷冻鱼、肉的低温陈列柜中广泛使用。加热器可以和蒸发器组合在一起，采用柜内空气强制对流式的蒸发器也可在其他位置安装，加热器的功率一般等于或小于压缩机的功率。同时，加热器应有过热保护装置。

（3）热气式融霜　在内置式制冷机组的陈列柜中采用逆循环方式进行融霜。在机组分离安置的集中组合式陈列柜系统中，可把陈列柜分成三组以上，需要融霜时可停开部分压缩机，依次分组进行融霜。融霜后产生的制冷剂液体可供正在进行制冷循环的陈列柜使用。

融霜循环一般采用定时器控制。图 7-8 所示是一种根据结霜情况自动进行除霜的检测融霜控制器，根据强制对流蒸发器出入口空气的温度差，利用其对应的结霜量变化情况确定何时进行除霜循环。由于环境的变化对结霜量有较大影响，因此使用定时器时应根据结霜量的多少调节合理的定期融霜周期。一次融霜时间的长短，除用定时器控制的方法以外，还可利用霜层全部融化后温度急剧上升的现象，使用恒温器来控制融霜终止时间。使用管板式蒸发器（蒸发器铝板即为柜内壁）的陈列柜通常不设置自动融霜装置。这种陈列柜通常采用切断制冷循环方式的融霜方法，融霜周期一般一个月一次，而且进行除霜时要将柜内储存的商品全部取出。

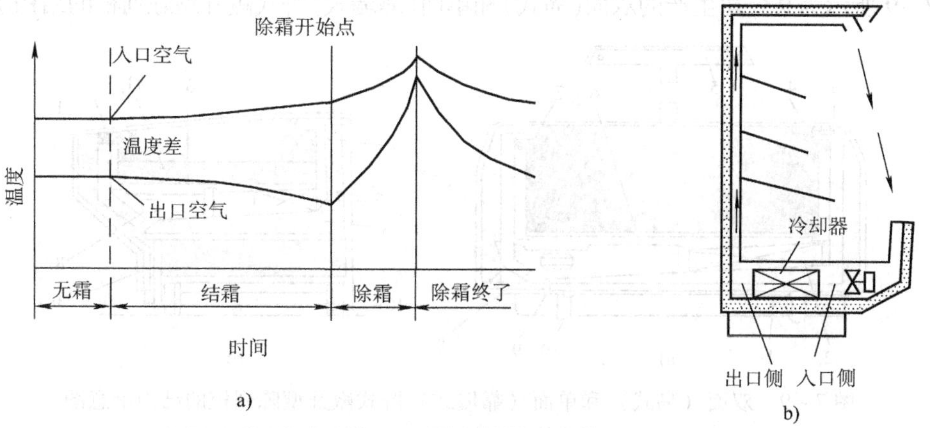

图 7-8　检测融霜控制器

a）自动融霜的工作过程　b）温度测点的安装位置

4. 温度与湿度控制

大多数冷藏陈列柜使用恒温器进行温度控制，也可以使用温度感应动作式蒸发器压力调节阀或低压压力控制器来控制柜内温度，但较少应用。

冷藏陈列柜的湿度控制：对于储存包装食品的冷藏陈列柜，一般不进行湿度控制；对于储存无包装食品的陈列柜，需使用蒸发压力调节阀保持蒸发器的蒸发温度不低于设定值，以防止柜内温度降低；对于储存蔬菜等食品的冷藏陈列柜，应使用加湿装置保证其所需的高湿度储存条件，或者采用向蔬菜表面直接喷水雾的方法保持柜内的湿度要求。

5. 特殊要求的陈列柜

用于储藏和展示鲜花的冷藏陈列柜在外形上与上述陈列柜相差无几，但它有以下三个方面的特点：

（1）鲜花陈列柜的柜内温度较高，通常在 3～4℃之间。

（2）由于柜内外温差较小，保温层厚度只有 25～50mm。

（3）陈列柜通常配置较大的玻璃门或窗，以提高鲜花的展示效果。

另外，为了防止鲜花叶子和花瓣表面水分的过分蒸发，保持较高的鲜花陈列柜柜内湿度对鲜花的品质是至关重要的。适宜的柜内相对湿度为 90%～95%，且不能低于 80%。通常鲜花陈列柜的蒸发器都具有较大的蒸发面积，柜内空气采用自然对流的冷却方式，尽可能保持和提高柜内的湿度。由于柜内温度波动过大也会导致鲜花的水分过度蒸发，所以鲜花陈列柜应尽可能减小柜内的温度波动，需要采用精确度较高的电气控制。

有些鲜花陈列柜在柜内还配置了除臭装置，以防止鲜花被污染。常用的活性炭除臭装置内含高锰酸钾溶液，它可以用于减缓恶臭源的滋长以及限制乙烯的生成。由鲜花释放的气味也被它吸收。为了保证除臭装置的效率，应设置专门的循环风扇，使柜内空气具有一定的风速吹过除臭装置。

7.2 典型的陈列柜结构

1. 卧式敞开型陈列柜

图7-9所示为某公司生产的双面(岛式)和单面(靠墙式)卧式敞开型陈列柜的结构示意图。

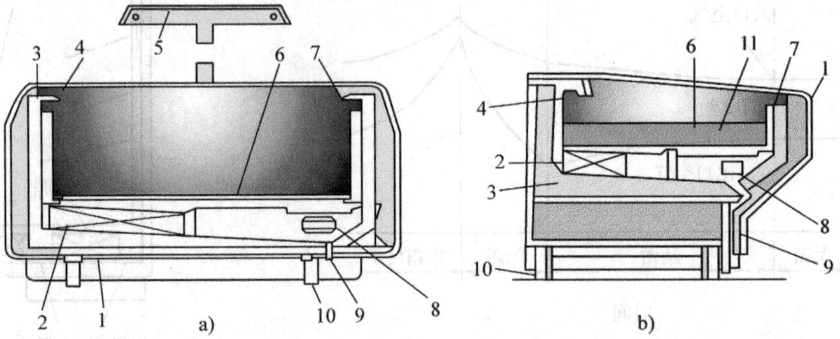

图7-9 双面（岛式）和单面（靠墙式）卧式敞开型陈列柜的结构示意图

a）双面（岛式）卧式敞开型陈列柜 b）单面卧式敞开型陈列柜

1—柜外壁 2—蒸发器 3—隔热层 4—出风格栅 5—照明支架 6—保温隔离板 7—回风口 8—风机 9—排水管 10—金属支脚 11—活动货架

敞开型陈列柜通常由聚氨酯发泡定型的一个柜体和两个端板拼装而成。柜外壁采用彩色钢板或铝板，内壁面也可用钢板，但用高强度的纤维板为多，厚度通常为50mm。在陈列柜上方安装抛光的不锈钢，在垂直的柜体内侧安装挡风板，组成循环空气的吸入和排出风道。挡风板采用彩色铝板。在陈列柜下部安置蒸发器和风道，并用三块可拆卸的隔热板与柜内容积分隔开，以便必要时可调节、检修热力膨胀阀和风机。其中，小的隔热板布置在安装热力膨胀阀的区域；而大的隔热板直接安置在蒸发器上，隔热板可以减少融霜时被加热的蒸发器和柜内冷空气之间的热交换，防止柜内货物和空间温度过分升高。

柜体底部设计制作成倾斜式并和融霜水排出管相连，同时陈列柜的金属支脚通常可调节高度以便排水和连接安装。陈列柜安装时，制冷管道和电线通常要走地下沟槽，如图7-10所示。

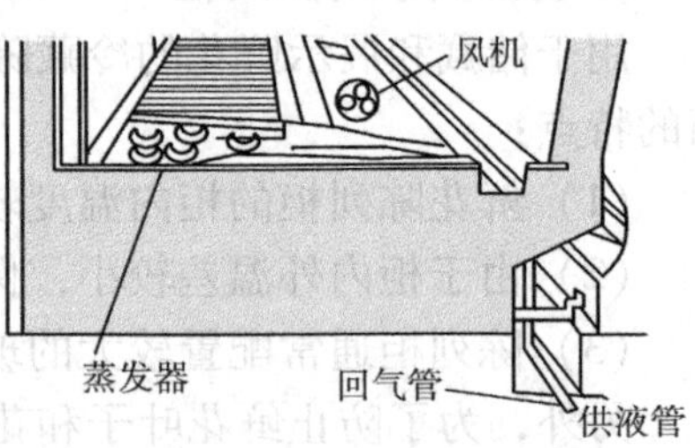

图7-10 敞开型陈列柜的安装

空气流的循环由风机来完成，风机的功率为16W。在风道的冷风送出口布置百叶式或蜂巢式出风口，以便均匀地分配空气流，使冷空气建立同层水平风幕，阻碍柜外热空气进入柜内。冷空气被加热并进入回风口。为避免在冷风进出口处结露，在垂直柜壁上方安装电热元件。

柜内冷容积上部敞开，在双面（岛式）卧式敞开型陈列柜的上部可以备有照明支架，也可以没有。单面（靠墙式）卧式敞开型陈列柜的前边比后边低155mm，使顾客更方便选择货物，通常不设置照明设备。

陈列柜的蒸发器采用三种翅片间距，翅片间距沿气流流动的方向逐渐减少，常用翅片间距是 14mm、10mm 和 8mm。

在低温柜蒸发器表面凝结的霜，定期由电加热器融化。电加热元件布置在蒸发器之前的风道中（或埋在蒸发器中），融化水则沿着陈列柜的倾斜底部流入排水口，在排水管中也布置有电加热元件，以免霜块堵塞排水管。

蒸发器的融霜若采用热蒸气融霜方式，则压缩机排出的制冷剂热蒸气将沿融霜专用管道进入热力膨胀阀后的蒸发器入口，使霜层融化。时间继电器和温度继电器控制融霜专用管道上的电磁阀来控制融霜循环，加快融霜过程。融霜期间应停止蒸发器的风机转动，在融霜水的温度达到 +5℃时，系统应停止融霜，转入制冷循环。

2. 立式敞开型陈列柜

立式敞开型陈列柜为多层结构，如图 7－11 所示。该柜通常由两个陈列区构成，即下部的搁架区和上部的支架区。为了方便各种商品的展示，支架的安装高度可以任意调节。陈列柜的柜本体和侧板由聚氨酯泡沫塑料制成，柜本体厚度在 10～100mm 之间不等；侧板较薄，厚度通常是 40mm，在蒸发器上方覆盖一层 10～20mm 厚的保温隔离板。

回风通道布置在柜前部下方。在每个蒸发器的前面安置有两台风机，空气经过较大截面的回风道被风机吸入，并由蒸发器冷却后向上流入较小截面的排出通道，使冷空气具有一定的排出压力。一部分冷空气经过柜后部可拆卸的挡风板中的预留缝隙，沿各层分别进入柜内空间；而另一部分冷空气则沿着柜顶棚风道经出风口栅格向下吹出，形成近似垂直的冷风幕。为了阻碍陈列柜外部热空气浸入柜内冷空间，冷空气的循环风机将不停地运转。

蒸发器翅片在空气流动方向上应设计成变间距形式。为了便于在低温下使用，迎风面翅片距大，背风面翅片距小。例如对于宽 150mm、高 270mm 的翅盘管式蒸发器，迎风面 120mm 高的翅片距为 16mm，而背风面 150mm 高的翅片距为 8mm。

图 7－12 所示是这种陈列柜的内部电器设备接线布置图。

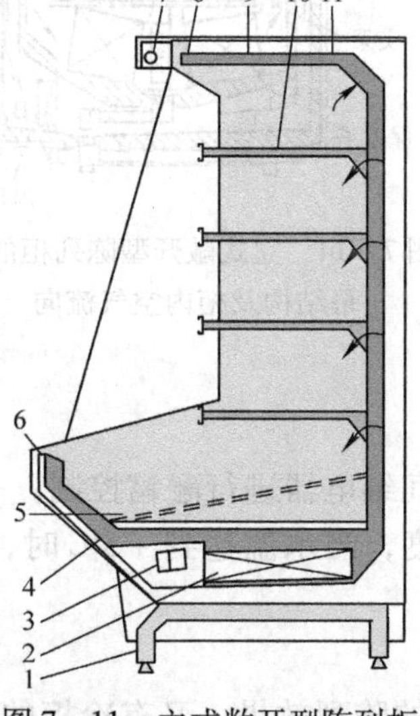

图 7－11 立式敞开型陈列柜

1—支脚 2—蒸发器 3—风机 4—隔热层 5—货架
6—回风吹入风道 7—日光灯 8—出风格栅
9—内挡板 10—活动货架 11—排风道

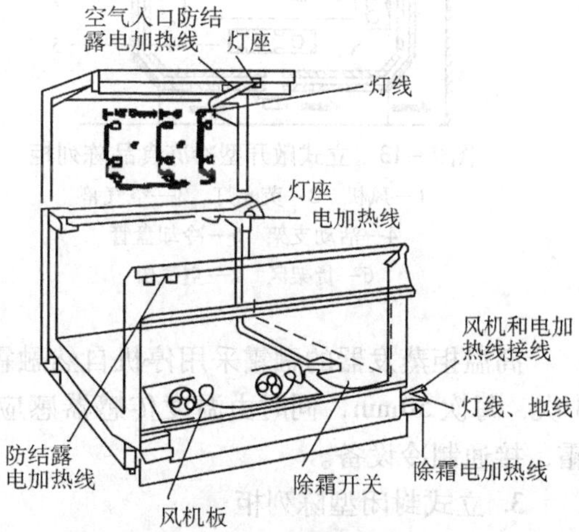

图 7－12 立式敞开型陈列柜的内部电器设备接线布置图

图 7－13 所示为一种立式敞开型冷冻食品陈列柜的结构示意图。对于储藏和展示冷冻食品的立式敞开型陈列柜，为了保持柜内食品的品质不下降，其柜内食品的平均温度尽可能不高于－18℃。在陈列柜的底部、背部和顶部，采用三组冷却盘管冷却柜内的循环空气，以维持适宜的柜内温度。由于柜内温度较低，冷冻食品陈列柜一般都选取较厚的隔热结构；而且由于柜内、外温差较大，在陈列柜敞开口的空气渗透较严重，冷空气在受到干扰时容易溢出，造成装置运转费用升高。为了使空气渗透量减到最少，在陈列柜敞开口的气流通道上可以使用两层或三层平行的空气风幕，以减少陈列柜冷负荷损失，节省制冷机组的能耗。空气流的循环可设计成具有内、外两个通道的结构。流过外通道的空气流温度高于流过内通道的空气流温度，形成附加的风幕，阻碍外界热空气渗入冷空气中。冷空气沿内通道流动形成的双层空气幕，可以预防外界热空气的渗入而使低温食品升温。由于消费者会从陈列柜中频繁拿取商品，空气幕帘遭到干扰，不断有热空气通过陈列柜的敞开口渗入柜内，使蒸发器结霜严重，因此蒸发器通常每隔 6h 除霜一次，每次大约 30min。图 7－14 所示这种陈列柜的风幕结构及柜内空气流向，其详细结构如图 7－15 所示。

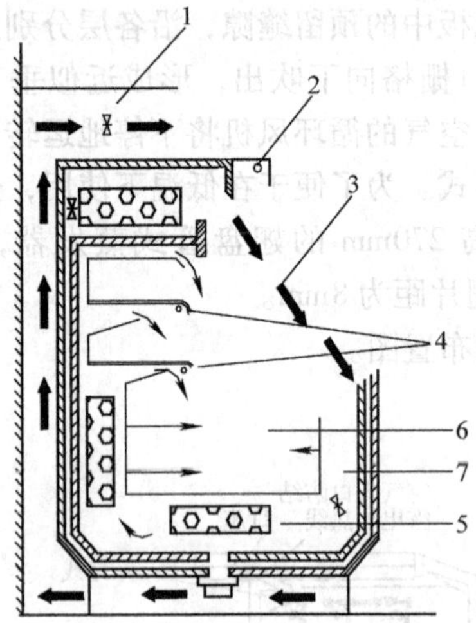

图 7－13　立式敞开型冷冻食品陈列柜

1—风机　2—荧光灯　3—空气幕
4—活动支架　5—冷却盘管
6—货架区　7—空气流

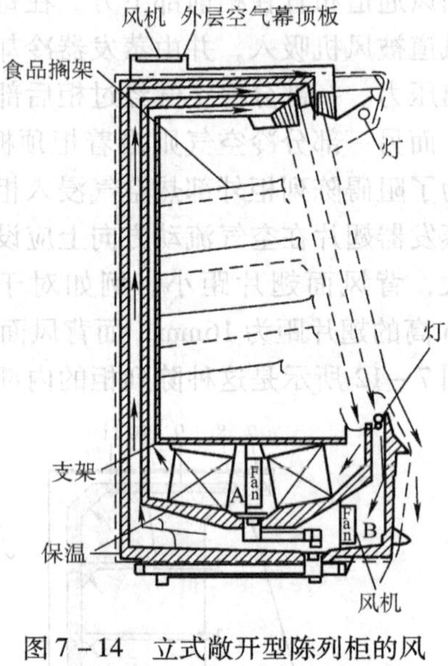

图 7－14　立式敞开型陈列柜的风幕结构及柜内空气流向

高温柜蒸发器的融霜采用停机自然融霜方式，由时间继电器进行融霜控制，一昼夜 1～3 次，每次 50min，同时由温度传感器感应融化水的温度，当水温达到＋5℃时，则停止融霜，接通制冷设备。

3. 立式封闭型陈列柜

立式封闭型陈列柜一般采用玻璃门，既具有陈列柜的陈列效果，又有冷柜的储存功能。由于柜体采用封闭型设计，大大减少了柜内外的空气渗透，因此相同陈列容积下的封闭型陈列柜比敞开型陈列柜的节能效果更好。陈列柜按储存食品的种类不同，可分为高温陈列柜和低温陈列柜，还可以按不同食品对温度的特定要求进行温度调节。如存放盒装冰激凌的陈列

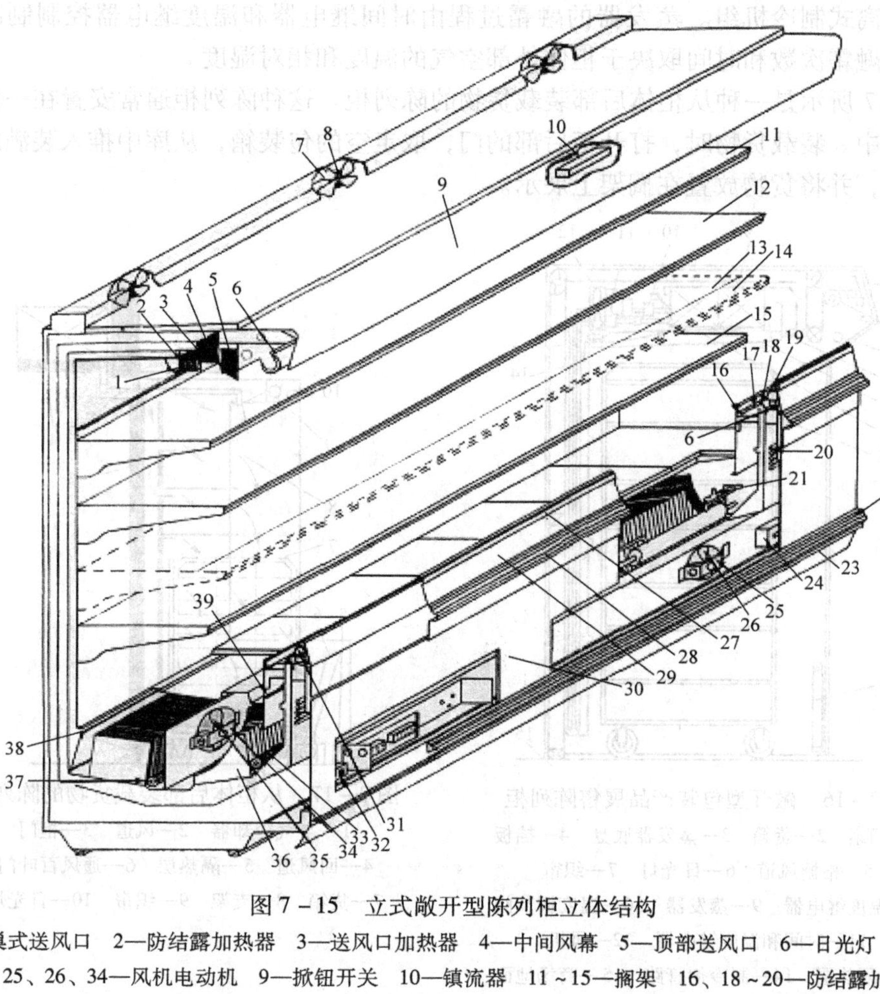

图7-15 立式敞开型陈列柜立体结构

1—蜂巢式送风口 2—防结露加热器 3—送风口加热器 4—中间风幕 5—顶部送风口 6—日光灯 7—风机 8、25、26、34—风机电动机 9—掀钮开关 10—镇流器 11~15—搁架 16、18~20—防结露加热器 17—回风口 21—膨胀阀 22—防撞条 23—装饰板 24—除霜控制器 27—加热器套管 28—彩色防撞条 29—彩色装饰条 30—前面板 31—灯管托架 32—温控器 33—前部加热器 35—扇叶 36—蒸发器 37—泄水管加热器 38、39—除霜加热器

柜，为了保证冰激凌的品质，柜内温度大约保持在-23℃以下；而对于存放散装冰激凌的陈列柜，为了便于销售，其柜内温度则控制在-18℃左右（因为温度太低，冰激凌过硬，销售时不易用勺子舀动）。

4. 敞开型包装产品展售陈列柜

敞开型包装产品展售陈列柜如图7-16所示。它适用于大型超级市场的发展需求。该陈列柜的柜内容积较大，允许用手推车将装有大宗包装食品的货箱直接进入柜中，既节省了进出货时间，又减少了中间环节的商品损耗，大大提高了商品的流通能力，特别适用于仓储式超市的销售模式。

敞开型包装产品展售陈列柜的蒸发器布置在柜顶通道中，经过蒸发器的冷空气从柜顶前部出风口，以大约0.8m/s的风速向下吹出，在柜体的前部开口处形成垂直的空气幕。回风道布置在柜体后壁。柜前部开口下方具有可拆卸的门扉，在装载商品时供小车进出，开口处在装载货物后可用透明软帘遮挡，以减少冷量损失。由于该陈列柜负荷较大，故采用安装在机房内的分离式制冷机组。蒸发器的融霜过程由时间继电器和温度继电器控制制冷机组的开、停机。融霜次数和时间取决于柜体外部空气的温度和相对湿度。

图 7－17 所示是一种从柜体后部装载货物的陈列柜。这种陈列柜通常安置在一面敞开的组合式冷库中。装载货物时，打开柜后部的门，取走空的包装箱，从库中推入装满新的包装食品的货车，并将货物放置在搁架上展示。

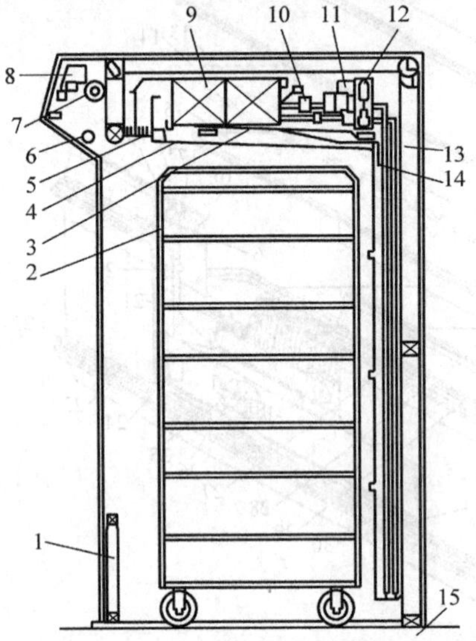

图 7－16　敞开型包装产品展售陈列柜

1—门扇　2—货箱　3—蒸发器底盘　4—挡板
5—格栅风道　6—日光灯　7—织帘
8—温度继电器　9—蒸发器　10—温度调节阀
11—时间和温度继电器　12—风机
13—隔热层　14—制冷剂管路　15—商场地面

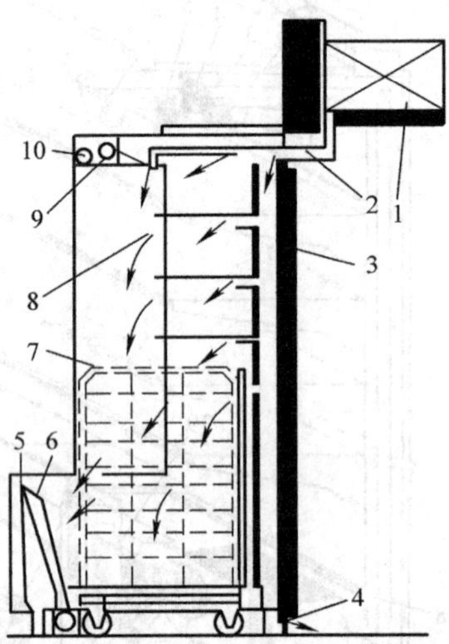

图 7－17　从柜体后部装载货物的陈列柜

1—空气冷却器　2—风道　3—柜门
4—回风道　5—隔热层　6—通风百叶门
7—货箱　8—支架　9—织帘　10—日光灯

蒸发器布置在库体外侧，冷空气经过蒸发器，由风机送入陈列柜中，冷却分布在搁架上和包装箱中的货物，并由柜体下部的回风口送回到库中，使柜内温度维持在 0～5℃。

5. 接待型陈列柜

在普通食品商店里，接待型陈列柜多用于销售易碎、易腐食品，如奶油蛋糕、西式花点、散装冰激凌等食品。接待型陈列柜的种类较多，图 7－18 所示为俄罗斯生产的“企鹅－B”型接待型陈列柜，其柜内容积由陈列室和储藏室两部分组成。陈列柜的上部用来展售和短期保存易碎、易腐食品；储藏室在橱柜的下部，用来储备供销售的易碎、易腐食品，机组布置在柜体下部的一端。该陈列柜的技术性能见表 7－5。

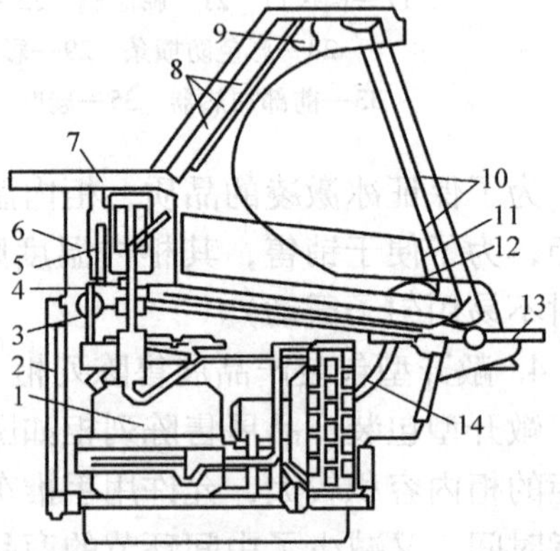

图 7－18　“企鹅－B”型接待型陈列柜

1—制冷机组　2—温度调节阀　3—热交换器
4—液体管　5—陈列室蒸发器　6—隔热层
7—陈列室平台　8—移动门　9—日光灯
10—陈列柜玻璃　11—防护玻璃　12—货盘
13—平台　14—排水管

陈列柜的正面和两侧面使用双层玻璃，面朝售货员的一方设计成三个推拉滑动门，门面采用有机玻璃制作。陈列室的顶部用不锈钢制成，在陈列室底部放置货盘。

表 7-5　俄罗斯生产的“企鹅-B”型接待型陈列柜的技术性能

陈列柜型号	企鹅-B
储藏室温度/℃	2~4
陈列室温度/℃	4~6
储藏室容积/m^3	0.17
陈列室容积/m^3	0.38
平台面积/m^2	1.28
储藏室蒸发器面积/m^2	1.35
陈列室蒸发器面积/m^2	3.6
质量/kg	400
（长/mm）×（宽/mm）×（高/mm）	2040×1180×1325
制冷机组型号	BC500

储藏室的围壁需要隔热处理，在储藏室前面的内壁上布置蒸发器，并配置带自动锁紧机构的密封门。而在售货员一侧的陈列柜设计成带有放置台秤的工作平台。在陈列柜下部机器室中安装风冷式全封制冷机组和温度控制器，同时在机器室内侧壁上布置电器控制盘。

7.3　冷藏陈列柜的设计计算

一般来说，冷藏陈列柜的设计计算主要包括热负荷计算、热力计算、结构设计和系统设计。下面以敞开型陈列柜为例，介绍敞开型陈列柜的设计计算。

7.3.1　敞开型陈列柜的热负荷计算

热负荷计算是冷藏陈列柜设计中的一个重要环节，与其相关的因素有陈列柜的柜体结构、陈列柜的内容积、柜体隔热层的厚度和隔热材料的隔热性能等。如图 7-19 所示，冷藏陈列柜的总热负荷 Q_0 包括：①通过柜体围护结构的传热量 Q_w；②通过陈列柜敞开口从外界辐射进入的热量 Q_k，如柜外高温物体的辐射、灯光等；③风幕热负荷 Q_s，由于陈列柜内冷空气与外界热空气的热质交换引起的热损失；④柜内热负荷 Q_n，包括柜内照明辐射热量、风机发热量、融霜加热量等；⑤玻璃热负荷 Q_b。即

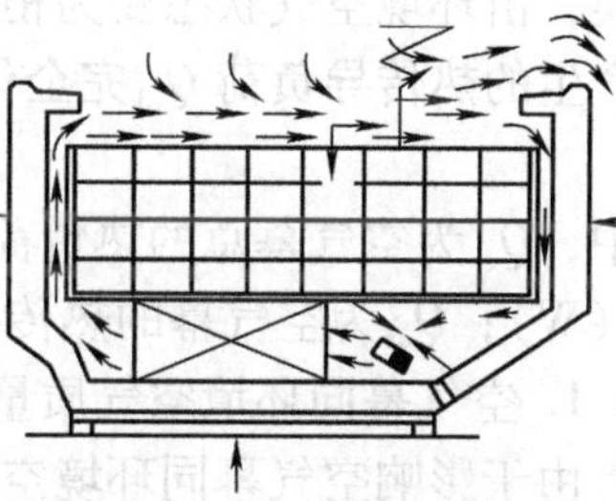

图 7-19　敞开型陈列柜的热负荷组成示意图

$$Q_0 = Q_w + Q_k + Q_s + Q_n + Q_b \tag{7-3}$$

式中，Q_w 为通过柜体围护结构的传热量（W）；Q_k 为通过陈列柜敞开口从外界热辐射进入的热量（W）；Q_s 为风幕热负荷（W）；Q_n 为柜内热负荷（W）；Q_b 为玻璃热负荷（W）。

7.3.1.1　通过柜体围护结构的传热量 Q_w

通过柜体围护结构的传热量 Q_w，大约占总热量 Q 的 10%~15%，可按式（7-3）作近

似计算，即

$$Q_w = KA(T_w - T_n) \tag{7-4}$$

式中，K 为围壁的传热系数[W/(m^2·K)]；A 为围壁的外表面积(m^2)；T_w 为环境空气温度(K)；T_n 为柜内平均温度(K)，$T_n=(T_1-T_2)/2$；T_1、T_2 为蒸发器进、出口的空气温度(K)。

7.3.1.2　通过陈列柜敞开口从外界辐射进入的热量 Q_k

1. 辐射热量 Q_k

通过陈列柜敞开口从外界辐射进入的热量 Q_k，可由式（7-5）确定，即

$$Q_k = \varepsilon\psi\sigma A_s\left[\left(\frac{T_w}{100}\right)^4 - \left(\frac{T_{n0}}{100}\right)^4\right] \tag{7-5}$$

式中，ε 为柜内陈列食品的包装材料以及柜内壁的黑度（一般可取0.9～1.0）；ψ 为辐射系数；σ 为斯忒藩－玻耳兹曼常量［W/(m^2·K^4)］，$\sigma=5.67$W/（m^2·K^4）；A_s 为陈列柜敞开口的面积（m^2），即光照面积；T_w 为环境空气温度（K）；T_{n0}为柜内最上层货物的表面温度或柜内侧壁表面温度（K）。

2. 辐射热流强度 q_k

由于辐射传递的热量数值不很大，故计算时可取 $\psi=1$。图7-20a 给出辐射热流强度 $q_k=Q_k/A_s$ 的数值，取决于室内环境空气温度 T_w 和柜内货物表面温度 T_{n0}。当 $\varepsilon=\psi=1$ 时，虽然辐射传递的热量提高了柜内货物的表面温度，但由于货物因导热方式吸收表面热量 Q_d 的数值并不大，因而可忽略不计。所以可以认为，所有的辐射热量均由空气幕带走，则

$$q_k = \alpha(T_{n0} - T_n) \tag{7-6}$$

式中，α 为空气幕与货物表面间的表面传热系数［W/(m^2·K)］；T_n 为柜内空气平均温度（K）。

7.3.1.3　风幕热负荷 Q_s

环境空气通过风幕渗入柜内的热量（风幕热负荷）Q_s，对高温陈列柜 Q_s 约占总热量的60%～70%；对低温陈列柜 Q_s 约占总热量的50%～60%。假定：①空气幕同环境存在质量交换，由环境空气状态变为柜内空气状态，并形成显热负荷 Q_{s1}和潜热负荷 Q_{s2}；②空气幕本身产生的热传导负荷 Q_{s3}完全传递到柜内。则空气幕总的热负荷 Q_s 为

$$Q_s = Q_{s1} + Q_{s2} + Q_{s3} \tag{7-7}$$

式中，Q_s 为空气幕总的热负荷（W）；Q_{s1}为空气幕的显热负荷（W）；Q_{s2}为空气幕的潜热负荷（W）；Q_{s3}为空气幕的热传导负荷（W）。

1. 空气幕同环境空气质量交换量 G_0(kg/s)

由于影响空气幕同环境空气质量交换量 G_0 的因素很多，不易计算求取。通常根据经验值确定，各企业针对不同的产品有不同的经验值，也可以应用相应的参考资料进行估算。

根据环境和柜内空气状态确定干空气质量流量 G_a(kg/s) 和水凝结量 G_w(kg/s)

$$G_a = G_0\frac{1}{1+d_w}$$

$$G_w = G_0\left(\frac{d_w}{1+d_w} - \frac{d_n}{1+d_n}\right)$$

式中，d_w 为环境空气状态的含湿量（kg/kg）；d_n 为柜内空气状态的含湿量（kg/kg）。

2. 空气幕的显热负荷 Q_{s1}和潜热负荷 Q_{s2}

（1）空气幕的显热负荷

$$Q_{s1} = G_a c_p (T_w - T_n) \tag{7-8}$$

式中，c_p 为空气比定压热容［J/（kg·K）］。

（2）空气幕的潜热负荷

$$Q_{s2} = G_w[r_w + c_{pw}(T_w - 273) + r_f + c_{pf}(273 - T_n)] \tag{7-9}$$

式中，c_{pw}为水比定压热容［J/（kg·K）］；c_{pf}为霜比定压热容［J/（kg·K）］；r_w 为水蒸发潜热（J/kg）；r_f 为水冻结潜热（J/kg）。

3. 空气幕的热传导负荷 Q_{s3}

（1）空气幕单位面积换热系数 q_{s3}

$$q_{s3} = \left(\frac{1}{\alpha_n} + \frac{1}{\alpha_w} + \frac{\delta_a}{\lambda_a}\right)^{-1}$$

式中，α_n 为空气幕同柜内货物之间的表面传热系数［W/（m^2·K）］；α_w 为空气幕同环境空气之间的表面传热系数［W/（m^2·K）］；δ_a 为空气幕的厚度（m）；λ_a 为空气幕的热导率［W/（m·K）］。

（2）空气幕的热传导负荷

$$Q_{s3} = q_{s3} A_s (T_w - T_n) \tag{7-10}$$

式中，A_s 为空气幕的传热面积（m^2）。

7.3.1.4 柜内热负荷 Q_n

冷藏陈列柜的柜内热负荷 Q_n 包括风机电动机的散热量 Q_f、防结露热负荷 Q_b、融霜热负荷 Q_d 和照明热负荷 Q_c 等。即

$$Q_n = Q_f + Q_b + Q_d + Q_c \tag{7-11}$$

1. 风机电动机的散热量 Q_f

由于强迫空气循环的风机安装在陈列柜中，因而风机电动机工作时散发的热量是陈列柜的柜内热负荷的一部分，可按式（7-12）计算，即

$$Q_f = nP \tag{7-12}$$

式中，n 为柜内风机电动机的数量；P 为风机电动机消耗的功率（W）。

2. 防结露热负荷 Q_b

如前所述，对于柜内温度较低的陈列柜，为了防止其易结霜部位影响陈列柜的正常使用，最常用的方法是采用电加热丝进行防结露处理。在计算防结露负荷时，需考虑防结露加热丝的不同敷设位置对柜内负荷的影响程度。所以，这部分柜内热负荷，可按式（7-13）计算，即

$$Q_b = \sum (P_b k_b)_i \tag{7-13}$$

式中，P_b 为各部位防结露加热丝功率（W）；k_b 为因位置不同对散入柜内热量的影响系数，一般取 $k_b = 0.2 \sim 0.5$。

3. 融霜热负荷 Q_d

对于采用电加热融霜和热蒸气融霜的陈列柜，其所消耗的热能仅有15%用于融霜，其余85%均用于加热蒸发器盘管，耗散到陈列柜内部，使柜内温度上升，热负荷增加。

1）采用电加热融霜时，其热负荷计算公式为

$$Q_d = P_e - Q_m \tag{7-14}$$

式中，P_e 为融霜电加热丝功率（W）；Q_m 为融霜所需热量（W）。

2）采用热蒸气融霜时，其热负荷计算公式为

$$Q_d = Q_g - Q_m \tag{7-15}$$

$$Q_g = q_m(h_1 - h_2) \tag{7-16}$$

式中，Q_g 为热蒸气融霜时制冷剂释放出的热量（W）；q_m 为蒸发器中制冷剂热蒸气的质量流量（kg/s）；h_1、h_2 为制冷剂热蒸气进、出蒸发器的比焓（kJ/kg）。

3）实际工程设计计算中常采用一种估算方法。实际上，融霜结束时，柜内空气温度、蒸发器本体温度以及相关部件温度均会上升，制冷开始后需要一定时间将这些温升降下来。一般来讲此负荷不大。可假定这些负荷均折合到空箱时柜内空气温度的上升，增加的负荷仅为箱内空气在一定时间内从一定温度降到柜内温度的负荷。假设融霜结束后，空柜在 15min 内由 12℃降至柜内温度。

$$Q_d = V_a \rho c_p (12 + 273 - T_n)/900$$

式中，V_a 为柜内容积（m^3）；ρ 为柜内空气密度（kg/m^3）；c_p 为柜内空气比定压热容［J/(kg·K)］。

一般在陈列柜的设计中，其融霜热负荷的大小均需经过反复试验加以确定。

4. 照明热负荷 Q_c

与防露热负荷计算相似，照明热负荷的功率计算也需考虑照明灯和整流器的位置对柜内负荷的影响程度。这部分柜内热负荷，可按式（7－17）计算，即

$$Q_c = \sum (P_1 n k_1) \tag{7-17}$$

式中，n 为照明灯数量；P_1 为照明灯功率（W）；k_1 为照明灯和镇流器位置散入柜内热量的影响系数。

5. 玻璃热负荷 Q_b

（1）玻璃单位面积换热系数 q_b

$$q_b = \left(\frac{1}{\alpha_n} + \frac{1}{\alpha_w} + \frac{\delta_b}{\lambda_b}\right)^{-1}$$

式中，α_n 为玻璃内壁的表面传热系数［W/(m²·K)］；α_w 为玻璃外壁的表面传热系数［W/(m²·K)］；δ_b 为玻璃的厚度（m）；λ_b 为玻璃的热导率［W/(m·K)］。

（2）玻璃热负荷 Q_b

$$Q_b = q_b A_b (T_w - T_n)$$

式中，A_b 为玻璃的传热面积（m^2）。

7.3.1.5 经过敞开口进入柜中总热量

经过敞开口进入柜中总热量 Q_m 可表达成

$$Q_m = Q_s + Q_k = G_0(h_1 - h_2) \tag{7-18}$$

式中，G_0 为由风机输送给空气幕的空气量（kg/s）；h_1、h_2 为风幕前、后对应的空气比焓（J/kg）。

通过柜敞开口的热交换，也可以借用传热系数 K_n［W/(m²·K)］的形式来描述，即

$$K_n = \frac{Q_k}{A_n(T_w - T_n)} \tag{7-19}$$

经过重新整理，冷藏陈列柜的总热负荷 Q_0 可以写成下列形式，即

$$Q_0 = (KA + K_nA_n)(T_w - T_n) + Q_f \tag{7-20}$$

图7-20b 所示为通过 $1m^2$ 卧式陈列柜开口面积渗入的空气单位流量 q_s 与温差的（$T_w - T_n$）的关系。冷风幕的流动随其温度的降低越来越接近流体流动的特性，即冷空气和周围空气不混合，从图中可见存在两个平稳区：在（$T_w - T_n$）≤10℃时，渗入热空气较多但数量几乎不变；在（$T_w - T_n$）≥25℃时，冷风幕更接近于液体流。在它们之间存在一个热空气渗透量急剧变化的过渡区域。

当环境温度为25℃，在不同柜内温度时，计算柜内各项热负荷的值，如图7-20c 所示。图中数值表示当陈列柜开口宽度为900mm、长度为1000mm 的热负荷。低温陈列柜的热负荷可近似取1.1W/K，而对高温陈列柜近似取1.9W/K。同时环境空气的相对湿度对陈列柜的热负荷也有较大的影响，当环境空气的相对湿度从10%～35%提高到50%～70%时，热负荷平均增加20%～30%。

常用冷藏陈列柜的各种热负荷比例见表7-6。

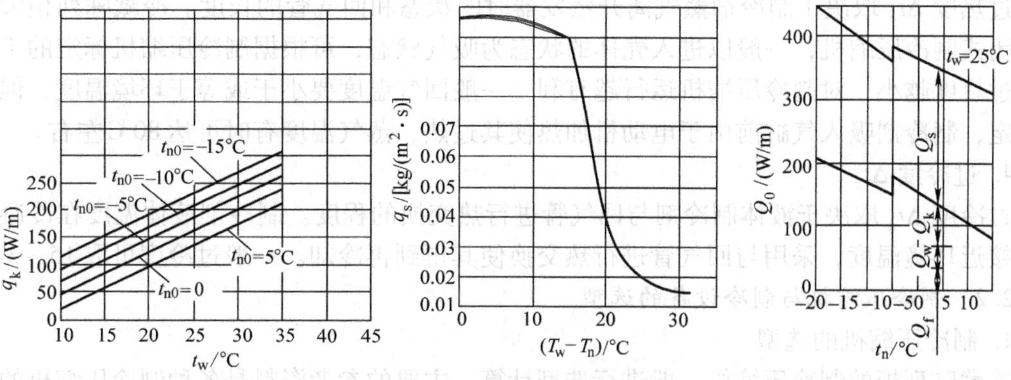

a) b) c)

图7-20 陈列柜各项负荷值

a）辐射热流强度与室内环境空气温度及柜内货物表面温度的关系

b）通过 $1m^2$ 卧式陈列柜开口面积渗入的空气单位流量与温差的关系

c）当环境温度为25℃，在不同柜内温度时，柜内各项热负荷值

表7-6 常用冷藏陈列柜的各种热负荷比例

陈列柜种类		风幕形式	各种热负荷所占比例（%）			
			柜体传热	辐射热	风幕渗入热	内部热量
立式	冷藏柜	二层	6	11	67	16
	冷冻柜	三层	7	14	38	41
岛式	冷冻柜	一层	14	55	22	9

7.3.2 冷藏陈列柜的设计计算

冷藏陈列柜的设计计算的目的是确定制冷系统的各项热力性能指标、制冷剂的循环量和制冷压缩机实际输气量，以此作为设计陈列柜冷凝器、蒸发器及压缩机选型的依据。冷藏陈列柜制冷系统压焓图如图7-21所示。

7.3.2.1　制冷工况的确定

1. 冷凝温度 t_k

冷凝温度 t_k 一般取决于冷却介质的温度以及冷凝器中冷却介质与制冷剂的传热温差 Δt_k，即 $t_k = t_h + \Delta t_k$。Δt_k 的大小与冷凝器的冷却方式和结构形式有关。冷藏陈列柜使用的冷凝器大多采用风冷式冷凝器，当风速为 2～3m/s 时，Δt_k 值可取 8～12℃。

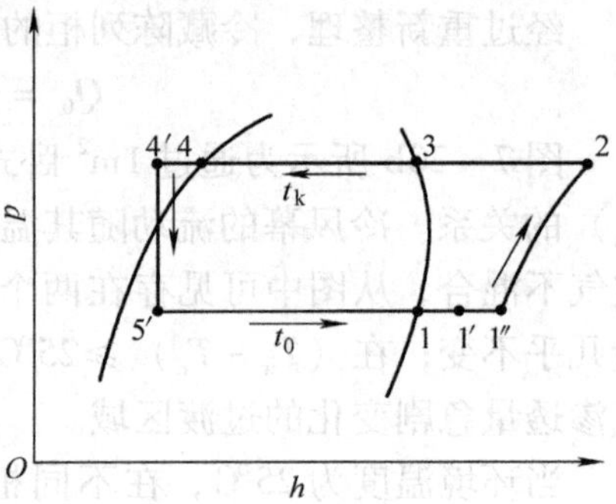

图 7－21　冷藏陈列柜制冷系统压焓图

2. 蒸发温度 t_0

蒸发温度 t_0 一般取决于被冷却物体的温度及蒸发器中制冷剂与被冷却物体之间的传热温差 Δt_0，即 $t_0 = t_n - \Delta t_0$。一般 Δt_0 取 5～10℃。对于采用载冷剂间接冷却制冷系统的冷藏陈列柜，其 Δt_0 可取 5℃。

3. 过热度 Δt_h

过热度 Δt_h 取决于制冷剂蒸气离开蒸发器时的状态和回气管的长度。冷藏陈列柜大多采用封闭式制冷压缩机，一般以进入壳体的状态为吸气状态，可根据制冷压缩机标定的工况选取。过热度越小，对制冷压缩机运行越有利。一般回气温度要小于或等于环境温度，但经实际测定，制冷剂吸入气缸前由于电动机加热使其过热，蒸气温度有时可达 80℃左右。

4. 过冷度 Δt_g

过冷度 Δt_g 取决于液体制冷剂与回气管进行热交换的程度。制冷剂液体温度在冷凝器末端已接近环境温度，采用与回气管进行热交换使其得到再冷却。一般过冷度可取 15～32℃。

7.3.2.2　制冷压缩机与制冷设备的选型

1. 制冷压缩机的选型

冷藏陈列柜的制冷压缩机一般进行选型计算，主要的参考资料是各种制冷压缩机的全性能曲线。计算步骤为：

1）通过制冷系统的热力计算，确定计算工况下的制冷量 Q_0。

2）参照各种制冷压缩机的全性能曲线，根据其制冷量、制冷系数、产品质量、产品价格及安装尺寸选择适用的制冷压缩机。

2. 冷凝器的选型计算

冷藏陈列柜的冷凝器一般进行选型计算，包括：①通过热力计算和传热计算确定冷凝器的传热面积；②根据陈列柜的使用条件选择适用的冷凝器类型及型号；③计算冷却介质的流量和流过冷凝器的阻力损失，从而选择水泵或风机的容量及功率。

由于冷藏陈列柜大多应用于人口密集区域的超市和便利店，为了减少现场施工难度，节省水利资源，大多数冷藏陈列柜都使用风冷式冷凝器。

3. 节流元件的选择

大多数冷藏陈列柜都采用制冷剂蒸气过热度调节的节流元件，包括热力膨胀阀和电子膨胀阀等。热力膨胀阀的选择要点主要有以下几方面：

1）根据蒸发器盘管内流动阻力的大小进行热力膨胀阀形式的选择，如蒸发器管路较长、管内流动阻力较大及带有分液器的场合，一般建议采用外平衡式热力膨胀阀。

2）根据陈列柜负荷变化的情况选择热力膨胀阀的数量，对于负荷变化较大的大型陈列柜，通常采用两个或更多个膨胀阀并联使用，以便于制冷系统的能量调节，提高其运行效率。

3）热力膨胀阀容量的选择。影响膨胀阀容量的因素有蒸发温度、系统运行的制冷量、膨胀阀前后的压力差以及膨胀阀前液体的过冷度。通常为了提高热力膨胀阀的额定工作能力，应适当提高制冷系统的蒸发温度和阀两端的压力差，以及尽可能降低阀前液体的过冷度。

因此，热力膨胀阀选用时必须根据制冷装置的种类、蒸发温度范围及蒸发器热负荷的大小选择一定的型号、通径和容量。通径选择过小，不能满足制冷量的要求；而通径选择过大，则又调试困难。一般情况下，所选取的膨胀阀容量要比蒸发器的实际负荷大20%～30%，对于冬季运行的制冷装置，由于冷凝压力下降而引起膨胀阀容量减少，选择的膨胀阀容量可适当提高70%～80%，所以，每个膨胀阀的制冷量在不同情况时差别很大。

7.3.2.3 蒸发器设计

冷藏陈列柜的蒸发器一般进行设计计算，首先预选蒸发器的结构形式和结构参数，而后进行设计计算。蒸发器的设计计算过程可参见3.3.2相应内容。

7.3.3 陈列柜的节能途径

随着大型超市的不断发展，冷冻冷藏陈列柜的使用量越来越大，使陈列柜的节能也越来越重要。以日本一标准超市为例，用于陈列柜的电力消耗将占整个超市的一半以上，如图7－22所示。但是陈列柜节能不仅需要陈列柜本身技术开发，而且需要与陈列柜使用运行一系列配套的技术。

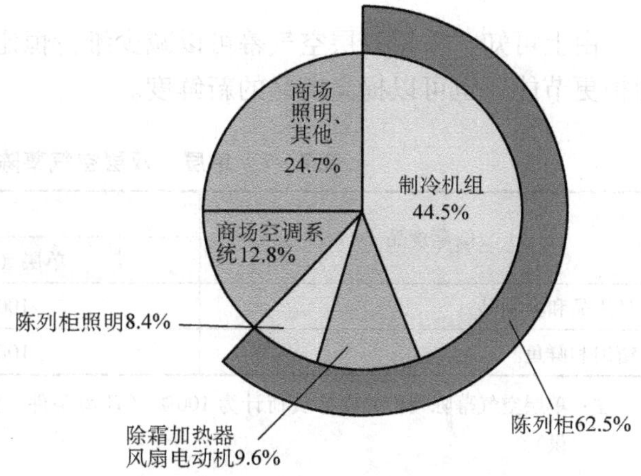

图7－22 超市电力消耗百分比

能耗的大小是陈列柜发展的重要指标。多年来，国内外生产厂家对陈列柜的节能一直非常重视，采取多种措施以减小能耗，并促进陈列柜的更新换代，归纳起来主要有以下几种措施。

1）采用高效蜂巢式出风口，使冷风幕气流分布均匀，可减小柜内负荷，并可使所要求的循环风机的风量减小40%。

2）增大陈列柜蒸发器的面积，不仅可以提高蒸发器温度，而且能够延长除霜周期，减少融霜次数。

3）柜内照明日光灯的变压器从柜内拿到柜外安装，可减小发热量。例如，通常40W日光灯的变压器的发热量为8～10W；用柜外照明以替代柜内照明，可节约能耗20%。

4）在立式多层陈列柜中采用双层（或多层）空气幕。单层循环构造如图7－23所示，双层循环构造如图7－24所示。双层空气幕有两个独立的送风回路，而且一般仅内侧回路有冷却器。

单层空气幕结构的冷空气吹出口一般在陈列柜的前上部和柜的整个背部。为防止溢出，冷气流的风速较低，在柜前上部的冷气出风口的厚度通常在50～80mm，由冷气流包围着全部展示商品。

双层空气幕可以提高风速，而且空气幕厚度也增加到原来的两倍。这样积极冷却的结构，可产生如下效果：

① 出风口风速增加，可以减少柜内空气温度与商品温度差。

② 空气幕比较稳固，受外界影响很小，侵入热也随之减少，同时除霜次数也减少。

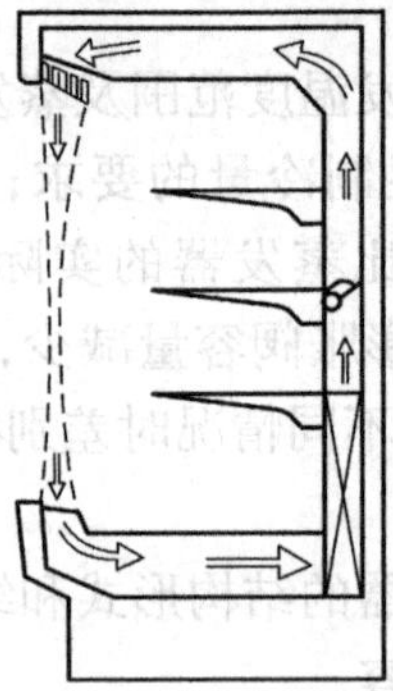

图 7－23　单层循环构造

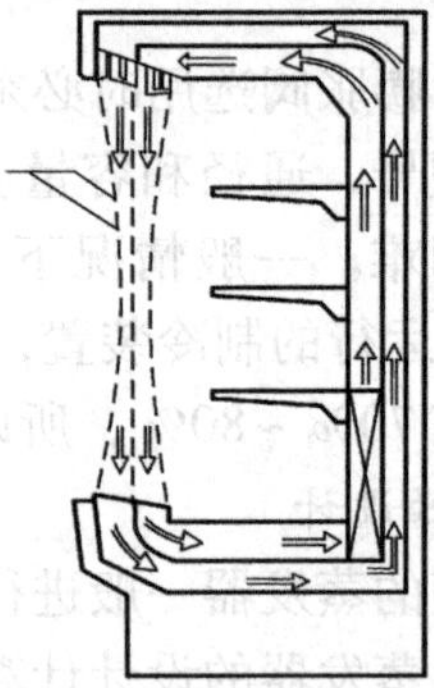

图 7－24　双层循环构造

由上可知，采用双层空气幕可以减少维持恒定柜温所需要的制冷量（见表 7－7），使陈列柜更节能，也可以提高商品的新鲜度。

表 7－7　单层、双层空气幕陈列柜冷冻负荷的比较

储存食品	空气幕种类	
	单层（%）	双层（%）
日用品和乳制品	100	53
精肉和鲜鱼	100	55

注：单层空气幕陈列柜的冷冻负荷计为 100%（环境条件：温度为 25℃，湿度为 60%，由日本冷冻空调工业会提供）。

使用双层空气幕的陈列柜比使用单层空气幕的陈列柜的成本高，但相应地使所需的制冷机功率下降，因此整个陈列柜的原始成本基本相同，而且有利于节省运转费用。这使它在长时期运行时的运转费用上更显示出其经济性。

5）根据昼夜气温的变化和照明及柜内商品热负荷大小，控制强制流动的冷气流温度，采用自动温度控制器，夜间可适当提高循环气流温度，以及间断停机，防止气流过冷达到节能和减少融霜次数的目的。

6）防止外壳结露。除在构造上研究改进外，根据外界空气温、湿度的季节性变化，控制电加热器的通电时间。

7）定期融霜，可提高蒸发器效率，减小柜内空气与制冷剂温差，提高蒸发器温度，节约压缩机电耗。

8）采用不间断制冷的热蒸气融霜方式。这种融霜方式采用两个蒸发器，一个蒸发器进行制冷时，另一个蒸发器可以进行融霜，这样使得陈列柜不间断制冷。同时为了保证制冷中的蒸发器的冷风机循环，在风道中设置切换风门，在管道中设置电磁阀以及自动控制线路等装置，而且两个蒸发器也可以同时制冷。另外还有一种方式是设置3个蒸发器，依次进行融霜或设定主蒸发器，主蒸发器进行融霜时由辅蒸发器进行制冷。

9）蒸发器分为两级，第一级蒸发器由于进入气流，温、湿度较高，可采用较高蒸发温度的第一级冷冻机，进行预冷；第二级蒸发器采用较低的蒸发温度的第二级冷冻机，使气流温度低到要求的温度进入柜内。这样不仅可节约电耗8%~10%，而且减少融霜次数，有利于商品质量管理。

10）采用多级压缩冷冻机，如前述蒸发器分为两级，可由两个不同吸入压力组成双级压缩冷冻机，并可根据商品质量与保存期的不同要求，控制不同蒸发温度，达到节能目的。

11）选择合适的陈列柜结构形式。超市中的陈列柜一般采用搁架方式，这样便于顾客选择商品，同时也能有效利用商场面积。因此，立式多层敞开型陈列柜在超市中占主流。但从节能和维持恒定柜内温度来说，卧式陈列柜和封闭型陈列柜优于多层敞开型陈列柜。因此，对于能耗大、销量又少的商品可用封闭型陈列柜，或采用上部是封闭型、下部是卧式敞开型的组合型陈列柜。表7-8为封闭型陈列柜和敞开型陈列柜的比较，从节能角度来比较单位耗电量的有效内容积和陈列面积，以及从新鲜度（温度波动）角度来比较融霜次数。

表7-8 封闭型陈列柜和敞开型陈列柜的比较

陈列柜种类	敞开式陈列柜		封闭型陈列柜
	立式多层	卧式	
单位耗电量的有效内容积比（%）	30	65	100
单位耗电量的陈列面积比（%）	40	90	100
融霜次数/（次/天）	4~6	2~3	1~2

12）采用智能型带计算机的陈列柜。带计算机的陈列柜把四季、昼夜、设置场所等陈列柜的周围环境随时间、场所情况的变化依靠安置在陈列柜各部位的传感器给出信号数据用微机进行计算、比较和判断，来控制陈列柜最合适的制冷剂流量、柜内温度、融霜次数，同时配有监控器以提高食品新鲜度和节能效果。

制冷剂流量控制是用高精度的电子膨胀阀替代通常的热力膨胀阀，用传感器感应蒸发器温度，并用微机计算和确定最合适的过热度和阀的开启度，从而实现精确控制制冷剂流量，最有效地利用蒸发器，达到节能的目的。

柜内温度控制是根据各部位的传感器数据用微机判断商场内温度、湿度、照明灯的开关状态以及昼夜等周围环境，计算出合适的空气幕温度，使陈列柜长期保持一定的柜内温度，从防止柜内温度过冷这一点上提高了食品的新鲜度，使陈列柜节能运行。

融霜控制是用微机监视融霜时的温度，根据霜层状态控制融霜时间，从而保证柜内温度不过分地升高。由于精确控制制冷剂的流量和柜内温度，蒸发器的融霜量明显减少，从而减少了陈列柜的温度波动（提高了新鲜度），并使陈列柜节能。监控器既可用数据信号来表示，又可以用报警形式表示，因此容易实现柜内食品的新鲜度管理和早期处理异常现象的发生。

13）采用反射盖板。超市照明对陈列柜产生大量的辐射热，这将影响陈列商品的质量和保存期。陈列柜安装反射盖板，可节约能耗20%~30%，并且可提高商品的储存质量。

14）采用热回收系统。在大型超市中，夏季可回收陈列柜的冷气，冬季可回收制冷机组产生的冷凝热。陈列柜前面跑漏的冷气可以回收，用过滤器过滤后流入空调机，也可作为超市空调冷气直接利用。冬、夏过渡期可以适当控制回收的冷气量，对商场进行除湿。

超市的陈列柜大部分为敞开型陈列柜，因此很容易受超市环境的影响。特别是随着超市温度的上升，导致耗电增加、柜内温度不稳定、融霜次数增加等不良后果。故超市内合适的环境和热回收系统不仅可以有效节能，而且有利于食品新鲜度管理。

15）采用多台机组并联运行。陈列柜若在夏季其负荷为100%时，一到冬季自然使用温度有所不同，负荷一般仅占夏季的20%~60%，而机组的容量是按夏季确定的，因此到冬季容量就显得过大。用一台压缩机运行的系统，其蒸发温度降低，运转效率低下。相比之下，多台压缩机并联运行的系统则可根据陈列柜负荷依次停止压缩机运行，将负荷集中到仍在运转的制冷压缩机上。这样既可保证较高的蒸发温度，又可提高机器效率。

表7-9列出多台机组全年运行的节能效果。

表7-9　多台机组全年运行的节能效果

机组区别 / 柜型	2台/单台		3台/单台	
	消费电力比率（%）	下降率（%）	消费电力比率（%）	下降率（%）
果蔬	84.0	16.0	77.8	22.2
肉和鱼	93.2	6.8	84.2	15.8
冷食	99.9	0.1	96.9	3.1
平均	91.7	8.3	84.1	15.9

根据需要组合的机组还可以用更多的机组并联运行。同时由于这和前面所述的集中组合系统的原则相比，多台机组并联使用，即使一台压缩机出现故障，也可以由其他制冷压缩机取代运行，因此可以提高运行可靠性。

第 8 章　预冷、快速冻结与冷藏运输装置

8.1　食品预冷技术与装置

预冷是指食品从初始温度（25～30℃）迅速降至所需要的冷藏温度（0～15℃）的过程。预冷是迅速排除田间热、抑制其呼吸作用、保持水果蔬菜的鲜度、延长储藏期的有效措施。预冷是实现冷链系统的第一个环节。

预冷后的果蔬品质较高，果温低，呼吸强度小，具有热的稳定性；果蔬预冷可减少冷藏运输工具和冷库的冷负荷，使果蔬能进行远距离运输。通过预冷还可减少在销售地可食用部分的损失，延长销售期。

常见的预冷方式有差压预冷、水预冷和真空预冷。

8.1.1　差压预冷

8.1.1.1　差压预冷原理

差压预冷就是冷空气通过机械加压在食品两侧产生一定压力差，迫使冷空气全部通过食品填充层，增加冷空气与被冷却物间的接触面积，从而使预冷食品被迫迅速冷却的方法，如图 8－1 所示。与传统的室内冷却方法比较，差压预冷方法冷却速度大大提高，冷却时间为常规室内冷却时间的 1/3，且冷却均匀，耗能低。

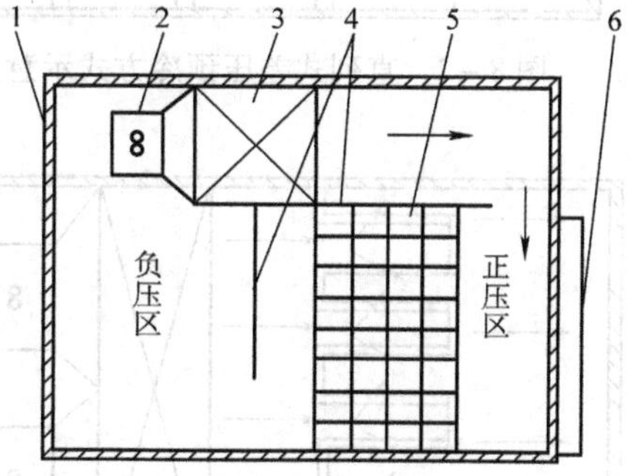

图 8－1　差压预冷原理图

1—围护结构　2—风机　3—蒸发器　4—隔风板　5—带孔容器（装有冷却物）　6—冷藏门

差压预冷的优点是很适合于小型农场，设备成本较低；可以对包装好的产品进行冷却；尤其适用于呼吸作用缓慢的产品；冷空气自低温侧流向高温侧，可避免结露现象；冷却均匀，送风量小，耗能低。其缺点是可能引起产品少量水分丧失和失重；对易风干的产品，需要采用加湿装置；对呼吸频率高的农产品不适用；容器制造麻烦；堆放率低。

8.1.1.2　差压预冷方式

很多新鲜农产品的包装箱都适用于差压预冷。例如纸板箱、塑料箱（包括大散装箱），货物必须堆放紧凑，使得空气能够通过箱体侧面的开口，流经产品表面。箱体开口必须大小适宜，防止气流被箱内产品堵塞。箱体开口部分和箱体表面积的比率不得少于 5%。开口的布置要考虑到空气流动和箱体的强度。因此，实现差压预冷的关键在于容器的设计、摆放，这是与一般冷库冷却方法的主要不同之处。通过容器的孔洞和容器的摆放合理设置，具有一定速度的气流迫使冷空气全部通过冷却物，使冷却物的热量以强制对流的方式被迅速带走，在冷却物与冷空气接触面积大大增加的条件下，其冷却速度大大提高。差压预冷方式按气流流动方向可分为直流式和绕流式；按容器的摆放形式可分为直列式和 U 字式；按吹风方式

可分为直吹式、侧吹式、上吹式和下吹式。无论哪种方式都必须保证全部冷空气通过被冷却食品的填充层。图8－2～图8－5所示分别为四种不同形式的差压预冷方式示意图。

在这四种差压预冷方式中，直列式差压预冷方式是使冷气流直接吹入容器内，所以又称直流式；而容器U字式排列差压预冷方式可以迫使冷气流全部绕流容器内的食品，所以又称绕流式或侧吹式；叠加式差压预冷方式则采用特殊设计的喷嘴结构，使较高风压和风速的冷气流全部喷入容器内，使预冷食品的冷却速度大大提高，容器的排列方式为叠加式。容器堆放时，相邻两层均采用固定托架支撑，并预留一定空间，作为静压室，以使冷空气连续地压入下一层。这种预冷方式的优点是：与直列式和U字式比较，其冷却速度快；冷却均匀，食品中心温度与表面温度之差较小；喷射气流集中均匀，阻力损失小，耗能低。缺点是喷嘴制造工艺要求高，堆放复杂，增加托架费用。

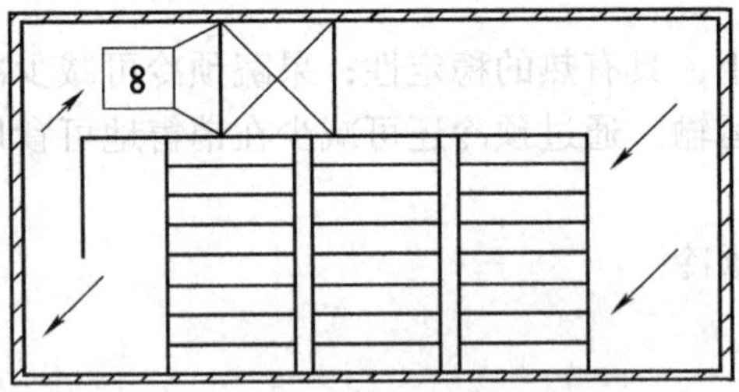

图8－2　直列式差压预冷方式示意图

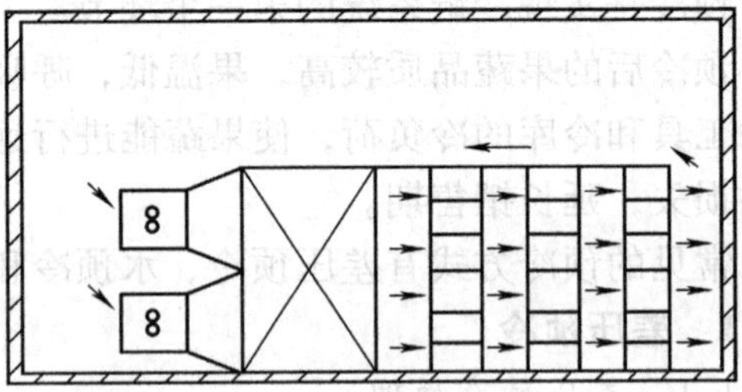

图8－3　直吹式差压预冷方式示意图

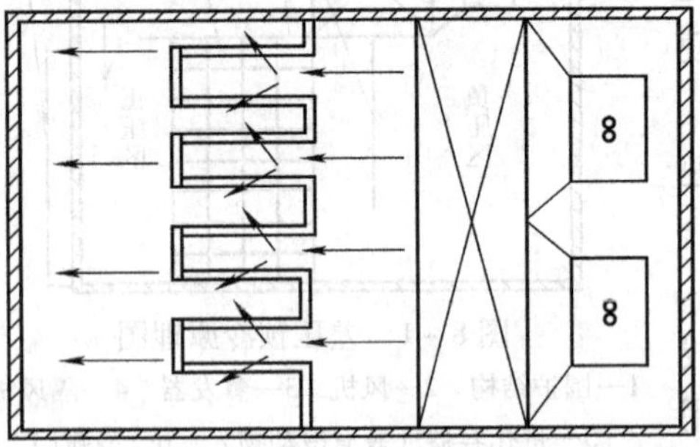

图8－4　U字式排列差压预冷方式示意图

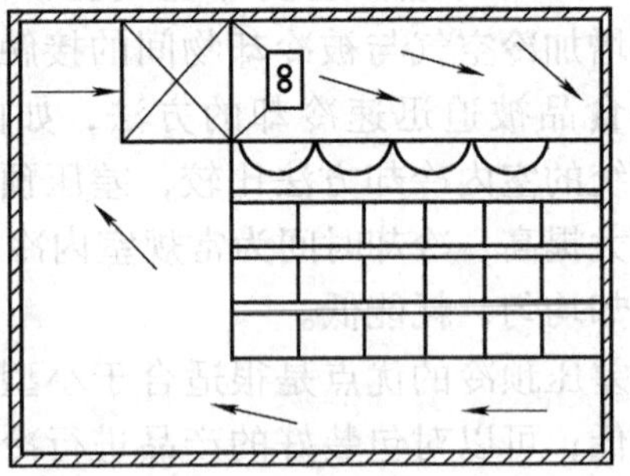

图8－5　叠加式差压预冷方式示意图

在实际操作中，还有一种垂直送风差压预冷方式。在这种方式中，冷风不是通过水平方向进入食品包装箱，而是从包装箱的开口方向垂直进入。这种方式可以减少压力损失，加快预冷速度，但是操作有一定难度。

8.1.1.3　*影响差压预冷的因素*

在差压预冷的过程中，食品热量的传递主要通过两种形式，一种是以热传导方式由物体内部传递到物体的表面；另一种是以对流换热方式将热量带走。在这个过程中，空气温度、气流速度、压力降、容器开口率、容器排列方式、食品层空隙率、食品品种及规格等是影响热量传递即预冷速度的主要因素。因此，要提高预冷速度，必须对以下几个方面进行讨论。

1. 空气温度

降低空气温度可以增加空气与食品之间的温度差，食品传热加快，从而使预冷速度加快，但较低的温度会对食品造成冻害。对于新鲜蔬菜和水果，预冷空气温度应严格控制在

−1～0℃范围内。因为大部分水果蔬菜的冻结点为−1～−4.2℃。但有些食品其冻结点相对较高，例如生菜为−0.45℃，菠菜为−0.75℃，黄瓜为−0.84℃，西红柿为−0.9℃，因此这些食品预冷时空气温度不得低于0℃。

2. 空气速度

当预冷空气温度一定时，适当提高气流速度有利于预冷速度的提高。根据对流换热方程式可知，当气流速度增加时，表面传热系数值增大，即对流换热 Q 值增大。然而继续提高风速，虽然会继续提高表面传热系数，但同时会增加风机能耗和食品的干耗，使实际效益下降。因此，实际操作过程中必须适当设定风速，风速一般为0.5～2m/s。

3. 压力降

压力降代表风机能耗的大小，它是与容器开口率、容器排列方式、食品填充层空隙率以及空气气流速度有关的值。对较小的颗粒状食品，如青豌豆、樱桃、青蚕豆、小西红柿、小胡萝卜、草莓等，压力降约为3432～4217Pa。对较大的球状食品，如橘子、桃、梨、苹果、西红柿、土豆等，压力降约为490～980Pa。在实际操作过程中，希望能保持一定恰当的压力降，以维持整个预冷过程的经济效益。

4. 容器开口率

差压预冷方式关键的因素之一是容器的形状及通气口的开口率，它直接影响冷空气进气量、预冷食品间的接触面积和压力降。容器一般采用塑料箱、纸箱、柳编筐等。设计容器的通气口时应考虑容器的强度，通气口大小视产品规格确定，有圆孔、条形孔、菱形孔等，开口率在5%～45%之间选定。开口率越大，通过容器内食品层的空气量越大（在食品层空隙率一定时），即冷空气与食品表面接触的量越大，速度就越高，预冷速度就越快。

5. 容器排列方式

容器排列方式会影响冷空气在容器内的前进速度和路途，这对食品的散热来讲是十分重要的。如前所述，容器的排列方式有直列式、U字式、叠加式等。实验表明，叠加式排列预冷速度为最快，其次为U字式排列。

当柑橘初温为30℃，冷却至终温为4℃时，常规强制通风冷却时间为7.6h，直列式预冷方式为3.6h，U字式排列预冷方式为2.5h，而叠加式预冷方式为2h。由此可见，当其他条件一定时，排列方式不同，其冷却速度也不同。这一点在冷却体积较大的食品时更为明显。

6. 食品层空隙率

空气压力降与空隙率成反比，即空隙率越大，压力降越小；反之，空隙率越小，压力降越大。无规则排列食品层比有规则排列（顺排、横排）食品层压力降大。

在实际操作中，由于大部分采用无规则排列，因而计算食品层空隙率、压力降、气流速度分布是一个相当复杂的过程，尚有待进一步研究。

7. 食品品种及规格

不同食品品种，其属性也不相同。即使同一品种，由于其规格大小不同，由此所产生的不同温度、速度、压力降和空隙率，引起不同的传热效果，因而其冷却速度发生变化。含水量大、含脂肪高的食品以及体积较大的食品冷却速度慢，例如：西瓜、西红柿、肉类食品、水产类食品等。

8.1.1.4　差压预冷设备

差压预冷设备装置主要由围护结构、通风导风系统、制冷系统、机械进出货系统、预冷物容器及自动控制系统组成，其中通风导风系统和制冷系统是最为重要的因素。按照冷却方式及用途，差压预冷设备可分为以下几种形式。

1. 高湿度差压预冷设备

高湿度差压预冷设备在工作时，在物品入库前通过水循环将蒸发器的冷量蓄积在水中，以便在预冷时维持库温的相对恒定；然后利用风机带动空气循环，一是带出水汽使库内湿度保持在一定范围内，二是产生压差使物品快速冷却。将物品摆放在吸风口两侧，并盖上帆布，使高、低压端形成2～4kPa的压差，利用这个压差使冷风在物品间流动，从而达到快速冷却的目的。

2. 移动式差压预冷设备

移动式差压预冷设备主要是可以在冷库中移动使用，配合果蔬的采收、清洁、分级、包装及预冷、流通配套技术，对果蔬进行产地商品化处理。移动式差压预冷设备的主要特点是方便、灵活，主要关键是制冷系统的匹配，并可依据果蔬处理现场进行通风导风系统的设计。

3. 差压预冷装置

差压预冷装置是集围护结构、通风导风系统、制冷系统、机械进出货系统、预冷物容器及自动控制系统于一体的一种装置，具有结构简单、操作维修简便、造价低廉等特点。图8-6所示为沈阳冰天制冷设备有限公司生产的一种差压预冷装置。

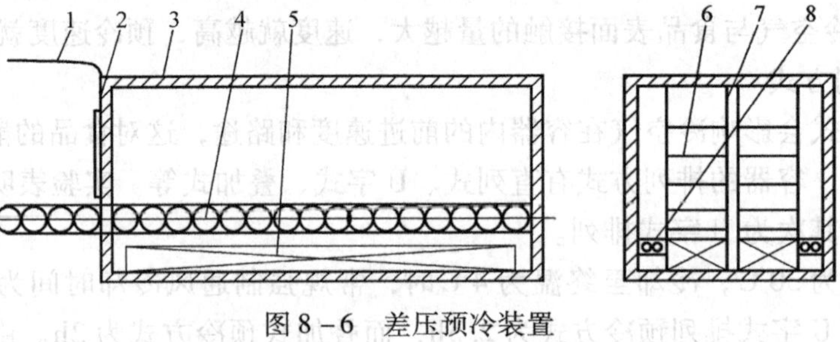

图8-6　差压预冷装置

1—自动软冷藏门支架　2—提升式软冷藏门　3—围护结构　4—辊道
5—蒸发器　6—预冷物容器　7—自动调节隔风板　8—风机

8.1.2　水预冷

8.1.2.1　水预冷原理

水预冷是将冷水作为冷媒，将果蔬浸入冷水中或将冷水喷淋在果蔬上的一种冷却方法。系统可以安装在集装箱内，也可以是单独的设备。有时产品可以在运输用的集装箱内进行水冷却。

水预冷后带走产品热量，经过过滤、再冷却后循环使用。系统需要制冷系统来吸收冷却水携带的热量。热交换部件是水预冷设备的主要部件。制冷系统中的制冷压缩机和蒸发器可以单独配备，也可以共用其他制冷系统中的设备。

许多类型的产品采用水预冷可以达到很好的冷却效果。类似玉米、苹果、哈密瓜和桃子等体积与表面比率大，并且表面无孔的产品非常适合这种预冷方法。这些产品在冷却过程中不容易流失水分。类似哈密瓜这样大体积、高密度的产品可能需要 1h 左右的冷却时间，视包装箱尺寸而定。体积小的产品，如樱桃，也可以很好地使用水预冷，但必须注意喷淋水的力度不应对产品造成物理伤害，采用水预冷方法可以在数分钟内冷却大量的樱桃。

水预冷的主要优点有：①无干耗（即无质量损失）；②冷却速度快；③使用品种广泛；④预冷成本低；⑤可以连续式工作，减轻体力劳动，易于操作；⑥产品质量好，如禽类采用冷水冷却色泽优良。

其主要缺点表现如下：①循环水易污染，需要进行杀菌处理；②更换产品时，必须重新制备冷水；③容易残留水，滋生微生物，污染食品。

8.1.2.2　水预冷的主要形式

按照冷水的温度不同，水预冷方式有两种，即冷水预冷和冰水预冷。

1. 冷水预冷

冷水预冷采用经冷却后达到 5℃以下的冷水，方式包括浸渍式、喷淋式、喷雾式等。

（1）浸渍式　浸渍式又称浸泡式，即将食品直接置于冷水中冷却，冷水由泵循环。这种方法预冷效果好，适用体积较大的食品，如黄瓜、西葫芦、卷心菜、大块包装的食品等。

（2）喷淋式　喷淋式是将食品置于传输带上，上下同时向食品喷淋冷水，由冷水将食品热量带走的一种方法。喷淋式预冷适用于体积较小的果蔬类食品，如苹果、青刀豆、桃等。

（3）喷雾式　喷雾式适用于叶菜类蔬菜，如菠菜、韭菜、小葱、小白菜、油菜、香菜等。低温雾状水使蔬菜迅速冷却而不损伤嫩叶。

浸渍式、喷淋式、喷雾式预冷可设计在一个装置中。

对于漂烫后温度较高的产品，大都先喷淋冷却，除去大部分热量，然后再浸入冷水中冷却，使其温度降至 15℃以下。

2. 冰水预冷

冰水预冷通常采用块状冰、碎冰、片状冰、糊状冰等与食品直接接触冷却。这种方法的优点是：①冰的熔化热约为 335kJ/kg，吸收热量大，冷却速度快；②食品表面潮湿，无干耗；③设备简单，操作方便。其缺点是制冰条件要求高，劳动强度大，制冰设备占地面积大，初次投资高。因此，冰水预冷适用范围受到限制，一般只用于水产加工或特种食品的加工，在果蔬加工厂很少使用。

8.1.2.3　影响水预冷的因素

产品包装箱的设计和堆放形式是提高水预冷系统运作效率的重要因素，这些条件会影响到冷却过程中的热交换。

1. 包装

许多产品包装在水预冷系统中取得了很好的效果。如果冷却过程在包装前进行，产品常被放置于塑料筐和大箱子内。对于包装后再冷却，包装材料可以使用木箱、打蜡纸箱和网眼塑胶袋等。

2. 堆放

包装后产品的堆放必须预留空间，使得冷水能够进入产品包装箱。如果冷水只是流经包装箱外部而无法进入包装箱内，不仅耗费时间长而且冷却效果不佳。顶部封闭的纸板箱内的产品最难被冷却，除非在箱子的顶部和底部开口，使冷却水可以流通。不论选择哪种方式，产品堆放或包装箱之间必须留有空间，使冷水能够接触到所有产品。

8.1.2.4 水预冷设备

水预冷设备按预冷果蔬与冷却媒介的接触方式不同可以分为四类，即浸泡式水预冷装置、喷淋式水预冷装置、喷雾式水预冷装置及组合式水预冷装置。

1. 浸泡式水预冷装置

浸泡式水预冷装置分简易式、间歇式和连续式三种形式。

简易浸泡式水预冷装置多采用水池或金属槽结构，预冷时将预冷物直接置入注满冷水的池或槽中，然后开启水泵，使冷水循环达到预冷目的。预冷物的装入与搬出均采用人工操作，因而劳动强度大，耗冷量大，耗水量大，不易清洗。

间歇浸泡式水预冷装置有机械升降机构，预冷物连同防水包装箱一起分批装入冷水池中。根据不同规格确定不同的浸泡时间，待预冷物达到预冷温度时，机械升降机构将预冷物从冷水中托出，然后分装冷藏或直接装冷藏车送超市。间歇浸泡式水预冷装置的特点是预冷能力大，一次装货最多可达十多吨，用于大型加工厂比较经济。

连续浸泡式水预冷装置有机械传送机构，预冷物连同防水包装箱或散装连续装入传送机构进入冷水槽中。为了防止物料因浮力浮出水面，传送机构装有以同一速度运行的上、下传送带，将物料夹在中间，如图 8－7 所示。传送机构采用变频调速，因而预冷时间可以视不同物料规格随时进行调节。

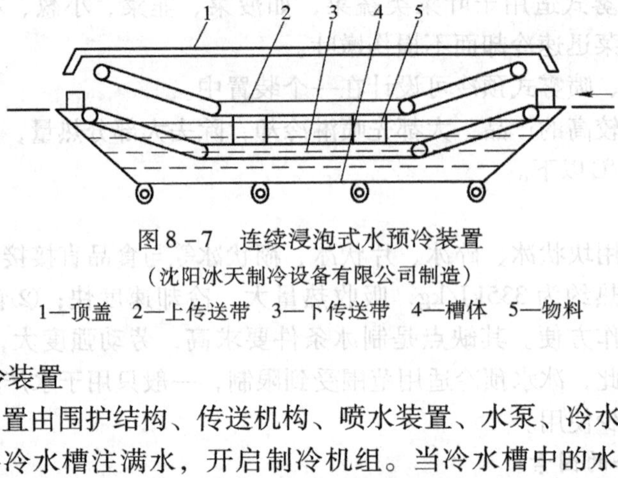

图 8－7 连续浸泡式水预冷装置
（沈阳冰天制冷设备有限公司制造）
1—顶盖 2—上传送带 3—下传送带 4—槽体 5—物料

2. 喷淋式水预冷装置

喷淋式水预冷装置由围护结构、传送机构、喷水装置、水泵、冷水制备槽、制冷机组等组成。操作时首先将冷水槽注满水，开启制冷机组。当冷水槽中的水温度降至 0～5℃ 时，起动传送带入料，同时开启水泵喷水。喷淋后的水再用水泵抽回冷水槽循环使用。调整传送带的运行速度，使预冷物冷却到 5℃ 左右，预冷过程结束。

冷水循环使用时需要定期更换，防止污染，必要时应进行冷水杀菌处理。更换产品时，必须重新制备冷水。喷淋式水预冷装置的主要优点有：水的热容大，冷却速度快；上、下喷嘴喷水预冷均匀；装置便于一体化组装，结构紧凑，操作方便。

由于水量、流速可调，喷淋式水预冷装置适用于果蔬类食品预冷。图 8－8 所示为喷淋式水预冷装置结构示意图。

3. 喷雾式水预冷装置

喷雾式水预冷装置与喷淋式水装置结构基本相似。不同之处是喷嘴结构不同，适用品种不同。

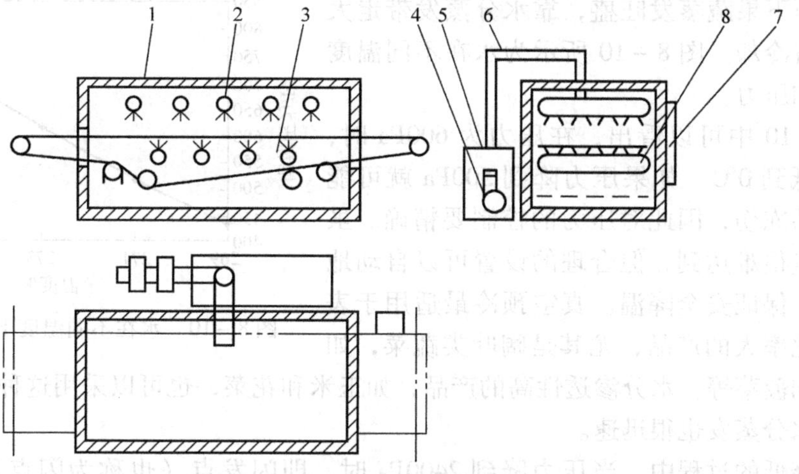

图8-8 喷淋式水预冷装置结构示意图

1—围护结构 2—上喷水管 3—传送带 4—制冷机组

5—冷水槽 6—水管 7—门 8—下喷水管

喷雾式水预冷装置的喷嘴直径为0.3~1.2mm，喷水量为0.17~0.4m^3/(m^2·min)，喷嘴喷出的水为雾状水。由于喷嘴直径较小，因而要求循环冷水特别洁净，不得含有杂质或碎菜叶，以避免堵塞喷嘴。为此，水泵吸入口前必须加装粗、中、细三道过滤网，过滤网的设计应保证容易拆卸，以便及时清除污物。

喷雾预冷特别适用于叶菜类及软嫩食品等，目的是防止高速水流损伤嫩叶，和喷淋式相比，其优点是：耗水量小，喷雾面积大，预冷速度快；装置体积小，占地面积少；装机功率小，耗能低；一体化组装，整机出厂，便于安装调试。

4. 组合式水预冷装置

组合式水预冷装置集浸泡、喷淋、喷雾和冰水预冷于一体，具有结构紧凑、功能齐全、适用范围广、预冷能力大、预冷速度快、预冷均匀等特点。其结构如图8-9所示。

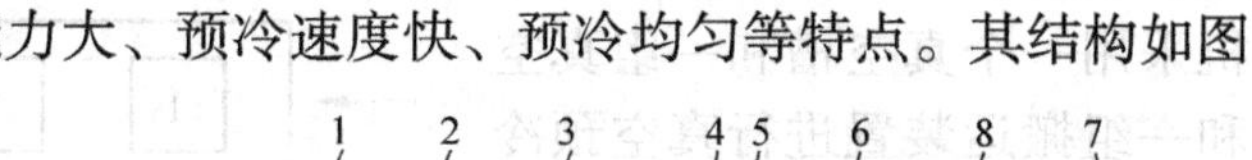

图8-9 组合式水预冷装置

1—带隔热层的壳体 2—出料传送带 3—上传送带 4—下传送带

5—带喷淋、喷雾喷嘴的管道 6—下喷管 7—入料滑板 8—加冰口

8.1.3 真空预冷

8.1.3.1 真空预冷原理

真空预冷是利用降低水的沸点，靠水分蒸发带走产品热量的冷却方法。1标准大气压(1atm=101325Pa)时，水的沸点是100℃。气压下降时，水沸点会随之降低，大约610Pa时，水的沸点变成0℃。真空预冷就是利用这一原理将果蔬放在密闭容器内，改变容器内的

气压，在低压下果蔬蒸发旺盛，靠水分蒸发带走大量蒸发热进行冷却。图 8－10 所示为水在不同温度条件下的饱和压力。

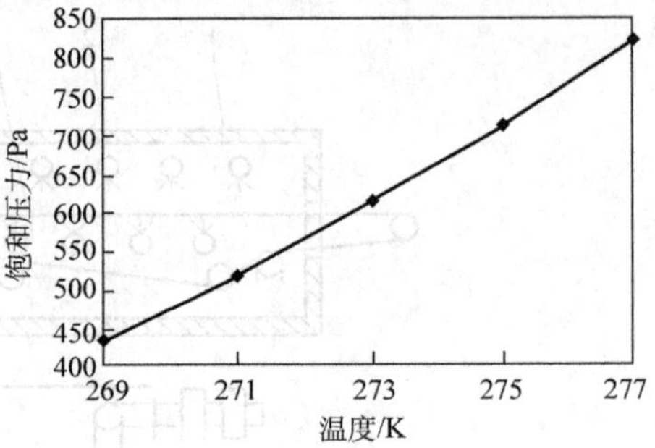

图 8－10　水在不同温度下的饱和压力

从图 8－10 中可以看出，在压力为 600Pa 时，水的沸点降低到 0℃。如果压力降到 500Pa 就可能引起一些产品冻伤，因此对压力的控制要精确。虽然压力最低点很难达到，但合理的设置可以自动地维持压力值，保证安全降温。真空预冷最适用于表面积和体积比率大的产品，尤其是阔叶类蔬菜，如生菜、莴苣和菠菜等。水分渗透性高的产品，如玉米和花菜，也可以采用这种方式，它们的结构疏松，水分蒸发也很迅速。

在压力降低的过程中，当压力降到 2400Pa 时，即闪发点（也称为闪点）水分开始蒸发；压力继续下降到 800Pa，温度为 4℃时，蒸发潜热约 697.8W，使预冷食品自身冷却。随着压力降低，水蒸气的体积膨胀。1mL 水在压力为 800Pa 时，蒸发变成水蒸气的体积约为 15.7 万 mL。如此大量的水蒸气采用真空泵排出，一方面不经济，另一方面水蒸气进入真空泵内使润滑油乳化损坏真空泵，因此必须设置捕水器。

真空预冷主要有以下几个优点：①预冷速度快，预冷容量大；②冷却均匀；③可通过加湿系统提高湿度以减少水分蒸发引起的产品失重；④加湿系统还有消毒功能；⑤选择合适容量的设备可以降低单位产品的预冷成本。

其缺点主要有：①容量大的设备（6t 以上）移动不便；②初始投资成本高；③加湿系统对某些密封包装的产品无效；④密集型产品不适用于真空预冷。

8.1.3.2　真空预冷的分类

按机组运行的方式，真空预冷可以分为三类，即连续式、间歇式和喷雾式。

1. 间歇式真空预冷方式

间歇式真空预冷机采用一个真空槽和一组真空泵组、一套制冷机组和一组搬运装置进行真空预冷操作。在这种方式中，需要预冷的食品装入真空槽冷却后搬出，再进行包装后冷藏，下一次冷却按上述方法进行一次循环操作，属于间歇式操作。

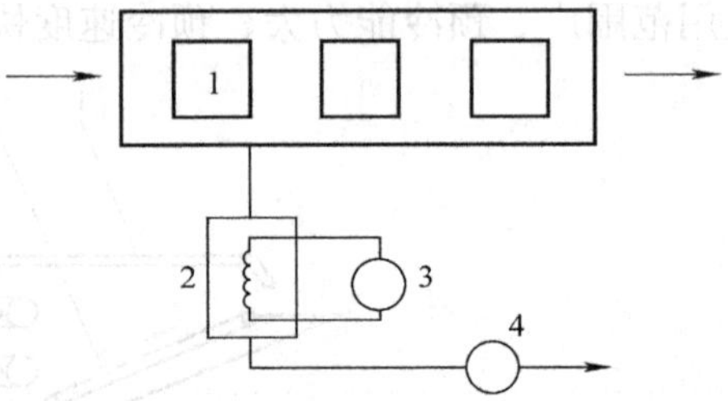

图 8－11　间歇式真空预冷方式示意图
1—真空槽　2—捕水器　3—制冷机　4—真空泵

这种方法的优点是设备简单、易于操作、无污染，特别适合小型企业采用，但存在搬运强度大、设备利用率低等缺点，如图 8－11 所示。

2. 连续式真空预冷方式

连续式真空预冷方式采用两个真空槽、一组真空泵组、一组制冷机组和两组搬运装置进行交替预冷操作，如图 8－12 所示。

目前广泛采用的预冷方法是连续式真空预冷方式，它是一种适用于大型企业连续生产的方法，有较多的优点，具体表现在：①设备连续运转，提高预冷能力，工作效率大大提高，可以使产量提高一倍或更多；②可以有效地控制水分蒸发过程，从而可以保证食品预冷均匀；③由于连续性，有利于实现自动控制，降低搬运强度；④可以实现一体化组装，在工厂内调试完毕，便于运输。

3. 喷雾式真空预冷方式

喷雾式真空预冷方式在常规真空预冷方式的基础上加装喷雾装置，在果蔬表面形成水膜，使表面水分较少的果实类、果蔬类及根茎类果蔬食品在预冷过程中减少干耗，同时缩短预冷时间。

喷雾式真空预冷方式与常规真空预冷方式比较，具有如下优点：①适用范围广，对于各种果蔬类食品均可使用；②由于表面自由水的蒸发，使其干耗小；③预冷速度快。

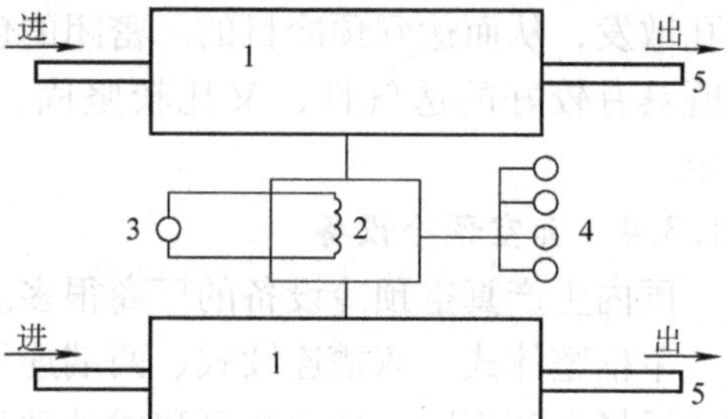

图8-12 连续式真空预冷方式示意图

1—真空槽 2—捕水器 3—制冷机 4—真空泵组 5—吊轨

其缺点是：①设备复杂，操作维护量大；②对水质要求高，采用循环水时，水泵前必须装过滤网，防止杂质阻塞喷嘴。

8.1.3.3 影响真空预冷的因素

对任何一种预冷方式，食品的热量传递都离不开热传导、对流换热和辐射，所不同的是传递热量的介质不同。例如，差压预冷是靠空气对流将热量带走，水预冷是靠水的流动将热量带走，而真空预冷是靠水的蒸发潜热带走食品的热量。

影响真空预冷效率的主要因素有很多，如食品种类、真空度、食品初始温度、食品的含湿量及食品的包装等。

1. 食品种类

不同食品预冷速度不同，具有较大外表面和结构疏松的食品预冷速度较快。对于叶菜类蔬菜，例如芹菜、菠菜、韭菜等，预冷时间约20min，西红柿、黄瓜、胡萝卜、草莓、豆角、竹笋、苹果、梨等果实类、根茎类蔬菜和水果预冷时间为30~40min。

2. 真空度

真空度表示真空槽内的压力大小，如前所述，当压力达到闪点时，食品内的大量热量就因为水分的蒸发而带走，这时排气速度应控制在一定范围内，避免因排气速度过快、食品温度下降过快、干耗增大，影响食品质量。从1标准大气压（1atm = 101325Pa）降至600Pa所需要的时间约为25min即可满足实际操作要求。这一过程一般分为三个阶段进行：第一阶段（101325 ~ 2400Pa），5min；第二阶段（2400 ~ 1330Pa），10min；第三阶段（1330 ~ 600Pa），10min。

3. 食品初始温度及含湿量

食品初始温度越高，需要预冷的初始热量越大，其预冷时间越长，干耗越大。根据实际操作测得的结果，温度每下降5℃，干耗大约增加1%。

为了降低食品初始温度，采摘后的果蔬类食品应尽量避免阳光直接照射，采用较低温度的水进行清洗。表面水分较少、表面积较小的根茎类、果实类果蔬类食品，预冷前一定要进行预湿，使其表面含湿量增大，有利于预冷。预湿的方法有多种，一般采用浸入式、喷淋式等。

4. 包装

食品的包装影响到水分蒸发及蒸气流动途径，各类包装应有透气孔，以使水蒸气通过透气孔散发，从而达到预冷目的。密闭的包装无法使食品冷却。目前多采用带长孔的塑料箱，它既具有较好的透气性，又比较坚固，周转方便。开孔率及透气孔大小按食品规格大小确定。

8.1.3.4　真空预冷设备

国内生产真空预冷设备的厂商很多。真空预冷设备从结构上分主要有车载式、单槽可移式、单槽整体式、双槽连续式、两端连续式等几种。这几种形式的真空预冷设备主要是考虑到使用场合的不同，如单槽可移式处理量较小，适用于单体农户的个体生产；而双槽式则是为了保证连续生产，适用于大农场生产。表 8-1 列出了我国某生产厂家生产的真空预冷机的设备参数。

表 8-1　真空预冷机的设备参数

序号	型号	形式	每次处理量/kg	每小时处理次数	每小时处理量/kg
1	VC—1000C	车载式	500~600	约 2 次	约 1000
2	VC—1000	单槽整体式	500~600	约 2 次	约 1000
3	VC—2000Y	单槽整体可移动式	1000~1200	约 2 次	约 2000
4	VC—2000	单槽固定式	1000~1200	约 2 次	约 2000
5	VC—2000D	双槽交替式	1000~1200	约 3 次	约 3000
6	VC—3000	单槽固定式	1500~1800	约 2 次	约 3000
7	VC—3000D	双槽交替式	1500~1800	约 3 次	约 4500
8	VC—4000	单槽固定式	2000~2500	约 2 次	约 4000
9	VC—4000D	双槽交替式	2000~2500	约 3 次	约 6000
10	VC—5000	单槽固定式	2500~3000	约 2 次	约 5000
11	VC—10000	单槽固定式	5000~5500	约 2 次	约 10000

8.2　速冻、解冻装置

8.2.1　食品速冻装置

食品的速冻是指食品迅速通过其最大冰结晶区域，当中心温度达到 -18℃时迅速冻结的方法。食品在冻结过程中会发生各种各样的变化，如物理变化（体积、导热性、比热容、干耗变化等）、化学变化（蛋白质变性、色变等）、细胞组织变化以及生物和微生物的变化等。快速冻结食品的特点是最大限度地保持了食品原有的营养价值和色香味。也就是说，在冻结过程中必须保证使食品所发生的上述各种变化达到最大可逆性。

一般速冻食品应具备下述五个要素：①冻结要在 -18～-30℃的温度下进行，并在 20min 内完成冻结；②速冻后的食品中心温度要达到 -18℃以下；③速冻食品内水分形成无数针状小冰晶，其直径应小于 100μm；④冰晶分布与原料中液态水的分布相近，不损伤细胞组织；⑤当食品解冻时，冰晶融化的水分能迅速被细胞吸收而不产生汁液流失。

食品快速冻结的方法及装置多种多样，分类方法也不尽相同，根据冻结装置的结构特征和热交换方式不同，可分为三类：①吹风式冻结法，有搁架式冻结间、隧道式冻结装置、螺旋式冻结装置和流态化式冻结装置，隧道式冻结装置又可分为传送带式、吊篮式和推盘式等，流态化式冻结装置又可分为斜槽式、一段带式、二段带式和往复振动式等；②接触式冻结法，有平板式冻结装置（分卧式和立式）、回转式冻结装置和钢带式冻结装置；③喷淋浸渍式冻结法，有载冷剂浸渍冻结装置、低温液体喷淋冻结装置，低温液体喷淋冻结装置又可分为液氮喷淋冻结装置和液态二氧化碳喷淋冻结装置。

8.2.1.1　吹风式冻结法

1. 搁架式冻结间

搁架式冻结间内，设置用无缝钢管组装的搁架式蒸发器，待冻结的食品放入盘内置于搁架上，食品处于蒸发器的低温环境，从而逐步被冻结。根据生产能力的大小和冻结食品的工艺要求，可以采用空气自然循环和空气强制循环两种空气循环方式。常用的空气强制循环式搁架式冻结间如图8－13所示，因食品放入盘内置于搁架上，食品与蒸发器排管直接接触，所以也称为半接触式冻结间。在换热的过程中，除了对流和辐射的形式外，还通过排管与食品的接触面进行热传导，因而传热系数高，为了加强换热，有些冻结间采用在每层盘管上加铺0.6～1mm厚的薄钢板，并保持钢板的表面平整和与盘管贴合紧密。

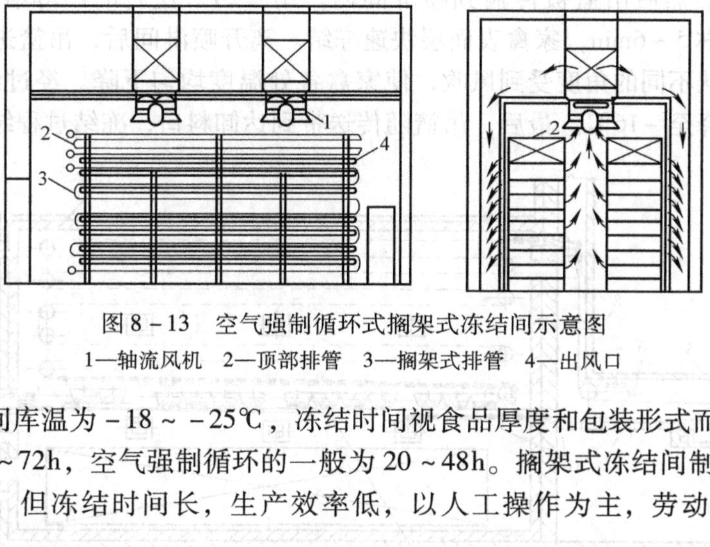

图8－13　空气强制循环式搁架式冻结间示意图

1—轴流风机　2—顶部排管　3—搁架式排管　4—出风口

搁架式冻结间库温为－18～－25℃，冻结时间视食品厚度和包装形式而变化，空气自然循环的一般为36～72h，空气强制循环的一般为20～48h。搁架式冻结间制作方便，节省用电，不需要维修；但冻结时间长，生产效率低，以人工操作为主，劳动条件差，劳动强度大。

2. 隧道式冻结装置

隧道式冻结装置共同的特点是：冷空气在隧道中循环，食品通过隧道时被冻结。根据食品通过隧道的方式，该装置可分为传送带式、吊篮式、推盘式等几种。

（1）传送带式连续冻结装置　传送带式连续冻结装置由蒸发器，风机、传送带及包围在它们外面的隔热壳体构成。该装置有多种结构形式。现介绍其中的一种——带冷冻板的传送带式连续冻结装置（见图8－14）。带减速器的调速电动机通过链传动驱动主动轮，使不锈钢网状带慢速向前运动。食品置于不锈钢网带上，不锈钢传送带的底部与一个冷冻板（蒸发器）相紧贴，上部为冷风机，根据食品在隧道里所处的位置不同，空气循环的方式有顺流式、逆流式和混流式。传送带下部冷冻板的温度为－40℃，上部冷风的温度为－35℃，厚15mm的食品用12min可以冻好，厚40mm的食品用41min可以冻好。根据不同品种和厚度的食品，调节传送带的速度，获得不同的冻结时间。

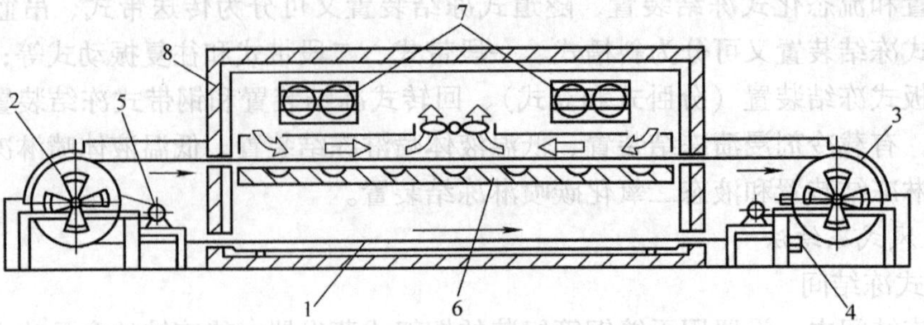

图 8 – 14　带冷冻板的传送带式连续冻结装置

1—不锈钢传送带　2—主动轮　3—从动轮　4—传送带清洗刷
5—调速电动机　6—冷冻板　7—冷风机　8—隔热层

（2）吊篮式连续冻结装置　吊篮式连续冻结装置主要用于冻结家禽等产品，装置的结构如图 8 – 15 所示。家禽经宰杀并晾干后，用塑料袋包装，装入吊篮中。然后吊篮上链，由进料口输送到冻结间内。在冻结间内，首先用冷风吹约 10min，使家禽表面快速冷却，达到色泽定型的效果。然后吊篮被传输到喷淋间内，用 – 24℃左右的乙醇溶液（体积分数为 40% ~50%）喷淋 5 ~6min，家禽表面层快速冻结。离开喷淋间后，吊篮进入冻结间，在连续运行过程中，从不同的角度受到风吹，使家禽各处温度均匀下降。经过约 3h 的冻结，可使禽体中心温度降至 – 16℃。最后，吊篮随传送带到达卸料口，冻结过程结束。

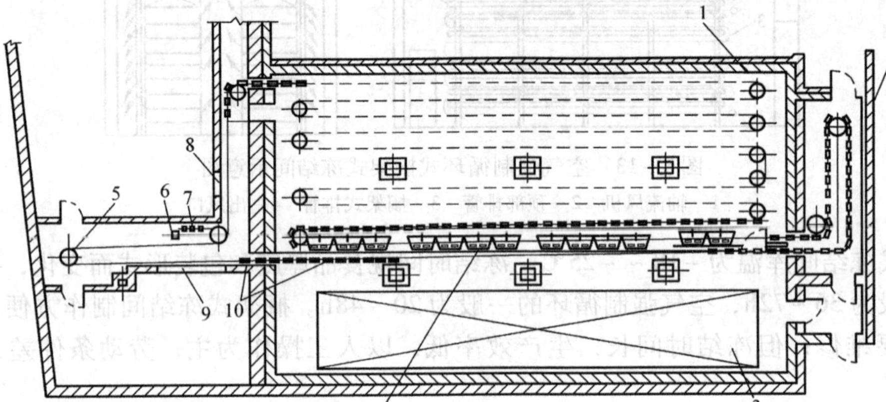

图 8 – 15　吊篮式连续冻结装置

1—横向轮　2—乙醇喷淋系统　3—蒸发器　4—轴流风机　5—张紧轮
6—驱动电动机　7—减速装置　8—卸料口　9—进料口　10—链盘

吊篮式连续冻结装置的特点是机械化程度高，减轻劳动强度，提高冻结效率；冻结速度快，冻品各部位降温均匀，色泽好，质量高。但结构不紧凑，占地面积较大，风机耗能高。

（3）推盘式连续冻结装置　推盘式连续冻结装置主要用于冻结果蔬、虾、肉类副食品和小包装食品等，如图 8 – 16a 所示。食品进入货盘后，在货盘入口由液压推盘机构推入隧道，每次同时进盘两只，货盘到达第一层轨道的末端后，被提升装置升到第一层轨道，如此往复经过三层。在此过程中，冻品被冷风机强烈吹风冷却，不断地降温冻结，最后经出口推出，每次出盘也是两只。

货盘推进设备的推头装置如图8-16b所示。货盘底部焊有两条扁钢，承放在两道扁铁组成的滑轨上，每对滑轨有两个推动装置。在液压系统的作用下，推头顶住盘底的扁钢，将货盘向前推进。当推头后退复位时，被货盘后端的扁钢压下，滑过后，由于偏心作用，推头自动抬起，复位并进入推进状态。通过推头的反复动作，货盘便向前移动。另外，还有两个提升装置，将货盘分层提升。

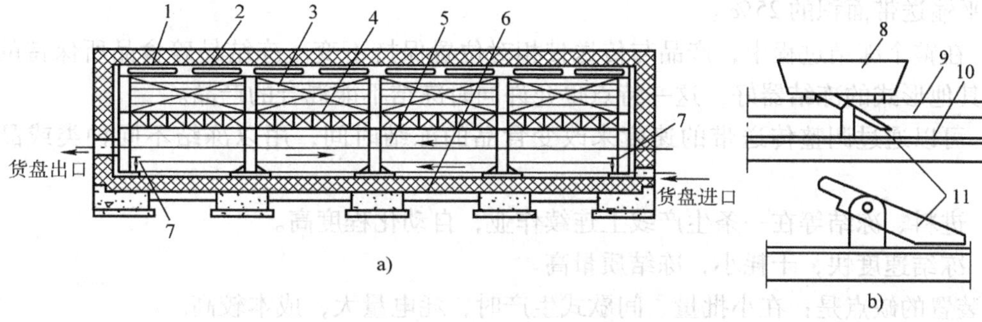

图8-16　推盘式连续冻结装置

1—绝热层　2—冲霜淋水管　3—翅片蒸发排管　4—鼓风机　5—集水箱　6—水泥空心板　7—货盘提升装置　8—货盘　9—滑轨　10—推动轨　11—推头

冻结时间可通过改变货盘传送速度进行调整，可调范围为40~60min。这种冻结装置可以根据具体情况做成多层或多排输送结构。冷风机放在旁侧吹风，效果也较好。

这种装置的特点是：可以实现连续生产，冻结速度较快；构造简单，造价低；设备紧凑，隧道空间利用较充分。

3. 螺旋式冻结装置

螺旋式冻结装置适用于冻结单体不大的食品，如饺子、烧卖、对虾以及经加工整理的果蔬，还可用于冻结各种熟制品，如鱼饼、鱼丸等。为了克服传送带式连续冻结装置占地面积大的缺点，可将传送带做成多层，由此出现螺旋式冻结装置，其结构如图8-17所示。这种装置由转筒、蒸发器、风机、传送带及一些附属设备等组成。其主体部分为一转筒，传送带由不锈钢扣环组成，按宽度方向成对地接合，在横、竖方向都具有挠性。当运行时，拉伸带子的一端就压缩另一边，从而形成一个围绕着转筒的曲面。借助摩擦力及传动机构的动力，

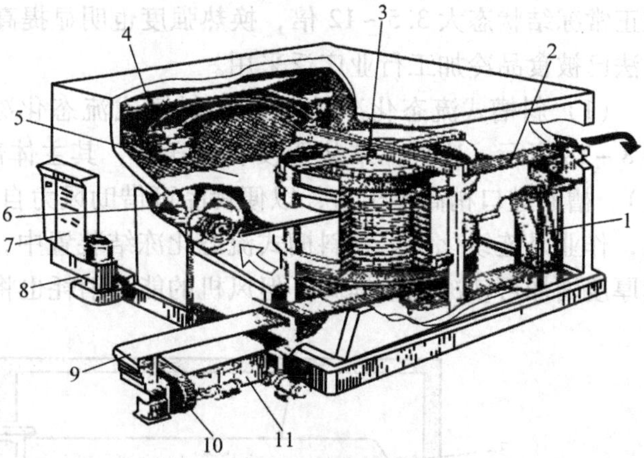

图8-17　螺旋式冻结装置

1—平带张紧装置　2—出料品　3—转筒　4—翅片蒸发器　5—分隔气流通道的顶板　6—风扇　7—控制板　8—液压装置　9—进料口　10—干燥传送带的风扇　11—传送带清洗系统

传送带随着转筒一起运动，由于传送带上的张力很小，故驱动功率不大，传送带的寿命也很长。传送带的螺旋升角约2°，由于转筒的直径较大，所以传送带近于水平，食品不会下滑，

传送带缠绕的圈数由冻结时间和产量确定。食品随传送带进入冻结装置后，由下盘旋而上，冷风则由上往下吹，与食品逆向对流换热，提高了冻结速度。与空气横向流动相比，冻结时间可缩短30%左右。食品在传送过程中逐渐冻结，冻好的食品从出料口排出。

螺旋式冻结装置有以下特点：

1）紧凑性好。由于采用螺旋式传送，整个冻结装置的占地面积较小，其占地面积仅为一般水平输送带面积的25%。

2）在整个冻结过程中，产品与传送带相对位置保持不变。冻结易碎食品所保持的完整程度比其他形式的冻结器好，这一特点也允许同时冻结不能混合的产品。

3）可以通过调整传送带的速度来改变食品的冻结时间，用以冻结不同种类或品质的食品。

4）进料、冻结等在一条生产线上连续作业，自动化程度高。

5）冻结速度快，干耗小，冻结质量高。

该装置的缺点是：在小批量、间歇式生产时，耗电量大，成本较高。

4. 流态化冻结装置

流态化冻结是指在冻结过程中，待冻品放在网带或多孔板上，低温气流自下而上强制通过孔板和料层，当气流速度达到一定值时，散粒状的待冻品由于气流的作用，密实的料层逐渐变为悬浮状态（流态化），物料颗粒被冷空气所包围，从而使待冻品快速冻结。

流态化冻结装置适用于冻结球状、圆柱状、片状、块状颗粒食品，尤其适用于果蔬类单体食品的冻结。

流态化冻结装置具有冻结速度快、耗能低和易于实现机械化连续生产等优点。用流态化冻结装置冻结食品时，由于高速冷气流的包围强化了食品冷却、冻结的过程，有效传热面积较正常冻结状态大3.5~12倍，换热强度也明显提高，从而大大缩短了冻结时间。这种冻结方法已被食品冷加工行业广泛采用。

（1）斜槽式流态化冻结装置　斜槽式流态化冻结装置也称盘式流态化冻结装置，如图8-18所示。这种冻结装置没有传送带，其主体部分为一块固定的多孔底板（称为槽或盘）。槽的进口稍高于出口，以便食品可借助风力自动向前移动。冻结的食品由滑槽连续排出，作业是连续化的。在斜槽式流态化冻结装置中，产品层的厚度可达到120~150mm，虽然厚度增加可使冻结量提高，但风机的能量消耗也将过多。产品层的厚度、冻结时间和冻结

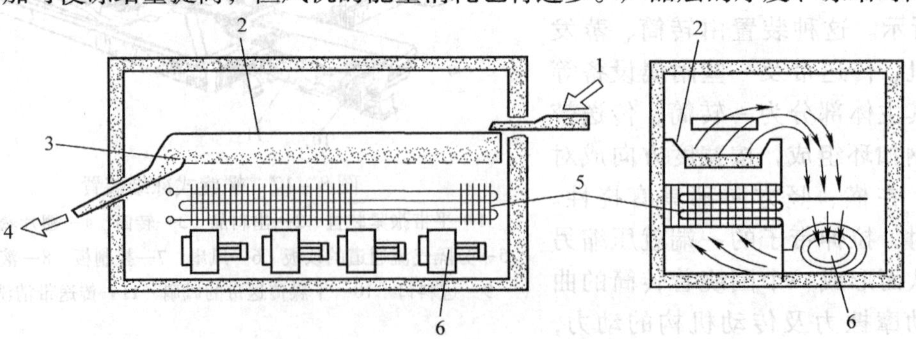

图8-18　斜槽式流态化冻结装置

1—进料口　2—斜槽　3—排出堰　4—出料口　5—蒸发器　6—风机

产量，均可通过改变进料速度和排出堰的高度来调节。该装置的蒸发温度在 -40℃以下，垂直向上的风速为 6 ~ 8m/s，冻品间风速为 1.5 ~ 5 m/s，冻结时间一般为 5 ~ 10min。

斜槽式流态化冻结装置的主要特点是：构造简单，成本低；冻结速度快，冻品降温均匀，质量好。

（2）一段带式流态化冻结装置　该装置示意图如图 8 - 19 所示。与斜槽式流态化冻结装置不同，在该装置中，产品是靠传送带输送，而不是借助气动来通过冻结空间的。冻品首先经过脱水振荡器，去除表面的水分，然后随进料带进入松散相区域，此时的流态化程度较高，食品悬浮在高速的气流中，从而避免了食品间的相互粘结。待到食品表面冻结后，经匀料棒均匀物料，到达稠密相区域，此时仅维持最小的流态化程度，使食品进一步降温冻结。冻结好的食品最后从出料口排出。

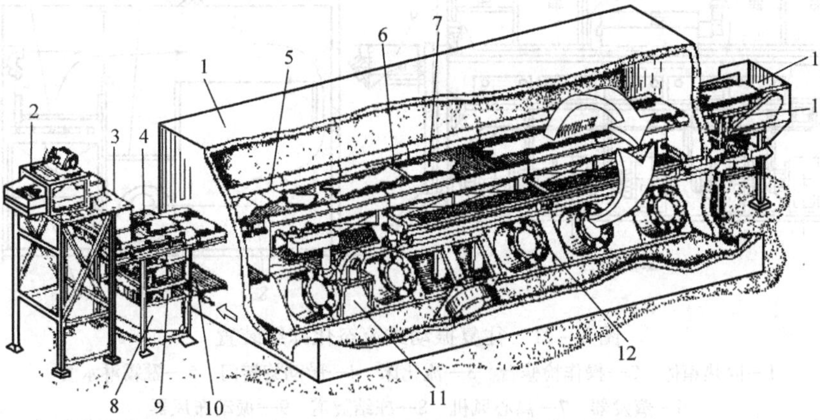

图 8 - 19　一段带式流态化冻结装置

1—隔热层　2—脱水振荡器　3—计量漏斗　4—变速进料带　5—松散相区域　6—匀料棒　7—稠密相区域　8、9、10—传送带清洗、干燥装置　11—离心风机　12—轴流风机　13—传送带变速驱动装置　14—出料口

与斜槽式流态化冻结装置比较，该装置的特点是：允许冻结的食品种类更多、产量范围更大；由于颗粒之间摩擦强度小，因此易碎食品通过冻结间时损伤较小；但由于食品层厚度较小、冻结时间较长，所以占地面积较大。

（3）两段带式流态化冻结装置　该装置将一段带式冻结装置的传送带分为前、后两段，其他结构与一段带式基本相同。第一段传送带为表层冻结区，功能相当于一段式的松散相区域；第二段传送带为保温冻结区，功能与一段式的稠密相区域相同。两段传送带间有一高度差，当冻品由第一段落到第二段时，因相互冲撞而有助于避免彼此粘结。两段带式流态化冻结装置如图 8 - 20 所示。

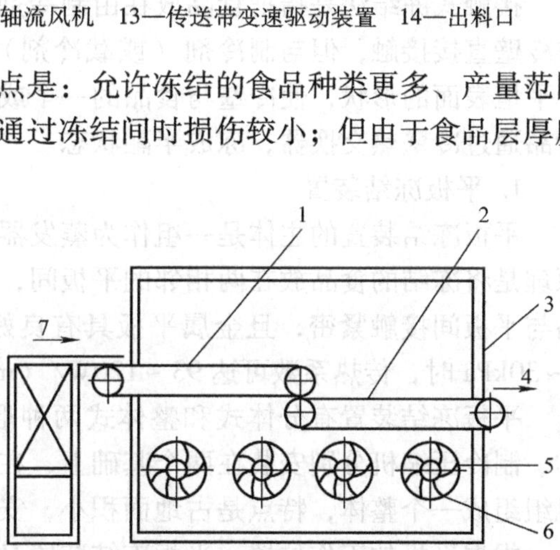

图 8 - 20　两段带式流态化冻结装置

1—第一段　2—第二段　3—隔热外壳　4—出料口　5—蒸发器　6—风机　7—进料口

与一段带式流态化冻结装置相比，两段带式流态化冻结装置更适合于大而厚的产品，如肉制品、鱼块、肉片、草莓等。上层带子的移

动速度可比下层带子的快三倍，这样，上层带子上的产品层较薄，再加上该段的气流速度也较高，从而防止了食品颗粒粘结。

（4）往复振动式流态化冻结装置　图8－21所示为国产往复振动式流态化冻结装置。其主体部分为一带孔不锈钢钢板，在连杆机构带动下作水平往复式振动。装置运行时，食品首先进入预冷设备，表面水分被吹干，表面硬化，避免了相互间的粘连。进入流化床后，冻品受钢板振动和气流脉动的双重作用，冷气流与冻品充分混合，实现了完全的流态化。冻品被包围在冷气流中，时起时伏，像流体般向前传送，确保了快速冻结。这种冻结方式消除了流沟和物料跑偏现象，使冷量得到充分有效的利用。

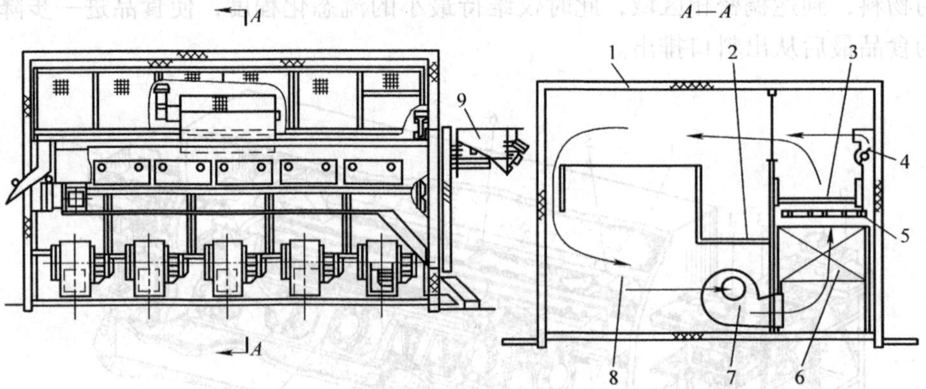

图8－21　往复振动式流态化冻结装置

1—隔热箱体　2—操作检修台　3—流化床　4—脉动旋转门　5—融霜淋水管　6—蒸发器　7—离心风机　8—冻结隧道　9—振动布风器

8.2.1.2　*接触式冻结法*

接触式冻结法是指把食品放在由制冷剂（或载冷剂）冷却的板、盘、带或其他冷壁上，与冷壁直接接触，但与制冷剂（或载冷剂）间接接触。对于固态食品，可将食品加工为具有平坦表面的形状，使冷壁与食品的一个或两个平面接触；对于液态食品，则用泵送方法使食品通过冷壁热交换器，冻成半融状态。

1. 平板冻结装置

平板冻结装置的主体是一组作为蒸发器的空心平板，平板与制冷剂管道相连，它的工作原理是将冻结的食品放在两相邻的平板间，并借助油压系统使平板与食品紧密接触。由于食品与平板间接触紧密，且金属平板具有良好的导热性能，故其传热系数高。当接触压力为7～30kPa时，传热系数可达93～120W/（m^2·K）。

平板冻结装置有分体式和整体式两种形式。分体式将装有冻结平板及其传动机构的箱体、制冷压缩机分别安装在两个基础上，在现场进行连接；整体式将冻结器箱体与制冷压缩机组组成一个整体，特点是占地面积小，安装方便。

根据平板的工作位置，平板冻结装置又可分为卧式平板冻结装置和立式平板冻结装置。

（1）卧式平板冻结装置　卧式平板冻结装置主要用于分割肉、肉副产品、鱼片、虾和其他小包装食品的快速冻结，如图8－22所示。平板放在一个隔热层很厚的箱体内，箱体的一侧或相对的两侧有门。平板一般有6～16块，间距由液压升降装置来调节，冻结平板上升时，两板最大间距可达130mm；下降时，两板间距视食品冻盘间距而定。为了防止食品变形和压坏，可在平板之间放入与食品厚度相同的限位块。冻结时，先将冻结平板升至最大间距，把食品放入，再降下上面的冻结平板，压紧食品。依次操作，直至把冻盘放进各层冻结平板中为止。然后供液降温，进行冻结。

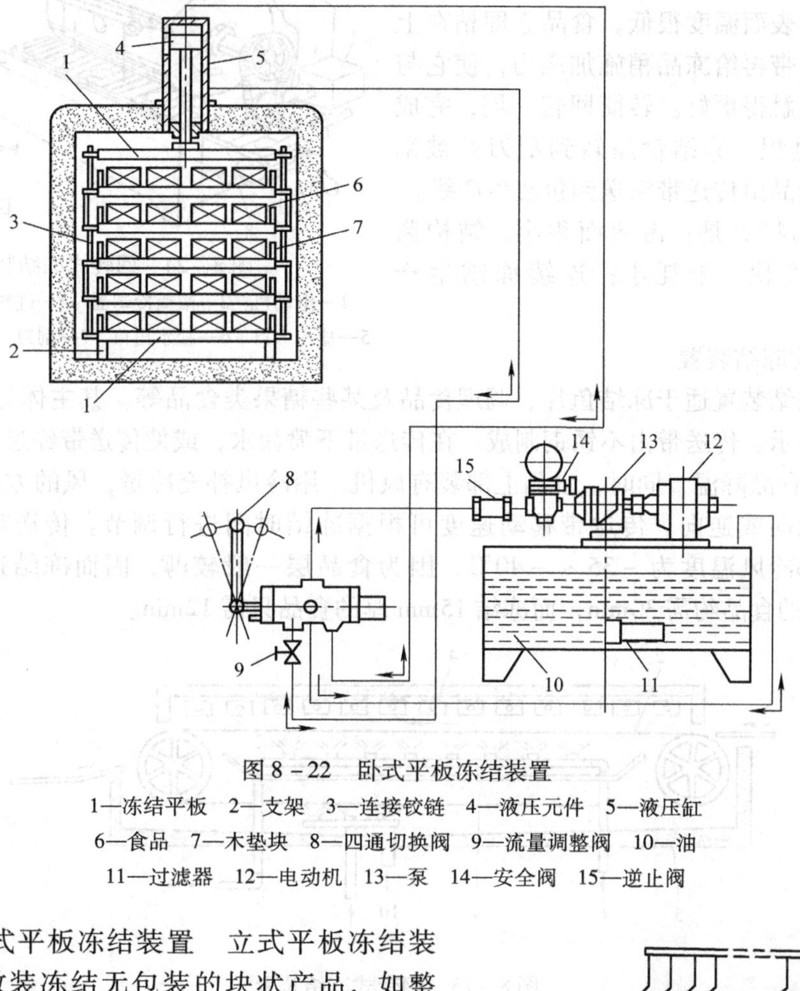

图 8－22　卧式平板冻结装置

1—冻结平板　2—支架　3—连接铰链　4—液压元件　5—液压缸　6—食品　7—木垫块　8—四通切换阀　9—流量调整阀　10—油　11—过滤器　12—电动机　13—泵　14—安全阀　15—逆止阀

（2）立式平板冻结装置　立式平板冻结装置最适用于散装冻结无包装的块状产品，如整鱼、剔骨肉和内脏，也可用于包装产品。立式平板冻结装置的结构原理与卧式平板冻结装置相似，只是冻结平板垂直排列，如图 8－23 所示。平板一般有20块左右，冻品不需装盘或包装，可直接倒入平板间进行冻结，操作方便。冻结结束后，冻品脱离平板的方式有多种，分上进上出、上进下出和上进旁出等。平板的移动、冻品的升降和推出等动作，均由液压系统驱动和控制。平板间装有定距螺杆，用以限制两平板间的距离。

图 8－23　立式平板冻结装置

1—机架　2、4—橡胶软管　3—供液管　5—吸入管　6—冻结平板　7—定距螺杆　8—液压装置

2. 回转式冻结装置

回转式冻结装置适用于冻结鱼片、块肉、虾、菜泥以及流态食品。该装置的示意图如图 8－24 所示。其主体为一个回转筒，由不锈钢制成，外壁即为冷表面，内壁之间的空间供制

冷剂直接蒸发或供载冷剂流过换热，制冷剂或载冷剂由空心轴一端输入筒内，从另一端排出。冻品呈散开状由入口被送到回转筒的表面，由于转筒表面温度很低，食品立即粘在上面，进料传送带再给冻品稍施加压力，使它与回转筒表面接触得更好。转筒回转一周，完成食品的冻结过程。冻结食品转到刮刀处被刮下，刮下的食品由传送带输送到包装生产线。

该装置的特点是：占地面积小，结构紧凑；冻结速度快，干耗小；连续冻结生产率高。

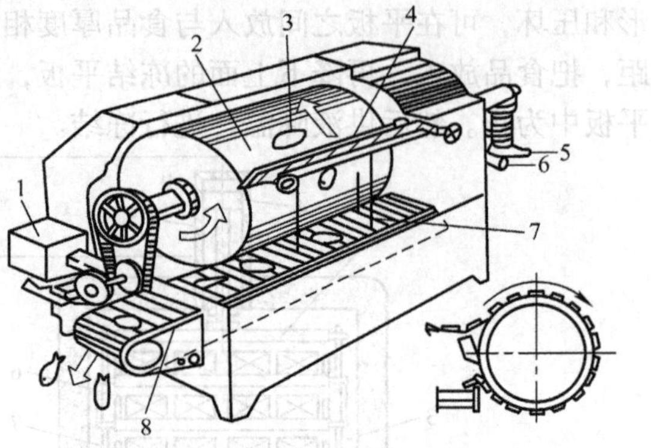

图 8－24　回转式冻结装置

1—电动机　2—滚筒冷却器　3—进料口　4—刮刀　5—盐水入口　6—盐水出口　7—刮刀　8—出料传送带

3. 钢带式冻结装置

钢带式冻结装置适于冻结鱼片、调理食品及某些糖果类食品等。其主体是钢带传输机，如图 8－25 所示。传送带由不锈钢制成。在传送带下喷盐水，或使传送带经过固定的冷却面（蒸发器）使食品降温，同时，食品上部装有风机，用冷风补充冷量，风的方向可与食品平行、垂直、顺向或逆向。传送带移动速度可根据冻结时间进行调节。传送带下部温度为 －40℃，上部冷风温度为 －35 ～ －40℃，因为食品层一般较薄，因而冻结速度快，冻结 20 ~ 25mm 厚的食品约需 30min，而冻结 15mm 厚的食品只需 12min。

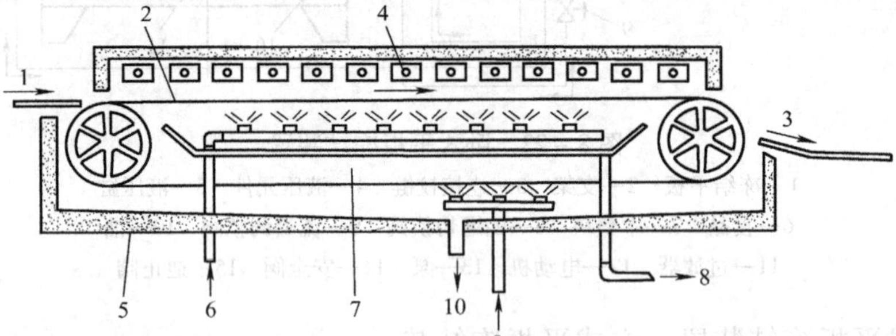

图 8－25　钢带式冻结装置

1—进料口　2—钢质传送带　3—出料口　4—空气冷却器　5—隔热外壳　6—盐水入口　7—盐水收集器　8—盐水出口　9—洗涤水入口　10—洗涤水出口

钢带式冻结装置的主要特点为：①连续流动运行；②干耗较少；③能在几种不同的温度区域操作；④同平板式、回转式相比，钢带式冻结装置结构简单，操作方便；⑤改变带长和带速，可大幅度地调节产量。缺点是占地面积较大。

8.2.1.3　喷淋浸渍式冻结法

该方法要求食品（包装或不包装）与不冻液直接接触，食品在与不冻液换热后冻结。食品与不冻液接触的方法有喷淋法和浸渍法，或者两种方法同时使用。喷淋浸渍式冻结法由于要求食品与不冻液直接接触，所以对不冻液有一定的限制，特别是与未包装的食品接触时尤其如此。这些限制包括要求无毒、纯净、无异味和异样气体、无外来色泽或漂白剂、不易燃、不易爆等。另外，不冻液与食品接触后，不应改变食品原有的成分和性质。

1. 载冷剂浸渍冻结

载冷剂经制冷系统降温后与食品接触，使食品降温冻结。常用的载冷剂有盐水和丙三醇等。图8－26所示是盐水浸渍冻结装置。该装置中与盐水接触的容器用玻璃钢制成，有压力的盐水管道用不锈钢材料，其他盐水管道用塑料，从而解决了盐水的腐蚀问题。当盐水温度为－19～－20℃时，每千克（25～40条）的沙丁鱼从初温4℃降到中心温度为－13℃，仅需15min。

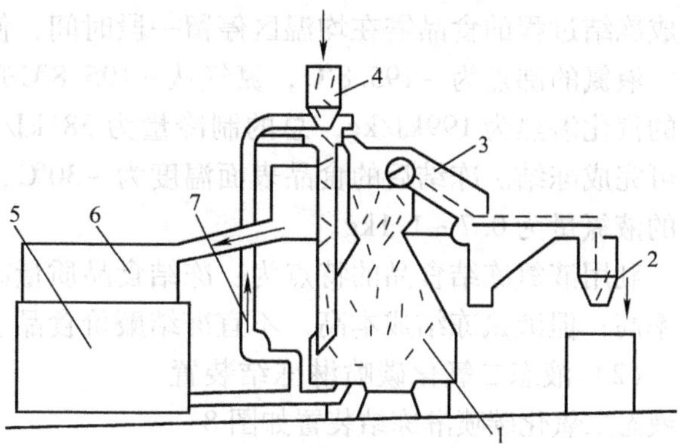

图8－26　盐水浸渍冻结装置

1—冻结器　2—出料口　3—滑道　4—进料口　5—盐水冷却器　6—除鳞器　7—盐水泵

工艺流程：鱼在进料口与冷盐水混合后进入进料管，进料管内盐水涡流下旋，使鱼克服浮力而到达冻结器的底部。冻结后，鱼体密度减小，慢慢浮至液面，然后由出料机构送到滑道，在此鱼和盐水分离，鱼进入出料口，冻结完毕。冷盐水被泵输送到进料口，经进料管进入冻结器，与鱼体换热后，盐水升温，密度减小。由此，冻结器中的盐水具有一定的温度梯度，上部温度较高的盐水溢出冻结室后，与鱼体分离进入除鳞器，除去鳞片等杂物的盐水返回盐水箱，与盐水冷却器直接换热后降温，完成一次循环。

该装置主要用于鱼类的冻结。其特点是冷盐水既起冻结作用，又起输送鱼的作用，省去机械送鱼装置，冻结速度快，干耗小。其缺点是装置的制造材料要求较特殊。

2. 低温液体喷淋冻结装置

同一般的冻结装置相比，这类冻结装置的冻结温度更低，所以常称为低温冻结装置或深冷冻结装置。其共同特点是没有制冷循环系统，在低温液体与食品接触的过程中实现冻结。常用的低温液体有液态氮、液态二氧化碳。

（1）液氮喷淋冻结装置　液氮喷淋冻结装置几乎适于冻结一切体积小的食品。液氮冻结装置有浸渍式、喷淋式和冷气循环式三种。图8－27所示为液氮喷淋冻结装置，它由隔热隧道式箱体、喷淋装置、不锈钢丝网格传送带、传动装置、风机等组成。冻品由传送带送入，经过预冷段、喷淋段、均温段，从另一端送出。风机将冻结区内温度较低的氮气输送到预冷区，并吹到传送带送入的食品表面上，经充分换热，食品预冷。进入冻结区后，食品受到雾化管喷出的雾化液氮的冷却而被冻结。冻结温度和冻结时间，根据食品的种类、形状，可调整储液罐压力以改变液氮喷射量，以及通过调节传送带速度来加以控制，以满足不同食品的工艺要求。由于食品表面和中心的温度相差很大，所以

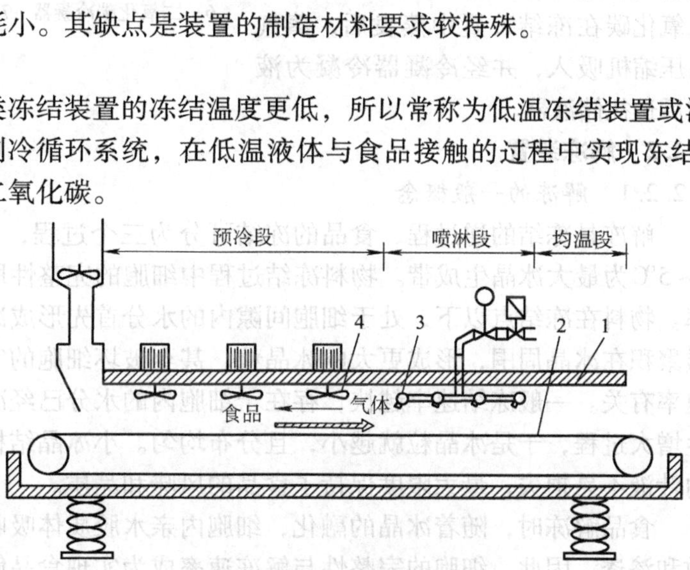

图8－27　液氮喷淋冻结装置

1—壳体　2—传送带　3—喷嘴　4—风扇

完成冻结过程的食品需在均温区停留一段时间，使其内外温度趋于均匀。

液氮的沸点为-195.8℃，氮气从-195.8℃升温到-20℃，吸收的热量为182kJ/kg，液氮的汽化潜热为199kJ/kg，总的制冷量为381kJ/kg。对于5mm厚的食品，经过10~30min即可完成冻结。冻结后的食品表面温度为-30℃，中心温度为-20℃，冻结每千克食品所耗用的液氮量为0.7~1.1kg。

利用液氮冻结食品的特点为：冻结食品质量高，干耗小，占地面积小，初投资低，装置效率高；但液氮冻结成本高，不宜冻结廉价食品。

（2）液态二氧化碳喷淋冻结装置

液态二氧化碳喷淋冻结装置如图8-28所示，主要由液态制冷剂的喷淋装置、食品的传送装置和氨压缩制冷装置等组成。液态二氧化碳的沸点为-78.9℃，汽化热为575kJ/kg，比定容热容为1.837kJ/（kg·K），气态二氧化碳从-78.9℃升温到-20℃，吸收的热量为49.3kJ/kg，总的制冷量为624.3kJ/kg。液态二氧化碳在隔热的耐压罐内运输和储存，压力为0.8~2.5MPa，温度为-12~-45℃。液体二氧化碳在冻结装置中蒸发后，蒸气由压缩机吸入，并经冷凝器冷凝为液体后送往储液器。

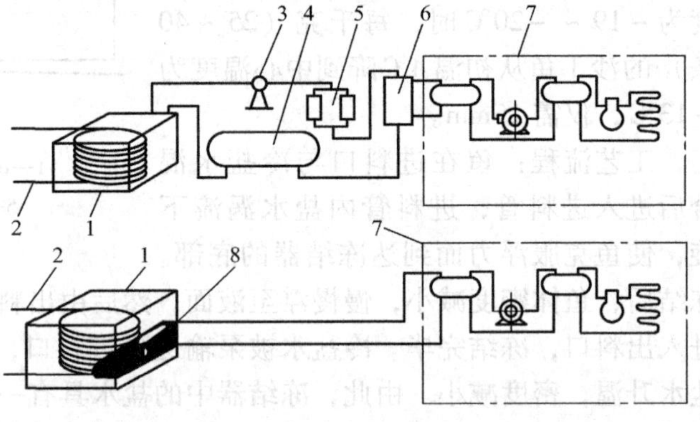

图8-28　液态二氧化碳喷淋冻结装置示意图

1—冻结器围护结构　2—螺旋带　3—二氧化碳压缩机　4—液态二氧化碳储液器　5—成对的二氧化碳干燥器　6—二氧化碳冷凝器　7—双级氨压缩制冷装置　8—空气冷却器

8.2.2　解冻装置

8.2.2.1　解冻的一般概念

解冻是冻结的逆过程，食品的冻结可分为三个过程，即冷却、冰晶的形成和深度冷冻，0~5℃为最大冰晶生成带。物料冻结过程中细胞的完整性取决于物料通过最大冰晶成带的速率。物料在冻结点以下，处于细胞间隙内的水分首先形成冰晶体，并挤压细胞内溶液向外渗透聚积在冰晶周围，形成更大的冰晶粒，甚至破坏细胞的完整性。冰晶粒形成的大小与冻结速率有关。一般冻结速率越快，存在于细胞内的水分已经冻结，则所形成的冰晶粒不会再产生增大过程，于是冰晶粒就越小，且分布均匀。小冰晶结构对细胞的完整性影响较小，物料内汁液不易损失，最大限度保持了食品的风味和品质。

食品解冻时，随着冰晶的融化，细胞内亲水胶质体吸收水分，出现水分逐渐向细胞内扩散和渗透，因此，细胞的完整性与解冻速率成为实现食品解冻恢复原状态的重要条件。解冻速率大小应能使冰晶体所解冻汁液全部向细胞内渗透而不至于外溢流失。靠热传导解冻时，冻结物料在-6~-8℃温度下解冻会产生重结晶现象，从而对物料细胞结构产生破坏作用，形成细胞汁液的流失。因此，冻结物料应在解冻温度下，特别在0~-5℃，迅速解冻，并尽量使物料内外温度差小，以免发生重结晶现象。

对于解冻装置，有以下要求：

（1）物料的品质方面　汁液损失少；不变色；脂肪不发生酸化，蛋白质不变性；解冻均匀。

(2) 卫生方面 容易清洗；没有微生物污染和异物的混入；解冻后物料温度在 5℃以下。

(3) 性能方面 解冻速度快；操作成本低；根据解冻状态可自动控制等。

8.2.2.2 解冻的方法与装置

1. 空气解冻

以空气为介质的外部解冻称为空气解冻或自然解冻，它分为静止空气解冻、流动空气解冻、热空气解冻和加压空气解冻等。

静止空气解冻时，一般将解冻间温度控制在 20℃以下，解冻时间为 20 ~ 40h。设备简单，操作成本低，但解冻时间长，温度不均，表面易酸化、变色，容易发生微生物污染和异物的混入，卫生条件差。为提高解冻速率，采用送风解冻，但在送风条件下，容易引起初料的干燥和褐变。

流动空气和热空气虽然能缩短解冻时间，但食品汁液流失多，同时食品表面易干燥，严重影响品质；加压空气使得冰的融点降低，食品易于融化，大大缩短解冻时间，然而相应的解冻装置占地面积大，建设费用较高。以水为介质的水解冻法比空气解冻效率要高，这主要是水的传热系数较高的缘故。但是，由于水的浸润，水解冻法易使食品丧失某些可溶性物质，增加微生物繁衍的机会。真空解冻优于以上两种方法。在真空状态下，水的沸点降低而形成水蒸气，水蒸气在食品表面凝结而放出凝结热达到解冻的目的。真空解冻的效率比空气解冻高 2 ~ 3 倍，并且在真空状态下大多数微生物受到抑制，有效地控制了食品营养成分的变化，而且汁液流失少，食品质量好。但真空解冻时，冻结食品（如肉类）的内层深处升温较慢，而且设备复杂、投资大。

2. 水解冻

冷冻物料在静止或流动的水中解冻，物料表面与水的传热速率是在空气中传热速率的 10 ~ 15 倍，在较低的温度下，也有较快的解冻速率；没有酸化和干燥的问题，但裸露的表面容易吸水，营养成分损失严重；解冻用水有微生物污染的危险性；另外还有污水排放的问题；多用于水产品的解冻。鱼和贝类，特别是虾和贝类，在空气中解冻时，易发生变色和变臭，在水中解冻比较合适。

3. 电解冻

电解冻包括高压静电解冻和不同频率的电解冻。后者包括低频（50 ~ 60Hz）解冻、高频（1 ~ 50MHz）解冻和微波（915MHz 或 2450MHz）解冻。

(1) 低频解冻 低频解冻也称为电阻解冻或通电加热解冻。它将冻结食品看做一段导体，通过 50 ~ 60Hz 的低频（或更低）交流电联结，在食品的阻抗损失、介质损耗的变化过程中将电能转化为热能。实验证明，这种方法比热传导的方法解冻速度快 2 ~ 3 倍，且耗电少，但对物料本身的形状有所限制，对与电源接触部位的紧密程度也有较高要求，否则内部解冻明显不均匀，局部甚至产生过热现象。

(2) 欧姆解冻 欧姆解冻实际上是一种低频解冻方法。将欧姆解冻与传统热水解冻相结合处理冻肉，当频率为 60Hz 时，解冻时间随电压的增加而减少，频率的变化对解冻时间没有显著的影响。而在低电压时采用该法处理样品，解冻后的样品汁液流失率低，持水能力也得到改善。

（3）高频解冻和微波解冻　食品物料中的极性分子（称为偶极子）在做杂乱无规则的运动，例如水就是极性分子。当处于电场中时，极性分子将重新排列，带正电的一端朝向负极，带负电的一端朝向正极。若改变电场方向，则极性分子的取向也随之改变。若电场迅速交替地改变方向，则极性分子亦随着作迅速的摆动。由于分子的热运动和相邻分子间的相互作用，极性分子随电场方向改变而作的规则摆动将受到干扰和阻碍，即产生类似摩擦的作用，使分子获得能量，并以热的形式表现出来，表现为食品物料的温度升高。

外加电场的频率越高，分子的摆动就越快，产生的热量就越多。外加电场的电场强度越大，分子的振幅就越大，产生的热量就越多。物料在高频波和微波场中所产生的热量大小还与物料的种类及成分有关，即与物料的介电常数和损失角正切有关。

高频解冻一般采用13.56MHz的高频波，与微波解冻（2450MHz）一样。高频波照射冷冻食品时，能促使食品中的极性分子，特别是水分子在电场中高速反复振荡，分子间不断摩擦，在极短的时间内（5～15min）使食品内外同时升温解冻。因此，通常将高频和微波两种加热解冻方式通称为介电感应加热解冻。

介电感应加热解冻的主要缺点是：某些频段的高频波，尤其是微波对人体组织有伤害，必须有安全防护设施；由于食品内部蛋白质、脂肪和水分等极性分子的分布不尽相同，使得介电加热解冻时仍然存在加热不均的可能，从而导致部分过热，使食品品质下降；介电加热解冻对设备和技术要求高，投资费用较大。

例如，苏格兰有一条250kW的食用肉糜生产线，用微波回温冻品原料，每小时解冻能力可达4～5t。

4. 高压静电解冻

冷冻物料放在高压静电场下，利用高压静电场产生的各种效应来达到解冻的目的。如日本生产的高压静电解冻装置，是以冻结肉为负极，以－3℃的库内温度，在10000V的电压下，6～10A的直流电流流过冻肉，12h左右达到库温，物料处于半解冻状态。高压静电解冻具有以下特点：在－3℃可达到解冻状态；高压静电场具有抑制和杀菌的作用，可防止微生物对食品的污染；微弱的负离子作用，可抑制食品的氧化，使食品保持鲜明的色泽，汁液流失少，产品质量高；解冻时间为传统方法的1/2。

5. 真空解冻

真空解冻是利用真空中水蒸气在冻结食品表面凝结所放出的潜热解冻。它的优点是：食品表面不受高温介质影响，而且解冻快；解冻中减少或避免了食品的氧化变质；食品解冻后汁液流失少。缺点是解冻食品外观不佳，且成本高。

6. 远红外辐射解冻

对红外线敏感的物质，其分子、原子吸收红外线后，不仅会发生能级的跃迁，也扩大了以平衡位置为中心的各种运动的幅度，质点的热力学能增大。微观结构质点运动加剧的宏观反映就是物体温度的升高，即物质吸收红外线后，便产生自发的热效应。由于这种热效应直接产生于物体内部，所以能快速有效地对物质加热。食品中的很多成分在3～10μm的远红外区有强烈的吸收，因而远红外线已被较多地应用于冷冻食品的快速解冻中。

试验结果表明，用远红外线（发射装置功率300kW，照射距离100mm）解冻块状冷冻食品时，其中心温度快速上升，并且表面温度与中心温度能始终保持在大致相同的水平。因此，远红外可用于快速解冻冻结食品。但与微波相比，其穿透力较弱。

7. 超声波解冻

大体积冻结食品的解冻过程很慢，采用微波解冻、高频或低频解冻可以加快解冻过程，但是解冻速率将受到一定的限制。这是由于一味追求快速，容易导致热量散逸和表面过热现象的产生，并进而造成食品解冻不均匀。

Shore 等人于 1986 年发现，超声波在冻结肉制品中比在未冻结组织中衰减程度大，而且这种衰减随着温度显著增加，在起始冷冻点达到最大值。从超声波的衰减温度曲线来看，超声波比微波更适用于快速稳定地解冻。

将一厚片肉由放在温度 -20℃、均匀的高强度超声波场。当超声波穿透时，它以热散逸形式损失了能量，导致表面温度快速上升，内部则上升很慢。由于温度升高，衰减和单位体积的能量散失速度也增加。但由于比热容变大，温度上升的速度并不显著。当接近起始冷冻温度时，越来越多的能量散失，很少有能量能穿过肉制品。最终超过这温度时，表面的衰减急剧下降，但在冻结—解冻边界的附近区域仍保持很高的衰减水平，这将推进能量进入食品，速度由强度决定。

Miles 等人于 1999 年发现，当频率为 500kHz 时，用超声波解冻可行；低频时（小于 430kHz），使用强度 0.5 ~ 2W/cm^2 会使肉制品发生空化现象，导致表面过热和超声波穿透性变差；高频时（大于 740kHz），随着频率的增加衰减变大，也会产生表面过热。选用 500kHz、0.5W/cm^2 的超声波解冻，表面过热效应最小，冻结的牛肉、猪肉和鳕鱼样品在 2.5h 内解冻深度达到 7.6cm。

8. 高静水压解冻

在 50 ~ 1000MPa 范围内的高静水压（HHP）被应用于食品原料或加工食品的杀菌、延长货架期、蛋白质和酶的变性、质地变性、有机成分的提取、低温冷冻和解冻以及化学反应的控制。这导致了蛋白质大分子的变性。

当压力上升到 210MPa 时，水的凝固点下降，此时冰发生相转变，凝固点又上升，因此高压下水的未冻结区是潜在的解冻区域。在日本，高压已用于解冻鱼肉。Pothakamury 等人于 1995 年发现，HHP 解冻肉制品比传统方法快很多。例如：2kg 冻牛内在加压至 200MPa 时解冻只需 8min，而常压下 5℃解冻需 7h。解冻后牛肉的风味和多汁率与低温度、5℃时解冻的牛肉相似，但表面有轻微变色。

由于 HHP 解冻时间短，对产品质量没有负影响，解冻过程中，压力大小和处理时间影响解冻速率和产品品质，而产品尺寸和起始温度并不影响速率。因此，在最低有效温度下解冻大量肉制品时，采用 HHP 是最佳的方法。

8.3 冷藏运输装置

食品冷藏链是在 20 世纪随着科学技术的进步，特别是制冷技术的进步而发展起来的一项系统工程。食品冷藏链，又称低温链，它是建立在食品低温工艺学基础上，以制冷技术与设备为手段，使食品在原料采集、加工、储藏、运输和销售整个生产流通范围内，均保持最佳质量并获得较好经营效果的一种现代化综合低温体系。在这个过程中，食品冷藏运输技术是将食品，特别是易腐食品从一个地方通过科学的手段和特殊的运输工具在特别的运输条件下迅速完好地把食品运送到另一个地方的专门技术。科学的食品冷藏运输对食品资源的开发利用，提高食品产、运、销，增加食品产业的经济效益，改善和提高人民健康、生活水平具有重要意义。

在冷藏链技术中，常规的冷藏运输工具主要是铁路冷藏列车、公路冷藏汽车、内陆江河和海上冷藏船、冷藏货舱，以及近年来迅速发展的海、陆、空均适用的冷藏集装箱。

8.3.1 冷藏运输装置的特点与要求

8.3.1.1 冷藏运输的种类与特点

随着社会经济的飞速发展和人民生活水平的不断提高，货物储运的种类不断增多。有些货物在储运过程中易受到外界温度、湿度等条件影响而发生腐烂变质。为了始终保持易腐货物的本来品质和使用价值，在运输途中不发生腐烂变质和数量上的短缺，提高货物运输的安全性，减少对环境的污染，实现最佳经济运输，就必须将易腐货物置于其保鲜所需的较低温度条件下。目前，冷藏运输的使用领域不断拓展，用户结构主要包括：一是冷藏保温车管理从系统部门逐步转变为企业；二是冷藏运输的易腐货物由过去基本以冷冻食品（冷冻肉类、水产品）为主发展到以新鲜肉类、水果、蔬菜占较大比例，还有乳制品、冷饮、糕点、巧克力、保健食品等；三是随着我国城市商业的发展，除了肉类加工厂、冷库外，大型连锁超市、大型副食商场、牛奶公司、食品加工厂等也成了冷藏保温车的主要用户。

食品在冷藏运输过程中，主要包括食品的中、长途运输及短途送货，它们是食品和冻结食品低温流通的主要环节，既可能是食品从原料产地到加工基地再到菜场冷柜之间的低温运输，也可能是冷冻食品从生产厂到消费地之间的批量运输，或者是消费区域内冷库和销售店之间的运输，主要涉及铁路冷藏车、冷藏汽车、冷藏船、冷藏集装箱、冷藏飞机等低温运输工具。由于不同的产品、运输方式、销售方式等，使得不同的冷藏运输方式在不同的方面得到具体的运用。

公路依靠其快捷、灵活、方便等特点，很快适应了易腐货物运输市场。公路运输是目前冷藏运输中最普遍、最常见的重要方式。尤其近两年公路绿色通道的开通，在较大程度上扩展了公路易腐货物的运输范围，对铁路易腐货物运输形成很大竞争。目前全国范围内的高速公路网还未完善，冷藏汽车数量也很有限，水果蔬菜的运输主要是使用普通卡车，对环境条件还有较大的依赖性，运输季节和运距都受到一定的限制。即铁路在中长距离的冷藏运输中还有一定的竞争优势，但优势越来越小。公路运输无论从设备投资和技术更新速度等方面的优势都远远高于铁路，公路冷藏运输的发展势头仍有增无减。但是，在中国的公路运输中，易腐保鲜食品的冷藏运输只占运输总量的20%，其余80%左右的水果、蔬菜、禽肉、水产品大多是用普通卡车运输，至多上面盖一块帆布或者塑料布。由于公路冷藏运输效率低，食品损耗高，整个物流费用占到食品成本的70%，而按照国际标准，食品物流成本最高不能超过食品总成本的50%。因此在我国公路冷藏运输良好的发展前景下，也要注意到其潜在的不足。

虽然公路冷藏运输有其特点，但是它的一次性运输量不大，因此对大量的冷冻食品的长距离的冷藏运输，一般都采用铁路运输。目前铁路冷藏运输有机械保温车、冰保温车、冷板冷藏车及冷藏集装箱。加冰冷藏车在铁路冷藏运输发展的过程中立下了汗马功劳，但因其对车体及线路腐蚀严重、运输蔬菜水果等易腐货物时温度可调性差、易丢失、不便管理、且中途需加冰作业、周转时间长、送达速度慢等缺点，目前使用受到限制。机械冷藏车具有温度可调性好、通用性强、运输质量好、便于管理、途中作业简单、送达速度快及适宜远距离运送，在国外单节机械冷藏车已经得到广泛的运用。冷板车具有结构简单、制冷费用低、节约能源、无盐水腐蚀及恒温性好等优点，存在自重大、调温困难、抗振性差、长途运输需要中途加冷、成组运用灵活性差等缺点。冷藏集装箱是发展铁路冷藏运输的长远目标，它以机械制冷为主，由计算机控制，具有温度、湿度自动控制和气调功能，并可以通过卫星进行全程监控，提高运输效率和货运质量。

我国海上冷藏运输最早出现在1958年，而船舶制冷技术的推广应用与发展是从1967年开始的，当时国内几家造船厂开始建造万吨级海洋客货轮，这些货轮均采用国产制冷、空调设备，以保证船员舱室空调和船员伙食冷库的制冷。成功使用国产船用制冷、空调设备，有力地促进了我国船用制冷技术的应用和发展，也为我国海上和内河冷藏运输奠定了技术基础。目前常规的冷藏货物运输舱已大部分被冷藏集装箱取代。冷藏集装箱一律采用机械制冷，隔热保温要求严格，能在一定的时间适度地保护预冷货物而不用制冷。但对任何长时间暴露在大气温度下的集装箱，则设有快接式制冷机组，由内燃机驱动，或采用液氮制冷。在等待装货时，可由固定的制冷装置提供冷风，使之在箱内循环。这种供冷方式可由一台或几台机械制冷机组完成，也可向空气循环系统不断注入少量液氮，还可以一次注入液体二氧化碳或液氮。

我国的航空运输主要以高速为优势，但运价较高，目前只局限于少量的高价货物，运量不大，如用于运输鲜花等。它主要采用冷藏飞机，这是近年来国际上较多采用的低温运输手段，将货运飞机的货舱低温化，当飞机飞到1000m以上高空时，由于空气很冷，可以关闭冷冻机。由于国际上现在已普遍使用集装箱，有的飞机上的货舱也改为可直接装集装箱的货舱。

8.3.1.2　冷藏运输的要求

由于食品的组织结构等方面的不同，不同食品都有一定的储藏温、湿度条件的要求，表8－2列出了几种易腐食品的运输要求。在冷藏运输中应满足食品储藏条件的要求，并保持其稳定性。

表8－2　几种易腐食品的运输要求

货名	运输温度/℃	相对湿度（%）	货名	运输温度/℃	相对湿度（%）
冻结牛肉	－11.1～－9.4	90～95	苹果	－0.6～0	85～88
冻蛋	－12.2～－9.4	60	柑	3.9～4.4	85
鲜肉	0～1.1	1.1	白菜	0～1.1	90～95
猪油	0.6～4.4	—	香蕉	11.6～12.7	75
干鱼	4.4～10	—	干果	0～10	70～75

在冷藏运输过程中，必须控制载体内部的环境，使车内的环境尽量与所运输食品的最佳要求一致，载体内部各处温度分布要均匀，并且在运输过程中尽量避免温度波动，降低温度波动幅度和减少波动持续时间。考虑以上对食品在储藏过程的要求，冷藏运输应该满足以下条件。

1. 形成低温环境

易腐食品在进行低温运输前，应将其温度降到其适宜的储藏温度，冷藏运输过程中，载体内只是有效地平衡环境传入的热负荷，维持产品的温度不超过所要求保持的最高温度。为维持这一低温环境，运输载体上应当具有适当的冷源，如干冰、冰盐混合物、碎冰、液氮或机械制冷系统。例如果蔬类在运输过程中，为防止车内温度上升，应及时排除呼吸热，而且要有合理的空气循环，使得冷量分布均匀，保证各点的温度均匀一致并保持稳定，最大温差不超过3℃。有些食品怕冻，在寒冷季节里运输还需要用加温设备，如电热器等，使车内保持高于外界气温的适当温度。

2. 有良好的隔热性能

冷藏运输工具应当具有良好的隔热性能，总的传热系数 K 要求小于 0.4W/（m^2·K），甚至小于 0.2W/（m^2·K），能够有效地减少外界传入的热量，避免车内温度的波动和防止设备过早的老化。一般来说，K 值平均每年要递增5%左右。车辆或集装箱的隔热板外侧面应采用反射性材料，并应保持其表面的清洁，以降低对辐射热的吸收。在车辆或集装箱的整个使用期间，应避免箱体结构部分的损坏，特别是箱体的边和角，以保持隔热层的气密性，并且应该定期对冷藏门的密封条、制冷机组的密封、排水洞和其他孔洞等进行检查，以防止因空气渗漏而影响隔热性能。

3. 可根据食品种类或环境变化进行温度调节

在长距离的冷藏运输过程中，食品可能会经过不同的外部温度环境，比如从南方运到北方的水果，因此冷藏运输的载体内部空间内必须有温度检测和控制设备。温度检测仪必须能够准确连续地记录货物间的温度，温度控制器的精度要求高，为 ±0.25℃，以满足易腐食品在运输过程中的冷藏工艺要求，防止食品温度过分波动。

4. 制冷设备所占空间尽量小

在长途冷藏运输过程中，为了减小单位货物的运输成本，要求在一定空间内装载尽可能多的货物，因而要求制冷设备所占空间小。

5. 车厢的卫生与安全

车厢内有可能接触食品的所有内壁，必须采用对食品味道无影响的安全材料。箱体内壁包括顶板和地板，必须光滑、防腐蚀、不受清洁剂影响，不渗漏、无腐烂，便于清洁和消毒。箱内设备不应有尖角和褶皱，以免进出困难，脏物和水分不易清除。在使用中，车辆和集装箱内碎渣屑应及早清扫干净，防止异味污染货物并阻碍空气循环。另外，对冷板采用的低温共晶溶液的成分及其在渗漏时的毒性程度应予以足够的重视。

6. 良好的组织管理

冷藏运输的组织管理工作是一项复杂细致而又责任重大的工作，管理人员必须对各种冷藏运输工具的特性、易腐货物的冷藏条件、货源的组织、装车方法、调度工作等问题十分熟悉，加强运输过程中各个环节的管理工作，保证易腐货物高品质而又快速地到达目的地。

8.3.1.3 *冷藏运输的发展趋势*

1. 冷藏运输技术发展

（1）向提高隔热性能方向发展　车厢的隔热性能越好，冷藏汽车的经济效益和社会效益就越佳。

（2）向新的制冷方式发展　大力减少能耗、噪声和环境污染是冷藏保温车发展的必然趋势。

（3）向新型厢体结构方向发展　人们对商品的需求是不但要求使用性能好、维修性好，而且要求商品造型美观，因此冷藏运输装置必然向新型厢体结构发展，以满足市场需求。

2. 冷藏运输产业化发展

(1) 向标准化和系列化方向发展　随着社会对冷藏保温车需求量的增加，社会拥有量将会增多，为降低成本、提高产量、便利维修，冷藏保温车必然朝着标准化和系列化方向发展。

(2) 向重型化冷藏汽车、冷藏列车方向发展　随着高等级公路和高速公路的不断增多，公路通过能力增大，行驶安全性增强，使车辆的行驶速度提高，这就有利于重型冷藏保温车和冷藏列车的发展。

(3) 向多品种、小批量方向发展　随着对冷藏保温车用途的要求越来越多及使用性能的要求越来越高，冷藏保温车的生产朝着多品种、小批量的方向发展已成为必然趋势。

8.3.2 铁路冷藏车

陆路远距离运输大批冷冻食品时，铁路冷藏车是冷藏链中最重要的环节。目前，我国易腐食品的运输绝大部分是依靠铁路运输完成的，因而铁路冷藏车在易腐食品运输中占有举足轻重的地位。铁路冷藏车的特点是：车体隔热性好、气密性好，车内有冷却装置，能调节车内温度并维持稳定，运量大、速度快，适合长途运输，成本低。但铁路冷藏车运输一般只能沿铁路站台运输，食品冷藏加工厂必须有铁路站台或离铁路车站较近。

按照提供冷源的方法，铁路冷藏车可以分为冰制冷、干冰制冷、机械制冷及蓄冷板制冷等。

1. 冰制冷冷藏列车

冰制冷冷藏列车利用水冰、冰盐混合物等作为冷源冷却和平衡由环境所传入的热负荷，可以分为多个型号，各种冰制冷冷藏列车的共性是车内都装有冰槽，都具有排水设备、通风循环设备以及检温设备等，但这些设备的结构、装配和效能又各有特点。按照车内冰槽的位置，冰制冷冷藏列车可以分为两种，一种是冰槽设置在车厢顶部，另一种就是冰槽设置在车厢两端。

冰槽设置在车厢顶部时，一般车顶装有6~7只马鞍形储冰箱，2~3只为一组。为了增强换热效果，冰箱侧面、底面设有散热片。每组冰箱设有两个排水器，分左右布置，以不断消除溶解后的水或盐水溶液，并保持冰箱内具有一定高度的盐水水位。并且由于顶部布置冰槽，冷空气和热空气的交叉流动，容易形成自然对流，加之冰槽沿车厢长度均匀布置，不安装通风机也能保证车厢内温度均匀，但结构较复杂且箱底易积存杂物。

冰槽设置在车厢两头时，为使冷空气在车厢内均匀分布，需要安装通风机，而且由于冰箱占地，约使载货面积减少25%。对于运输水产品，可直接把碎冰撒在包装箱里面，然后将包装箱码放在列车车厢内，车厢底面有排水管将融化的冰水排到车外。

如果车厢内要维持0℃以下的温度，可向冰中加入某些盐类，车厢内最低温度随盐的浓度而变化。

冰制冷冷藏列车的发展方向是在保证运输质量的条件下，不加盐或少加盐运输，减少中途加冰次数，使送达速度加快。这就要求冰制冷冷藏列车最好用于冷藏温度高于0℃的货物，这可以不用加盐，减少对车体的腐蚀。

2. 干冰制冷冷藏列车

若食品不宜与冰、水接触，可以用干冰代替冰。但由于干冰的温度较低，使用时应用纸或布将干冰包起来，以控制其升华速度，从而防止食品发生冻害。

干冰最大的特点就是从固态直接变为气态，而不产生液体。但是若空气中的水蒸气较多时，容易结霜，霜融化的水会腐蚀食品，因此要注意防水。采用液氮制冷的列车，与干冰制冷冷藏列车相似。

3. 机械制冷冷藏列车

机械制冷冷藏列车是取代冰制冷冷藏列车的一种更先进的铁路冷藏运输工具，它具有自重轻、容积大、隔热性能好、气密性好、使用寿命长、自动化程度高、耐腐蚀性强、机组控温范围广、经济效益好等优点，已成为铁路冷藏车的发展方向之一。

机械制冷冷藏列车有两种结构形式。一种是每一节车厢都备有自己的制冷设备，用自备的柴油发电机组来驱动制冷压缩机，冷藏车可以单节与一般货物车厢编列运行；另一种机械制冷冷藏列车的车厢内只装有制冷机组，没有柴油发电机，这种冷藏车不能单辆与一般货物列车编列运行，只能组成单一机械列运行，由专用车厢中的柴油发电机统一供电，驱动制冷压缩机。

机械制冷冷藏列车内的温度可以控制在 -30 ~ 14℃或是 -20 ~ 14℃内工作，每一温度段的可运输货物见表 8-3，车外环境温度可以达到 -45 ~ 45℃。

表 8-3　机械制冷冷藏列车不同温度范围内的储藏货物

温度范围/℃	运输货物
-30 ~ -17	运输冻结产品（水产品、肉和速冻菜肴等）
-12 ~ -9	运输轻度冻结的产品（黄油、家禽和肉等）
-3 ~ 0	运输冷却产品（熏肉、新鲜火腿和新鲜肉等）
3 ~ 6	运输新鲜产品（乳酪、蔬菜、坚果和西红柿等）
10 ~ 13	运输热带和亚热带水果（香蕉和橘子等）

上述条件分别对应于温度控制器的逐级可调温度，即 -30℃、-20℃、-10℃、-2℃、4℃和 11℃。为了在很低的外界温度下保持较高的运输温度，车内还配备车厢电加热装置。车内空气温度围绕调定值的波动范围为 ±1.5℃。

每辆货车都在两端顶部各安装一套成套的制冷机组，每套机组包括压缩机、冷凝器、膨胀阀、蒸发器、储液器、电加热器、风机和配电柜以及一些自动化控制和保护元件。其中，蒸发器、电加热器和风机安装在货物间内，其余的设备安装在隔热壁外直通大气，两部分之间用玻璃的方框密封隔开。

4. 蓄冷板制冷冷藏列车

这种冷藏运输车型主要是利用蓄冷板进行制冷，蓄冷板内装共晶溶液，在低温条件下使蓄冷板内共晶溶液冻结的过程就是蓄冷过程。将蓄冷板安装在车厢内，外界传入车厢的热被共晶溶液吸收，共晶溶液由固态转化为液态，由此达到制冷降温的目的。

它可以采用瓦楞式、蜂窝式或双层空穴板，内部充注蓄冷剂，运行前对蓄冷剂进行蓄冷，运行中蓄冷剂释放冷量维持车内温度。图 8-29 和图 8-30 所示为瓦楞式蓄冷板和平板式蓄冷板结构示意图。

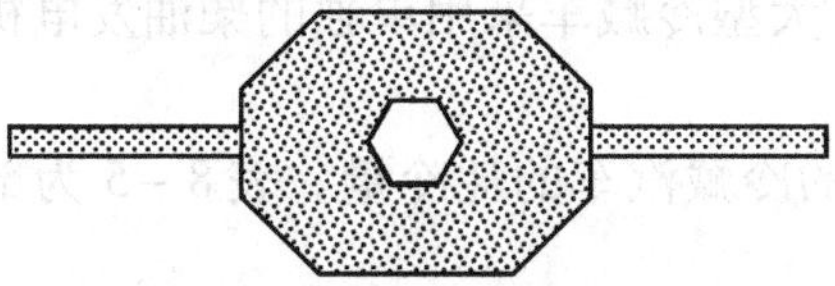

图 8－29　瓦楞式蓄冷板结构示意图

图 8－30　平板式蓄冷板结构示意图

蓄冷板制冷冷藏列车具有结构简单、操作维护方便、投资费用低、运营成本比机械冷藏车等都要低的优点，其缺点是自重大，蓄冷时间长。为克服停车蓄冷这一缺点，新一代蓄冷制冷冷藏列车已经开发出来，随时可以蓄冷，机动性强，可以有效提高运输效率。在发展过程中，应妥善解决冷板设计、温度的可靠控制、充冷速度与场地、蓄冷剂回收等问题，并提高车体隔热性能和冷板制冷系统的抗振性能，实现始发一次充足所需冷量，中途不用补冷。

蓄冷板的数量可以按式（8－1）计算，即

$$n = \frac{Q_h}{Q_c} \tag{8-1}$$

式中，Q_h 为厢体内的总热负荷（kW）；Q_c 为蓄冷板的蓄冷量（kW）。

8.3.3　冷藏汽车

冷藏汽车基本上是作为陆地运输易腐食品用的交通工具。它的任务在于将由铁路或船舶卸下的食品送到集中冷库和分配冷库。汽车冷藏运输保证将食品由生产性冷库或从周围200km 内的郊区直接送到消费中心而不需转运。在消费中心，汽车冷藏运输的任务是将食品由分配性冷库送到食品商店和其他消费场所。当没有铁路时，冷藏汽车被用于长途运输冷冻食品。

冷藏汽车运输批量小，运输灵活，机动性好，能适应各地复杂地形，对沟通食品冷藏网点有十分重要的作用。但冷藏汽车运输成本高，维修保养投资大。

目前我国使用的冷藏汽车主要有两大类型，一类是以一定制冷装置为冷源的冷藏汽车，另一类是无冷源的冷藏汽车（又称为保温车）。冷藏汽车有隔热的车厢，外壳有薄钢片和铝片两种。隔热材料的热导率要小，$\lambda \leqslant 0.6\text{W/(m·K)}$，具体数值取决于车体及其隔热层的结构，具有低吸水性和良好的防潮性，同时清洁卫生、无异味、阻燃性好、价格低廉。隔热层通常采用聚苯乙烯泡沫塑料、聚氨酯泡沫塑料和其他新型的隔热材料。车厢的载重分1.5t、3t、4t 和7t 等几种。汽车车厢呈流线型，保证减小正面的阻力。后面的壁上开有小门以便装运食品。

无冷源的冷藏汽车由于在运输过程中没有冷源，只在壳体上加设隔热层，主要依靠车体隔热和货物本身的蓄冷量维持一定的温度，因而要求车厢的隔热性能良好，传热系数 $K \leqslant 0.4\text{W/(m}^2\text{·K)}$，造价低，适合于短途运输。有冷源的冷藏汽车采用特定的制冷装置，根据制冷方式，可分为机械制冷、液氮或干冰制冷、蓄冷板制冷和冰盐混合物制冷等多种。这些制冷系统彼此差别很大，选择使用时应从食品种类、运行经济性、可靠性和使用寿命等方面综合考虑。

8.3.3.1　机械冷藏汽车

机械冷藏汽车的基本结构包括车体、隔热车厢、冷藏门、压缩冷凝机组、冷风机、温度控制器、热力膨胀阀等。车厢采用聚氨酯夹芯板，外护板为防锈铝合金，内护板采用玻璃钢。中小型冷藏车采用汽车发动机驱动制冷机组，大型冷藏车采用单独的柴油发电机组。制冷系统中一般还设有除霜系统。

表 8－4 列出了在给定外部条件下，不同吨位的冷藏汽车的耗冷量。表 8－5 为部分国产冷藏汽车和保温车的技术参数。

表 8－4　不同吨位的冷藏汽车的耗冷量

吨位/t	<2	2~4		4~8		10~15	
外部温度/℃	35	35	35	35	35	35	35
食品加工形式	冷却食品	冷却食品	冷冻食品	冷却食品	冷冻食品	冷却食品	冷冻食品
食品温度/℃	0	0	−18	0	−18	0	−18
耗冷量/kW	1.16	3	1.75	3.5	1.75	8.6	4.5

表 8－5　部分国产冷藏汽车和保温车的技术参数

型　号		冷藏车				保温车			
		B×L 5010 XLC	B×L 5020 XLC	B×L 5040 XLC	B×L 5060 XLC	B×L 5010 XBW	B×L 5020 XBW	B×L 5040 XBW	B×L 5060 XBW
满载质量/kg		1380	2390	4095	6000	1380	2390	4095	6000
装载质量/kg		500	800	1900	2800	550	870	2000	3000
整车尺寸/mm	长	3285	4790	4745	5980	3285	4790	4745	5980
	宽	1440	1766	1940	2050	1440	1766	1940	2050
	高	1914	2570	2805	2980	1914	2570	2805	2980
车厢外形尺寸/mm	长	1930	3100	3100	4150	1930	3100	3100	4150
	宽	1400	1710	1900	2050	1400	1710	1900	2050
	高	1230	1710	1800	1910	1230	1710	1800	1910
总传热系数/[W/(m^2·K)]		0.4	0.4	0.4	0.4	0.4	0.4	0.4	0.4
车内最低温度/℃		−18	−18	−18	−20				

8.3.3.2　*液氮制冷冷藏汽车*

液氮制冷冷藏汽车主要由液氮罐、喷嘴及温度控制器组成。此种冷藏汽车装好货物后，通过控制器设定车厢内要保持的温度，而感温器则把测得的实际温度传回温度控制器。当实际温度高于设定温度时，则自动打开液氮管道上的电磁阀，液氮从喷嘴喷出降温。当实际温度降到设定温度后，电磁阀自动关闭。液氮由喷嘴喷出后，立即吸热汽化，体积膨胀高达 600 倍，即使货堆密实，没有通风设施，氮气也能进入货堆内。冷的氮气下沉时，在车厢内形成自然对流，使温度更加均匀。为了防止液氮汽化时引起车厢内压力过高，车厢上部装有安全排气阀，有的还装有安全排气门。

液氮制冷时，车厢内的空气被氮气置换，而氮气是一种惰性气体，长途运输果蔬类食品时，不但可以减缓其呼吸作用，还可防止食品被氧化。并且液氮在制冷时，除了具备食品冷藏运输功能（-18℃）外，还具有速冻食品功能。

液氮冷藏汽车的优点是：装置简单，初期投资少；降温速率快，可较好地保持食品的质量；无噪声；与机械制冷装置比较，重量轻。缺点是：液氮成本高；运输途中液氮补给困难，长途运输时必须装备大的液氮容器，减少有效装载量。

8.3.3.3　干冰冷藏汽车

干冰冷藏汽车工作时先使空气与干冰换热，然后借助通风机使冷却后的空气在车厢内循环，吸收升华后的二氧化碳由排气管排出车外。有的干冰冷藏汽车在车厢中装置四壁隔热的干冰容器，干冰容器中装有氟利昂盘管，车厢内装有氟利昂换热器，在车厢内吸热气化的氟利昂蒸气进入干冰容器中的盘管，被盘管外的干冰冷却，重新凝结为氟利昂液体后，再进入车厢内的蒸发器，使车厢内保持规定的温度。干冰冷藏汽车具有设备简单、投资费用低、故障率低、维修费用少、无噪声等优点。在运输冻结货物时，由于干冰在-78℃时就可以升华吸热而使车厢降温，车内温度可降到-18℃以下，因而在运输冻结货物和特别的冷冻食品时常用此法。而干冰冷藏汽车的缺点是：车厢内温度不够均匀；降温速度慢；干冰的成本高。

8.3.3.4　蓄冷板冷藏汽车

蓄冷板冷藏汽车所需冷量在开车以前就蓄藏在车内的冷冻板内，开车后，冷冻板不断地将冷量通过换热器传递到车内，以平衡由车厢外部传入的热量。蓄冷板冷藏汽车车内温度范围基本取决于蓄冷板内蓄冷剂的结晶温度，常用的低温共晶溶液有乙二醇、丙二醇的水溶液及氯化钙、氯化钠的水溶液。不同的共晶溶液有不同的共晶点，要根据冷藏汽车的需要选择合适的共晶液。一般而言，共晶点应比车厢规定的温度低 2～3℃。车辆运用的温度范围在车辆设计时就基本确定，所谓的温度调节只是在冷冻板和货物中间增加一层保温隔板，在上面开通风窗口，通过控制开启通风窗口的数量，改变冷冻板传递到货物间的冷量，但这项工作必须在开车前完成。通用型蓄冷板冷藏汽车的车内温度一般定为-6～+8℃，装运冻结货物时，车内温度低于-6 ℃；在装运鲜货时，车内温度基本保持在 0～+8 ℃（通过车内温度调节装置调节），这对大部分鲜货运输是合适的。

蓄冷板的蓄冷方法通常有两种：一是利用集中式制冷装置，即当地现有的供冷库用或具有类似用途的制冷装置。拥有很多蓄冷板冷藏汽车的公司，可设立专门的蓄冷站，利用停车或夜间使蓄冷板蓄冷。此时可用车站专门的冷库内储藏的新的蓄冷板代替已使用过的蓄冷板；或者是在蓄冷板中装有制冷剂盘管，只要把蓄冷板上的管接头与制冷系统连接起来，就可进行蓄冷。此类蓄冷板一般固定在车厢壁上，盘管最后引出到车厢车底下，车站冷库内设制冷系统，当盘管利用软管接到该系统上时，盘管中通入制冷剂并蒸发，使蓄冷板内的低温共晶溶液冻结而完成蓄冷。另一种蓄冷方法是借助于装在冷藏汽车内部的制冷机组，停车时借助于外部电源驱动制冷机组使蓄冷板蓄冷。

蓄冷板冷却能力与低温共晶混合液、蓄冷板面积和低温共晶混合液充注量有关。当蓄冷板的外形结构一定时，充注量与冷却时间成正比。一般而言，蓄冷板冷藏汽车的蓄冷时间为 8～12h（环境温度 35℃，车厢内温度-20℃），特殊的冷藏汽车可达 2～3 天。保冷时间除取决于蓄冷板内共晶溶液的量外，还与车厢内的隔热性能有关，因此应选择隔热性能较好的隔热材料做车厢。

蓄冷板冷藏汽车的优点是：设备费用比机械冷藏汽车少；可以利用夜间廉价的电力为蓄

冷板蓄冷，降低运输费用；无噪声；故障少。缺点是：蓄冷板的数量不能太多，蓄冷能力有限，不适于超长距离运输冻结食品；蓄冷板减少了汽车的有效容积和载重量；冷却速度慢。

8.3.3.5　保温汽车

保温汽车与冷藏汽车不同，自身不设置制冷装置，车体隔热装置由聚氨酯夹心板和隔热门组成，运送食品时靠食品自身冷量来维持车厢温度。

保温汽车主要用于冷藏食品或冷冻食品的短途运输，如配送业务、分配性冷库的运送业务及冷库间的运输业务等。

8.3.4　冷藏船

冷藏船是一种水路特殊运输工具，尤其适用于远洋渔业。远洋渔业的作业时间长，必须用冷藏船将捕捞物及时冷冻加工和冷藏。对海路运输的新鲜食品也必须用冷藏船。冷藏船可以分为舱式冷藏船或冷藏集装运输船。

1. 舱式冷藏船

舱式冷藏船自身配备冷却设备、冻结装置，用于冷藏运输新鲜食品和水上捕获后水产品的直接冷冻冷藏，实际上是一座可以移动的陆上冷库，但从技术上讲，要求严格得多。舱式冷藏船要求船用制冷设备具有更高的安全性，可靠性，抗压、抗振性和抗冲击性，并在一定倾斜条件下能正常工作，材料抗腐蚀性强，制冷剂无毒、无刺激、不燃烧、不爆，对人体健康无害等。

冷藏船一般采用空气冷却器或冷却排管。采用空气冷却器降温速度快，温度容易控制，有利于减少船体自重，但是干耗大。送风方式有多种，主要有吸入式和压出式。对高温冷藏采用吸入式更有利于通风换气。

舱式冷藏船必须单独设计制冷压缩机房，特别是对于氨制冷系统。此外，还要设计单独的通风换气设备、消防设备、事故报警器等。对于和海水相接触的部件，如冷凝器、泵和水管等，考虑到海水的腐蚀性，它们的材料必须可以耐腐蚀。

2. 冷藏集装运输船

冷藏集装运输船主要是用于运输带制冷设备的冷藏集装箱或不带制冷设备的冷藏集装箱。对带制冷设备的冷藏集装箱，这种船可以设有电源插座，冷藏集装箱上的制冷设备只需要接上电源；对不带制冷设备的冷藏集装箱，船上应有单独的制冷设备，通过送冷风来冷却冷藏集装箱，达到制冷保温的目的。

8.3.5　冷藏集装箱

冷藏集装箱就是具有一定隔热性能、能保持一定低温、适用于各类食品冷藏储运而进行特殊设计的集装箱。自20世纪60年代后期出现以来，冷藏集装箱以其卓越的优势在全球贸易中的冷冻冷藏运输业中获得了迅速的发展，成为食品冷藏业不可缺少的重要运输工具。冷藏集装箱具有钢质轻型骨架，内、外贴有钢板或轻金属板，两板之间充填隔热材料，常用的隔热材料有玻璃棉、聚苯乙烯、发泡聚氨酯等。冷藏集装箱也称为“可移动的小冷库”。其主要优点是可以满足不同的运输要求，实现不同作业之间的相互转换，减少运输时间，提高运输率，并且减少运输食品之间的碰撞，提高运输食品品质。

8.3.5.1　冷藏集装箱分类

冷藏集装箱按运输方式可以分为铁路、公路、海运及航空冷藏集装箱等；按制冷方式可以分为保温、机械制冷、外加冷源等。

1. 保温集装箱

这种集装箱箱体具有良好的隔热性能，无任何制冷装置，不能临时进行补冷，适用于短途运输。

2. 外置式保温集装箱

这种集装箱箱内也无任何制冷装置，隔热性能很强，箱的一端有软管连接器，可与船上或陆上供冷站的制冷装置连接，使冷气在集装箱内循环，达到制冷效果，一般能保持－25℃的冷藏温度。该集装箱集中供冷，箱体容积利用率高，自重轻，使用时机械故障少。但是它必须由设有专门制冷装置的船舶装运，使用时箱内的温度不能单独调节。

3. 内藏式冷藏集装箱

这是一种配有制冷装置的保温箱，通过制冷装置提供冷源，制冷机组安装在箱体的一端，冷风通过风机从一端送入箱内。如果箱体过长，则采用两端同时送风的方式，以保证箱内温度均匀。为了加强换热，可采用下送上回的冷风循环方式。

4. 液氮和干冰冷藏集装箱

这种集装箱利用液氮或干冰制冷，以维持箱体内的低温，这和前述的制冷方式相似。

8.3.5.2 冷藏集装箱的结构要求

冷藏集装箱作为一种冷冻、冷藏运输设备，必须有良好的隔热结构，才能保证设备的正常工作。冷藏集装箱结构主要由保温板、底盘、冷藏门、制冷机组框架等组成，对于保温板，其密度和热导率有一定的要求。表8－6列出了国际标准对不同条件下的冷藏集装箱的隔热要求和温度条件。

表8－6 国际标准对不同条件下的冷藏集装箱的隔热要求和温度条件

设　备	箱体传热系数/[W/(m^2·K)]	箱内温度/℃	外界温度/℃
液态制冷剂喷射装置	0.4	－18	38
机械制冷装置	0.4	－18	38
冷冻/加热	0.4	－18/16	38/－20

按不同的型号，集装箱的尺寸也是标准化的，表8－7列出了几种型号冷藏集装箱的结构尺寸。

表8－7 冷藏集装箱的结构尺寸

型　号	外形尺寸/mm			内部尺寸/mm			总质量/kg
	长	宽	高	长	宽	高	
1A	12192	2438	2438	11140	2220	2000	30480
1AA	12192	2438	2591	11140	2220	2150	30480
1B	9125	2438	2438	—	—	—	2540
1BB	9125	2438	2591	5300	—	—	2540
1CC	6058	2438	2591	5300	2220	2150	30320
1D	2991	2438	2438	—	—	—	10160

(续)

型　号	外形尺寸/mm			内部尺寸/mm			总质量/kg
	长	宽	高	长	宽	高	
1DD	—	—	2438	3254	2220	2000	—
5D	—	—	2438	1215	2220	2000	—

注：1. 尺寸以20℃时测量的数值为准，在其他温度下测定的尺寸作相应的修正。

2. 专用集装箱的宽度和长度应符合此表规定，其高度可以根据货物比体积来决定，但高度不得超过2591mm。

3. 最小内部容积是根据最小内部尺寸计算的参考值，角件伸入集装箱内的部分不作为减少集装箱的内部尺寸，因此，对其他专用集装箱（如保温集装箱、冷藏集装箱）的最小内部尺寸需另行确定。

4. 集装箱质量系列采用5t、10t、20t和30t的四种，相应的型号为5D、10D、1CC及1AA型。5t和10t集装箱主要用于国内运输，20t和30t集装箱主要用于国际运输。集装箱总质量是指集装箱的自重及最大容许载重之和。

8.3.5.3　制冷系统的要求

由于冷藏集装箱总处于运动之中，冷藏集装箱必须十分坚固，能经受恶劣的运输条件，要保证整个运输过程的安全性和运输食品的品质，制冷系统还必须满足以下要求：

1）加热、冷却和除霜实现全自动控制，实现远程监控，减少人力在整个过程中的消耗。

2）为实现动力的多源化，增加制冷系统的灵活度，制冷系统既可独立驱动，又可接外部电源。

3）根据装载食品的要求，可以在一定范围内调整温度，温度偏差小，最好能在运输过程中实现“3T”监控，即Time（储藏和流通时间）、Temperature（温度）、Tolerance（产品耐藏性）。

4）制冷系统结构结实，耐冲击强度高，抗振动性能好，运输中间不会产生泄漏或断裂。

5）能够实现换气，换气系统可为每立方米冷藏集装箱容积提供$50m^3/h$左右的新鲜空气。

6）箱体内的空气相对湿度能控制在85%～95%，减少食品运输过程的干耗。

就制冷系统而言，冷藏集装箱相当于小型冷库的一个单间或组装式冷库，多为风冷冷凝机组，采用直接吹风冷却，箱体内温度调节范围较大，一般可保持－18～－12℃范围的箱内温度。

8.3.5.4　冷藏集装箱的发展趋势

随着全球经济环境的不断变化，冷藏集装箱存在着以下发展趋势：

（1）环境性要求　环境性要求包括箱体材料毒性、发泡剂性质、制冷剂替代等。

（2）结构性要求　结构性要求主要包括新型箱体材料、送风方式组合等。

（3）控制要求　控制要求主要指实现运输过程中的数字化控制，实现冷藏集装箱的全程控制。

（4）标准化和多样化要求　加入WTO，要求冷藏集装箱生产与国际标准接轨，同时要求冷藏集装箱适应运输货物的多样化。

参考文献

[1] 陈天及，等．商业用制冷装置［M］．天津：天津科学技术出版社，2001.
[2] 连添达，臧润清，翟家佩．制冷装置设计［M］．北京：中国经济出版社，1994.
[3] 袁秀玲．制冷与空调装置［M］．西安：西安交通大学出版社，2001.
[4] 康景隆．食品冷藏链技术［M］．北京：中国商业出版社，2005.
[5] 高福成，张懋．速冻食品［M］．北京：中国轻工业出版社，1999.
[6] 刘协舫，郑晓，丁应生．食品机械［M］．武汉：湖北科学技术出版社，2002.
[7] 陈芝久．制冷装置自动化［M］．北京：机械工业出版社，1997.
[8] 李建华，王春，等．冷库设计［M］．北京：机械工业出版社，2003.
[9] 冯志哲．食品冷藏学［M］．北京：中国轻工业出版社，2001.
[10] 吴业正．小型制冷装置设计指导［M］．北京：机械工业出版社，1998.
[11] 郑贤德．制冷原理与装置［M］．北京：机械工业出版社，2001.
[12] 余华名，等．冷库及冷藏技术［M］．北京：人民邮电出版社，2003.
[13] 冯玉琪，徐育标，吕关宝．新编实用空调制冷设计、选型、调试、维修手册［M］．北京：电子工业出版社，1997.
[14] 朱瑞琪．制冷装置自动化［M］西安：西安交通大学出版社，1993.
[15] 吴业正．制冷原理与设备［M］.2 版．西安：西安交通大学出版社，1997.
[16] 杨世铭，陶文铨．传热学［M］．北京：高等教育出版社，1998.
[17] 韩宝琦，李树林．制冷空调原理及应用［M］．北京：机械工业出版社，1998.
[18] 李明忠，孙兆礼．中小型冷库技术［M］．上海：上海交通大学出版社，1995.
[19] 杨小灿，等．制冷技术的原理与应用［M］．北京：中国建材工业出版社，1994.
[20] 白世贞，周维，等．冷冻仓库设备安装与应用［M］．北京：中国物资出版社，2003.